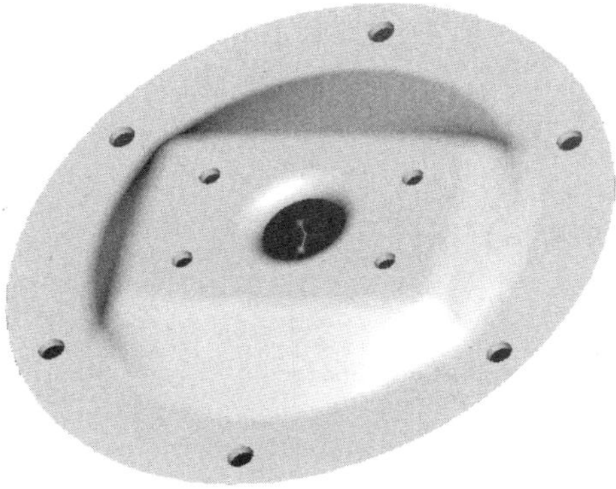



# Inside Pro/ENGINEER® 2001

*Third Edition*

*Gary Graham &*
*Dennis Steffen*

ONWORD PRESS™
THOMSON LEARNING

Australia Canada Mexico Singapore United Kingdom United States

ONWORD PRESS
THOMSON LEARNING

# Inside Pro/ENGINEER® 2001

Third Edition

By Gary Graham and Dennis Steffen

**Publisher:**
Alar Elken

**Executive Editor:**
Sandy Clark

**Acquisitions Editor:**
James Gish

**Managing Editor:**
Carol Leyba

**Development Editor:**
Daril Bentley

**Editorial Assistant:**
Jaimie Wetzel

**Executive Marketing Manager:**
Maura Theriault

**Executive Production Manager:**
Mary Ellen Black

**Production Manager:**
Larry Main

**Manufacturing Coordinator:**
Betsy Hough

**Technology Project Manager:**
David Porush

**Cover Design:**
Cammi Noah


SAN 694-0269

Printed in Canada
10 9 8 7 6 5 4 3 2 1

For permission to use material from this text, contact us by
Tel : 1-800-730-2214
Fax: 1-800-730-2215
www.thomsonrights.com

For more information, contact:
OnWord Press
An imprint of Thomson Learning
Box 15-015
Albany, New York 12212-15015

Or find us on the World Wide Web at http://www.onwordpress.com.

The Online Companion web site for this title can be found at www.onwordpress.com/proengineer/steffen

**ISBN: 0-7668-3473-5**

# About the Authors

Gary Graham is a staff mechanical engineer and CAD administrator with ENCAD, Inc., a manufacturer of wide-format digital inkjet printers. He has 21 years of engineering experience, including the use of Pro/ENGINEER since Release 12. Gary has also provided formal classroom instruction to advanced and novice users of PTC software.

Dennis Steffen is president of Plantation Key Design, Inc. He has 25 years of design engineering experience in several high-tech industries that use Pro/ENGINEER exclusively. Dennis also provides instruction to all levels of users of PTC software and has served more than five years as a member of the editorial advisory board for *Pro/E Magazine*. Dennis has also coauthored books covering the philosophy and application of Pro/ENGINEER software.

# Acknowledgments

I wish to thank readers for their positive responses and constructive input. I also wish to thank my wife, Tracy, and children Robin, Kevin, and Kerry for their continued support and sacrifice. An additional thanks to ENCAD for their strong support of this effort.

*—Gary Graham*

The authors would like to thank the staff of OnWord Press, especially acquisitions editor Jim Gish, managing editor Carol Leyba, development editor Daril Bentley, and editorial assistant Jaimie Wetzel.

*—Gary Graham and Dennis Steffen*

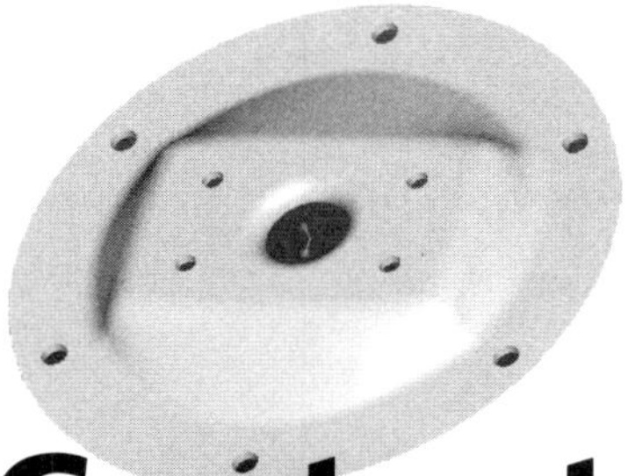

# Contents

Introduction . . . . . . . . . . . . . . . . . . . . . . . . . . . . . . . . . . . . . . xix

**PART 1: PRO/ENGINEER SOLUTIONS BASICS . . . . . . . . 1**

Chapter 1—A Typical Pro/ENGINEER Design Session: A Quick View of Pro/ENGINEER as an Integrated Design Tool . . . . . . . . . . . . . . . . . . . . . . . . . . . . . . . . . . . 3

Initiating the Design . . . . . . . . . . . . . . . . . . . . . . . . . . . . . . . . . . . . . . . . 4
- Parametric Modeling . . . . . . . . . . . . . . . . . . . . . . . . . . . . . . . . . . . . . 4
- Feature-based Modeling . . . . . . . . . . . . . . . . . . . . . . . . . . . . . . . . . . . 4
- Designing with Features . . . . . . . . . . . . . . . . . . . . . . . . . . . . . . . . . . . 5
- Prepare a Feature Strategy . . . . . . . . . . . . . . . . . . . . . . . . . . . . . . . . . 6

Part Design Fundamentals . . . . . . . . . . . . . . . . . . . . . . . . . . . . . . . . . . . 7
- Creating the Base Feature . . . . . . . . . . . . . . . . . . . . . . . . . . . . . . . . . 7
- Adding Material . . . . . . . . . . . . . . . . . . . . . . . . . . . . . . . . . . . . . . . . 8
- Rounding Edges . . . . . . . . . . . . . . . . . . . . . . . . . . . . . . . . . . . . . . . . 9
- Using the Shell Feature . . . . . . . . . . . . . . . . . . . . . . . . . . . . . . . . . . 10
- Adding Holes . . . . . . . . . . . . . . . . . . . . . . . . . . . . . . . . . . . . . . . . . 11

Making an Assembly . . . . . . . . . . . . . . . . . . . . . . . . . . . . . . . . . . . . . . 11

Creating a Drawing . . . . . . . . . . . . . . . . . . . . . . . . . . . . . . . . . . . . . . . 13
- Selecting Views for the Drawing . . . . . . . . . . . . . . . . . . . . . . . . . . . . 14
- Dimensions and Notes . . . . . . . . . . . . . . . . . . . . . . . . . . . . . . . . . . . 15

Design Changes . . . . . . . . . . . . . . . . . . . . . . . . . . . . . . . . . . . . . . . . . 16
- Modifying the Center Hole . . . . . . . . . . . . . . . . . . . . . . . . . . . . . . . . 16
- Changing the Number of Holes . . . . . . . . . . . . . . . . . . . . . . . . . . . . . 17
- Making the Plate Shorter . . . . . . . . . . . . . . . . . . . . . . . . . . . . . . . . . 17
- Updating the Drawing . . . . . . . . . . . . . . . . . . . . . . . . . . . . . . . . . . . 17

Summary . . . . . . . . . . . . . . . . . . . . . . . . . . . . . . . . . . . . . . . . . . . . . 18

Review Questions . . . . . . . . . . . . . . . . . . . . . . . . . . . . . . . . . . . . . . . . 19
- Extra Credit . . . . . . . . . . . . . . . . . . . . . . . . . . . . . . . . . . . . . . . . . . 19

Chapter 2—The User Interface:
Mouse Control, Windows, Menus, Views, and Files . . . . .21

Getting Started . . . . . . . . . . . . . . . . . . . . . . . . . . . . . . . . . . . . . . .21
Start-up Icon . . . . . . . . . . . . . . . . . . . . . . . . . . . . . . . . . . . . . .21
Mouse and Keyboard. . . . . . . . . . . . . . . . . . . . . . . . . . . . . . . . 22
Exiting the Program . . . . . . . . . . . . . . . . . . . . . . . . . . . . . . . . .23
Getting Help . . . . . . . . . . . . . . . . . . . . . . . . . . . . . . . . . . . . . .23
Customizing the User Interface . . . . . . . . . . . . . . . . . . . . . . . . 24
Pro/ENGINEER Windows . . . . . . . . . . . . . . . . . . . . . . . . . . . . . . .25
Graphics Windows . . . . . . . . . . . . . . . . . . . . . . . . . . . . . . . . . .26
Menu Bar . . . . . . . . . . . . . . . . . . . . . . . . . . . . . . . . . . . . . . . .28
Toolbar . . . . . . . . . . . . . . . . . . . . . . . . . . . . . . . . . . . . . . . . .28
Message Window . . . . . . . . . . . . . . . . . . . . . . . . . . . . . . . . . . .29
Menu Panel . . . . . . . . . . . . . . . . . . . . . . . . . . . . . . . . . . . . . . .30
Model Tree . . . . . . . . . . . . . . . . . . . . . . . . . . . . . . . . . . . . . . 32
Dialog Boxes . . . . . . . . . . . . . . . . . . . . . . . . . . . . . . . . . . . . . .34
Information Windows . . . . . . . . . . . . . . . . . . . . . . . . . . . . . . . .35
Environment Settings and Preferences. . . . . . . . . . . . . . . . . . . . . . 36
Viewing Controls . . . . . . . . . . . . . . . . . . . . . . . . . . . . . . . . . . . . .36
Dynamic Viewing Controls . . . . . . . . . . . . . . . . . . . . . . . . . . . .36
Appearance Control Commands . . . . . . . . . . . . . . . . . . . . . . . .37
Model Display Styles . . . . . . . . . . . . . . . . . . . . . . . . . . . . . . . .39
Datum Display . . . . . . . . . . . . . . . . . . . . . . . . . . . . . . . . . . . .39
Default View . . . . . . . . . . . . . . . . . . . . . . . . . . . . . . . . . . . . . .40
Orientation by Two Planes . . . . . . . . . . . . . . . . . . . . . . . . . . . .40
Saving Views. . . . . . . . . . . . . . . . . . . . . . . . . . . . . . . . . . . . . . .43
Managing Files in Pro/ENGINEER . . . . . . . . . . . . . . . . . . . . . . . . .43
Version Numbers. . . . . . . . . . . . . . . . . . . . . . . . . . . . . . . . . . . .44
In Session . . . . . . . . . . . . . . . . . . . . . . . . . . . . . . . . . . . . . . . .45
FILE Menu . . . . . . . . . . . . . . . . . . . . . . . . . . . . . . . . . . . . . . . . .46
Summary. . . . . . . . . . . . . . . . . . . . . . . . . . . . . . . . . . . . . . . . . . .49
Review Questions . . . . . . . . . . . . . . . . . . . . . . . . . . . . . . . . . . . . .49

**PART 2: WORKING WITH PARTS . . . . . . . . . . . . . . . . . 51**

Chapter 3—How to Build a Simple Part:
A Tutorial of Basic Part Building Commands . . . . . . . . . . .53

Beginning a Part . . . . . . . . . . . . . . . . . . . . . . . . . . . . . . . . . . . . . .55
Selecting Geometry. . . . . . . . . . . . . . . . . . . . . . . . . . . . . . . . . . .55
Creating the First Solid Feature . . . . . . . . . . . . . . . . . . . . . . . . . . .57
Selecting the Sketch Plane . . . . . . . . . . . . . . . . . . . . . . . . . . . . .58
Selecting the Feature Creation Direction . . . . . . . . . . . . . . . . . .59
Selecting an Orientation Plane . . . . . . . . . . . . . . . . . . . . . . . . . .60
Sketching the Geometry . . . . . . . . . . . . . . . . . . . . . . . . . . . . . . .60
Constraining the Geometry . . . . . . . . . . . . . . . . . . . . . . . . . . . .61

- Modifying the Geometry . . . 62
- Completing the Feature . . . 63

Creating a Cut Feature . . . 64

Sketch the Geometry for the Cut . . . 65

- Modify the Constraints . . . 66
- Finishing the Elements . . . 66

Creating a Mirrored Copy of a Feature . . . 68

Making a Shell . . . 69

- Creating a Cross Section . . . 70

Creating a Revolved Feature . . . 71

- Selecting an Orientation Plane . . . 72

Sketching a Revolved Feature . . . 74

Last Feature . . . 75

Summary of the Knob . . . 77

Summary . . . 78

Review Questions . . . 78

- Extra Credit . . . 79

**Chapter 4—Fundamentals of Sketcher: Creating Sketched Features . . . 81**

Sketcher Mode . . . 83

Sketch Plane . . . 83

Orientation Plane . . . 84

Sketch View . . . 86

Mouse Pop-up Menu (IMON) . . . 86

Undo and Redo (IMON) . . . 87

Intent Manager On (IMON) . . . 87

- Specify References . . . 87
- SAM . . . 88

Commands for Creating Geometry (IMON) . . . 88

- Rubberband Mode (IMON) . . . 90
- Lines (IMON) . . . 93
- Centerlines (IMON) . . . 93
- Circles . . . 93
- Construction Circles . . . 94
- Arcs . . . 94
- Ellipse (IMON) . . . 95
- Elliptic Fillet . . . 95
- Splines and Conics . . . 96
- Text . . . 96
- Axis Point . . . 96
- Reference Geometry . . . 97
- Creating Geometry from Model Edges . . . 97

Deleting Sketcher Entities . . . 98

Modifying Dimensions . . . 99

Commands Used to Adjust Geometry . . . . . 101
Move Command (IMON) . . . . . 101
Trimming Entities . . . . . 102
Commands for Constraining Geometry (IMON) . . . . . 103
Constraints . . . . . 105
Dimensioning . . . . . 106
Linear Dimensions . . . . . 106
Circular Dimensions . . . . . 108
Angular Dimensions . . . . . 108
Intent Manager Off (IMOFF) . . . . . 109
Commands for Creating Geometry (IMOFF) . . . . . 111
Rubberbanding (IMOFF) . . . . . 111
Mouse Sketch (IMOFF) . . . . . 111
Lines (IMOFF) . . . . . 112
Centerlines (IMOFF) . . . . . 113
Circles and Arcs (IMOFF) . . . . . 113
Modifying Dimensions (IMOFF) . . . . . 113
Trimming Entities (IMOFF) . . . . . 114
Commands for Constraining Geometry (IMOFF) . . . . . 114
Automatic Dimensioning (IMOFF) . . . . . 114
Alignments (IMOFF) . . . . . 115
Regenerating a Sketch . . . . . 116
Assumptions (IMOFF) . . . . . 116
Regeneration Error Messages (IMOFF) . . . . . 118
Deleting Sketcher Entities (IMOFF) . . . . . 119
Modifying Dimensions (IMOFF) . . . . . 119
Sketcher Environment . . . . . 120
Importing Geometry . . . . . 120
Sketcher Information . . . . . 120
Sketcher Tools . . . . . 120
Other Sketcher Settings . . . . . 121
Sketcher Hints . . . . . 121
Summary . . . . . 123
Review Questions . . . . . 123

**Chapter 5—Creating Features: Overview of Reference and Part Features . . . . . 125**

Identifying Features . . . . . 125
Reference Features . . . . . 126
Datum Plane . . . . . 126
Default Datum Planes . . . . . 129
Make Datum . . . . . 129
Axis . . . . . 132
Point . . . . . 132
Coordinate System . . . . . 133

- Curve ... 134
- Cosmetic Features (Thread) ... 135

Pick and Place Features ... 136
- Feature Element Dialog ... 136
- Hole ... 137
- Round ... 140
- Chamfer ... 142
- Shell ... 143
- Draft ... 145

Sketched Features ... 147
- Extrude ... 148
- Revolve ... 148
- Sweep ... 148
- Blend ... 150
- Swept Blend ... 152
- Helical Sweep ... 153
- Solid Section ... 154
- Thin Section ... 154
- Use Quilt ... 155
- Other Features ... 155

Depth ... 156
- Blind ... 157
- Thru Next ... 157
- Thru All ... 158
- Thru Until ... 158
- Up to Pnt/Vtx ... 158
- Up to Surface ... 158
- One Side/Both Sides ... 159

Summary ... 159

Review Questions ... 160
- Extra Credit ... 160

## Chapter 6—Feature Operations: Overview of Changing and Working with Features ... 161

Changing Features ... 161
- Regenerate ... 162
- Modify ... 163
- Delete ... 164
- Redefine ... 165
- Reroute ... 166

Failure Diagnostics Mode ... 166
- Undo Changes ... 168
- Investigate STOP ... 168
- Quick Fix ... 168
- Fix Model ... 169

Organizing Features . . . 169
- Layer . . . 170
- Layer Display . . . 173
- Group . . . 175
- Suppress . . . 176
- Resume . . . 177
- Reorder . . . 177
- Insert Mode . . . 179
- X-Section . . . 179

Copying Features . . . 180
- Copy . . . 181
- Pattern . . . 182
- Del Pattern . . . 186
- Group Pattern . . . 187
- Unpattern . . . 187
- Mirror Geom . . . 188

Feature Information . . . 188
- Feature . . . 188
- Feature List . . . 189
- Parent/Child . . . 189
- Model Player . . . 189

Summary . . . 190

Review Questions . . . 191

## Chapter 7—Making Smart Parts: Overview of Working with Parts and Parameters . . . 193

Parameters . . . 193
- Parameter Names . . . 194
- System Parameters . . . 194
- User Parameters . . . 194

Relations . . . 195
- Adding Relations . . . 195
- Modifying Relations . . . 196
- Relation Comments . . . 197

Family Tables . . . 198

Tolerance Analysis . . . 200

Simplified Representations . . . 201
- Simplified Reps for Assemblies . . . 202

Model Notes . . . 203
- Creating a Model Note . . . 204

User-defined Features . . . 204

Analyzing the Model . . . 205
- Measure . . . 207
- Model Analysis . . . 208

Summary . . . 211

Review Questions . . . 211

**PART 3: WORKING WITH ASSEMBLIES . . . . . . . . . . . . . 213**

Chapter 8—The Basics of Assembly Mode: An Overview of Assembly Components. . . . . . . . . . . . . . 215

Assembly Design . . . . . . . . . . . . . . . . . . . . . . . . . . . . . . . . . . . . . . . .216
Bottom-up versus Top-down . . . . . . . . . . . . . . . . . . . . . . . . . . . . .216
Relationship Schemes . . . . . . . . . . . . . . . . . . . . . . . . . . . . . . . . . .217
Assembly Components. . . . . . . . . . . . . . . . . . . . . . . . . . . . . . . . . . . .219
Base Component . . . . . . . . . . . . . . . . . . . . . . . . . . . . . . . . . . . . . .220
Assembly Constraints . . . . . . . . . . . . . . . . . . . . . . . . . . . . . . . . . . . .221
Constraint Procedure . . . . . . . . . . . . . . . . . . . . . . . . . . . . . . . . . .224
Package Mode . . . . . . . . . . . . . . . . . . . . . . . . . . . . . . . . . . . . . . . .225
Unplaced Components. . . . . . . . . . . . . . . . . . . . . . . . . . . . . . . . .227
Summary . . . . . . . . . . . . . . . . . . . . . . . . . . . . . . . . . . . . . . . . . . . . .228
Review Questions . . . . . . . . . . . . . . . . . . . . . . . . . . . . . . . . . . . . . . .228

Chapter 9—How to Create an Assembly: Tutorial for Building a Basic Assembly. . . . . . . . . . . . . . . 231

Assembly Structure. . . . . . . . . . . . . . . . . . . . . . . . . . . . . . . . . . . . . .233
Beginning an Assembly . . . . . . . . . . . . . . . . . . . . . . . . . . . . . . . . . .234
Constraints. . . . . . . . . . . . . . . . . . . . . . . . . . . . . . . . . . . . . . . . . . .237
Patterning Components. . . . . . . . . . . . . . . . . . . . . . . . . . . . . . . . . .240
Control Panel Assembly . . . . . . . . . . . . . . . . . . . . . . . . . . . . . . . . .241
Placing a Subassembly. . . . . . . . . . . . . . . . . . . . . . . . . . . . . . . . . .243
Repeating Components . . . . . . . . . . . . . . . . . . . . . . . . . . . . . . . .244
Placing the Knobs . . . . . . . . . . . . . . . . . . . . . . . . . . . . . . . . . . . . .246
Redefining Component Placement . . . . . . . . . . . . . . . . . . . . . . .247
Interference Checking. . . . . . . . . . . . . . . . . . . . . . . . . . . . . . . . . . .249
Modifying a Part While Working in Assembly Mode . . . . . . . . . . . . .250
Patterning the Knobs . . . . . . . . . . . . . . . . . . . . . . . . . . . . . . . . . .253
Setting Component Color. . . . . . . . . . . . . . . . . . . . . . . . . . . . . . .253
Exploding the Assembly. . . . . . . . . . . . . . . . . . . . . . . . . . . . . . . . .256
Summary . . . . . . . . . . . . . . . . . . . . . . . . . . . . . . . . . . . . . . . . . . . . .258
Review Questions . . . . . . . . . . . . . . . . . . . . . . . . . . . . . . . . . . . . . . .258

Chapter 10—More About Assemblies: Assembly Mode Productivity Tools. . . . . . . . . . . . . . . . . 261

Assembly Retrieval . . . . . . . . . . . . . . . . . . . . . . . . . . . . . . . . . . . . . .261
Search Paths. . . . . . . . . . . . . . . . . . . . . . . . . . . . . . . . . . . . . . . . . .262
Retrieval Errors . . . . . . . . . . . . . . . . . . . . . . . . . . . . . . . . . . . . . . .264
Simplified Reps . . . . . . . . . . . . . . . . . . . . . . . . . . . . . . . . . . . . . . .265
Component Creation . . . . . . . . . . . . . . . . . . . . . . . . . . . . . . . . . . . .265
Skeleton Model . . . . . . . . . . . . . . . . . . . . . . . . . . . . . . . . . . . . . . .266
Intersection and Mirror Parts. . . . . . . . . . . . . . . . . . . . . . . . . . . . .266
Creation Options. . . . . . . . . . . . . . . . . . . . . . . . . . . . . . . . . . . . . .268

Component Operations . . . . 270
Model Tree . . . . 270
Modifying Dimensions . . . . 270
Modify Part, Skeleton, and Subassembly . . . . 271
Reference Control . . . . 271
Redefine . . . . 272
Regenerate . . . . 273
Replace . . . . 274
Restructure . . . . 274
Repeat . . . . 275
Pattern . . . . 276
Merge and Cutout . . . . 276
Assembly Features and Tools . . . . 277
Assembly Cuts . . . . 277
Layers . . . . 278
Exploded Views . . . . 280
Display States . . . . 282
X-Section . . . . 283
Info . . . . 283
Summary . . . . 284
Review Questions . . . . 285

**PART 4: WORKING WITH DRAWINGS . . . . 287**

Chapter 11—A Tutorial of Drawing Mode . . . . 289

Starting a Drawing . . . . 289
Optional Default Model . . . . 291
Selecting Drawing Size . . . . 291
Adding the First View . . . . 292
Scaling Views . . . . 293
Adding a Projection View . . . . 294
Moving Views . . . . 294
Create a Cross-sectioned Projection View . . . . 294
Modifying the View Display . . . . 295
Create a Detailed View . . . . 296
Adding Dimensions and Axes . . . . 298
Cleaning Up Dimension Locations . . . . 299
Dimension Placement . . . . 300
Modify Item Mode . . . . 302
Creating a Parametric Note . . . . 304
Drawing Tutorial Complete . . . . 305
Summary . . . . 306
Review Questions . . . . 306

Chapter 12—Drawing Mode Commands . . . . . . . . . . . . 307
Drawing Settings . . . . . . . . . . 307
Modifying DTL Settings . . . . . . . . . . 307
Creating Views . . . . . . . . . . 308
General . . . . . . . . . . 309
Projection . . . . . . . . . . 309
Detailed . . . . . . . . . . 310
Auxiliary . . . . . . . . . . 310
Sections . . . . . . . . . . 310
Local Views (Breakouts) . . . . . . . . . . 310
Broken Views . . . . . . . . . . 311
Exploded Assembly Views . . . . . . . . . . 311
Scaled Views . . . . . . . . . . 311
Modifying Views . . . . . . . . . . 312
Move View . . . . . . . . . . 312
Modify View . . . . . . . . . . 312
Erase/Resume View . . . . . . . . . . 313
Delete View . . . . . . . . . . 313
Relate View . . . . . . . . . . 313
Disp Mode . . . . . . . . . . 313
Dimensions . . . . . . . . . . 314
Show and Erase . . . . . . . . . . 315
Created Dimensions . . . . . . . . . . 316
Tolerances . . . . . . . . . . 318
Adding Text . . . . . . . . . . 318
Moving Dimensions . . . . . . . . . . 320
Notes . . . . . . . . . . 320
Creating Notes . . . . . . . . . . 320
Changing Text Style . . . . . . . . . . 321
Editing Notes . . . . . . . . . . 321
Including Parameters . . . . . . . . . . 322
Detailing Tools . . . . . . . . . . 322
Snap Lines . . . . . . . . . . 322
Breaks . . . . . . . . . . 323
Jogs . . . . . . . . . . 323
Symbols . . . . . . . . . . 324
Creating Symbols . . . . . . . . . . 324
Variable Text in Symbols . . . . . . . . . . 325
Multiple Sheets . . . . . . . . . . 325
Adding and Deleting . . . . . . . . . . 325
Moving Items . . . . . . . . . . 325
Multiple Models . . . . . . . . . . 326
Changing Models . . . . . . . . . . 326
Set Current . . . . . . . . . . 326
Replace . . . . . . . . . . 327

Layers . . . . . . . . . . . . . . . . . . . . . . . . . . . . . . . . . . . . . . . . . . . . . . 327
Tables . . . . . . . . . . . . . . . . . . . . . . . . . . . . . . . . . . . . . . . . . . . . . . 328
Creating Tables . . . . . . . . . . . . . . . . . . . . . . . . . . . . . . . . . . . . . . 329
Modifying Tables . . . . . . . . . . . . . . . . . . . . . . . . . . . . . . . . . . . . . 329
Copying Tables . . . . . . . . . . . . . . . . . . . . . . . . . . . . . . . . . . . . . . 329
Repeat Regions . . . . . . . . . . . . . . . . . . . . . . . . . . . . . . . . . . . . . . 329
Additional Detailing Tools . . . . . . . . . . . . . . . . . . . . . . . . . . . . . . . 330
Sketching 2D Geometry . . . . . . . . . . . . . . . . . . . . . . . . . . . . . . . . 331
Modifying 2D Geometry . . . . . . . . . . . . . . . . . . . . . . . . . . . . . . . . 331
Summary . . . . . . . . . . . . . . . . . . . . . . . . . . . . . . . . . . . . . . . . . . . . 332
Review Questions . . . . . . . . . . . . . . . . . . . . . . . . . . . . . . . . . . . . . . 332

## Chapter 13—Drawing Formats: An Overview of Drawing Borders (Title Blocks) . . . . . . . . 333

Format Entities . . . . . . . . . . . . . . . . . . . . . . . . . . . . . . . . . . . . . . . 334
Automating with Parameters . . . . . . . . . . . . . . . . . . . . . . . . . . . . . . 335
Model Parameters . . . . . . . . . . . . . . . . . . . . . . . . . . . . . . . . . . . . . 336
Drawing Parameters . . . . . . . . . . . . . . . . . . . . . . . . . . . . . . . . . . . 337
Global Parameters . . . . . . . . . . . . . . . . . . . . . . . . . . . . . . . . . . . . 337
Continuation Sheet . . . . . . . . . . . . . . . . . . . . . . . . . . . . . . . . . . . . 339
Importing Formats . . . . . . . . . . . . . . . . . . . . . . . . . . . . . . . . . . . . . 340
Format Directory . . . . . . . . . . . . . . . . . . . . . . . . . . . . . . . . . . . . . . 341
Summary . . . . . . . . . . . . . . . . . . . . . . . . . . . . . . . . . . . . . . . . . . . . 341
Review Questions . . . . . . . . . . . . . . . . . . . . . . . . . . . . . . . . . . . . . . 341

# PART 5: THE ENVIRONMENT . . . . . . . . . . . . . . . . . . . 343

## Chapter 14: Customizing the Environment: Environment Control Overview . . . . . . . . . . . . . . . . . . . . . 345

Operating System . . . . . . . . . . . . . . . . . . . . . . . . . . . . . . . . . . . . . . 345
Installation Locations . . . . . . . . . . . . . . . . . . . . . . . . . . . . . . . . . . 346
Text Editors . . . . . . . . . . . . . . . . . . . . . . . . . . . . . . . . . . . . . . . . . 347
Interactive Environment Settings . . . . . . . . . . . . . . . . . . . . . . . . . . . 348
Colors . . . . . . . . . . . . . . . . . . . . . . . . . . . . . . . . . . . . . . . . . . . . . 348
Options . . . . . . . . . . . . . . . . . . . . . . . . . . . . . . . . . . . . . . . . . . . . . 350
Configuration File Options. . . . . . . . . . . . . . . . . . . . . . . . . . . . . . . . 351
Editing and Loading a Configuration File. . . . . . . . . . . . . . . . . . . . . 351
Mapkeys. . . . . . . . . . . . . . . . . . . . . . . . . . . . . . . . . . . . . . . . . . . . . 353
Record Mapkeys . . . . . . . . . . . . . . . . . . . . . . . . . . . . . . . . . . . . . . 353
Mapkey Prompts . . . . . . . . . . . . . . . . . . . . . . . . . . . . . . . . . . . . . . 355
Trail Files . . . . . . . . . . . . . . . . . . . . . . . . . . . . . . . . . . . . . . . . . . . 355
Model Appearances . . . . . . . . . . . . . . . . . . . . . . . . . . . . . . . . . . . . 356
Summary . . . . . . . . . . . . . . . . . . . . . . . . . . . . . . . . . . . . . . . . . . . . 357
Review Questions . . . . . . . . . . . . . . . . . . . . . . . . . . . . . . . . . . . . . . 357

## Chapter 15—Plotters and Translators: Overview of Exporting Pro/ENGINEER Data . . . . . . . . . . . 359

Plotter/Printer Drivers. . . . . . . . . . . . . . . . . . . . . . . . . . . . . . . . . . . . . . 359
Pro/ENGINEER Internal Print Drivers . . . . . . . . . . . . . . . . . . . 360
Plotter Command . . . . . . . . . . . . . . . . . . . . . . . . . . . . . . . . . . . 361
Windows Print Drivers. . . . . . . . . . . . . . . . . . . . . . . . . . . . . . . 361
Shaded Images. . . . . . . . . . . . . . . . . . . . . . . . . . . . . . . . . . . . . 362
Print Dialog Box . . . . . . . . . . . . . . . . . . . . . . . . . . . . . . . . . . . . . . . . 362
Plotter Configuration Files . . . . . . . . . . . . . . . . . . . . . . . . . . . . 363
Color Tables. . . . . . . . . . . . . . . . . . . . . . . . . . . . . . . . . . . . . . . . 364
Translators . . . . . . . . . . . . . . . . . . . . . . . . . . . . . . . . . . . . . . . . . . . 365
Topology Bus . . . . . . . . . . . . . . . . . . . . . . . . . . . . . . . . . . . . . . . 367
Save a Copy (Export) . . . . . . . . . . . . . . . . . . . . . . . . . . . . . . . . 368
Data from File (Import) . . . . . . . . . . . . . . . . . . . . . . . . . . . . . . 368
Neutral . . . . . . . . . . . . . . . . . . . . . . . . . . . . . . . . . . . . . . . . . . . . 368
IGES . . . . . . . . . . . . . . . . . . . . . . . . . . . . . . . . . . . . . . . . . . . . . . 368
STL . . . . . . . . . . . . . . . . . . . . . . . . . . . . . . . . . . . . . . . . . . . . . . . 369
DXF and DWG. . . . . . . . . . . . . . . . . . . . . . . . . . . . . . . . . . . . . . 370
Summary . . . . . . . . . . . . . . . . . . . . . . . . . . . . . . . . . . . . . . . . . . . . . 370
Review Questions . . . . . . . . . . . . . . . . . . . . . . . . . . . . . . . . . . . . . . . 370

## Chapter 16—The Manager's Interface: Locating, Receiving, Viewing, and Printing Files . . . . . . 373

Locating and Receiving Files . . . . . . . . . . . . . . . . . . . . . . . . . . . . . . . 373
Viewing and Printing Files with Pro/ENGINEER . . . . . . . . . . . . . . . 375
Viewing Files with Pro/ENGINEER. . . . . . . . . . . . . . . . . . . . . . . 375
Printing Files with Pro/ENGINEER. . . . . . . . . . . . . . . . . . . . . . . 378
Exiting Pro/ENGINEER . . . . . . . . . . . . . . . . . . . . . . . . . . . . . . . 379
Viewing and Printing Files with ProductView Express. . . . . . . . . . . . 379
Viewing Files with ProductView Express . . . . . . . . . . . . . . . . . . 379
ProductView Express Viewing Icons. . . . . . . . . . . . . . . . . . . . . . 382
Printing Files with Pro/ENGINEER ProductView Express. . . . . 384
Exiting ProductView Express . . . . . . . . . . . . . . . . . . . . . . . . . . . 384
Summary . . . . . . . . . . . . . . . . . . . . . . . . . . . . . . . . . . . . . . . . . . . . . 384

# **PART 6: EXERCISES. . . . . . . . . . . . . . . . . . . . . . . . . . . 385**

## Description of Exercise Levels. . . . . . . . . . . . . . . . . . . . . . . . 387

Self Test. . . . . . . . . . . . . . . . . . . . . . . . . . . . . . . . . . . . . . . . . . . . . . 388
Hints . . . . . . . . . . . . . . . . . . . . . . . . . . . . . . . . . . . . . . . . . . . . . . . . . 388
Detailed Step by Step . . . . . . . . . . . . . . . . . . . . . . . . . . . . . . . . . . . . 388

## Self Test . . . . . . . . . . . . . . . . . . . . . . . . . . . . . . . . . . . . . . . . . . 389

Exercise 1. Circuit Board . . . . . . . . . . . . . . . . . . . . . . . . . . . . . . . . 389
Exercise 2. Potentiometer . . . . . . . . . . . . . . . . . . . . . . . . . . . . . . . 390

Exercise 3. First Feature Orientation . . . . . . . . . . . . . . . . . . . . . . . . 390
3a. First Feature (1) . . . . . . . . . . . . . . . . . . . . . . . . . . . . . . . . . . . 391
3b. First Feature (2) . . . . . . . . . . . . . . . . . . . . . . . . . . . . . . . . . . . 391
3c. First Feature (3) . . . . . . . . . . . . . . . . . . . . . . . . . . . . . . . . . . . 392
Exercise 4. Bezel . . . . . . . . . . . . . . . . . . . . . . . . . . . . . . . . . . . . . . 392
Exercise 5. Screw Model . . . . . . . . . . . . . . . . . . . . . . . . . . . . . . . . . 393

## Hints . . . . . . . . . . . . . . . . . . . . . . . . . . . . . . . . . . . . 395

Exercise 1. Circuit Board . . . . . . . . . . . . . . . . . . . . . . . . . . . . . . . . 395
Exercise 2. Potentiometer . . . . . . . . . . . . . . . . . . . . . . . . . . . . . . . 396
Exercise 3. First Feature Orientation . . . . . . . . . . . . . . . . . . . . . . . . 397
3a. First Feature (1) . . . . . . . . . . . . . . . . . . . . . . . . . . . . . . . . . . . 398
3b. First Feature (2) . . . . . . . . . . . . . . . . . . . . . . . . . . . . . . . . . . . 399
3c. First Feature (3) . . . . . . . . . . . . . . . . . . . . . . . . . . . . . . . . . . . 399
Exercise 4. Bezel 400
Exercise 5. Screw Model . . . . . . . . . . . . . . . . . . . . . . . . . . . . . . . . . 401

## Detailed Step by Step . . . . . . . . . . . . . . . . . . . . . . . . . . 405

Before You Begin . . . . . . . . . . . . . . . . . . . . . . . . . . . . . . . . . . . . 405
Exercise 1. Circuit Board . . . . . . . . . . . . . . . . . . . . . . . . . . . . . . . . 406
Exercise 2. Potentiometer . . . . . . . . . . . . . . . . . . . . . . . . . . . . . . . 412
Exercise 3. First Feature Orientation . . . . . . . . . . . . . . . . . . . . . . . . 417
Exercise 4. Bezel . . . . . . . . . . . . . . . . . . . . . . . . . . . . . . . . . . . . . . 420
Exercise 5. Screw Model . . . . . . . . . . . . . . . . . . . . . . . . . . . . . . . . . 427

## Appendix A: Related PTC Software . . . . . . . . . . . . . . . . . 437

Core Design . . . . . . . . . . . . . . . . . . . . . . . . . . . . . . . . . . . . . . . . 437
Extended Design . . . . . . . . . . . . . . . . . . . . . . . . . . . . . . . . . . . . . 439
Simulation . . . . . . . . . . . . . . . . . . . . . . . . . . . . . . . . . . . . . . . . . 440
Enterprise Data Access . . . . . . . . . . . . . . . . . . . . . . . . . . . . . . . . . 441
Pro/NC (Manufacturing) . . . . . . . . . . . . . . . . . . . . . . . . . . . . . . . 442
Application Programming . . . . . . . . . . . . . . . . . . . . . . . . . . . . . . 443

## Appendix B: Answers to Chapter Review Questions . . . . 445

## Index . . . . . . . . . . . . . . . . . . . . . . . . . . . . . . . . . . . . 465

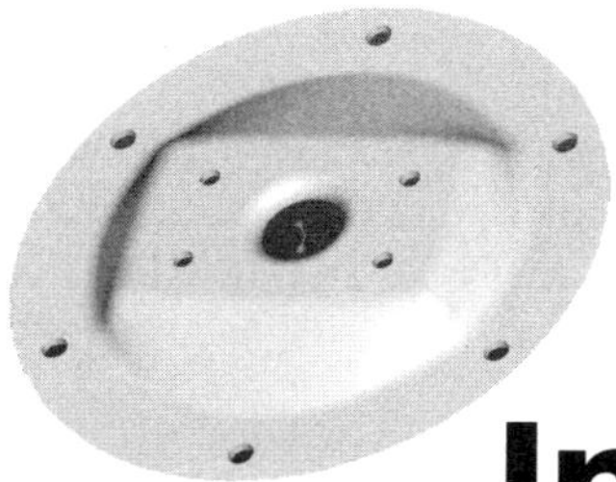

# Introduction

Since 1988, Pro/ENGINEER has steadily become the premier CAD system for the engineering, manufacturing, and analysis communities. With well over 100,000 seats installed worldwide, many users rely on Pro/ENGINEER for its modeling power and stability. Because of its popularity, major universities now include it as part of their basic engineering curricula, just like they have over the years with other leading 2D CAD (e.g., AutoCAD) systems.

What separates Pro/ENGINEER from other forms of basic CAD software packages is that the software is a 3D solid modeler. Unlike 2D tools, Pro/ENGINEER lets the user visualize designs in a 3D world. It also has the benefit of "intelligent" geometry, or geometry that is parametric (dimensionally controlled). This book will teach you how to use Pro/ENGINEER for 3D solid modeling.

## ▪▪ Pro/ENGINEER

Pro/ENGINEER is used in a vast range of industries, from the manufacturing of rockets to computer printers. To meet the needs of large and small companies alike, Parametric Technology Corporation bundles the various software modules, called extensions, on top of the cornerstone module called Foundation. Pro/ENGINEER encompasses Foundation as well as extensions. Pro/ENGINEER-Foundation is the starting place for all Pro/ENGINEER implementations. Additional extensions offer further functionality.

Almost everything covered in this book is a function available within Pro/ENGINEER-Foundation. In addition, functionality from the Advanced Assembly Extension is discussed. Moreover, the concepts and interfacing techniques covered in this book are directly applicable to almost the entire Pro/ENGINEER product line. However, most extensions in Pro/ENGINEER are not specifically addressed in this book.

> **NOTE:** *See Appendix A for a complete and condensed list of all Pro/ENGINEER modules.*

# What Are the Advantages of Using Pro/ENGINEER?

Pro/ENGINEER is a robust 3D-feature-based, associative, parametric solid modeling system for part and assembly design, detailing, manufacturing, and analysis. Even at the Foundation level, it is a highly advanced solid modeler that incorporates functionality only, or in some cases not even, found in other high-end CAD systems. Pro/ENGINEER's method of design is unique among solid modeling CAD systems.

Through the use of associativity (explained in material to follow), the complete design intent can be communicated to downstream users. Moreover, because the information created in Pro/ENGINEER focuses on a single database, all downstream applications and deliverables that access the database are automatically and immediately kept current.

The single database referred to is a solid model part, and is created and primarily maintained in an application mode of Pro/ENGINEER called Part Mode. Other application modes, such as Drawing Mode and Assembly Mode, reference this part in their individual databases by creating a link (association) to the part. In this way, every time a drawing or assembly is retrieved, the associated file is read and displayed in its latest configuration.

When you are working in Drawing Mode or Assembly Mode, the information relative to the drawing or assembly databases (e.g., size of drawing, text size, assembly mating conditions, and so on) is created and maintained in respective individual databases. Although it is possible to modify part information while in the other modes, Pro/ENGINEER appropriately tracks the information such that data relative to the part are stored only in the part database; data are never duplicated. In other words, part data are never copied into an assembly or drawing; the databases are always unique and are therefore associative with one another.

As an example of how these linked data work, consider a part database and a drawing database. The part database completely describes the geometry, including its features, parameters, and dimensions. The drawing database completely describes the drawing, including the sheet size, which model is shown, and which views are displayed. While working in Drawing Mode, you change a dimensional value of the part (e.g., the length), and regenerate the model to reflect the new value. You will immediately see all views on the drawing automatically update themselves. However, technically the drawing did not change (at least in terms of database content). The only database that changed was the part. The drawing simply reflects that change. And in a broader sense, any and all assemblies that reference such a part are also shown to be automatically updated the next time they are retrieved (or immediately updated if they were already currently accessed).

## Understanding Parts and Features

Pro/ENGINEER provides a straightforward approach to building complex parts using consistent, systematic processes. Parts are a collection of individual features. Features in a part are analogous to operations performed by a machinist or model maker, such as drilling a hole, removing material, and adding material. The advantage a Pro/ENGINEER user has over a machinist is that everything about the operation is remembered and completely accessible, such that the operation can be redefined without having to do everything again.

In addition to redefining feature information, features remember how they are located with respect to other geometry. If the other geometry changes, the feature will react according to its established design intent. Once more, everything that exists in the part after the feature will always be examined to ensure that the design intent remains intact. For example, if two separate holes are modeled and the second one references the first for its location, Pro/ENGINEER remembers that relationship. Therefore, when a change occurs in the model, the first hole will react accordingly within its constraints. The second hole will then maintain its constrained reference to the first hole. When you think about these relationships, you begin to see a chain reaction of events that is typical in Pro/ENGINEER models.

Pro/ENGINEER is a history-based solid modeler. This means that the software remembers the order in which features are created, a critical fact of Pro/ENGINEER. For example, the system will not let you create a hole before a solid volume of material exists. Such ordering is probably obvious; nevertheless, if the solid volume of material is deleted, the hole must also be deleted. The term used to describe this relationship is *parent/child.*

> **NOTE:** *The following statement is not completely accurate, but the more that you respect its philosophy, the better off you will be: "Everything in Pro/ENGINEER is a relationship." Relationships can be a blessing or a curse. Eventually, with the help of this book, you will learn to control parent/child relationships to the extent they are a blessing.*

## Who Should Read *Inside*

*Inside Pro/ENGINEER 2001* is a friendly and easy-to-follow guide for both experienced and beginning mechanical designers, drafters, and engineers learning to use the software. Even experienced users of Pro/ENGINEER can find valuable hints within these pages. This book teaches you how to use Pro/ENGINEER in a language you can understand.

At a minimum, those who will be using Pro/ENGINEER-Foundation should use this book. For those using the other extensions, this book will provide the basic understanding of the interface, and of associativity and the program's parametric capabilities necessary to the effective use of those extensions.

## What *Inside* Is About

This book is not intended to be a totally comprehensive user manual. If you or your company purchased the software, you already have one of those anyway. The book does not contain an explanation for every command, menu, and functionality in Pro/ENGINEER. Nevertheless, you are advised to put your manual aside for awhile. This book is intended to do a better job of getting you started and providing you with a fundamental understanding of the important concepts/philosophies of Pro/ENGINEER. *Inside Pro/ENGINEER 2001* maintains a flow in that only commands associated with the task at hand are explained; the same commands are later addressed in detail as you become increasingly skilled.

*Inside* begins by teaching you about the Pro/ENGINEER-Foundation design environment. You will learn how a typical design session progresses and see how Pro/ENGINEER works. While you work on a project in which you design and build your own control panel assembly, the book guides you through Part Mode, Assembly Mode, and Drawing Mode. In the process, you will take full advantage of Pro/ENGINEER Solution's parametric capabilities. You also have the option of performing exercises at your own pace. Finally, you will be shown how to customize and take advantage of your environment. Depending on your experience with Pro/ENGINEER, this book may be utilized in different ways.

## How *Inside* Is Structured

*Inside Pro/ENGINEER 2001* is divided into six parts. Part 1 provides you with a glimpse of how Pro/ENGINEER is typically used during a hypothetical design project, and then introduces you to the Pro/ENGINEER environment. Parts 2, 3, and 4 guide you through Part, Assembly, and Drawing Modes. Part 5 addresses how to import and export designs and how to customize your environment. The final part consists of exercises organized according to levels of challenge. There is also a complete index at the end of the book.

Review questions are found at the ends of chapters. Every question can be answered by understanding the material in the chapter. The answers are found at the back of the book.

## Typographical Conventions

Menu names are in all capitals where they are capitalized in the software interface. Examples include DATUM PLANE and SOLID FEATURE. Names of windows, dialog boxes, command names, modes, and similar items are set in initial capitals. Examples are Menu Manager, Sketcher Mode, Model Tree, Component Placement, and Feature Element.

The following line shows a typical command string.

Feature > Create > Solid > Protrusion > Extrude > Solid > Done

In many cases, you will note that Pro/ENGINEER has already made a default selection (a highlighted menu selection) for the exact commands this book tells you to make. Generally speaking, the book will not tell you to select something already selected by default. On occasion, however, simply telling you to select the default option or command is more transparent. In the latter cases, you can click on the already highlighted item or not; the choice is yours.

### *Icons*

In most instances, this book employs the use of icons in the selection of many commands. Whenever the selection of an icon is appropriate, the picture of the icon will appear near the command string. In some cases, icons stay "pushed in" when selected and then "pop out" when selected again. Other icons "pop out" immediately and never remain pushed in. All three types are shown in the following illustrations.

*The Datum plane's on/off icon remains pushed in when selected. This means that datum planes are visible.*

*When selected again, the Datum plane's on/off icon will pop out. This means that datum planes are visible.*

*The Repaint (the screen) icon will pop out immediately when selected, and never remains pushed in.*

If, for example, the Datum planes on/off icon is used in a command string, note whether the icon is pushed in or popped out.

### *Dialog Boxes*

When dialog boxes appear, each item to be selected is separated by a pipe character ( | ) and each button to be chosen appears inside square brackets ([ ]).

The button at left, for example, will be referenced in a command string as [Preview]. Dialog boxes and menus often work together; therefore, dialog box commands will often appear in command strings along with menu commands, as seen in the following example.

Depth | [Define] > Thru All | Done > [Preview] | [OK]

### *Notes, Tips, and Other Conventions*

There are several other conventions you will see used throughout this book.

➾ ***NOTE:*** *Notes are used to highlight important concepts and explain Pro/ENGINEER's behavior.*

✓ ***TIP:*** *Tips show shortcuts and hints that help you enhance your productivity using Pro/ENGINEER.*

✘ ***WARNING:*** *Warnings are used to ensure that you understand the consequences of a particular action. These will prevent you from losing work or making major mistakes.*

**BONUS** *Bonuses alert you to extra exercises that will enhance your overall learning experience.*

All directory and file names (e.g., *config.pro*) and user input (e.g., input *.06*) appear in lowercase italics. Italics are also used for emphasis and to highlight configuration keywords and settings, as explained in the following.

Certain configuration keywords and settings are recommended throughout the book. The use of these settings is explained in Part 5. Therefore, you will be informed about recommended settings earlier in the book than you are told how to use them. These settings appear in italicized capital letters. Because there several types of files used for customizing, you will be told the standard file name (or extension) and then the name of the setting. An example recommendation is to use *DISP_DTM_PLANES YES* in the *config.pro* file.

### *Saving Your Work*

SAVE

Finally, because anytime is usually a good time to save your work, a special icon is located in various places to remind you to save. The save icon appears at left.

## Online Companion Web Site

The assorted Pro/ENGINEER files created by the exercises in this book can be found on the OnWord Press Online Companion web site. If you have trouble with any of the features or procedures described in the book, you might want to take a look at these example files. All files are created with Release 2001 of Pro/ENGINEER, and as a result, you must have Release 2001 or higher installed prior to opening these files.

To download files these files, go to *www.onwordpress.com/proengineer/steffen*, and copy the files from the site into a directory (folder) that you intend to work in during the course of this book. A suggested name for this folder is *ipe2001*. A directory of online content follows.

| File Name | Description |
|---|---|
| **Parts** | |
| ipe_bezel.prt | Exercise 4 |
| ipe_knob.prt | Part Mode tutorial |
| ipe_knob_finished.prt | Exercise 6 |
| ipe_knob_tutorial.prt | Drawing Mode tutorial |
| ipe_pot.prt | Exercise 2 |
| ipe_pcb.prt | Exercise 1 |
| ipe_screw.prt | Exercise 5 |
| **Assemblies** | |
| ipe_pcb_assy.asm | Assembly Mode tutorial |
| ipe_control_panel .asm | Assembly Mode tutorial |
| **Drawings** | |
| ipe_knob.tutorial.drw | Drawing Mode tutorial |
| ipe_knob_finished.dr w | Exercise 6 |
| Drawing formats | |
| c-size.frm | Optional file for your experimentation |
| **Miscellaneous** | |
| ipe_config.pro | Sample configuration file from Chapter 14 |
| ipe_menu_def.pro | Sample menu definition file from Chapter 14 |

# PART 1

# Pro/ENGINEER Solutions Basics

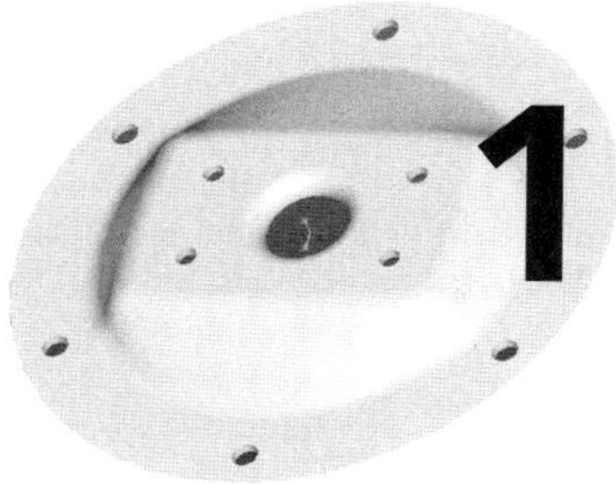

# 1 A Typical Pro/ENGINEER Design Session

## *A Quick View of Pro/ENGINEER as an Integrated Design Tool*

Assume a hypothetical assignment of designing a mounting plate for a table leg. You must satisfy certain basic design requirements, but as is often the case, the product specification is not yet complete. Your task is to complete a conceptual design and then present a drawing for a design review. Changes are expected following the design review. But this time, when you say "No problem!" regarding the changes, you will mean it.

This chapter illustrates typical steps when using Pro/ENGINEER to design a new part, assemble the part with another part, and make a drawing. You will also see how to use Pro/ENGINEER to implement redesigns with a fraction of the effort you otherwise would put forth.

Note that this chapter is not a step-by-step exercise. You are not shown all the commands you would ordinarily use to create the mounting plate. The purpose of this chapter is to acquaint you with how Pro/ENGINEER "thinks" and "behaves" so that when you begin to design with Pro/ENGINEER in subsequent chapters the environment and terminology will make sense.

When the design session overview is complete, you should understand the following concepts:

- ❒ How feature-based modeling facilitates the design process
- ❒ How parametric features behave
- ❒ How a single part, database, drawing, and assembly are linked
- ❒ How Pro/ENGINEER captures design intent, not just the design

# ■■ Initiating the Design

Pro/ENGINEER uses parametric feature based modeling to create a part. The term *parametric* means that Pro/ENGINEER uses parameters (as in dimensional values). If you are learning this type of modeling for the first time, the "parametric thing" is probably going to take a little getting used to.

## Parametric Modeling

To understand parametric modeling, consider the length dimension of a block as an example. In a 2D or 3D wireframe modeler, changing the length requires that you use a "stretch" or "move-trim" command to change the geometry. A change to the geometry prompts the associative dimension to reevaluate itself and the new value is shown. To be concise, the *geometry drives the dimensions.* In contrast, upon changing the block length in Pro/ENGINEER, the *dimension drives the geometry.* In Pro/ENGINEER, stretching geometry or moving a face does not exist. In addition, remember that a dimension is one type of parameter among many, and that parameters can reference other parameters through relations or equations.

## Feature-based Modeling

A feature is a basic building block that describes a given aspect of the design. This type of building block philosophy produces dependencies between features. Like building with Lego figures, blocks are stacked on top of each other. When you remove a block carrying a stack, the stack must transfer to a substitute block in order to remain part of the figure. Feature dependency means that features are "smart," meaning that features adjust automatically to changes in the design. For instance, were you to move the block carrying a stack to another location in the Lego figure, all stacked blocks would move with it.

In brief, feature-based modeling means that you are able to incorporate your *design intent* like never before. Design intent can represent more than the size and shape of features; it can include tolerances, manufacturing processes, relationships between features, dimensions, and more. If you have not yet been able to capture this information in a solid model, you may be unaware of the potential of feature-based modeling. Remember that the design intent may be conveyed via a drawing, or even in some cases simply through the CAD model itself.

To start with, it is a good idea to keep your features simple. One of Pro/ENGINEER's most robust properties is that complicated geometry can be created by combining simple features.

## Designing with Features

A part always begins with a base feature. This is a basic shape, such as a block or cylinder that approximates the shape of the part. Upon adding familiar design features (such as protrusions, cuts, rounds, and holes), the part's geometry is created. You may be accustomed to other CAD systems in which the method of creating a part is to draw a picture of what the part looks like from certain orientations (e.g., front or top). When working with the Pro/ENGINEER feature-based method, you add and remove material from a 3D object. This form of feature creation utilizes commands closely related to the type of fabrication methods used in the creation of the physical part. An example of a base feature (base part) is shown in the following illustration.

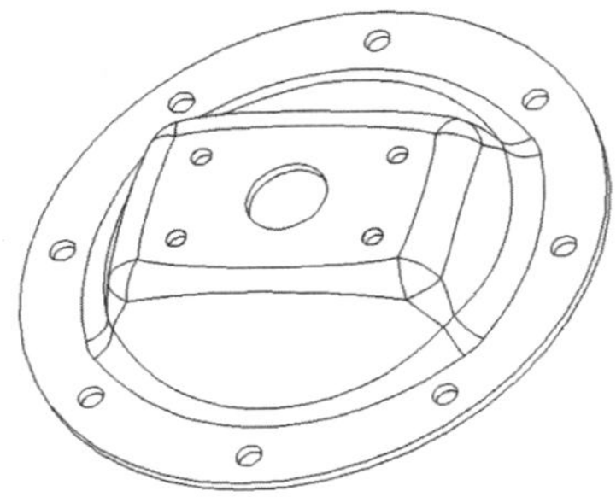

*Sample stamped plate.*

## Prepare a Feature Strategy

Always take a few minutes before you begin modeling to think about the individual features you are most likely to encounter in the part. You may even want to sketch your part out to better understand the features required to create the model. Experiment with this activity now by examining the previous illustration to identify the individual features that constitute the part. Not only will functionality and design flexibility affect your decisions, but the method of manufacture (e.g., molding, stamping, CNC, and machined). For instance, in the stamped plate example, assume that stamping will be the most cost-effective method of manufacture. Consequently, you will want to maximize the use of a feature creation command (such as Shell) by fully developing one side of the material and letting Pro/ENGINEER develop the other side. With such a strategy in mind, you would determine the features that must occur before and after the shell.

Avoid getting bogged down at this juncture; you do not have to predict the future and take into account every detail in the planning stage. You will most likely be able to manipulate the features later to suit any new revelations or design changes you encounter as you go. Preparing a feature strategy is an art. Some can nail it before they begin, and others do not really get a feel for it until they dig in. You will develop your own style, but remember that the time you spend here will most assuredly be worthwhile.

# Part Design Fundamentals

## Creating the Base Feature

Think small; do not try to build the part in one feature. In brief, reduce the part to its most basic element. Ask yourself, "If every periphery function of this part were removed from the design requirements, what would remain?" Another way of conceptualizing the base feature is to imagine what a machinist would start with from a rack of raw stock. The mounting plate boils down to a short and wide cylinder.

Before you begin creating solid geometry, it is best to lay down a foundation of three perpendicular datum planes, known as "default datum planes" in Pro/ENGINEER jargon. Although the default datum planes are optional, using them is strongly recommended because they prove to be very useful later. The default datum plane will act as your base feature, which will provide you with greater flexibility in manipulating the model's features when the need arises.

How do you make a cylinder? The process for creating most features in Pro/ENGINEER follows.

1. Select menu options that describe the general type of feature you want to create.
2. Establish a sketching plane by selecting opposing datum planes or part surfaces.
3. Roughly sketch the basic 2D shape of the feature.
4. Add dimensions for the shape, and alignments to locate the shape, to previously established part information. This step can be automated by Pro/ENGINEER.
5. Answer additional questions regarding direction and depth, and the feature is created.
6. Once you have created the feature, modifications and refinements are typical.

There are many ways to make a cylinder. However, for this example you will extrude a circle. The first step is to choose menu selections to indicate you want to make a solid feature that adds material and extrudes it.

> **NOTE:** *Selections that perform the most commonly used operations in Pro/ENGINEER appear as defaults and are highlighted.*

After selecting and orienting a sketching plane (from the set of default datum planes), Pro/ENGINEER will take you into Sketcher Mode. Here you sketch a circle at the intersection of the other two datum planes, while Pro/ENGINEER automatically dimensions the sketch. After you leave Sketcher Mode, the depth dimension is specified (in this case, cylinder length).

*Cylinder with dimensions. This cylinder is now the base feature for the plate.*

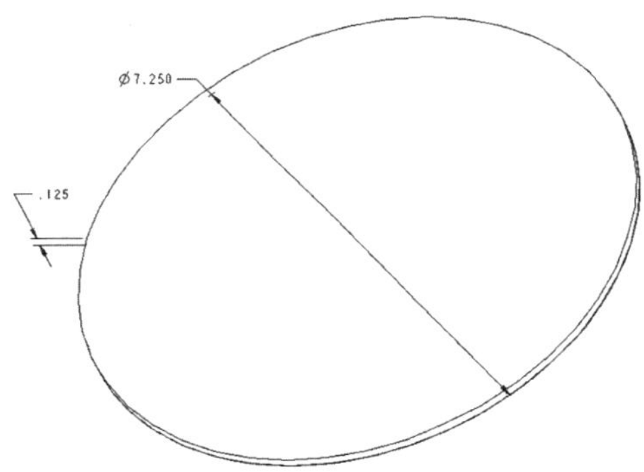


## Adding Material

Next, build the raised platform in the center. To determine the type of feature to make, look back at the sample stamped plate and try to imagine what the part would look like if the radii on all rounded edges on the platform were not there. The result of this mental exercise is a feature circular at the bottom and rectangular at the top. Do not worry about making the feature with rounded edges; the edges will be built as a subsequent separate feature.

With the Pro/ENGINEER blend feature type, you would blend a circle into a rectangle over a specified distance. Similar to the base feature, the blend is sketched and its other elements are satisfied in much the same way.

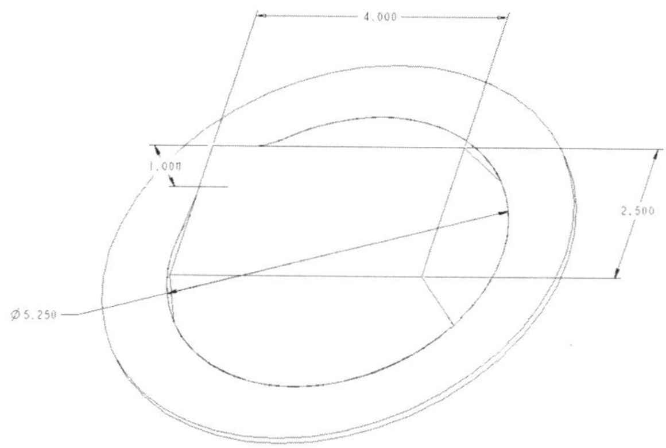


*Raised platform blended from circle to rectangle.*

## Rounding Edges

The first set of rounds reveals yet another powerful facet of Pro/ ENGINEER. In this case, the four edges that blend to the rectangle are rounded with a constant radius. Pro/ENGINEER automatically knows what to do as the adjacent surfaces approach tangency. (Note how the edges of the round converge at the circle.)

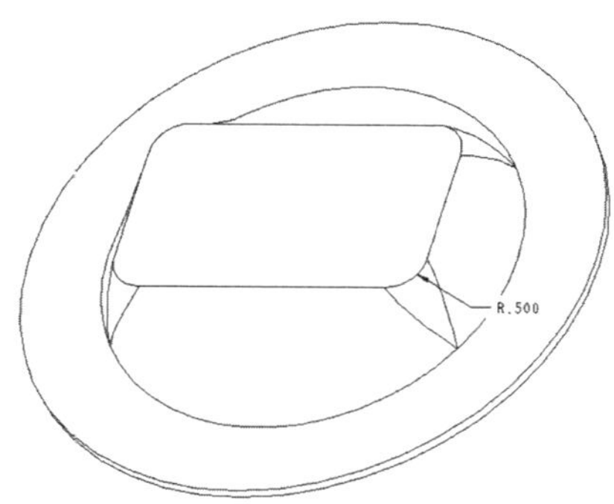


*Rounded vertical edges of raised platform.*

The next set of rounds are created separately (the rectangle's edges in one feature and the circle's edges in another) because they require different values.

➻ ***NOTE:*** *The Round Sets command is used for creating rounds of different types and with different values within a single feature.*

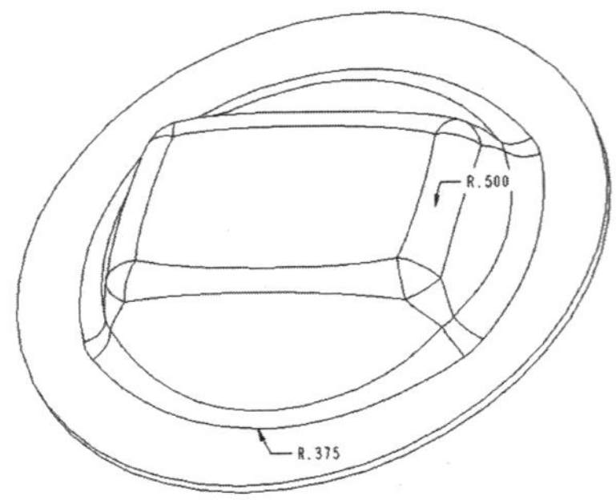


*Other rounded edges.*

## Using the Shell Feature

As shown in the following illustration, only one side of the material has been developed to this point.

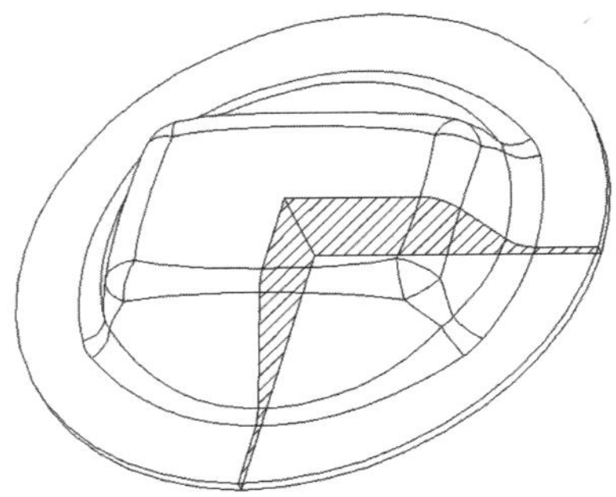

*Plate is sectioned to illustrate thickness.*

Developing the inside walls to achieve a constant wall thickness is extremely easy. All you have to do is select the command, specify a surface to be removed (i.e., a place for the unwanted material to escape), and then specify a value for the wall thickness.

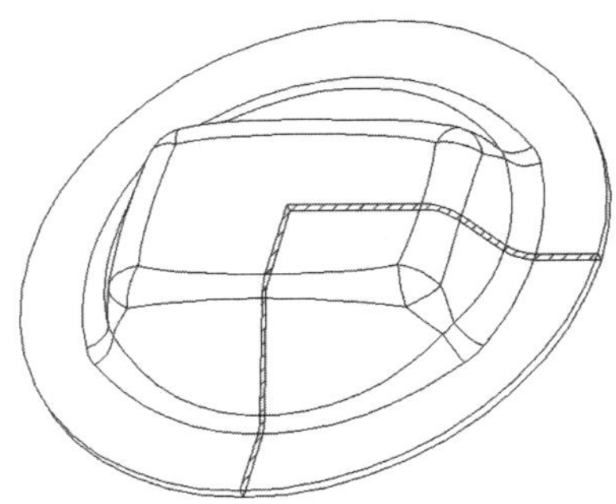

*Shelled part with constant wall thickness.*

## Adding Holes

A series of different holes is required for this part. The first is a set of four holes on the raised platform for mounting the leg. Next is a large clearance hole in the center, and finally, a pattern of equally spaced mounting holes around the perimeter. Methods vary between using the Cut and Hole features.

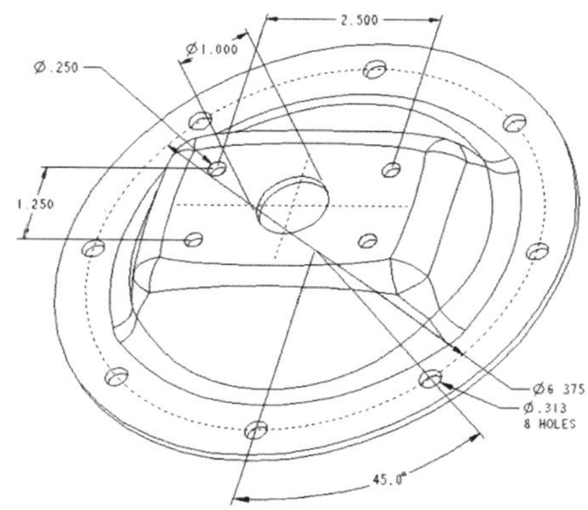


*Completed part after adding holes.*

For instance, the four holes on the raised platform were built at the same time by sketching four circles in the sketch of an extruded cut. This provided a very simple method of creating four holes quickly and conveniently contained within one feature. The holes around the perimeter were created by patterning a single Hole feature. A pattern was used for these holes because, among other reasons, past experience dictated that although final specifications are not yet determined, the *number of holes* is often critical to the holding strength of this type of mounting plate. Changing the number of holes is easy when you use a pattern.

# ■■ Making an Assembly

Now that the preliminary design of the plate is complete, you need to verify that the mating part, the leg, matches up with the part. Assembly Mode is used to assemble two or more parts while using logical instructions that are "smart," just like features in Part Mode. For purposes of this demonstration, assume that the mating part has already been created by someone else and consists of a simple representation of a leg.

A new assembly is initiated by determining which component should be the first component of the assembly. Components can be either an individual part or a subassembly. Because the first component of the assembly will be the foundation, it is important that this component be a stable fixture of the assembly. Everything else will build upon it. Remember how this problem was dealt with in Part Mode? Default datum planes were created. Recall as well that the first component will have to be assembled to the datum planes in the assembly similar to the way the first feature of a part is located with respect to datum planes.

After the default datum planes are created, the plate will be assembled as the first component. The typical process for assembling a new component follows.

1. Select the commands from the menu to instruct Pro/ENGINEER to assemble a new component.
2. Specify the component to assemble by selecting it from the file browser.
3. Drag and drop the component to an approximate location.
4. Apply assembly constraints that describe how the component attaches itself to the assembly.

Assembly constraints do either or both of two things: *orient* or *locate* a component with respect to the assembly. Enough constraints must eventually be provided to eliminate all degrees of freedom. Constraints are chosen and applied until you are informed that the "Component can now be located."

To assemble the leg, the bottom surface of the leg will first mate with the top surface of the plate. The Mate constraint locates the leg to be coplanar to the plate and orients the leg such that the surfaces point at each other. Next, two Align constraints will be completed by choosing two hole axes, each time alternating between the leg and the plate.

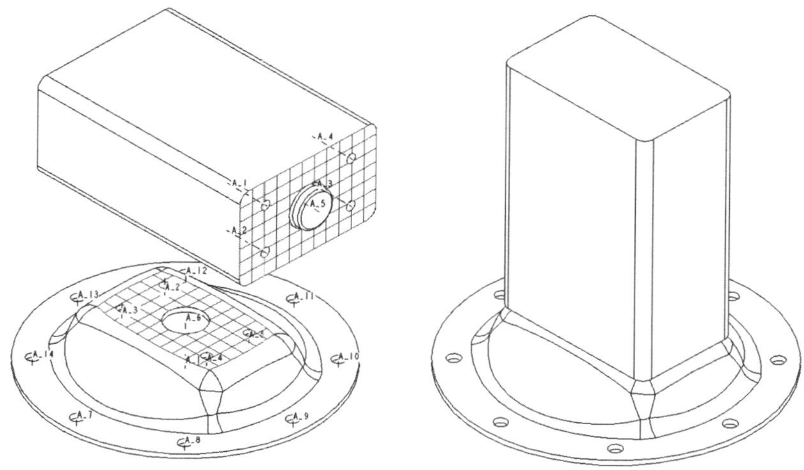

*Assemble leg to assembly using Mate and Align constraints (left). Finished assembly (right).*

## ■■ Creating a Drawing

Drawing Mode may represent the greatest departure from what you may be accustomed to if you are experienced with a 2D or 3D wireframe system. In 2D CAD wireframe systems, the process for creating a drawing consists of drawing lines and arcs, projecting geometry from one view to create other views and then creating dimensions. In a 3D wireframe modeler, you may have been duplicating and flattening the geometry into orthogonal views.

In Pro/ENGINEER, the process consists of placing one general orthographic view of an existing solid model. The view is of the solid model rather than a duplicate or flattened version of the 3D model. At this point, you request that Pro/ENGINEER create the other views automatically, according to the type and location you specify. After this step, Pro/ENGINEER is instructed to show the dimensions created during the part feature's creation. Pro/ENGINEER will automatically place the dimensions in the appropriate views. Your real work will consist of making the necessary cosmetic adjustments to the drawing to make it resemble a finished product.

## Selecting Views for the Drawing

A new drawing sheet will be blank, and will be sized according to your choice of available standard sizes or automatically set if you use a custom format. ("Format" in Pro/ENGINEER is known as a border or title block in other CAD systems.) Only one sheet is initially started, but if others are required later they will be created within the same drawing database. Start by placing the first view, keeping in mind that the other views will be based on this view. The first view requires a user-specified orientation and the other views are then automatically rotated or projected based on your specifications.

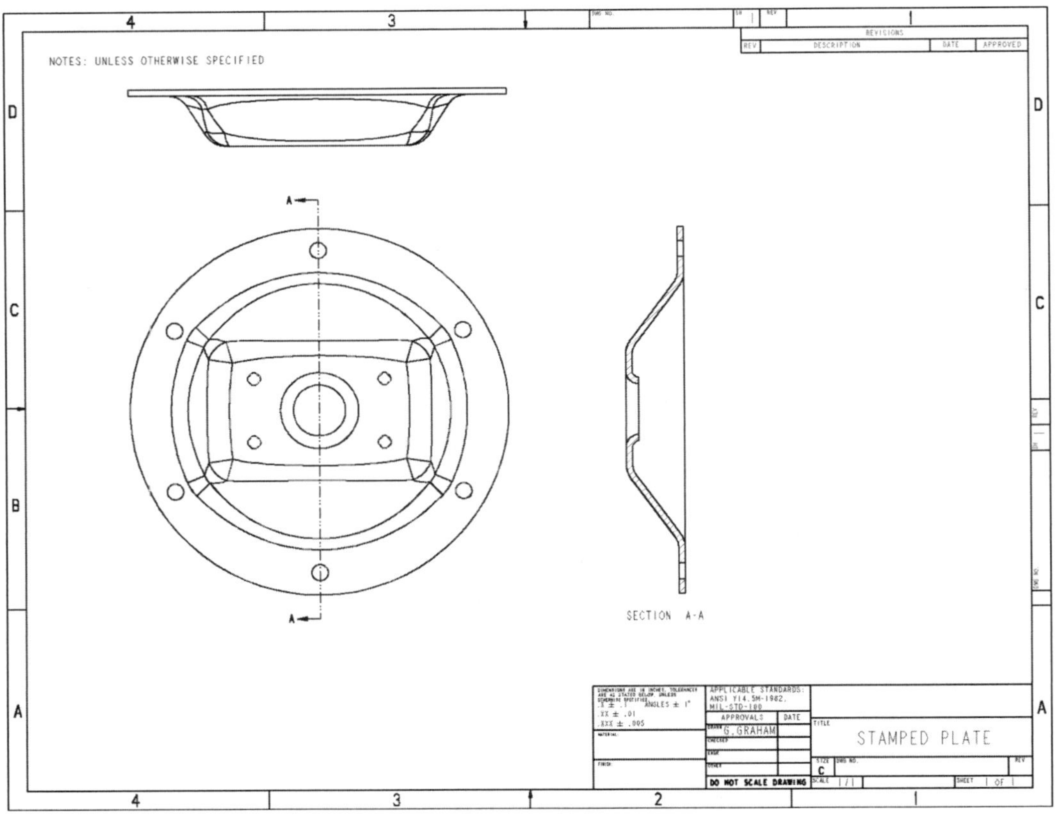


*New drawing with section views and format.*

## Dimensions and Notes

Because the part database already contains all dimensions, you simply instruct Drawing Mode to show the dimensions. Pro/ENGINEER will automatically determine which views among the ones you have created would be most appropriate for each dimension. Subsequently, you will likely wish to make adjustments and cosmetic improvements.

If you, or your company, have invested some time in creating "smart" formats, the title block should be automated, so you will not have to spend time filling out the format. Finally, general notes are created and the drawing is plotted.

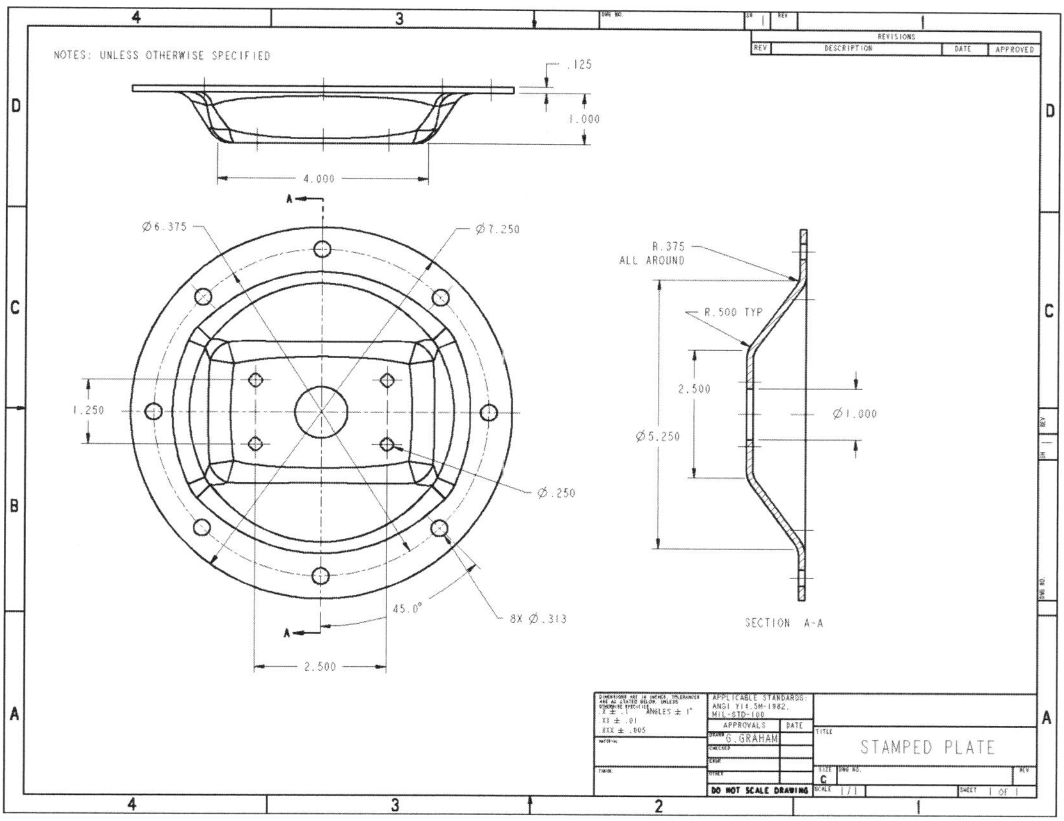


*Finished drawing.*

# Design Changes

The power of parametric modeling is strongly evident when it comes time to making design changes. Because everything is also associative, the part, assembly, and drawing are always in sync. In the design review of the plate, assume you are requested to make the following "minor" changes.

- ❒ Because no sharp edges are permitted in the center hole, it must be rolled over.
- ❒ Only six mounting holes around the perimeter are required.
- ❒ The height of the raised platform should be only 0.5 inch.

## Modifying the Center Hole

After examining what exists versus what is needed, you may think that the center hole should be deleted and recreated. In reality, only four simple steps are necessary to salvage the hole and include a rolled edge.

1. Reorder the sequence of the features such that the hole comes before the shell. (This technique will convert the hole into a full-length one because of its current depth setting, with walls to be created by the shell.)
2. Redefine the shell feature so that the bottom surface of the hole is also a removed surface.

*Center hole reordered and shelled.*

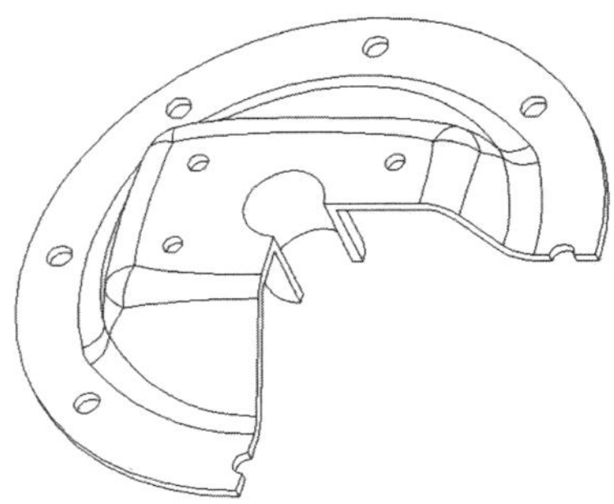

3. Redefine the hole depth to a specified depth instead of full length.
4. Enter Insert Mode to create a round after the hole feature, and before the shell feature.

## Changing the Number of Holes

This change consists of modifying two dimensions. Simply change the dimension for the angular spacing and then change the parameter that specifies the number of holes in the pattern.

> **NOTE:** *This step could have been automated with the use of relations. An equation could be devised such that the angular spacing of the holes around the center is automatically calculated for equal spacing depending on the number of holes.*

## Making the Plate Shorter

The difficulty of this type of change comes from having to possibly redo that tricky blend from a circle to a rectangle, in which case you could be stuck having to redo all the rounds and fillets and then redeveloping the inside surfaces. You will also need to follow up on the drawing and all the associative dimensions that may get reconfigured in the shuffle.

Next, take a moment to consider all features associated with this raised platform. Included are rounded edges, the fancy rolled-over center hole, and a pattern of mounting holes. All of these features could be greatly affected by the change.

Pro/ENGINEER will take care of everything after you modify a single dimension that controls platform height. This is the power of feature-based modeling.

## Updating the Drawing

Again, Pro/ENGINEER will do almost all of the work here. After all, the drawing is merely a reflection of the part. As the part changes, so does the drawing. The only thing that needs to be done at this stage is to Show the two new dimensions for the rolled-over center hole.

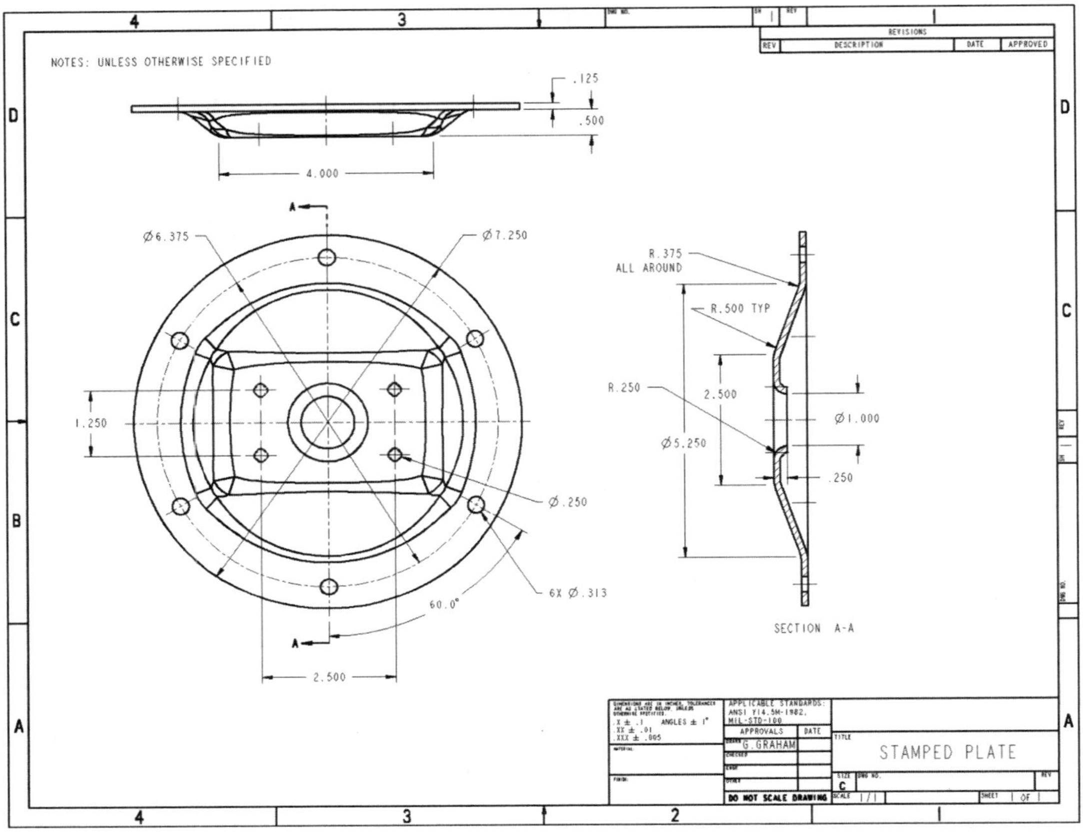


*Updated drawing after design changes.*

# ■■ Summary

This chapter and its design session have introduced you to some of the common concepts of Pro/ENGINEER. By now you should have a basic understanding of the following concepts.

- ❒ Parametric and feature-based design behavior
- ❒ Dimensional constraints and relationships
- ❒ Assembly techniques
- ❒ Associativity between Pro/ENGINEER modes
- ❒ How Pro/ENGINEER captures your design intent

# Review Questions

1 What does the term *parametric modeling* mean?

2 What does the term *feature-based modeling* mean?

3 (True/False): If possible, try to keep the number of features to a minimum when creating a new part.

4 What is the Pro/ENGINEER term for a part or subassembly used in an assembly?

5 (True/False): Multiple sheets of a drawing are created within the same database (file).

6 (True/False): The geometry of a part is copied into the drawing and flattened for every orthographic view created.

## Extra Credit

Other than the Hole command, name any other command you could use to make a feature that looks like a hole.

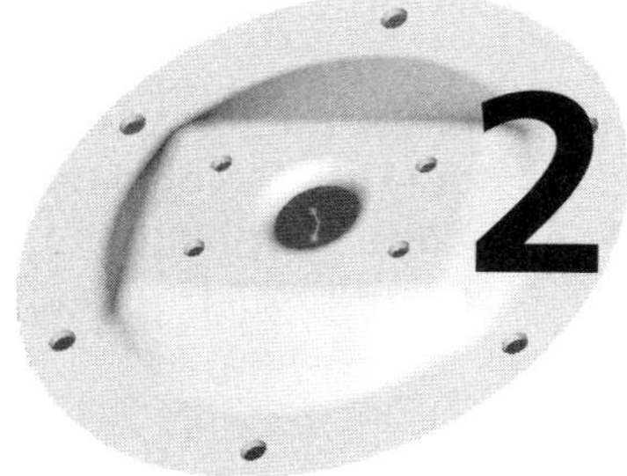

# 2

# The User Interface

## *Mouse Control, Windows, Menus, Views, and Files*

This chapter introduces you to the various windows that make up the Pro/ENGINEER user interface. In addition, mouse button functions, menu structure, viewing commands, and file management issues are covered.

## ■■ Getting Started

### Start-up Icon

The Pro/SETUP utility will automatically create a Program Group with an icon. You may wish to change the properties of this icon on the Shortcut page in order for it to "start in" the directory in which you will create parts, drawings, and assemblies. The "start in" directory must be created by you with the use of operating system tools (e.g., Windows Explorer).

The Pro/SETUP utility recommends that you install the Application Manager. If you are using several other PTC applications, (such as Pro/Intralink, Pro/Fly-Through, and so forth), using only the Application Manager is recommended. The Application Manager provides a single starting place for the PTC product line, which is something Pro/Intralink requires. However, if you are using Pro/ENGINEER alone, installing the Application Manager is not recommended because it would simply take up desktop space. Use the program icon for Pro/ENGINEER, not the one for the Application Manager.

*PTC Application Manager. This book assumes that you will not use it.*

## Mouse and Keyboard

Pro/ENGINEER uses both the mouse and keyboard for getting instructions from you. The mouse will be used to select commands from the menus and dialog boxes; the keyboard is used for entering text and values, and to initiate *mapkeys* (commonly known as keyboard macros). You should use a three-button mouse with Pro/ENGINEER because all three buttons are utilized.

> **NOTE:** *If you have a two-button mouse, you can emulate the middle button by holding down the <Shift> key and pressing the first mouse button. Of course, because this process can quickly become very tedious, acquiring a three-button mouse as soon as possible is recommended.*

For example, the first button (i.e., the leftmost button) is used for selecting commands in the menus and selecting geometry in the graphics windows. The middle button can be used to accept the default command in most menus. The right button can be used to, among other things, ask for help for any menu item. All three mouse buttons can change functions when certain commands are selected. Make sure your system's mouse settings are applicable to the requirements of Pro/ENGINEER. If these settings are not correct, the application described in this section will not function the way you anticipate. On a Windows-based system, the button assignments should be as follows:

1. Click/Select
2. Middle Button
3. Context Menu/Alternate Select

## Exiting the Program

When you are ready to quit Pro/ENGINEER, select File | Exit from the menu bar or by selection of the X icon in the upper right-hand corner of the main window. A confirmation window will appear. Selecting Yes will exit Pro/ENGINEER.

> ✗ **WARNING:** *Exiting Pro/ENGINEER does not automatically save your work. If you wish to save your work, select File > Save from the menu bar before exiting. More on saving files appears in following sections.*

## Getting Help

PTC distributes the help manuals in electronic form using HTML pages for viewing with a Netscape browser. You may request hardcopy documentation if you wish. The online help is easy and fast when you learn how to use it properly. Pro/ENGINEER makes learning how to use the online help system easy by providing various tools that take you right to the document for the command with which you need help.

> **NOTE:** *In the Pro/HELP setup utility you can install PostScript copies of the hardcopy documentation. PostScript files provide better image quality than printing from Netscape, and exactly match the content of the hardcopy manuals. To print them (once they are installed), use Help > Print Documentation and the ensuing dialog box to specify your requirements.*

You can display online help on Pro/ENGINEER commands and dialog boxes in several ways, as described in the following.

- Position the cursor over any icon, whether in the icon bar or a dialog box, and wait for approximately two or three seconds. A standard Windows-type tool tip will appear to provide a brief description of the icon.
- Position the cursor over any command in the menu panel or menu bar and locate the line below the message window to read a brief description of the command.

> **NOTE:** *You or your system administrator must install and properly configure Pro/HELP (online help pages) per the standard installation instructions for the following online help shortcuts to work.*

- ❐ Use Help > What's This? (or the context-sensitive help icon), and click on any command in the menu bar or menu panel.

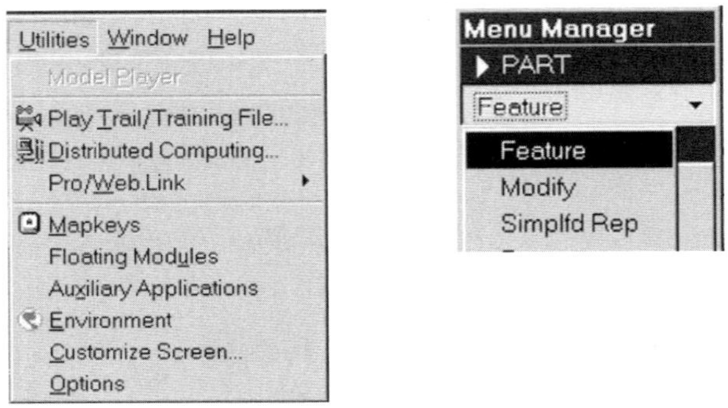


*Examples of using context-sensitive help.*

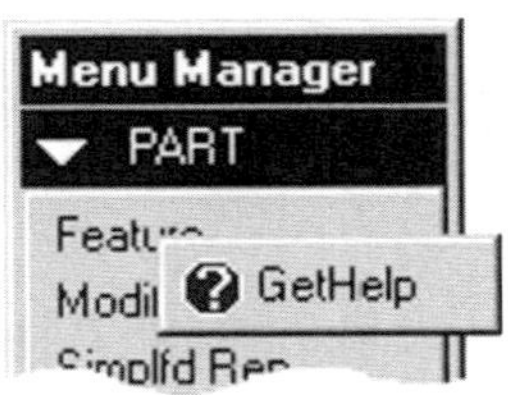


*Another variation of accessing online help for a specific command.*

- ❐ Right-click and hold over any command in the menu panel until the GetHelp pop-up window displays, and then move the cursor over it and release the mouse button.

- ❐ Simply use Help > Pro/HELP to open the online help pages at the Welcome to Help page. From here you navigate using the links in the Netscape browser.

## Customizing the User Interface

If you are the type of Pro/ENGINEER user who likes the option of setting your interface to your preferences, you can customize the user interface in several ways, as described in the following.

- ❐ Select Utilities > Customize Screen or right-click on the toolbar (anywhere but on an icon), select Commands, and use the four tabbed pages in the Customize dialog box to execute the following changes.

    - Turn on the left and right toolchests, in addition to the top toolchest displayed by default.

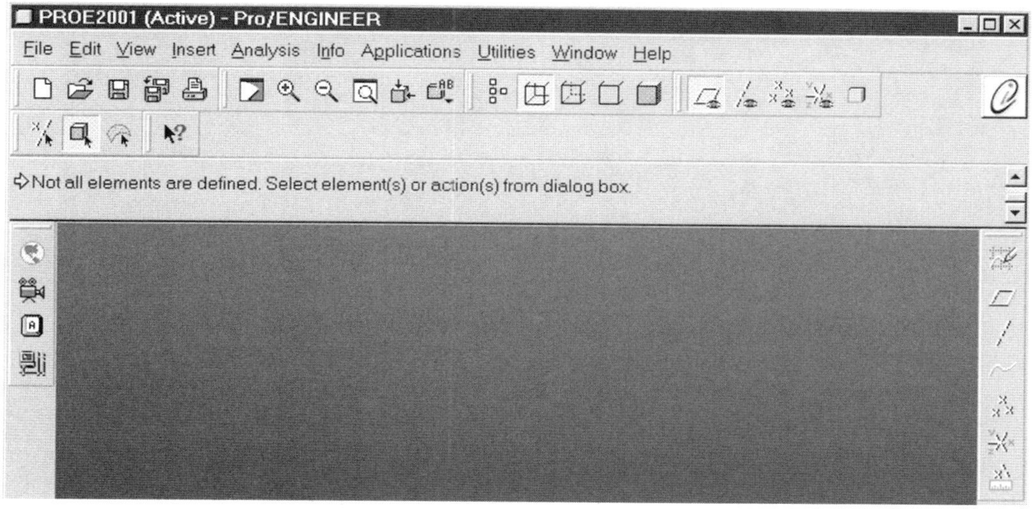


*Three toolchests can be used to display additional icons.*

- Add, delete, and move toolbar icons. Many additional toolbar icons are available.
- Add mapkeys to the menu bar menus, as well as to the toolchests.
- Move the position of the message window to the area between the toolbar and the graphics window, instead of below the graphics window.

❐ Select Utilities > Mapkeys and use the Mapkey dialog box to create and edit keyboard macros of your favorite (most frequently used) menu sequences. For more help on creating and using mapkeys, see Chapter 14.

**NOTE:** *Because Pro/ENGINEER has progressively added more icon functionality to the program, it is recommended that you use these features awhile before customizing your user interface.*

# Pro/ENGINEER Windows

The various windows of Pro/ENGINEER are automatically placed in default locations on the screen.

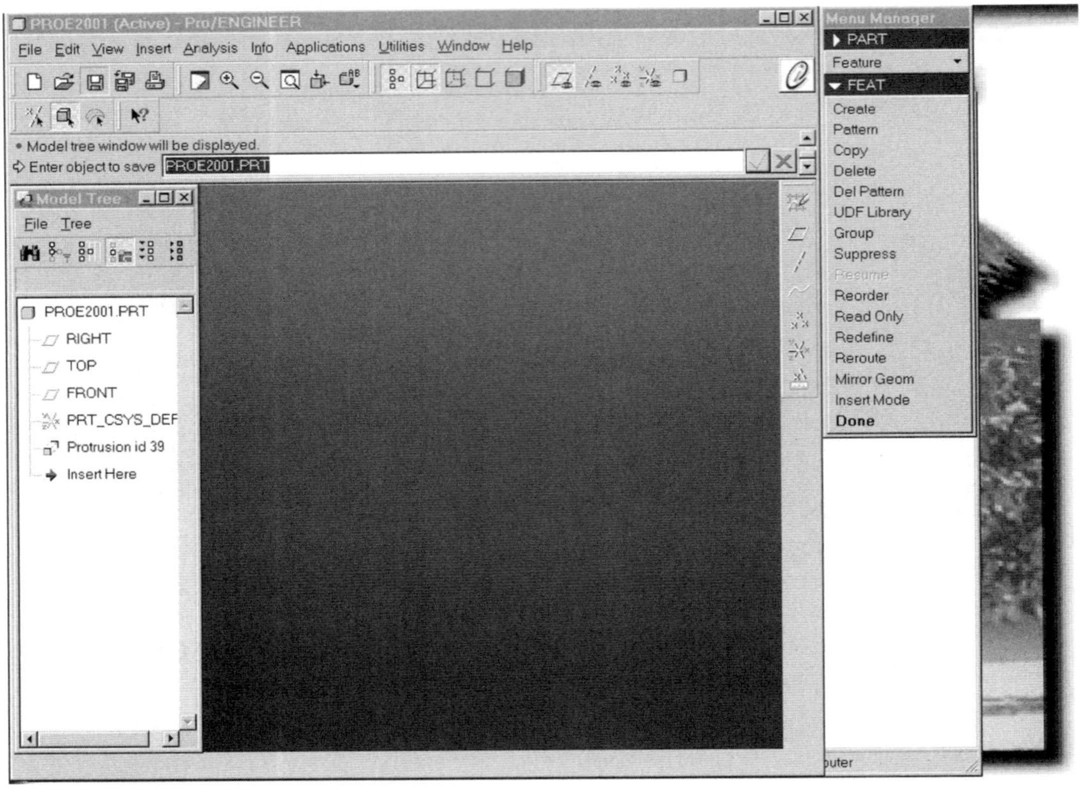

*Typical appearance and location of windows during a Pro/ENGINEER session.*

The large window is called the *main window* and generally contains graphics, but it is also integrated with a menu bar, toolbar, and message window. Other windows, such as the menu panel and model tree, appear as required or as requested.

## Graphics Windows

Pro/ENGINEER operates in a multi-windows environment, which means that many graphics windows can be displayed at the same time, each containing a different object or another view of the same object. (An object is defined as a part, assembly, and so forth.) Each additional graphics window will contain the same integrated sections as the main window (i.e., menu bar, among others).

Although additional graphics windows resemble the main window, they are different in how they respond to the Window > Close command. Because the main graphics window is always present, the Close command will remove only the current object from the main window display, but the window remains on the screen. For other graphics windows, the Close command closes the entire window. To work in the main or another window after using the Close command, you must use the Window > Activate command from the menu bar of the window of choice. The main window's title will always begin with Pro/ENGINEER, unlike the other graphics windows, whose title bar only shows the type and name of the object.

**NOTE:** *The main window cannot be reused unless it is unoccupied. Simply select Window > Close Window or File > Close Window before using the File > Open command or the File icon on the toolbar to retrieve the next object.*

✘ **WARNING:** *Because executing the Close command does not automatically save the object, you may want to use File > Save before you close a window. However, if you do not wish to save the object at that time, you can always save it later because Pro/ENGINEER stores the object information in its internal memory. But do not forget to save it before you exit, if necessary.*

Because there is only one set of all other types of windows—model tree, menu panel, and so on—Pro/ENGINEER uses a special method to show which graphics window is active for the other windows. The active and inactive states of the title bar for the active (current) graphics window are shown in the following illustrations.

*Title bar of an active graphics window contains asterisks.*

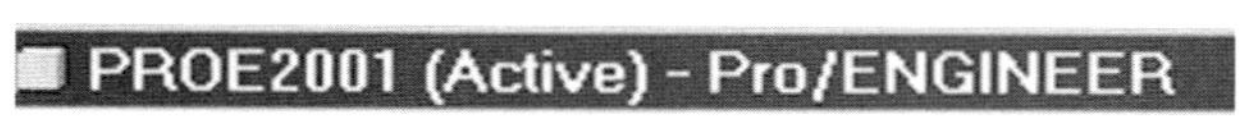


*Title bar of main window is indicated by the word Pro/ENGINEER. It is also inactive, indicated by being grayed out.*

✓ **TIP:** *If you accidentally close the wrong graphics window, you need not worry about the object being lost from program memory. Simply open the window again if you wish, and you will see the*

*object as last modified. Refer to the section at the end of this chapter about how to retrieve objects in session.*

Graphics window pop-ups are accessible with a mouse right-click and hold. The content of the pop-up window changes according to the mode you are working in with a particular graphics window.

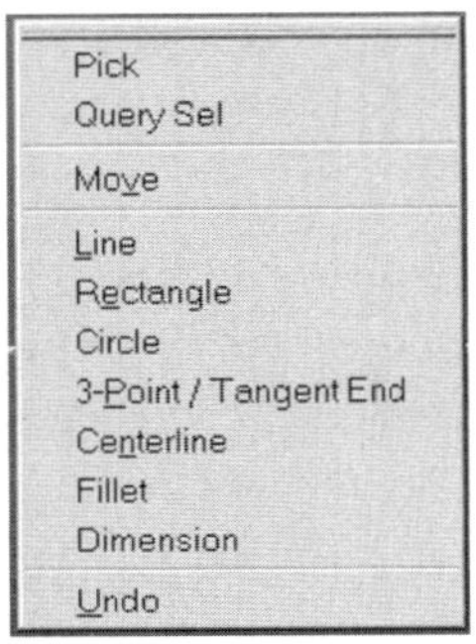


*Pop-up window appears when you hold a right-click in the graphics window while in Sketcher Mode.*

# Menu Bar

The menu bar has the same familiar interface found in most Windows applications. The types of commands in the menu bar are mostly related to the user interface, object viewing, and the program environment. Similar to Windows applications, the Pro/ENGINEER menu bar uses accelerators and mnemonics, which are keyboard shortcuts to items in the menu bar.

Accelerators are <Ctrl> sequences that can be used instead of mouse clicking on menu commands. Not every command has an accelerator; accelerators appear next to commands on the menus. To use an accelerator, press and hold the <Ctrl> key, and then type the appropriate letter. For example, to activate the File > Save command using an accelerator, press <Ctrl>+S at any time.

Mnemonics are just like accelerators, except that you can access only a displayed menu entry. In other words, upon using a mnemonic you cannot access a menu entry that appears on a submenu without first displaying that menu.

Mnemonics are indicated by an underlined letter in the menu name. For example, the mnemonic for the Save command is S. Of course, you had to display the File menu first, using the File mnemonic. To use a mnemonic, press and hold the <Alt> key, and then type the appropriate letter. For example, to activate the File > Save command using mnemonics, press <Alt>+F and then <Alt>+S at any time.

# Toolbar

The toolbar contains one-click icons for commonly used commands found in the menu bar. The default toolbar is called the *top toolchest.* If you wish, you can also have a *right toolchest* and a *left toolchest*, located in the graphics window. All menu bar menus have an individual toolbar, and you can display them in any of the displayed toolchests.

Nearly every command found in the menu bar menus has an icon. Commonly used icons are displayed by default, but you may choose to display others as well. Moreover, if you create mapkeys, an icon for each can be added to any of the toolchests.

## Message Window

The message window is used to display messages and prompts at various times for various reasons. This window stores all messages and prompts as you go, and you can use the scrollbar at the right to scroll up and down.

When you receive a prompt, you must either make a mouse selection in the graphics window or a numerical or text entry from the keyboard. When you are prompted for a keyboard entry, you will notice several things.

*Pro/ENGINEER uses special icons in the message window for different categories of messages.*

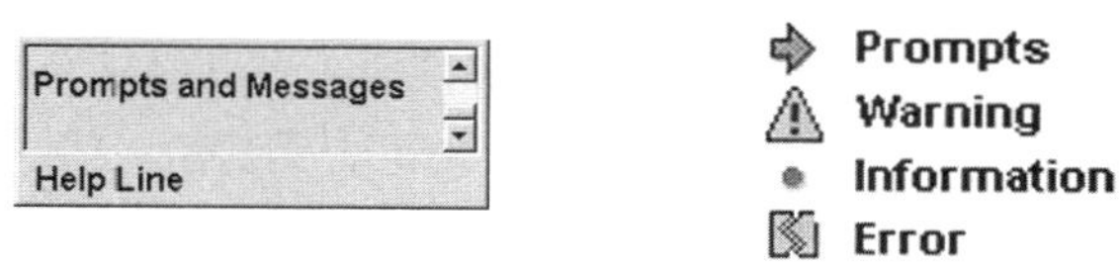


*Typical prompt in message window.*

A highlighted default value is already entered in the entry box. Default values are for your convenience and will always result in a valid entry. In brief, the results of default values are the same as manually entering the same values. Next, there are two icons to the right of the entry box. Choosing the check mark icon will accept the value shown in the entry box (the same as pressing the <Enter> key on the keyboard). Choosing the X icon cancels the prompt (the same as pressing the <Esc> key on the keyboard), and returns you to the previous menu, if applicable.

**NOTE:** *Pay close attention to the message window. Sometimes you may be unaware that the system is waiting for your input. The system will not let you select from the menus—nor from any-*

*thing else for that matter—until you answer a prompt that asks for input. When this happens, the system will beep at you whenever you mouse click (whether or not Ring Message Bell is checked in the Environment dialog box). You can also view all of the messages that occurred in the message window during a session by selecting Info > Message Log from the menu bar. This will display an on-screen window containing all of your inputs. This can be especially useful if you need to go back and retrieve information about a previous change.*

✓ ***TIP 1:*** *You do not need to use <Backspace> or otherwise delete the default value highlighted in the entry box. If you simply begin typing while the value is still highlighted, the new text will overwrite the highlighted entry. Next, you can cut and paste in the entry box by using <Ctrl>+C to copy, <Ctrl>+X to cut, and <Ctrl>+V to paste.*

✓ ***TIP 2:*** *Sometimes commands use two lines to display messages, and sometimes multiple messages are displayed faster than you can read them. To avoid missing an important message you can resize the main graphics window by clicking and dragging the dividing border between the graphics and message windows. If you have* VISIBLE_MESSAGE_LINES 4 *in the configuration file* (config.pro, *discussed later in the book), the graphics window will be automatically sized for four lines of text whenever you start Pro/ENGINEER.*

## Menu Panel

The menus on the right side of the screen inside the menu panel contain the commands for working with Pro/ENGINEER objects. The menu panel is controlled by the Menu Manager. Many operations in Pro/ENGINEER require navigation of several menus. The Menu Manager stacks these menus in a way that facilitates navigating forward as well as backward through the menus.

After selecting a command in one menu, in most cases another menu with options for the previously selected command will be displayed. In most cases the new menu will be located under the previous menu. Sometimes the system will automatically select a command in the new menu for you (called a "default" selection), and subsequently open another menu. If the vertical column of menus exceeds the height of the screen, Menu Manager will then display a vertical scrollbar in the menu panel.

The Menu Manager automatically collapses and expands previous menus to prevent the screen from quickly filling up with multiple menus. This functionality is similar to system browsers (e.g., Windows Explorer) that allow you to expand and collapse folder (directory) trees. The arrow "pin" in the menu title bar allows you to manually expand and collapse a menu. When it points downward, the menu is expanded; when it points to the right, it is collapsed. Click on it once, and then again, to see it switch back and forth.

When a menu is collapsed, the name of the chosen command remains visible and, when selected, a pop-up window of the collapsed menu displays. You can select a different command in the pop-up without first expanding the menu. See the following illustration for an example of how this pop-up window can be used to change the command from the previous collapsed menu.

*FEAT menu shown collapsed. A different command is then selected from its equivalent pop-up window.*

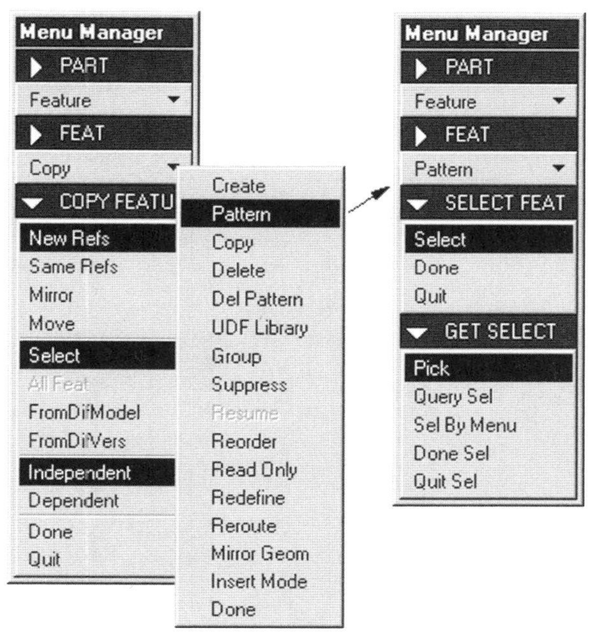


Menus often contain multiple regions. Typically, a single selection from each region is required. When the appropriate selec-

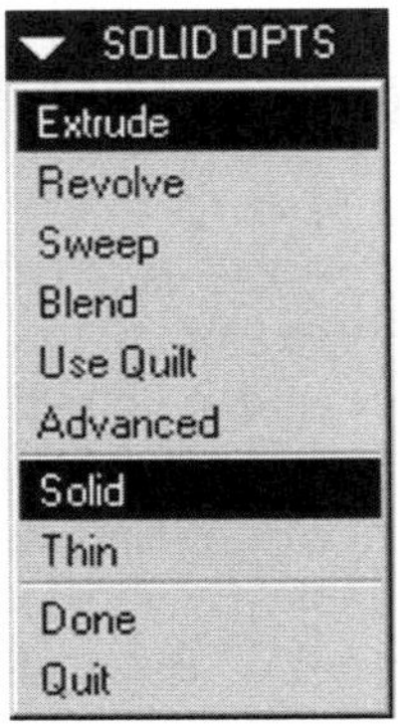


*Typical menu containing multiple options with Done and Quit commands at the bottom.*

tion is made in each region, you then select the Done command at the bottom of the menu to move on to the next step. Quit aborts the menu and returns to the previous menu.

Some menu items are dimmed (gray text). This means that such items are not selectable because they would not be valid choices at present.

## Model Tree

Think of the model tree as the text-based version of an object, just as the graphics window is the geometry-based version of an object. Many operations can be performed completely within the model tree, and others can be initiated from the model tree with greater ease than elsewhere.

As seen previously, the model tree starts out as a tall and narrow window. If you wish to confine use of the model tree to an alternate means of selecting geometry, this configuration is fine. However, there is much more functionality in the model tree that you will want to become familiar with. You may discover then that your model tree is as large as your graphics windows.

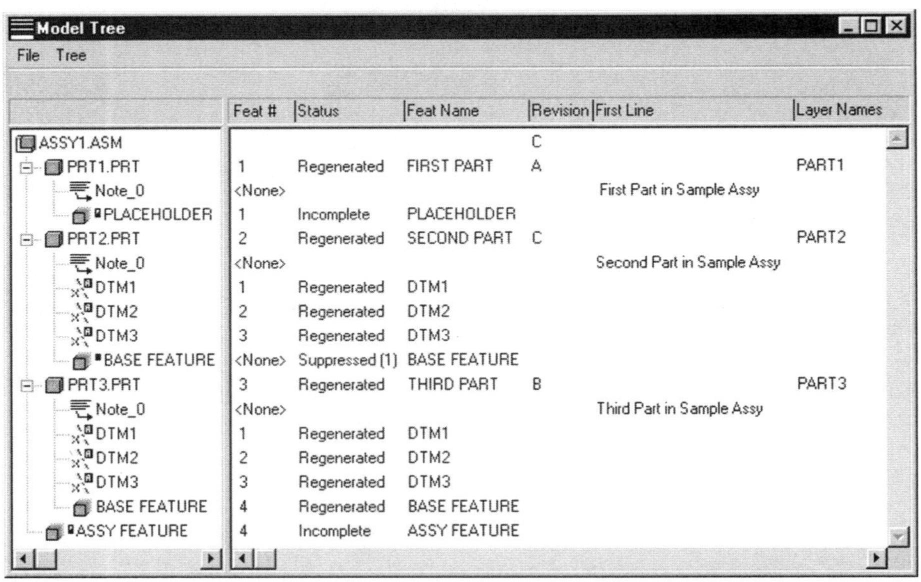


*By adding columns of various types of information, the model tree can grow quite large.*

Sample operations for manipulating and managing features and components with the model tree follow.

- Select specific features and/or parts for various operations. For example, you can select a feature in a part within an assembly, without having to manipulate the view in the graphics window or perform numerous Query Sel > Next commands to achieve the same thing.
- You can execute commonly used commands on the features you select in the model tree. For example, you can right click on a feature in the model tree and execute the Redefine command from a pop-up window.

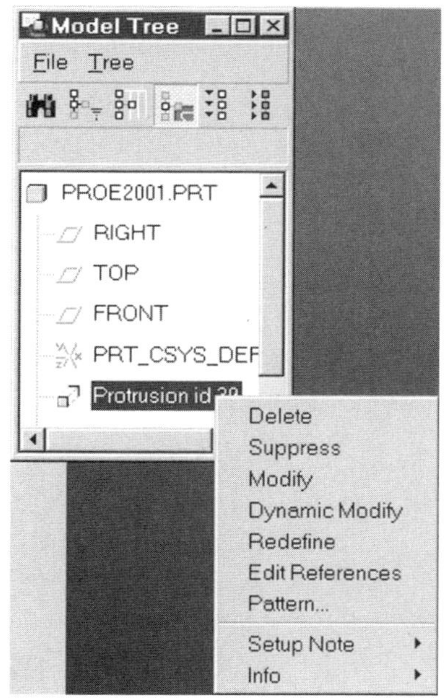


*Using the right mouse button, commands can be executed directly from the model tree.*

- Display detailed information about each object by adding columns of various categories using the model tree menu, Tree > Columns > Add/Remove, and subsequent dialog.

**NOTE:** *The settings for added columns and other things may be saved using the model tree menu, File > Save Settings. Although such settings cannot be initiated every time Pro/ENGINEER starts up, they can be loaded as desired using the Load Settings command.*

❒ Advanced search capabilities are available within the model tree, whether or not columns are displayed.

*Using the Search dialog box, you can search for practically anything and everything.*

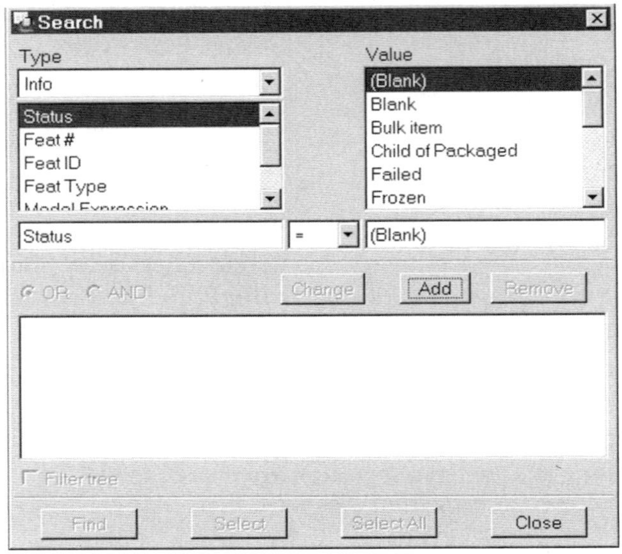


❒ Add and modify notes and parameters of all types directly within the model tree.

✓ **TIP:** *Keeping the model tree displayed at all times is not mandatory. If you prefer to not display the tree, select Utilities > Environment from the menu bar. This will display the Environment dialog box, in which you can remove the check from the box next to the Model Tree option to toggle it off. You may also control its display from your* config.pro *file.*

## Dialog Boxes

You will encounter many types of dialog boxes when working in Pro/ENGINEER. These windows act just like the dialog boxes found in most standard Windows applications. They contain buttons, sliders, pull-down bars, and other typical widgets. Any command in the menu bar that ends in an ellipsis (e.g., File > Open) indicates that a dialog box is used. Various commands from the menu panel also utilize dialog boxes, such as Layer > Set Display.

*Component Placement dialog shows typical usage of standard Windows dialog box elements.*

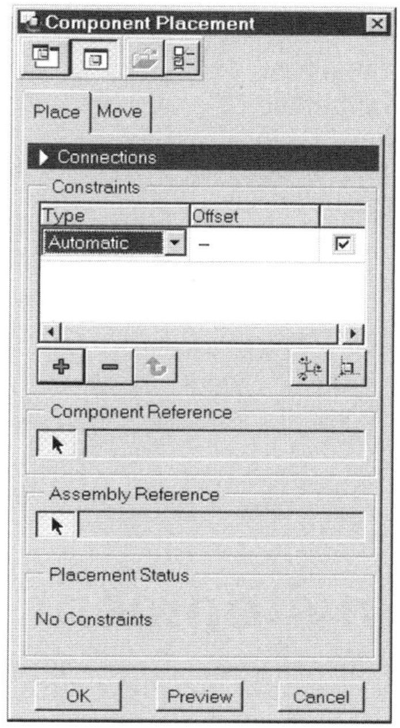


✓ **TIP:** *All Pro/ENGINEER dialog boxes have a default button indicated by a black border around the button. You can execute the default action quickly in any of three ways: (1) Move the mouse cursor over the button and click it. (2) Click the middle mouse button from anywhere in a graphics window. (3) Press the <Enter> key.*

## Information Windows

Many commands result in a list of textual information. This information is displayed in an information window.

✓ **TIP:** *In most cases, the text displayed in an information window is first written to an operating system text file. The system reads this text file and then displays its content. If you have read the file in the information window and closed it, you can still read the text again or later print it out. The files it creates and reads are left in the current directory. Examples are files with the following extensions, among others:* *.inf, *.m_p, *.memb, *and* *.bom. *Use any standard ASCII text file editor (e.g., Notepad) to open and print them. These files are left behind by Pro/ENGINEER for your benefit. If you do not wish to retain such files, you should periodically delete them.*

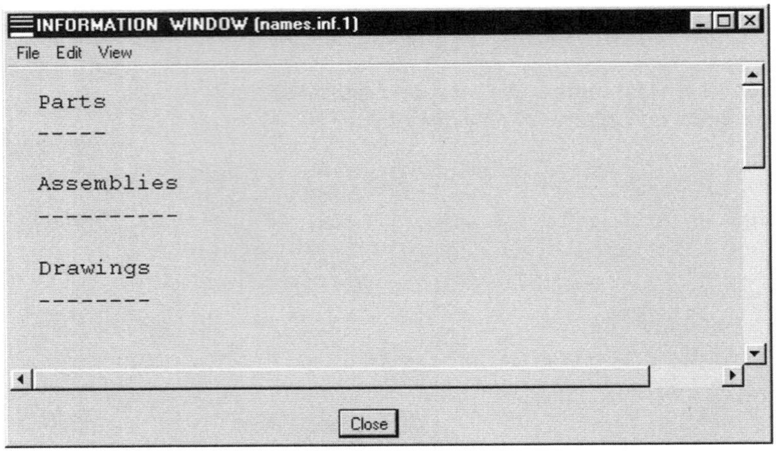


*Typical information window display. The name of the displayed text file is shown in the title bar.*

# Environment Settings and Preferences

A select subset of actions and display settings is available for immediate access in the Environment dialog box, using the command Utilities > Environment. Most of these settings have an equivalent icon (discussed in the next section) available on the toolbar.

Next, these and other settings and preferences can be controlled with a configuration file using the command sequence Utilities > Preferences. For editing and loading a configuration file, see Chapter 14.

# Viewing Controls

Viewing objects is one of the most important functions of any CAD package. Manipulating an object by spinning, shading, or zooming in and out of the screen is essential to understanding certain geometric conditions. Pro/ENGINEER offers a very rich set of commands for manipulating the display of an object.

## Dynamic Viewing Controls

To allow quick view manipulation, Pro/ENGINEER has certain viewing controls built into the mouse, when used in combination with the <Ctrl> key. Dynamic viewing is available at any time, no matter what menus are open, without having to select an icon or commands from a menu. The operations are zoom, pan, and spin.

- *Zoom* (left mouse button). Press and hold the <Ctrl> key with one hand, click and hold the left mouse button with the other, and drag the mouse left or downward to enlarge the image, and right or upward to reduce the image. Release both buttons to stop zooming.
- *(Box) Zoom* (left mouse button). Press and hold the <Ctrl> key with one hand, and click and release the left mouse button. Now drag a rectangular area and click the left mouse button again, after surrounding the portion of the image to be enlarged. Release the <Ctrl> key. (Be careful not to move the mouse during the first click of the mouse button; otherwise, the other zooming function will be used.)
- *Spin* (middle mouse button). Press and hold the <Ctrl> key with one hand, click and hold the middle mouse button with the other, and drag the mouse to spin the image in 3D relative to movement of the mouse. Release both buttons to stop spinning.
- *Pan* (right mouse button). Press and hold the <Ctrl> key with one hand, click and hold the right mouse button with the other, and drag the mouse. The image will follow the cursor. Release both buttons to stop panning.

**NOTE:** *Some workstations allow you to manipulate a shaded image faster than other workstations. This will depend mostly on the type of graphics card you use. A graphics card that accelerates OpenGL is preferable. Also be aware of what your system setting for the Desktop Area is, as this may also have an effect on how well the graphics perform. If set to high, the graphics may be slow to render during operations and choppy in appearance, as discussed further in the following material.*

## Appearance Control Commands

These commands allow you to adjust the appearance and usage of objects within the graphics window. If the <Ctrl> key controls described previously are not preferred, there are commands explained here that duplicate those functions in a slightly different manner, and in some cases even enhance the functionality.

*Icons used for controlling appearance of objects within graphics windows.*

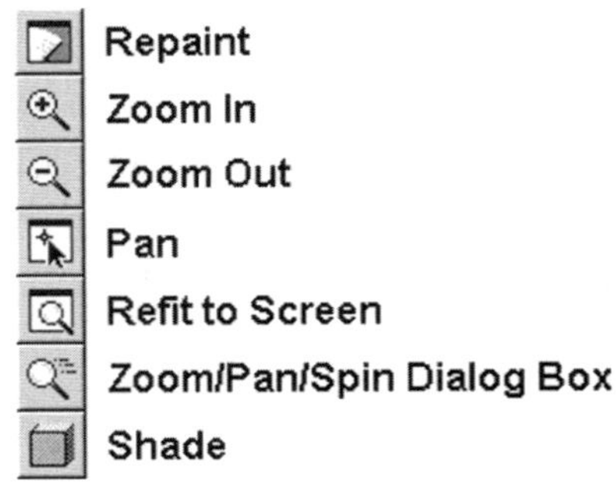


- *Repaint.* Many different types of highlights are displayed on the screen from time to time, and this command simply erases temporary highlights. Displayed dimensions in Part and Assembly Modes, selection highlights, and cosmetic shading are types of highlights erased by this command.
- *Zoom In.* Click twice with the first mouse button to draw a rectangle to enlarge the image inside.
- *Zoom Out.* Each click reduces the image to approximately half its current viewing scale.
- *Pan.* Click on the screen to define the new center of the screen.
- *Refit to Screen.* Adjusts the viewing scale such that the entire object can be seen.
- *Zoom/Pan/Spin dialog box.* Displays the Orientation dialog box with the Dynamic orient page. This dialog box allows the use of individual sliders for zooming, panning vertically and horizontally, and spinning around specific axes and/or objects.

**NOTE:** *The spin center is made visible by default in the Environment dialog box by checking the Spin Center option. The Spin Center is a three-axis icon at the center of rotation. The icon will dynamically update while the image is spun. It can be placed at various locations and entities. Use the Preferences page in the Orientation dialog box to see the location methods.*

*For example, set the spin center for a long part for which you wish to spin an image around a small feature on one end of the part. In this case, set the center on a vertex (end point) of the feature.*

❒ *Shade.* This type of shading is called "cosmetic" because it is temporary. The image may be manipulated with the commands described previously. The shading is erased when the screen is repainted, and the previous display style (e.g., Wireframe, Hidden Line) is resumed.

## Model Display Styles

Various display styles may be selected that allow for preferences that range from very responsive (wireframe) to high clarity (the others). Whichever style is used, the style will remain in effect until something else is chosen, no matter which Pro/ENGINEER mode is active. Other settings that affect model display, including edge display and shading quality, are found in the Model Display dialog box, activated with the View > Model Display command. The model display style may also be set using the Environment dialog box.

*These icons allow quick changes to various model display styles.*

➾ ***NOTE:*** *Contrary to "cosmetic" shading, if the model display style is set to Shaded, the Repaint command will not erase the shading. Use these two types of shade modes for various amounts of clarity and productivity. The Shaded display style is not available while in Drawing Mode.*

## Datum Display

The Datum display icons are shortcuts to the same settings that can be selected in the Environment dialog box. Datums, unlike other types of features, can be displayed and undisplayed because their appearance or absence does not in any way change solid model volume. Individual controls are available for each type of datum feature.

*These icons allow for display control of datum features.*

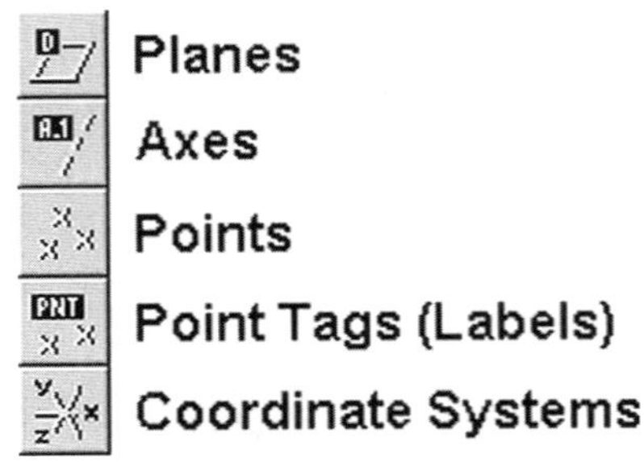


## Default View

Pro/ENGINEER displays models in a 3D view called the default view. To see the default view, select View > Default, or select the Saved View List icon from the toolbar. The default may be viewed in a trimetric or isometric orientation. Care must be exercised when designing the first solid base feature because the result of this feature will determine how the part is viewed in the default view.

## Orientation by Two Planes

There are six standard predefined orthographic-view orientations of a model in Pro/ENGINEER: Top, Bottom, Front, Back, Right, and Left. The most common method of orienting views is by selecting two orthogonal planar surfaces; that is, two surfaces perpendicular to each other, and pointing those surfaces to various sides of the viewing plane.

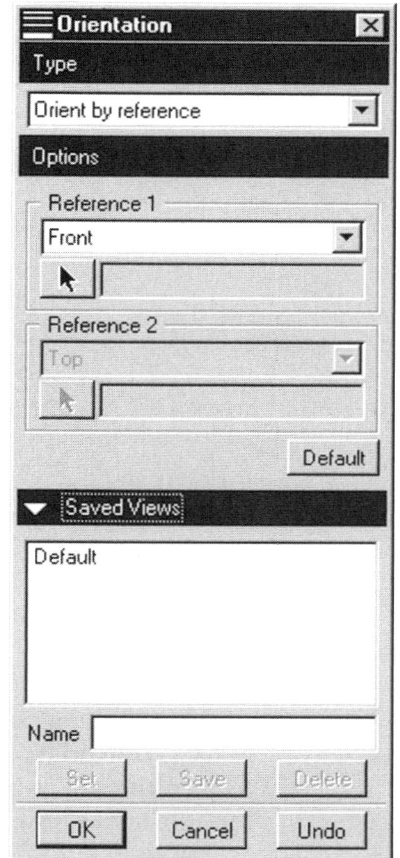


*Use the Orientation dialog to point two perpendicular references to sides of the screen.*

To understand "pointing a surface," imagine that each surface on a model has an arrow attached to it that points away from the model. As regards the "sides of the computer monitor," see the following illustration.

*Models can point to sides of the computer monitor, as shown here.*

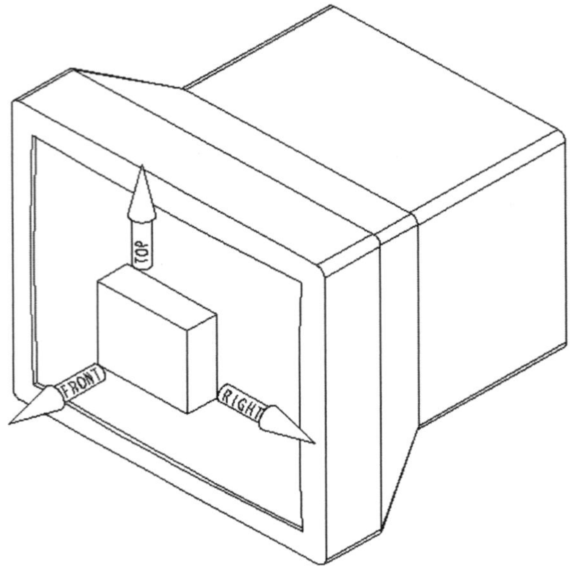


Typically, you have a good idea of the surface you wish to see facing the front of the screen (the surface you wish to view directly). As shown in the following illustration, the L-shaped surface was selected to face the front, which means that its imaginary arrow points at you. Another planar surface was selected to face the top, which means its imaginary arrow points to the top of the monitor.

*View orientation by planar surfaces: default view on the left (shown with imaginary arrows) and new view on the right.*

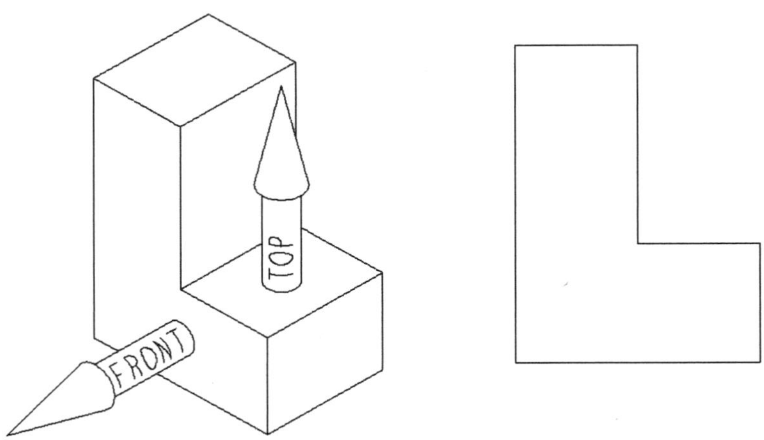

## Saving Views

Pro/ENGINEER allows you to save views and retrieve them later. Saving a view of your model if you think you might need it again is recommended. Saved views are handy in Part and Assembly Mode when you wish to see standard top, side, or front views of a model. They can also be utilized by a drawing in Drawing Mode. Keep in mind, however, that views are parametric to the model. Because of parametric relationships, the views will react according to model changes. (Parametric relationships are discussed in greater detail in the next chapter.) For this reason, it is always best to select datum planes when setting up views.

Saved views are managed primarily with the Saved Views dialog box using the Views > Saved Views command. For your convenience, the Saved Views dialog is also attached to other viewing dialog boxes, such as the Orientation dialog.

✓ ***TIP:*** *You can save views that have been reoriented using the spinning functionality.*

# ■■ Managing Files in Pro/ENGINEER

Managing files is an enormous topic that could probably fill an entire book if one were to discuss all issues related to the proper management of Pro/ENGINEER data. In brief, these issues range from very minor (a single user has very few issues) to a large-scale implementation, where file management is perhaps better dealt with by using Pro/Intralink or similar data management software. If applications such as Pro/Intralink or Pro/PDM are in use, some of these commands are either not applicable or exhibit a different behavior than that explained herein. This book covers the basics and only in the context of running Pro/ENGINEER by itself. Rules and peculiarities unique to Pro/ENGINEER follow.

- File names are limited to 31 characters, and cannot contain special characters or spaces. About the only nonalphanumeric characters that may be used are the hyphen ( - ) and underscore ( _ ).

- Pro/ENGINEER is case sensitive. All objects created in Pro/ENGINEER are stored as lowercase characters. If a file is managed outside Pro/ENGINEER and uppercase characters are used, Pro/ENGINEER will not recognize it as a valid object.
- After retrieving a file, Pro/ENGINEER maintains no association with the system file it read. In other words, the file could be deleted and not affect the information Pro/ENGINEER read in. Some systems or applications maintain a read-access link to files that are being worked on, but Pro/ENGINEER does not.

## Version Numbers

When files are saved in Pro/ENGINEER, a completely new and separate version of the file is created. Other CAD systems you may be familiar with overwrite the previously saved version with the revised version. Pro/ENGINEER does *not* work that way. Because every file in a directory must have a unique name, Pro/ENGINEER establishes the unique name by appending the file with a version number.

When you save an object in Pro/ENGINEER, the system looks in the directory to see if any previously saved versions exist. If so, it reads the version number at the end of the file name (e.g., the *4* in *bracket.prt.4*), adds 1, and is therefore able to create a unique file name (e.g., *bracket.prt.5*) without discarding the previously saved version.

When objects are opened, by default Pro/ENGINEER uses the highest-numbered version as the one to retrieve. Once retrieved, Pro/ENGINEER maintains no memory of what the version number is of the object in memory. The version number is only considered at the time the object is saved and retrieved.

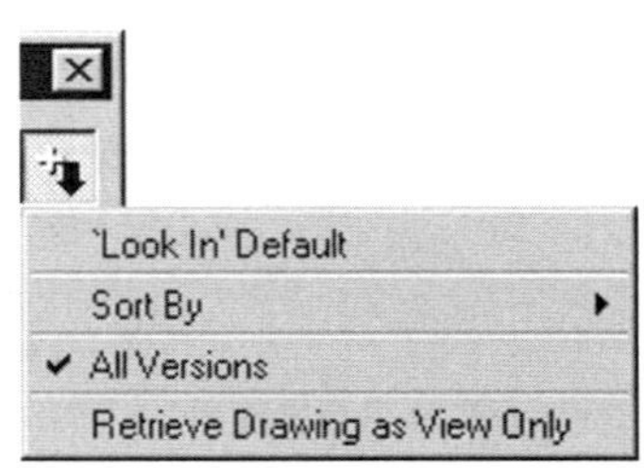


*This icon on the Open dialog displays all versions of an object. From the expanded list you can retrieve a specific version of the object.*

Yes, this versioning scheme occurs every time you save, and yes, this will account for many versions of the part that exist in your directory at the end of the day. Do not despair; after your nightly backup, use the File > Delete > Old Versions command the next day. As its name implies, the Old Versions command deletes all older versions of the active object. The other option is to use the Purge command. To do this, you first open a command prompt window by selecting Window > Open System from the menu bar. This window allows you to execute the Purge command. The Purge command will remove the old versions of all files in a given directory, leaving only the latest file. If this command does not execute, check with your IT support. They may need to adjust some of your user settings.

✓ **TIP:** *Do not get carried away with the Delete > Old Versions command (commonly called a "purge"). These previously saved versions can serve as a pseudo undo mechanism. For example, if you accidentally delete a feature, there is no "undo" operation for this event. But you will be able to revert back to a previously saved version, assuming you have one. Save often, and do not worry about all the "extra" files. If you wish to perform this purging procedure every time you save, as many users do, consider purging before you save. This way, after you save, you will have two versions, which will probably provide adequate resources for "backtracking."*

✗ **WARNING:** *Be careful when selecting the Old Versions command, because it is adjacent to the All Versions command. Pro/ENGINEER will prompt you with a confirmation dialog whenever you execute the All Versions command.*

## In Session

Earlier in the chapter it was explained that the Window > Close command leaves the objects resident within the program's memory—only the graphics window disappears from the display. An object in the program's memory is referred to as an "in session" object. Once an object is retrieved or created it is always in session until you exit the program or issue the File > Erase command on the object. Other commands, such as File > Open, have a special button that allows you to choose whether to view objects in memory versus objects not in memory.

# FILE Menu

The FILE menu is used in ways similar to Windows applications in that you have the familiar commands such as New, Open, Save, and so on. Some of these commands are explained in the following.

✗ **WARNING:** *Pro/ENGINEER provides no facility to automatically save your work. It is your responsibility to save your work before exiting Pro/ENGINEER or erasing an object before saving. Always save your work on a regular basis.*

❒ *New.* Creates a new object. Pro/ENGINEER displays the different types of objects and prompts you for a file name while providing a default name. You must select the type of object and enter a unique name among those in session or your current directory. If you do not enter a unique name, you will receive a warning to this effect.

✓ **TIP:** *By first entering the name of the new object and clicking the Copy From button instead of OK, you can select a template for the basis of the new object. A template can contain various types of custom information common to all newly created objects, such*

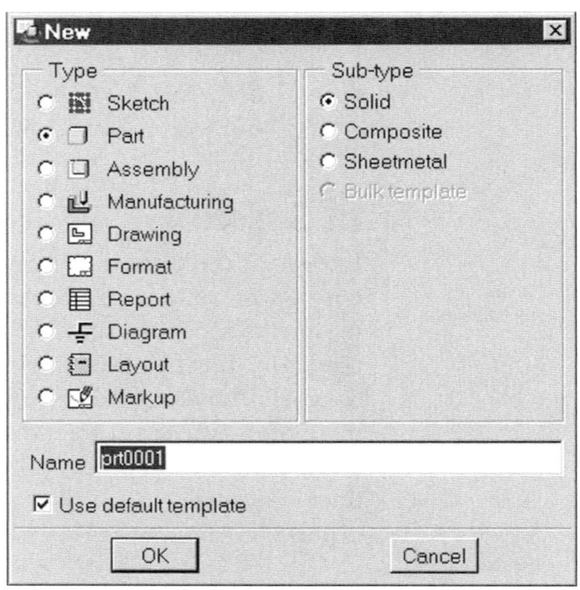


*Create a new object from this dialog.*

*as default datum planes, saved views, parameters, layers, and so on. Optionally, use the* config.pro *option* START_ MODEL_DIR *to specify a particular directory that has been set up for this purpose.*

- ❐ *Open.* Retrieves an existing object. A file browser is used to navigate directories, select a file name, and so on. The types of objects listed are selectable from a pull-down menu, and are easily identified by an icon next to the object names in the browser. Two of the icons on the top row are used to specify whether Pro/ENGINEER should search in memory for an object in session or in the operating system directories.

*Use this pull-down menu and icon in the Open dialog to navigate through network and local directories.*

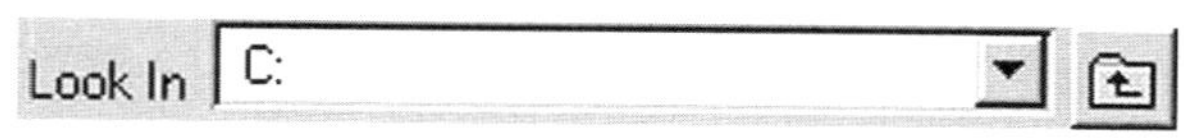


*Use these icons in the Open dialog to toggle between searching for objects in session and the current directory.*

*Use this pull-down menu in the Open dialog to select a filter for the types of objects shown in the list.*

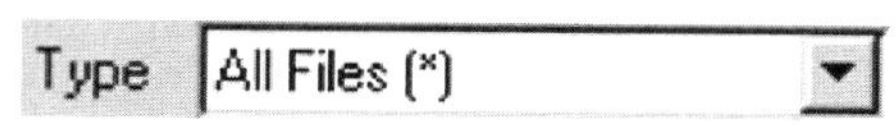


- ❐ *Erase.* As described previously regarding objects in session, the Erase command is used to clear objects from the memory of the program. If Current is chosen, you are prompted to confirm your action. If Not Displayed is chosen, a dialog appears listing all objects in session, from which you choose the object(s) to be erased.

✓ **TIP:** *One way of using the Erase command is to experiment with design changes. If you do not like the results, erase them and retrieve the last saved version.*

➾ **NOTE:** *An object cannot be erased if an associated object (that is, an assembly or drawing) is "holding" it in session. The assembly or drawing in this case must also be erased if the object is to be erased.*

- ❐ *Save As.* This command simply copies the current object to a different name. The new copy is only created and stored in the directory; it is not opened into Pro/ENGINEER. The original object remains the active one.

- *Rename.* This is an incredibly important concept to understand. To simply rename an object is not a problem, and perhaps requires no additional explanation. However, you must verify that all other objects, such as drawings or assemblies, that knew the object by its old name are properly notified. Pro/ENGINEER executes this notification automatically if, and only if, the other objects are in session (they must have been opened prior to the Rename operation). Moreover, all other objects must then be saved or the notification will be forgotten. If you do not perform this task as described, when the other objects are opened, Pro/ENGINEER will complain that it cannot locate the old object (which was renamed, and is now called something else).

✓ ***TIP:*** *Upon using the Rename in Session selection in the Rename dialog, the Rename command functions like the Save As command, in that you can make a copy of the current object. Use the standard technique for renaming, as described previously, but in exactly the opposite fashion. Because none of the assemblies or drawings are in session, you will in effect make a copy of an object with the advantage that the new object automatically becomes the active object (thereby saving a few operations, as opposed to the standard Save As/Open operation). This tip explains a procedure that most resembles the Save As command in most Windows applications, in that the copy becomes the active one and the original is released from memory.*

- *Backup.* This command is just like the Save command, except that in addition to the current object, it saves all dependent objects. You should be familiar with the concept of the individual databases Pro/ENGINEER uses; that is, **.prt.** for parts, **.drw.** for drawings, and so on. Thus, it should also make sense that without a part file, a drawing file is for the most part useless. Both files are necessary for an interactive drawing database. If you back up a drawing, not only will the **.drw* be saved, but so will the **.prt* and **.frm* (format), as well as the **.asm* if that applies. This facility is useful, for instance, when you wish to send an entire database to a contractor or vendor; the latter could then perform work on the same without encountering missing files. Keep in mind, however, that this function takes all files backed up to a "dot one" status.

## Summary

You should now be familiar with the Pro/ENGINEER environment. At this juncture, you can select commands from menus and dialog boxes, control views, and save files. With these basic skills, you are now ready to create a part.

## Review Questions

1. The ____________________ provides a single starting place for the PTC product line, including Pro/ENGINEER, Pro/Intralink, Pro/Fly-Through, and so forth.
2. (True/False): By default, Pro/ENGINEER saves all objects in session every 30 minutes.
3. (True/False): Hard copies of all help documentation are not ordinarily distributed with the software, but may be requested.
4. What is the limit on the number of graphics windows that may be simultaneously displayed?
5. What is the Pro/ENGINEER convention for showing the active graphics window?
6. (True/False): You can "cut and paste" text into the message window entry box.
7. What does it mean when an menu item is dimmed (grayed out)?
8. (True/False): Model tree settings are automatically saved, and then automatically loaded every time Pro/ENGINEER starts up.

9 Describe the viewing controls available for each mouse button when holding down the <Ctrl> key.

10 What is the difference between "cosmetic" shading and the shaded display style?

11 What determines how an object is oriented while displayed in the default view?

12 Explain what is meant when a surface "points."

13 (True/False): You can save a view that has been rotated using standard spin controls.

14 (True/False): Pro/ENGINEER is case sensitive for file names.

15 What is the method used by Pro/ENGINEER to prevent files from being overwritten when saved?

16 (True/False): Upon closing a graphics window, the object displayed in the window is released from memory.

17 What is the term for an object stored in memory?

18 What is the difference between erasing and deleting an object?

19 State a reason you might not be able to erase an object.

20 What is the only condition whereby Pro/ENGINEER will automatically notify associated objects that a dependent object has been renamed?

*PART 2*

# Working with Parts

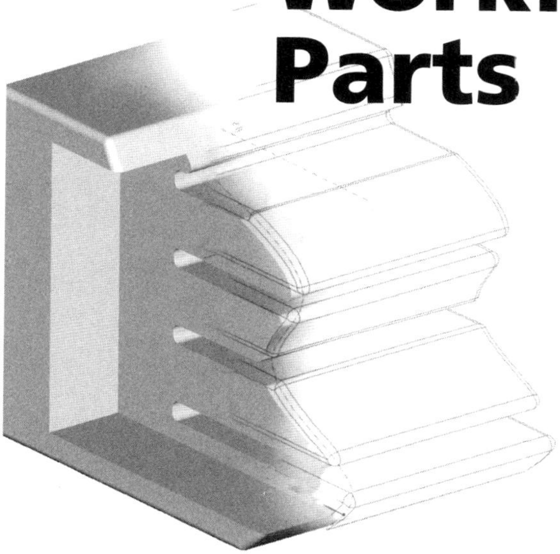

# How to Build a Simple Part

## *A Tutorial of Basic Part Building Commands*

This chapter introduces the basic concepts for constructing a part. You will be given exact step-by-step instructions and shown how to use Pro/ENGINEER to achieve your design intent. Commands and concepts covered in this chapter follow.

- ❐ Choosing the correct type of feature
- ❐ Creating and using datum planes
- ❐ Choosing and orienting a sketching plane
- ❐ Sketching 2D shapes
- ❐ Adding and removing material with various types of cuts and protrusions

The simple part to be designed is a knob for a control panel assembly. Although it is a simple part, many different types of features will be explored in the process. The knob will resemble the following illustration when the design is complete.

*Completed knob design.*

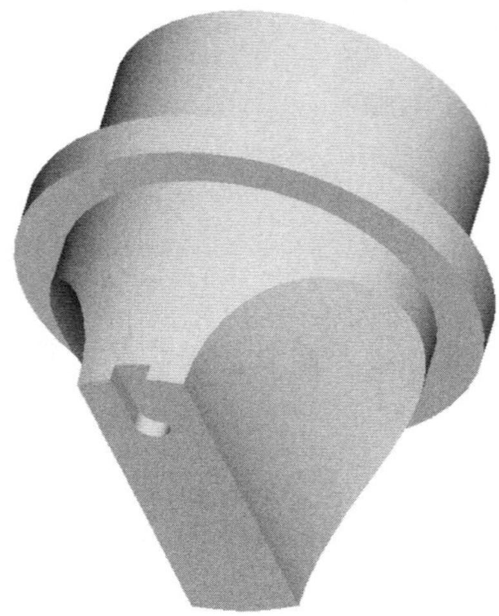

This part will be constructed in the following sequence.

1. Create the base feature.
2. Create the first part of the handle.
3. Finish the handle.
4. Shell out the inside.
5. Create a flange and then a small indentation.

✓ **TIP:** *Remember to save your work often. As a rule, whenever you invest time and effort in something successful, you should save it immediately. As a reminder, the Save icon will follow certain chapter sections, but you may of course save your work more frequently.*

✗ **WARNING:** *If at any time during this or any other tutorial you get lost (e.g., you have executed something the tutorial did not anticipate), it is recommended that you clear the object from memory, revert to the last saved version, and resume the exercise from where that version left off. Use File > Erase > Current > [Yes] and then retrieve the last saved version. If nothing else works, exit Pro/ENGINEER, restart it, and resume wherever you can.*

Because everything must be reset, exit the program and restart it. Select File > Exit > [Yes]. After the program closes, restart it.

# Beginning a Part

To start building a part, select File > New. The New dialog will appear, and Part is already selected as the default object type. In the Name box, enter knob, and then select [OK]. Note that the title bar of the graphics window displays the following:

```
**********Pro/ENGINEER Part: KNOB**********
```

When you save this part at a later time, Pro/ENGINEER will create a file named *knob.prt.1* and place it in your current working directory—at the moment, the part only exists in local memory.

When you begin a new part, default datum planes are created automatically, unless you unselect the Use default template, under the name window. Initially, the planes will serve as a foundation on which everything will be built. For a simple analogy, consider the point at which three planes intersect (X,Y,Z: 0,0,0). Keep in mind that Pro/ENGINEER does not necessarily work from a coordinate system. Instead, the program works by establishing relationships to other entities and, more accurately, these planes constitute the beginning of all relationships.

*Default datum planes shown with imaginary intersections for clarity. (Note: Pro/ENGINEER cannot display these imaginary intersection lines.)*

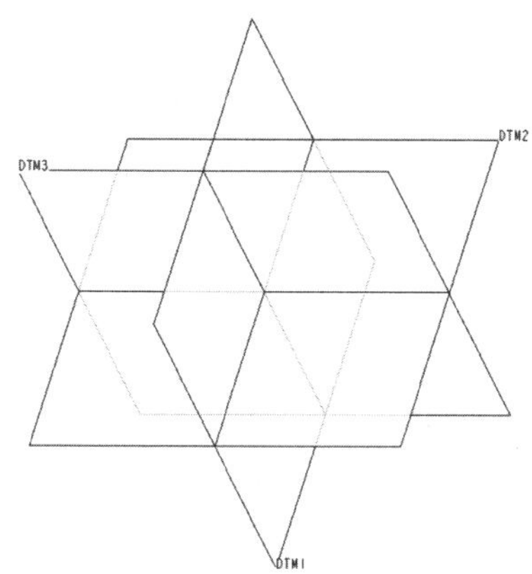


## Selecting Geometry

Prior to getting underway, you need to know how to select features and resulting geometry. Features themselves can be selected with the Model Tree, but often you must be able to

select the 3D geometry that was created by features. "Geometry" in this instance means the surfaces, edges, vertices, axes, and so on that constitute the feature itself and intersections with other features. In this case, the GET SELECT menu will appear, prompting you to select something, and the default menu selection will be Pick. When using Pick, you simply point the cursor at the desired geometry and click the left mouse button. You may pick as many items of geometry as appropriate for the operation, and when finished, you inform the system that you are done. There are two ways to accomplish this. The first is to select Done Sel from the GET SELECT menu. The other, more convenient, way is to use the middle mouse button while the cursor is still in the graphics window.

Sometimes it gets a little trickier because the Pick command will only allow you to select visible geometry. In other words, if you had the No Hidden toolbar icon selected, would the geometry still be visible? If not, you will need to use the Query Sel Mode. Query Sel Mode will enable you to access the hidden items.

All GET SELECT menu functionality is also available in a pop-up window when you select and hold the right mouse button for about a second while in the graphics window. In addition to the pop-up window, Query Sel Mode can be initiated by a right mouse button click (*right click*). Once the mode is initiated, mouse button functionality changes, as seen in the following illustration.

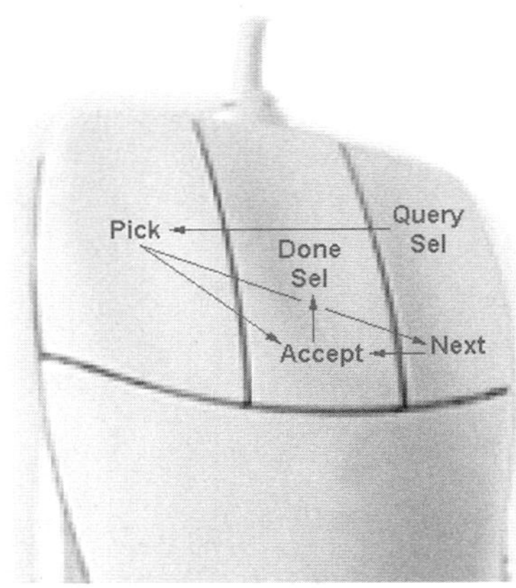


*Mouse button actions for accelerated use of Query Select Mode.*

✓ **TIP:** *A query select action will cause the Query Bin to appear. The bin is a window that lists all possible selections you would eventually have access to using the Next command.*

**NOTE:** *There are several advantages to using Query Select Mode for picking geometry. For these reasons, many users prefer it over Pick Mode. The best reason is that you get a chance to confirm a selection before moving on to the next operation. Other reasons are that the feature is highlighted on the screen, and a message displays in the message window describing the selected feature.*

## Creating the First Solid Feature

Thus far, only the foundation for the part has been created, with the default datum planes. Technically, they represent the first features of the part and, as such, must be acknowledged when dimensioning and locating the feature to be created next, called the *first solid feature.* The latter will represent the "raw material" of the part.

**NOTE:** *To reiterate, remember that datum features (in particular, default datum planes) are integral to the part; they are not just theoretical reference entities. That is the reason some users might opt for not creating them. But again, for most users, and most models, you should utilize them.*

In the same way that a machinist must decide which bin of raw stock to go to when starting a new job, you will also decide which shape best represents the underlying geometry of the part. The first solid feature is always one in which material is added to the part. This is why you see that all other construction feature types in the SOLID FEATURE menu (except Protrusion, Pipe, and Tweak) are grayed out.

Because the underlying geometry of this knob is cylindrical, extrude a circle to add material. Make the following menu selections:

Feature > Create > Protrusion > Extrude | Solid | Done

During the previous selection string, the SOLID OPTS menu appeared. This menu consists of two areas: in the upper portion you specify the form the feature will have in 3D, and in the lower, you select between Solid and Thin. Thin features are discussed later in the book.

The Feature Element dialog box is now displayed, which contains a list of the required elements for the feature. The first in the list is Attributes, and Pro/ENGINEER automatically displays the ATTRIBUTES menu. The settings available for the attributes of an extruded protrusion are One Side and Both Sides. The One Side option means that the feature will be extruded to only one side of the sketch plane. The Both Sides option means that the feature would be extruded to both sides of the sketch plane. For this feature, select the following:

One Side | Done

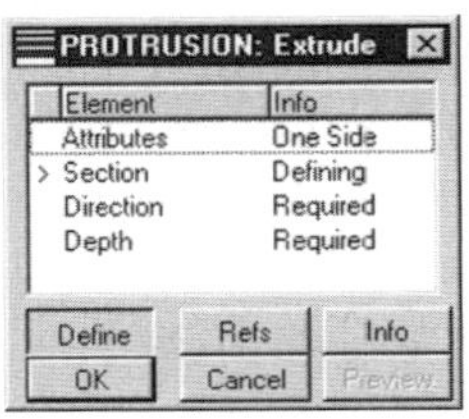


Note in the Feature Element dialog box that One Side is displayed in the Info column next to the Attributes element. The Info column displays values, settings, and a status of each undefined element. Another thing to note in the Feature Element dialog box is the action of the arrow ( > ). The arrow will point to the element being worked on. Note at this time that the arrow is pointing to the section element. The section element will require the most work. At this time you are going to specify a location for sketching the 2D geometry for the feature and then actually sketch the geometry in the Sketcher environment.

## Selecting the Sketch Plane

To start sketching the 2D geometry of the feature, you need to select a planar surface that will represent your sketch pad. Because this is the first solid feature in the part, it does not matter which of the three default datum planes you choose. Remember, however, that the sketch plane you choose for the first solid feature will determine the model's default viewing orientation. This default viewing orientation is not critical to any aspect of Pro/ENGINEER, but if it is backward and upside down with respect to *your* perception of its natural orientation, you will often experience unnecessary confusion.

SETUP SK PLN is the first menu for setting up the sketch plane and, for your convenience, Pro/ENGINEER has already made the selection Setup New. The same thing happened in the SETUP PLANE menu, in that Pro/ENGINEER selected Plane. Those two menus are typical automated examples with default choices, but as always, you can easily select any other menu options that may be needed. In this case, you will continue with those selections in place.

In response to the prompt in the message window, select or create a sketching plane, and select DTM3 to match the orientation of the knob as shown in the following illustration.

➾ **NOTE:** *Select datum planes by picking on their outlines or name tags.*

## Selecting the Feature Creation Direction

Because you are creating a one-sided feature (as specified by the Attribute feature element), Pro/ENGINEER is prompting for the direction in which the feature will travel. This prompt is assisted by a red arrow attached to the chosen plane (see the following illustration) and is confirmed (Okay) or reversed (Flip) with a selection from the DIRECTION menu. Select Okay.

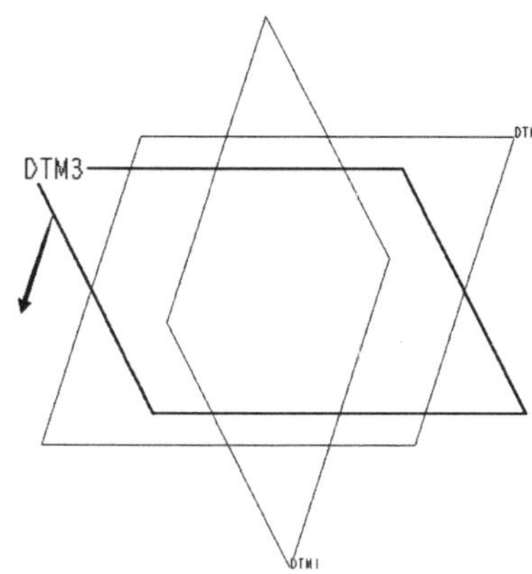


*DTM3 chosen, with the feature creation direction arrow shown.*

One very important rule is that the direction chosen will affect how you view the sketch plane. For protrusions, the arrow will be pointing directly at you. For cuts, the arrow will be pointing directly away from you. This is intuitive if you are sketching on a part surface. It is usually a bit more confusing, because less intuitive, if you are sketching on a datum plane. This is not to say that you should not sketch on datum planes, because you definitely should.

## Selecting an Orientation Plane

Every sketching plane needs an orientation plane. Pro/ENGINEER can select one automatically for you if you select the Default command. You should become more familiar with what Pro/ENGINEER is actually doing, and this topic will be discussed in depth later. But, for the moment, let Pro/ENGINEER do the work.

Select Default. The sketch is now oriented and Pro/ENGINEER enters Sketcher Mode. Your graphics window should resemble that shown in the following illustration.

*Sketch view of the first solid feature.*

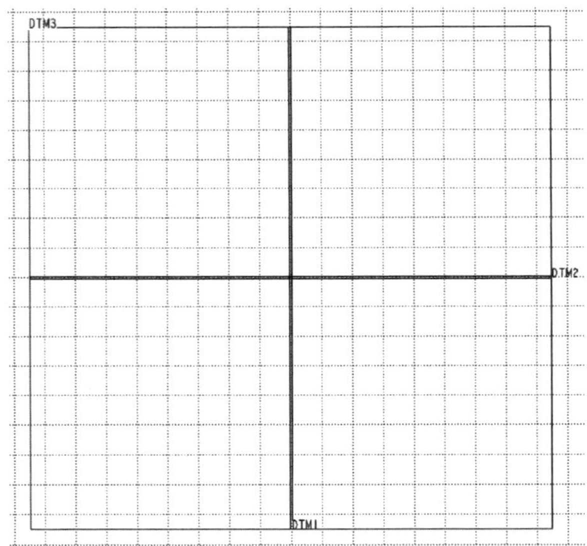


## Sketching the Geometry

Chapter 4 is devoted to describing all Sketcher Mode functionality, but for now let's proceed through the necessary commands.

> **NOTE:** *For later reference, the technique employed here is called IMOFF (Intent Manager Off).*

1. Uncheck the box next to Intent Manager.
2. Position the cursor where DTM2 and DTM1 intersect each other (in the middle of the screen).

3 Click the middle mouse button (for ctr/pnt circle creation). The center of a circle is established.

4 Move the cursor until the red preview appears to fill about half the window. Middle click again. A circle is created.

## Constraining the Geometry

At this point the geometry is technically floating in space. Although it appears to be located exactly on the intersection of datum planes, no information has been given to Pro/ENGINEER to this effect, and the program will not automatically assume its constrained location.

There are two objectives for constraining the geometry: (1) locating the geometry with respect to the existing part geometry (which at this point solely consists of datum planes) and (2) dimensioning the size and shape of the sketched geometry. The AutoDim command accomplishes these tasks for you. All you need to supply are the references that locate this geometry with respect to the part and AutoDim will take care of whatever details are necessary to completely constrain the geometry.

1 Select AutoDim from the SKETCHER menu.

2 Select DTM2 and then DTM1. (See the following illustration.)

3 From the GET SELECT menu, select Done Sel.

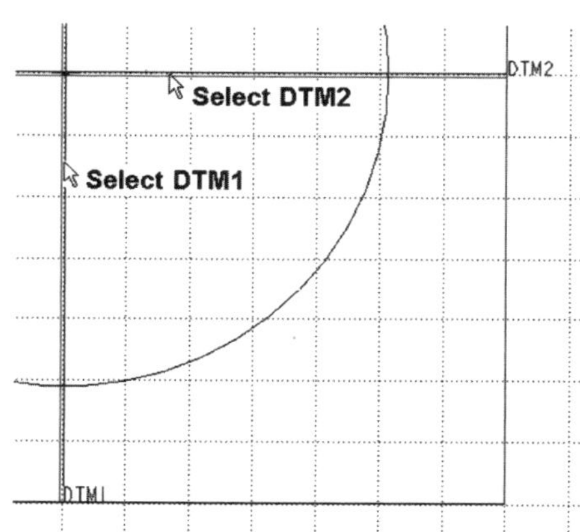


*Recommended locations for selecting datum planes DTM1 and DTM2.*

"Successfully Regenerated Sketch" appears in the message window.

## Modifying the Geometry

AutoDim does not always provide the dimensioning scheme you anticipated, but in this case of simple geometry it did. Perform the following steps.

1. Select Modify from the SKETCHER menu. Select the text of the diameter dimension.
2. In response to the prompt *Enter new value [205.6300]:*, input *.4* and press <Enter>. Note that the color of the dimension turned from yellow to white, which indicates that the geometry no longer reflects the value of the dimension.
3. To force Pro/ENGINEER to reevaluate the dimensions, select Regenerate from the SKETCHER menu. The sketch is now complete and should match the following illustration.

*Sketch view of finished sketch.*

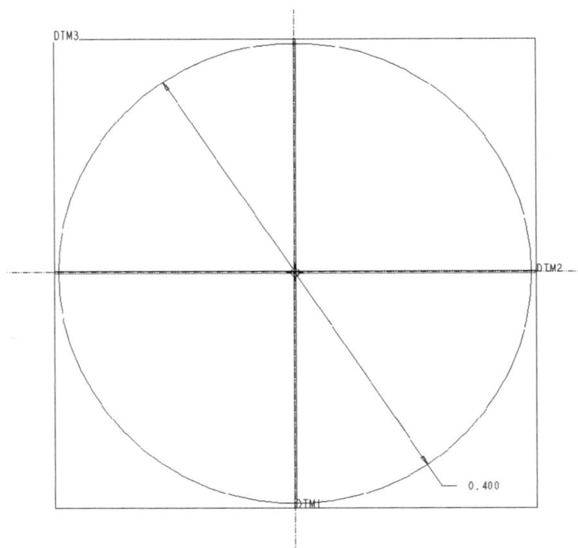


4. Select Done from the SKETCHER menu to continue defining the rest of the feature's elements.

## Completing the Feature

The last step in creating the feature is to provide Pro/ENGINEER with the definition of feature elements still undefined. In this case, you need to specify the type of depth to be used.

1. Select Blind | Done. After the prompt in the message window that reads *Enter Depth [0.17]:*, input *.5*, and press <Enter>.
2. The feature element dialog box now shows in the info column that every element has a value or setting. This means that the feature is complete. Select [OK]. The feature has been created.
3. Select View > Default.

Now you can view the part in 3D. Making hidden lines display as dimmed lines will be helpful, and you may prefer to view the model in a shaded view. To execute these changes, experiment with the four Model Display icons on the toolbar.

➡ ***NOTE:*** *When Pro/ENGINEER makes a cylindrical feature, it will automatically place an axis through its center.*

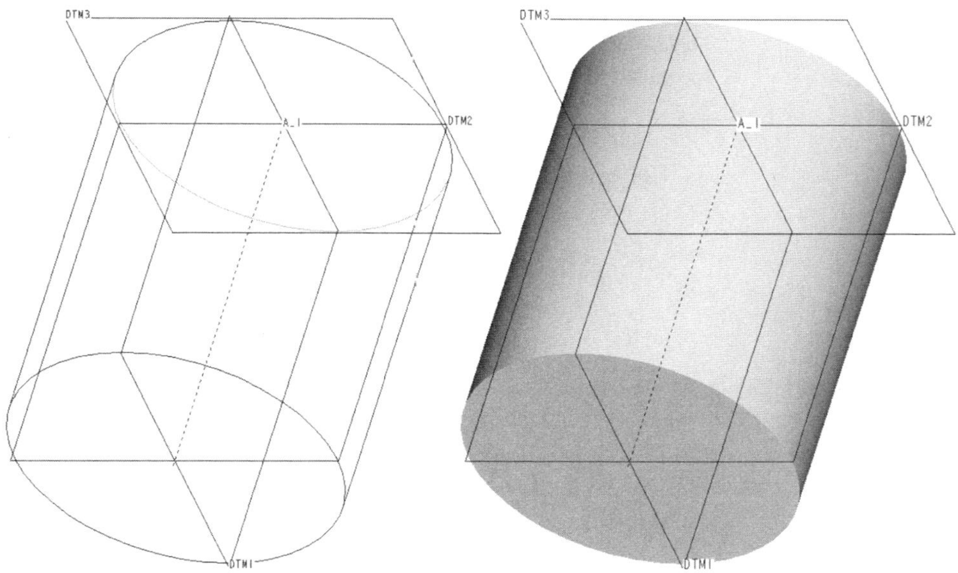


*First solid feature in wireframe and shaded views.*

SAVE

# Creating a Cut Feature

Now that the part is a solid, other commands in the SOLID FEATURE menu are now available. One such command to be used next to remove some material is the Cut command. When you have finished with this feature, the model will resemble the illustration at the end of this section. To begin, select the following commands:

Feature > Create > Cut > Extrude | Solid | Done

Because the feature will be sketched on a plane in the middle of the cylinder, the feature must extrude in both directions to completely remove the desired material. Consequently, you need to select the following commands for feature attributes:

Both Sides | Done

Next, for the sketching plane, select DTM2. The arrow will appear, but note that the prompt says something a little different. In the case of a both-sided feature, the prompt is simply asking you how you want to *view* the sketching plane (the arrow represents your line of sight); it is not prompting for feature direction, as would be the case for a one-sided feature. See the following illustration for the direction to point the arrow for the proper sketch viewing orientation, and select the following commands:

Flip > Okay

**NOTE:** *Select Okay only after verifying the correct arrow direction.*

*Sketch on DTM2 and view sketch plane in this direction.*

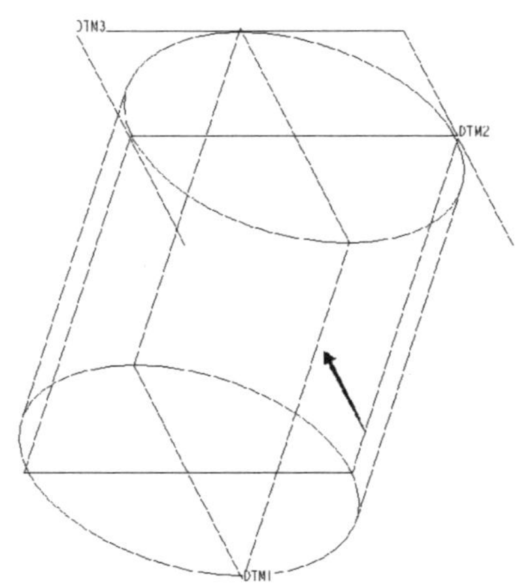

Pro/ENGINEER will again orient the sketch for you. Select Default.

## Sketch the Geometry for the Cut

At this point, the other method of sketching for this feature will be employed. This method will use the Intent Manager to automatically constrain the geometry as you sketch it. First, check the Intent Manager box at the top of the SKETCHER menu.

The Intent Manager cannot begin constraining until appropriate dimensioning references are established. Select the two references (edges of the part), as shown in the following illustration, and click the middle button (for Done Sel).

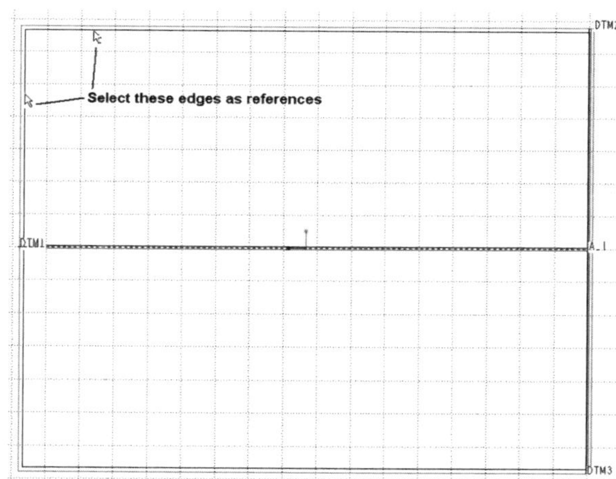


*Locations for selecting the Intent Manager references.*

1. Select the following commands:

   Sketch > Arc > Center/Ends

2. Click the left mouse button once at positions 1, 2, and 3. (See the following illustration.)
3. To draw the two lines, select Sketch. Left click once at positions 3, 4, and 2, and click the middle button. (The middle button is used here to abort the string of lines.)

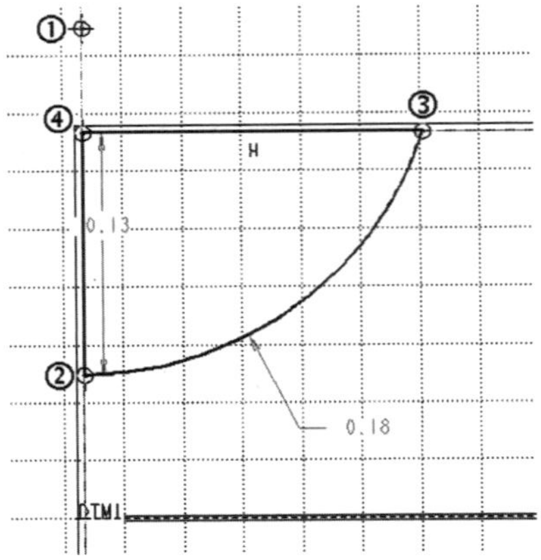


*Sketch of cut feature consists of an arc, two lines, two alignments, and two dimensions. (The alignments and dimensions are automated by the Intent Manager.)*

## Modify the Constraints

As you can see, Pro/ENGINEER automatically created dimensions for this sketch. The values represented are approximate and now must be set to the precise values.

1. Select Modify. With the mouse, select the text of the radius dimension, input *.25*, and press <Enter>.
2. Select the text of the linear dimensions, input .14, and press <Enter>. Select Regenerate.

**NOTE:** *Once the sketch has been regenerated, dimension modifications will then be updated immediately. The Delay Modify setting in the SKETCHER menu toggles the control of this behavior. Initially, it is checked (which means that you must use the Regenerate command after modifying a dimension).*

3. Select Done to exit Sketcher Mode, and resume with the rest of the feature elements.

## Finishing the Elements

The next element is called the MaterialSide prompt. Think of the boundary you just sketched as being the area you either want to keep or remove. The most natural choice here is to remove the material inside, and that is what is being suggested here by Pro/ENGINEER. In other cases in which you would want the outside of the boundary, you would just simply flip the arrow and then continue. But in this case, the arrow is correct, so you just need to select Okay from the DIRECTION menu.

The next and last element is the depth. While considering how you want to specify the depth, Pro/ENGINEER displays an arrow to remind you of the direction chosen earlier.

> **NOTE:** *If the view in which you are looking is such that the direction arrow points directly into or out of the screen, the direction arrow displays as a 2D icon. In the case where the arrow is pointing away from you, the icon is a circle with an X. If it is pointing at you, the icon is a circle within a circle. It may help to memorize these icons, but they are confusing to even long-time users. One of the reasons for confusion is that the icon is just a reminder of the same direction chosen for the sketching plane. The other is that because it is so easy to simply switch to the default view and view it in 3D many users prefer to switch to the default view at this point.*

To switch to the default view, select View > Default. The depth for this feature will be specified twice, once for each direction (remember that you are making a "both sides" feature). The arrow will inform you of the direction each time.

> **NOTE:** *Depth specification is one of the more powerful aspects of Pro/ENGINEER. The correct specification here will enable this feature to "keep up" with any changes made to the model. For example, Thru All would make it so that no matter how big the diameter of the knob became, this cut would always go "through everything." Otherwise, you could probably calculate the correct current blind value, but if the diameter were to change in the future, there is no automation to ensure that it will go through everything.*

The depth of the feature should be as follows:

Thru All | Done > Thru All | Done

The definition of elements for the feature is complete. The Feature Element dialog box is now in control and with it you can redefine one or more elements by double clicking on it in the dialog box. In addition, you can preview the feature.

> ✓ **TIP:** *A preview of the feature initially displays a wireframe representation. Once you preview the wireframe, all other viewing*

*operations (that is, Repaint or Shade) will continue to display the model in Preview Mode.*

**BONUS** *To see how the Feature Element dialog box allows you to redefine individual elements, take the following steps. First, select [Preview] > View > Shade, and observe the mode. Change the depth to blind. Double click on Depth, select Blind | Done, enter .25, and press <Enter>. Select [Preview] > View > Shade, and observe the model. To change it back, double click on Depth, and select Thru All | Done > Thru All | Done.*

Do not forget to finish the feature with the all-important [OK].

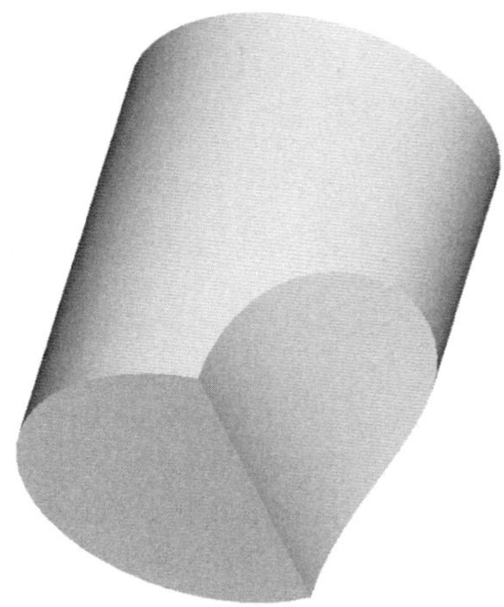

*Model with one of the cuts.*

**SAVE**

## Creating a Mirrored Copy of a Feature

For the cut required on the other side, the recently completed cut will be copied. Dimensions of the mirrored copy can either be independent of or dependent on the original (i.e., when one cut changes, the other changes). Make it dependent.

1 Select the following commands:

Feature > Copy > Mirror | Dependent | Done

**2** Select the cut.

**3** Select Done Sel > Done, and then select DTM1.

**BONUS** *Try modifying the value of the linear dimension of one of the cuts and observe how the other one updates as well. Select Modify and select one of the cuts. Next, select the .14 dimension. Enter .03, press <Enter>, and select the Regenerate command. Observe the effect on both cuts. Now reset the dimension to the original value and regenerate the model.*

Because the geometry in the model is becoming more and more complicated, changing the model display to show the hidden lines as dimmed entities will be helpful.

*Hidden lines shown as dimmed entities.*

*Knob shown with finger grab features. Model is ready to shell.*

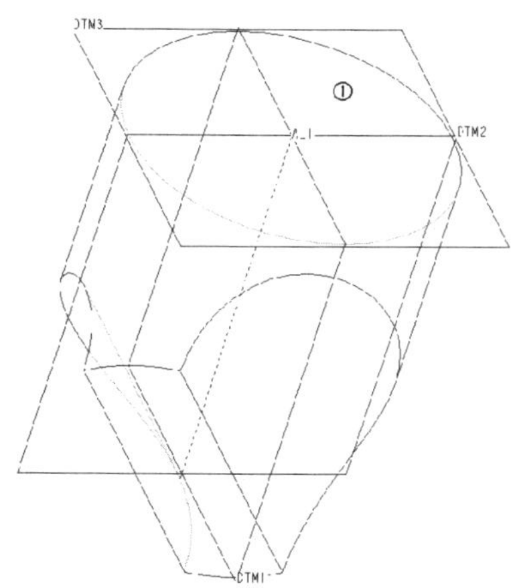

## Making a Shell

A shell feature is used to "hollow out" a solid so that it has a constant wall thickness. The only requirement for this feature, aside from specifying the wall thickness, is that you specify at least one surface to be removed. A removed surface can be understood as the opening out of which you would throw the dirt if you were digging a hole.

One common misconception about shell features is that they apply to individual features of a part. Actually every surface of the part will be offset (shelled) by the specified thickness at the time the shell feature is applied. What this means is that positioning the shell feature at the appropriate place in the sequence of feature creation is crucial. Although it is technically feasible to have more than one shell feature in a part, it is rare. The implications of this fact are that if you later create a feature that should be included in the shelling operation, the new feature will have to be reordered before the shell feature. The reorder process is discussed later in the book.

1. Select the following commands:

   Feature > Create > Shell

2. At this time you are being prompted for the "surface to be removed." Because the surface to be selected is hidden behind other surfaces, use Query Sel Mode to pick it (see the previous illustration).

3. With the cursor in the graphics window, click the right mouse button.

4. Left click at position 1 (see the previous illustration), and then right click (the same as Next).

5. Middle click (same as Accept), and then middle click again (same as Done Sel).

6. Select Done Refs. At the prompt for the wall thickness of the shell, *Enter thickness (-1000.00 to 0.3775) [0.0094]:*, enter *.05* and press <Enter>.

SAVE

7. The feature is now complete. Preview it, and if the feature looks good, okay it. Select [Preview] and then [OK].

## Creating a Cross Section

Cross sections are extremely helpful on most models, but especially plastic parts and parts that are shelled, such as this knob. A cross section is a special type of feature. It does not show up in the model tree or feature list, but it is a feature in the sense that it contains parametric data and remains dynamically synchronous with the model.

At this point in the tutorial, we are roughly halfway through with the knob. However, it does not really matter when you create a cross section, as it would for other features. In fact, you can create a cross section before the first solid feature, or after all solid features have been created, and the cross section will be the same. Remember, though, that a cross section is parametric and, as such, becomes a child of the feature(s) used to establish it. Using default datum planes, if at all possible, is an obvious first choice to use for defining the cross section.

1 Select the following commands:

X-section > Create Model > Planar | Single | Done

Cross sections are always named. It is recommended that you consider the use of the cross section when determining the name. If the cross section is to be used on a drawing, give it a name with a single letter (i.e., A). You may be tempted to name it A-A, but Pro/ENGINEER will automatically utilize the hyphen convention as you place the cross section on the drawing, while replicating the section name before and after the hyphen. If you assume the section will not be used on a drawing, name it as you would a layer. In any event, you can always rename it (except in Drawing Mode), using the X-Section > Modify command.

2 Input *A* as the name. Select DTM1.

The section will remain visible until you leave the X-SECTION menu. You may spin the model, shade it, or perform other such viewing commands. Select Done/Return after viewing the model and cross section.

## Creating a Revolved Feature

The next feature will be a flange located around the waistline. First, because you know that this feature will be adding material, it will be a protrusion. To begin, make the following selections:

Feature > Create > Protrusion > Revolve | Done > One Side | Done

This feature requires a sketch, which of course means that sketching and orientation planes must be set up. Select DTM2 and Okay.

✓ **TIP:** *Do not forget to use Query Select Mode, especially when picking datum planes, because by doing so you will avoid many mistakes.*

## Selecting an Orientation Plane

This time the orientation plane will be defined manually, whereas before you used the default command method. Pro/ENGINEER is now prompting for a "horizontal or vertical reference plane," which is another way of saying an "orientation plane." Every sketched feature will have its own definition of horizontal or vertical.

**NOTE:** *The proper selection of the orientation plane is going to take a little getting used to because it requires the ability to first manipulate a 3D model in your head. You have to be able to "see" the sketch before you get there so that you can determine where things are pointing. As you have probably witnessed, Pro/ENGINEER animates the movement of the model into the sketch view. This movement is what you should learn to anticipate, based on the commands and references you choose.*

To select the correct orientation plane you have to consider two things. First, when you imagine the sketch view, determine which planar surfaces, if any, are pointing exactly up or down, or to the left or right. Second, determine which one of the surfaces makes the most sense in relation to your design intent.

✓ **TIP:** *Although it can be important, in most cases the orientation plane is not critical to the design intent. Consequently, selecting one of the default datum planes, if possible, for the orientation plane is recommended.*

What is meant by surfaces pointing? Imagine an arrow on each surface that points away from the volume, normal to the surface (*normal* is a term for 3D perpendicularity). Surfaces are said to point in the direction of those imaginary arrows. In the case of datum planes, which are not directly associated with any solid volume, those imaginary arrows derive from the yellow side. Therefore, the yellow side is said to do the pointing for datum planes. In other words, imagine a piece of paper with one side printed and the other side blank. To read that paper, you "point" the printed side at your eyes. This would represent the yellow side of a datum plane pointing to the front. The orientation plane is a very important concept, but admittedly a confusing one.

Before you actually select the surface of choice for the pointing, you must select a direction from the SKET VIEW menu. The directions listed in the SKET VIEW menu represent sides of the computer monitor. This is common to view orientation, as explained in the previous chapter. Because DTM2 was selected as the sketching plane, select Bottom, and then DTM1 as the orientation plane. You should have seen Pro/ENGINEER animate, and now you should be looking at the sketch view oriented as shown in the following illustration.

*Sketch of a revolved feature.*

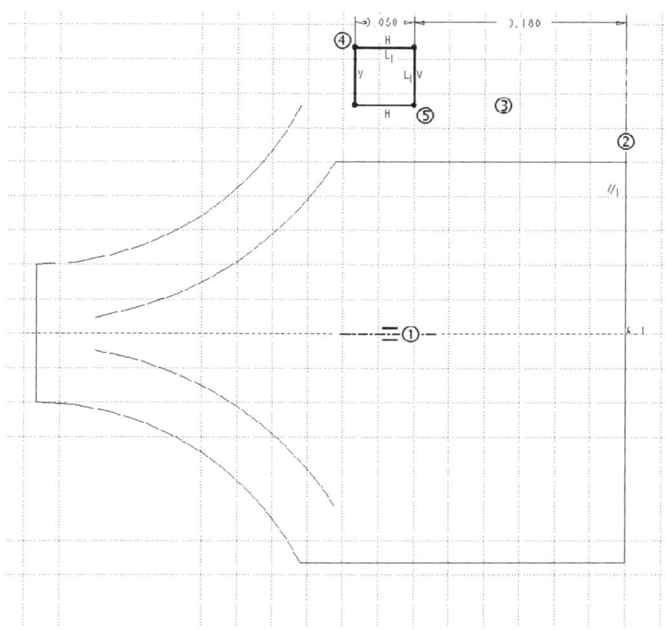

To make the view less confusing, "undisplay" the datum planes and repaint the screen using the icons shown in the following illustration.

*Icons for making datum planes "undisplayed" and screen repainted.*

## Sketching a Revolved Feature

There are two rules to remember regarding the geometry to sketch in a revolved feature. The most important rule is that the sketch requires a centerline for the axis of revolution. It may seem redundant to *draw* a centerline when it appears as though there is *already* a centerline. In reality, the entity that resembles a centerline is the datum axis of the first feature. It would be too restrictive to force this new feature to also use the datum axis as the axis of revolution. The second rule is that you sketch on only one side of the centerline. Sketch the geometry as shown in the previous illustration (showing the sketch of the revolved feature).

> **NOTE:** *It may be necessary to reactivate Intent Manager (verify that the option is checked) for this sketch if you have exited and restarted Pro/ENGINEER since the last time you were in Sketcher Mode.*

For drawing a centerline to serve as the axis of revolution, perform the following steps.

1. Select references at positions 1, 2, and 3.
2. Select the following commands:

   Sketch > Line > Centerline

SAVE

3. Left click at position 1. Click near the same position again, but slightly to the side of 1.

To sketch the shape that will revolve around that axis, perform the following steps.

1. Click on the following commands:

   Sketch > Rectangle

2 Left click at positions 4 and then 5 (where the cursor snaps into a perfect square).

3 Select Modify, followed by the small dimension, input *.05*, and press <Enter>. Next, select the other dimension, input *.18*, and press <Enter>.

4 Select the following commands:

Regenerate > Done

The last element of the revolved feature is the angle of revolution. How far around the axis do you want to revolve? Variable is the only choice in which you will have a modifiable dimension. The other choices can be changed, but there will not be a dimension with which to change it. That is fine in most cases, as in the current one.

1 Select the following commands:

360 | Done > [OK]

2 Return to the default view by selecting View > Default.

## Last Feature

The last feature to add to this model is a little indentation on the top of the knob.

**NOTE:** *Explanations for the following steps are brief or nonexistent if the usage of commands in question has already been discussed.*

1 Select the following commands:

Feature > Create > Cut > Done > Done

2 Select the front surface of the knob. Next, select Okay > Default (to select the feature direction and sketcher orientation reference).

3 Now use the <Ctrl> key viewing functions to zoom in on the approximate area, as shown in the following illustration.

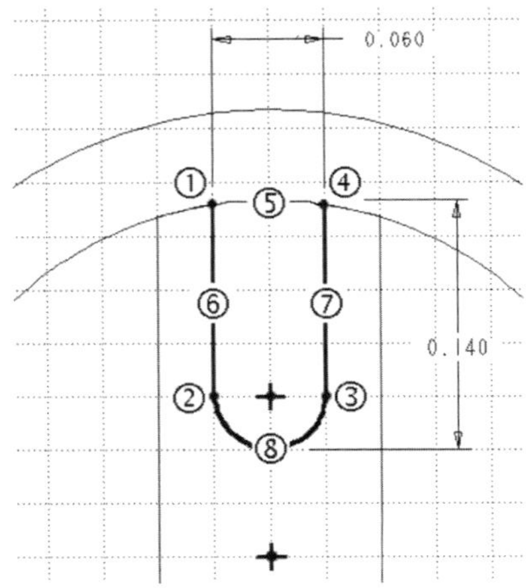


*Sketch of indentation feature.*

4 Select the circle at position 5 (as a dimensioning reference).

5 Pick Sketch, and left click at 1 and again at 2. Middle click to abort the line string.

6 Middle click to switch to Arc Mode. Left click at 2 and again at 3 when the preview shows a complete half arc. Select Align (when prompted whether entities should be aligned).

**SAVE**

7 Middle click to switch to Line Mode. Left click at 3 and again at 4. Middle click again.

Create two dimensions to replace the automatically created dimensions. The automatically created dimensions considered "weak" appear as gray and will automatically be deleted as soon as "strong" dimensions are created manually.

1 Select Dimension, and then left click at 6 and 7. Middle click to locate dimensions and then left click at 5 and 8. Middle click again to locate the dimension.

2 Make the following selections:

Tangent > Vert

and

Done > Okay > Done

3 In response to the prompt, *Enter Depth [0.22]:*, input *.02*, and press <Enter>.

4 Select the following:

[OK] > View > Default

**NOTE:** *Values will be modified later.*

Refine the dimension values to match those in the previous illustration, as follows:

1 Select Modify and then select the last cut feature.

2 Select the width dimension. In response to *Enter Value [0.06]:*, input *.04* and press <Enter>.

3 Select the height dimension. In response to *Enter Value [0.14]*, input *.1*, and press <Enter>.

4 Select Regenerate.

# Summary of the Knob

Let's take a look at how this part stacked up. Following each description below are numbers representing the sequence number of each feature. These numbers are also used by you as another way of identifying features during feature selection. These types of numbers will be used extensively throughout the rest of the book because they are also a concise method of communication.

The part started as three datum planes (1, 2, 3).

First solid feature was a cylinder (4).

Cut for handle (5).

Cut mirrored to other side (6).

Shell it out (7).

Flange protrusion and cut on top (8, 9).

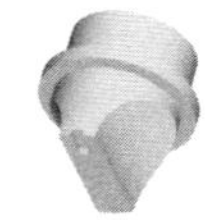

## Summary

Now would be a good time to experiment with some of the entries in the Exercises section, as well as try something else you may have in mind. The good thing about the exercises is that you are not likely to be asked to use functionality you have not yet encountered.

This chapter has introduced you to basic part construction concepts. You began with selecting geometry for starting a part. You then began creating the first solid feature and learned in the process how to select the sketch plane, feature creation direction, and orientation plane. Following this, you learned how to sketch, constrain, and modify the geometry, and then finished the feature by defining all undefined feature elements to the program.

You were then exposed to creating a cut feature, employing several of the techniques previously learned for the basic feature. This was followed by other feature creation processes. You should now understand how to create a mirrored copy of a feature, as well as a shelled and a revolved feature.

## Review Questions

1. What does it mean when Pro/ENGINEER "beeps" at you?
2. Provide three reasons you might want to use Query Select Mode to select geometry.
3. What are the items listed in the Feature Element dialog box called?

4. What is the rule for the viewing direction of the sketch for a protrusion versus a cut?

5. Which direction does a surface point in relation to the solid volume?

6. Which side of a datum plane is the one that points?

7. (True/False): If desired, the arrow for the Material-Side element can also point outward from the boundary.

8. True/False): The dimensions of a mirrored feature can be changed independently from the dimensions of the original feature.

9. (True/False): An individual shell feature is created for each feature that needs it.

10. (True/False): When making a revolve feature, you must draw a centerline for the axis of revolution, even if there is an existing datum axis from a previous feature.

## Extra Credit

What does the prompt tell you about the direction of the feature for a "both sides" feature?

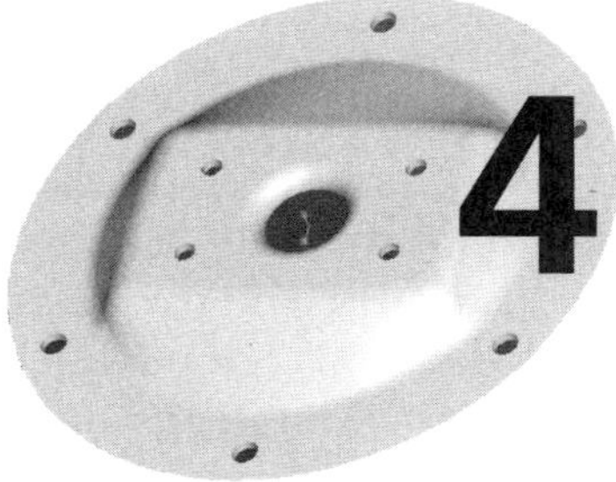

# 4

# Fundamentals of Sketcher

## *Creating Sketched Features*

Sketches are required for all types of cuts and protrusions. The word *sketch* is used interchangeably with *section* because it basically represents the cross section of a feature. A section is really no more significant than other elements in a feature, because a sketch is simply 2D geometry. Only when combined with other elements (e.g., depth) does a feature become 3D. A sketch appears to be more significant because of the flexibility allowed. Differently shaped sections could cause two features to appear entirely different, that otherwise share equal elements.

All 2D geometry drawn in a sketch must be constrained (controlled) with respect to its size and location to other 3D geometry in the part. Constraints are the tools used to control the behavior of the geometry when changes occur, and they include dimensional constraints (represented by a dimension) and orientation/relationship constraints (represented by symbols).

A user typically starts by initiating a sketching environment that uses Intent Manager (or IMON, for short), which is a Pro/ENGINEER default. Intent Manager can be toggled on or off during the sketch process by placing a check mark next to the

Intent Manager command in the SKETCH menu. Intent Manager makes assumptions about which constraints you want, while the geometry is being sketched. At that time, the assumptions are mostly in the form of "weak" constraints. The user then analyzes the weak constraints and makes decisions about which ones to keep or replace (a process called "strengthening"). IMON can be a more productive environment for a percentage of users in Sketcher Mode. It does, however, employ icons, which are not conducive to all users.

Alternatively, a user may wish to work in an environment that is less automated, one in which the Intent Manager option is unchecked (called IMOFF). IMOFF only assigns constraints when requested to do so by the user. In this mode, the geometry is drawn free-form at first and is then constrained and validated during separate operations.

> **NOTE:** *IMOFF is a process familiar to Pro/ENGINEER users with experience prior to Release 20, because the Intent Manager was introduced as a new concept at that time. Intent Manager can also be controlled via your* config.pro *file and Environment settings.*

The main differences between IMON and IMOFF are that icons replace menu picks and the sketch in IMON is always fully regenerated and valid. In IMOFF, achieving *SRS* (an acronym for "section regenerated successfully") is something the user achieves only after some effort, and only at that time is the sketch valid.

> **NOTE:** *You may not be able to create a feature even when a sketch is fully regenerated, or considered valid. In its own context, a sketch could be valid but it still may not result in a valid feature. Remember that a section is just one of the many elements required to create a feature. In all cases, all elements must be in harmony, and not violate rules of 3D geometry either individually or in combination. Pro/ENGINEER allows incomplete features, so be careful to pay attention to "valid section - invalid feature" situations.*

Because IMON and IMOFF are environments in which certain operations are duplicated but behave differently, some of the topics in this chapter are appended with (IMON) or (IMOFF) to denote that the functionality described is different or nonexistent in the other environment. Several topics appear almost identical, but actually differ slightly. Unless otherwise specified, the rest of the functionality is similar between the two environments.

## Sketcher Mode

Sketcher Mode can be used to generate sketch elements only, independently of a solid model. However, this mode is normally used in the sequence of elements while creating solid features.

> ✓ **TIP:** *In Pro/ENGINEER, simply select Sketch in the New (object) dialog.*

While creating solid features, Pro/ENGINEER automatically transfers control to Sketcher Mode when you are working on a part and creating a new feature, or redefining an existing one. At this time, Part Mode will transfer any existing section information to Sketcher Mode. When you finish the sketch, Sketcher Mode takes the section information and sends it back to Part Mode to have it stored permanently in the database for the part.

> ✗ **WARNING:** *If you select Save while in Sketcher Mode, you may not save what you think you are saving. While in Sketcher Mode you can save section data only—you cannot save part data. To save the part, you must first return to Part Mode, and you can only return to Part Mode after you complete or cancel the active feature.*

> **NOTE:** *While in Sketcher Mode, you can save sections as an independent file if you wish to (File > Save As), but it is not necessary. Use this procedure if you wish to later reuse the section on another feature in the current or another part. To use a saved section in another sketch, use Sec Tools > Place Section to retrieve it while in Sketcher Mode.*

## Sketch Plane

As implied by the description "2D geometry," a sketch is always drawn on a planar surface called the "sketch plane." The sketch plane can be chosen from among all part planar surfaces, including datum planes. Because the feature normally derives from or goes away from the sketch plane, you can usually determine the location at which the sketch plane should be chosen. If a plane does not exist at that location, a datum plane can be created as a separate feature, or built into the feature and made on the fly.

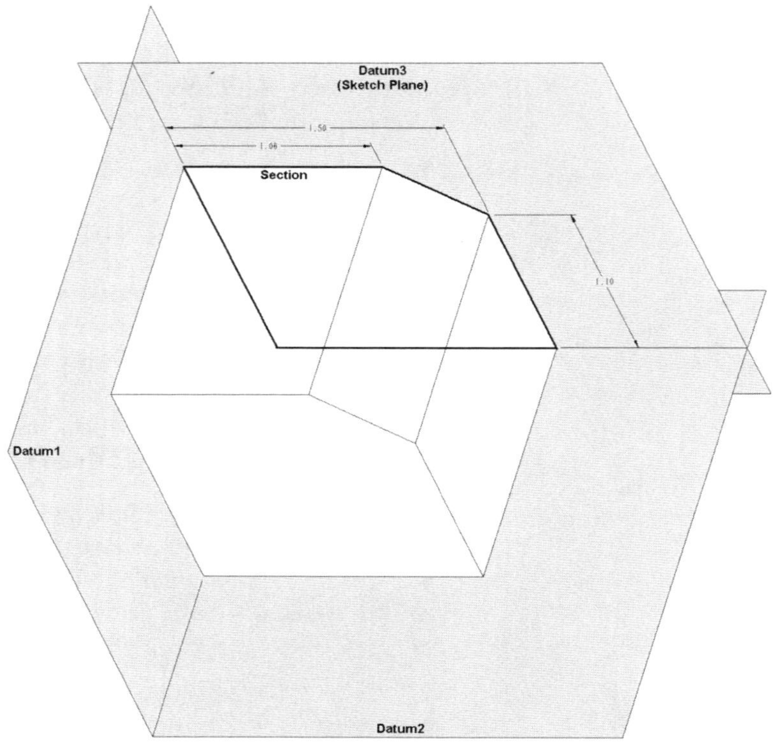


*Typical sketch shown in context of sketch plane and created feature.*

## Orientation Plane

The orientation plane gives meaning to the horizontal and vertical constraints, so that every individual section can have its own interpretation of what is meant by those terms. The definition of the orientation plane is not just a one-time setting, but can be adjusted at any time to accommodate a different (or correct) design intent. The orientation plane is intended to provide another tool for controlling your design intent for maximum flexibility. As shown in the following illustrations, the same sketched feature can look completely different if a different horizontal orientation plane is chosen.

➾ ***NOTE:*** *An orientation plane is said to be horizontal if it points to the top or bottom, and vertical if pointing to the left or right.*

*Orientation plane example 1.*

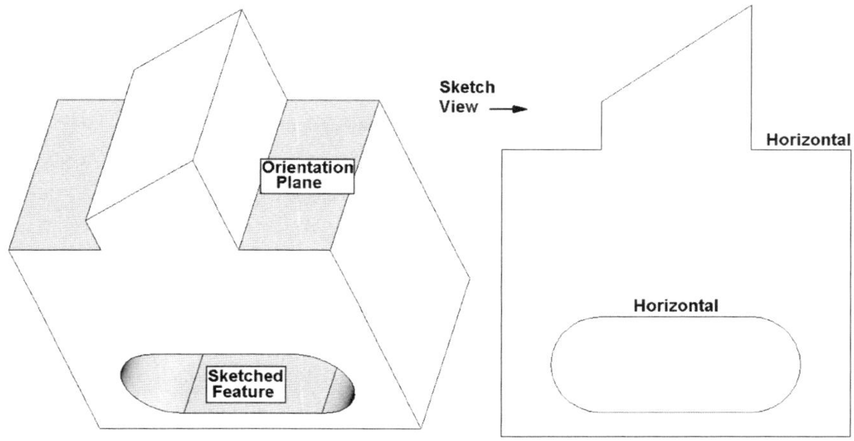


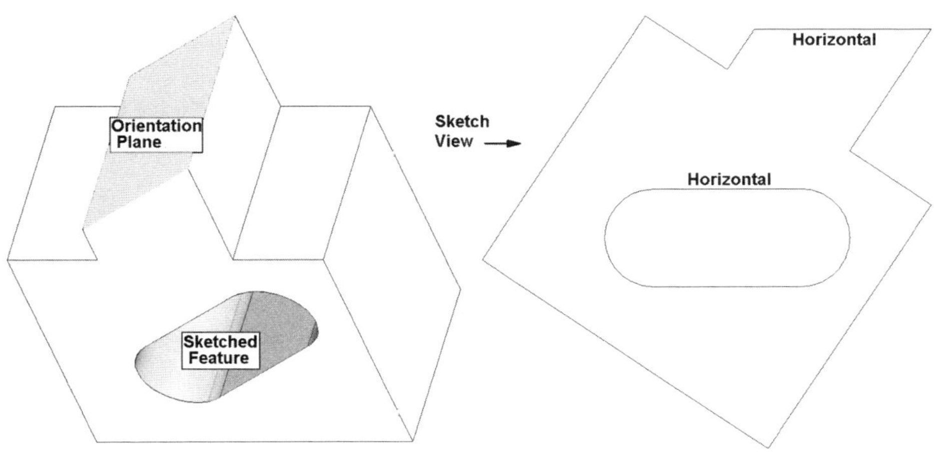


*Orientation plane example 2.*

# Sketch View

The orientation of the sketch view is determined by the following three factors:

- The sketch plane will be parallel with the front of the screen.
- The type of feature being created (i.e., protrusion, cut, sweep). This will determine the side of the sketch plane you see. For instance, you will always view the sketch plane of a one-sided protrusion in such a way that the feature comes at you. Likewise, for a one-sided cut the feature goes away from you. For both-sided features and sweeps, among others, the user determines viewing of the sketch plane after the sketch plane is selected.
- The orientation plane points in a user-specified or default direction.

You can always spin the view if necessary, or even go to the default view or any other view. If so, you can always use the Sketch View command in the SKETCHER menu to return to a normal view of the sketch plane.

# Mouse Pop-up Menu (IMON)

While in Sketcher Mode and only in IMON, a pop-up menu is available for easier access to commonly used menu commands by clicking and holding the right mouse button.

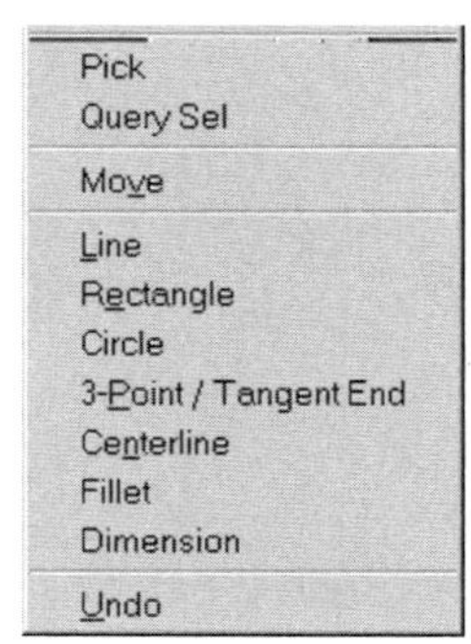


*Pop-up menu.*

# Undo and Redo (IMON)

Any action for each individual session of IMON may be "undone" at any time using the Undo command. Actions that can be undone include deleting and sketching new entities and trimming operations. As you might assume, the Redo command can be used after the Undo command, if Undo was used accidentally.

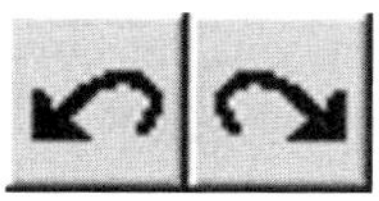

*Undo and Redo default icons are available on the*

✘ **WARNING:** *To be concise, an individual session of IMON is ended if you go into IMOFF (Undo is not available in IMOFF). A new session begins if you go back into IMON.*

# Intent Manager On (IMON)

Once the sketching plane has been set up, you enter Sketcher Mode and choose to work in IMON. In this scenario, you typically follow the acronym *SAM;* that is, sketch, analyze, modify. As you will see in IMOFF, there are two extra steps, constraining and regenerating. IMON performs these steps automatically.

## Specify References

The first thing to be done after initiating IMON is to specify references. These references will locate the section with respect to the model. The references are often side surfaces of the model, or the second and third default datum planes (the other is probably being sketched on), and even a single datum axis can be used as a reference. In brief, the number of references can range from one to any number and combination necessary.

**NOTE:** *When a reference is defined, an orange reference line is automatically drawn on the sketch with a phantom line font. If a normal axis reference is selected, an orange reference point is likewise automatically drawn. These visual reference indicators may be dimensioned to and Pro/ENGINEER will often use the same when defining constraints. If a reference indicator is deleted (with the Delete command), it means that the reference is forgotten.*

## SAM

The following are the components of SAM: sketch, analyze, and modify.

- *Sketch* geometry consisting of lines, arcs, circles, splines, and so forth. Sketching geometry is like freehand sketching on a grid pad. All new geometry will be constrained on the fly as you sketch. A navigator point follows the cursor as you move the mouse and snaps to various locations, while various constraint types are previewed. In various situations, dimensions are also automatically created after completing geometry.
- *Analyze* the constraints. At this time, the constraints may not yet resemble your design intent. You should analyze the current constraint scheme to ensure that your design intent has been met.
- *Modify* the values of any known dimensions, and add and delete appropriate constraints. Because geometry is sketched freehand to begin with, this step is when you input the real numbers and dimensioning scheme. This step is optional. If you are developing a concept, whether in whole or in part, actual numbers are not completely relevant, and the dimensioning scheme Pro/ENGINEER produced may not be what you desire. Keep in mind that you will be using this dimensioning scheme at some point. However, design intent, at the least (in the form of constraints), should be considered as much as possible. The sketch can update itself on the fly after each modification, or be delayed until a more appropriate time by selecting the Delay Modify option from the SKETCHER menu, and then using Regenerate as needed.

# Commands for Creating Geometry (IMON)

Sketcher geometry is used by Part Mode to construct the 3D surfaces of the feature. As a rule of thumb, every piece of geometry sketched will result in some type of surface in the part.

When Intent Manager is active, the Sketcher Tools toolbar is generally where you select the commands for creating geometry. Available on this toolbar are the standard icons for commands, such as Line, Arc, and Circle. Some of the icons also allow for advanced and reference geometry, such as centerlines and text entities.

To access the Adv Geometry geometry creation tools, you must toggle Intent Manager off. You will then have access to both the GEOMETRY and ADV GEOMETRY menus, where there are commands for creating advanced geometry, such as a conic. Reference geometry for the most part is contrary to the rule of thumb stated previously in that it does not result in a surface when the section is returned to the part. Reference geometry is only used by Sketcher to help with constraints for the current sketch. The commands to create reference geometry are Point and Coord Sys, Construction Circle, and Centerline.

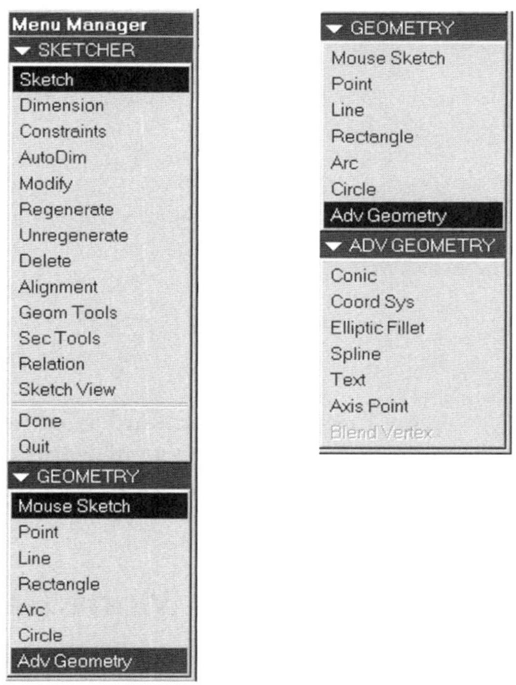


*The SKETCHER, GEOMETRY, and ADV GEOMETRY menus. With IMOFF.*

There are icon commands for creating a line, arc, or circle. Each of these icons has commonly understood methods for creating the geometry based on knowns/unknowns or simply a user preference. The References dialog window displays the sketching plane orientation selections made. It also allows the user to select specific references to be used during the sketching process.

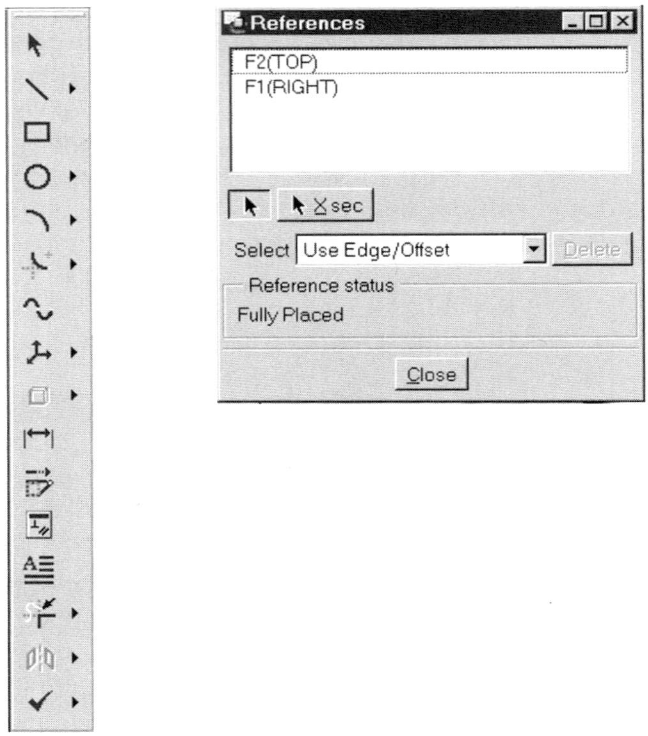


*Line, Arc, and Circle Sketcher Tools toolbar and References dialog window.*

The Rectangle command is quite easy to use—a quick way of making four perpendicular lines. Do not read too much into this command. The four lines do not act as one, and are not grouped in any way.

## Rubberband Mode (IMON)

For geometry creation commands requiring two mouse clicks (e.g., Line > 2 Points, Circle > Ctr/Point, Rectangle, and so forth), Pro/ ENGINEER goes into "rubberband" mode. Rubberband Mode is a term that describes the action of how Pro/

ENGINEER draws a dynamic preview—highlighted in red—of the potential entity before you actually complete the entity.

Rubberbanding can be aborted by clicking the middle mouse button. For instance, if you are in the process of drawing a line between two points, but because the rubberband reminds you of something else and you realize you would rather use the Rectangle command, you should abort the two-point line—by clicking the middle mouse button. Otherwise, the two-point line would be created and you would have to delete it, or use Undo.

Rubberbanding begins with the first click, while drawing various sketched entities. But even before rubberbanding starts, the first click is previewed by a small "navigator" point. The navigator point looks for objects to snap to, and if the mouse is clicked, assigns the appropriate constraint. Because the navigator point cannot "see" model references, it cannot snap to them. However, after you click over a model reference, Pro/ENGINEER will ask if you want an alignment between the sketch entity and the model reference.

While the navigator point is looking for snaps on the second click, Rubberband Mode is evaluating other relationships; that is, horizontal/vertical, equal length, and so on. You may frequently wish to have control over which constraint is going to be applied. Of course, you could always delete a constraint after the fact, and reassign a new one, but you will be more productive if you get the one you want during creation.

To enable this functionality, use the right mouse button while rubberbanding. Clicking the right mouse button disables the currently highlighted constraint. Because there is no limit to how many times you can disable different constraints, take your time to ensure that Pro/ENGINEER is assigning a constraint that makes sense to you. If more than one constraint is available at the same time, the <Tab> key is used to advance one to the next. If you disabled the wrong constraint, another right click will reenable it.

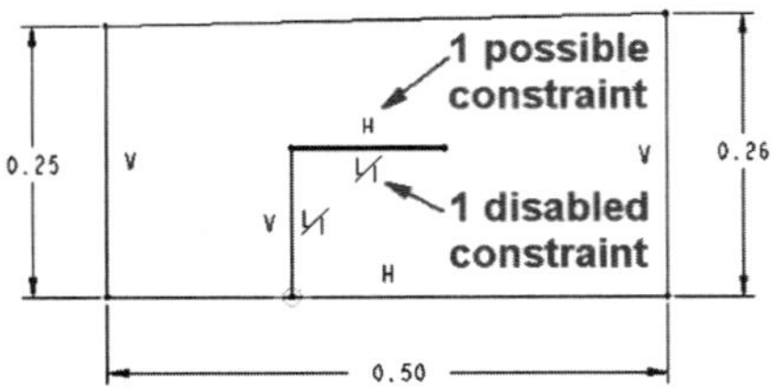


During Rubberband Mode two constraints are possible: H for horizontal and $L_1$ for equal length.

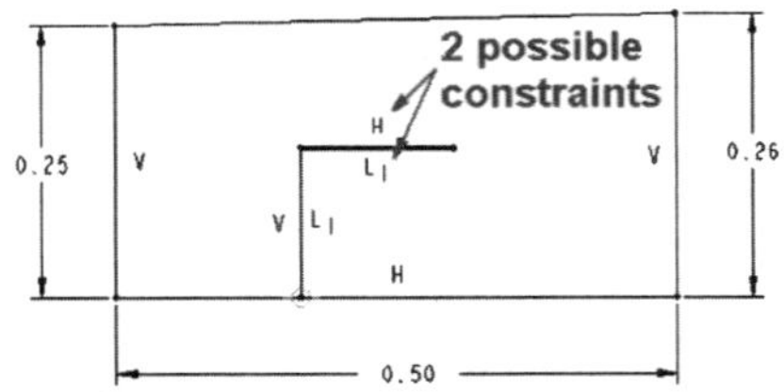


*$L_1$ is disabled by right clicking.*

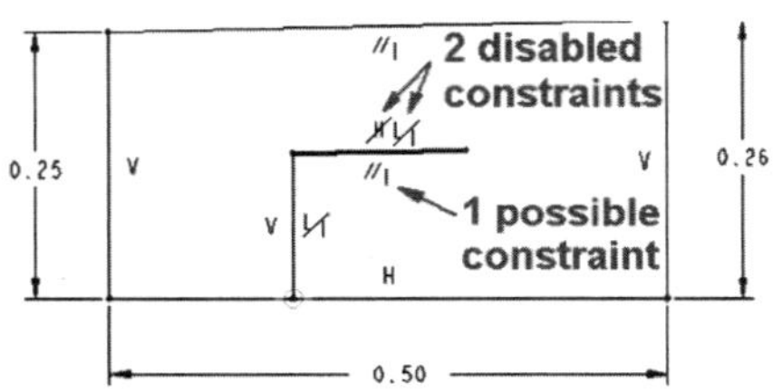


*H is disabled by pressing <Tab> followed by a right click. $//_1$ is then automatically activated. This is the constraint you want.*

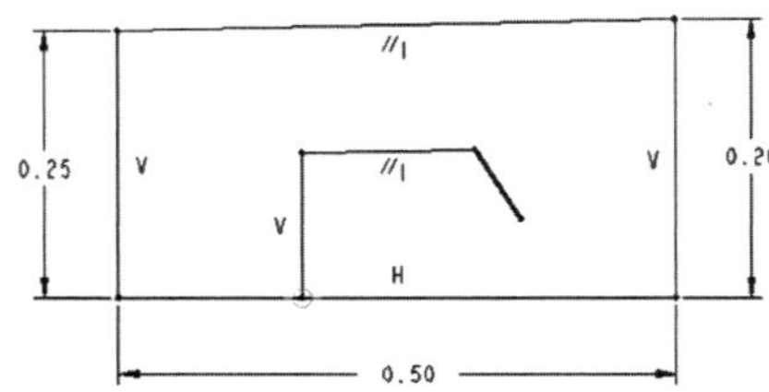


*When one line is finished, the next line is rubberbanded, and the previously disabled constraints are properly deleted.*

**NOTE:** *Rubberband Mode works in a similar manner when drawing all types of geometry.*

Refer to the previous series of illustrations. In the first, a line is being sketched, and at one time there are two possible constraints that can be applied, neither of which is desired—you want parallelism with the top line. In the next diagram, the equal length constraint is disabled by clicking the right mouse button. Because the horizontal constraint is still enabled, you first advance to it by pressing the <Tab> key, and then disable it by clicking the right mouse button. At this time, Intent Manager correctly assumes that you want parallelism with respect to the line on top. Finally, the line is completed by clicking the left mouse button, at which time Rubberband Mode previews the next line.

## Lines (IMON)

Because Intent Manager automatically applies constraints on the fly as you rubberband, there is no need for employing multiple methods of creating lines.

The 2 Points method invokes the navigator cursor point and Rubberband Mode between the points. When creating lines between two tangents, you should remember an important rule for selecting the tangent curves. More than one possibility for each tangency is common. For this reason, the selection you make does two things at once. It not only identifies the curve but provides Pro/ENGINEER with an approximate point of tangency. Thus, you should be close enough so that Pro/ENGINEER can be accurate.

> **NOTE:** *While in IMON and after sketching a line, the right-click pop-up menu can be used to undo, delete, or switch entity types.*

## Centerlines (IMON)

Centerlines are infinite in length. In the sketch view, the centerline is shown as if it has start and end points. All methods previously described for creating geometry lines are applicable to creating centerlines. A centerline is a type of reference geometry used to help establish proper dimensioning schemes and define an axis of rotation, among other things.

> **NOTE:** *Reference geometry in one section cannot be used or referenced by other feature sections.*

## Circles

Ctr/Point is the easiest method for creating a circle. Simply select a point on the screen and Rubberband Mode will highlight a circle at the approximate radius of your next screen click.

> **NOTE:** *This topic is not specific to IMON. The only difference concerns the effect of Intent Manager's on-the-fly constraints.*

The Concentric command requires practically the same procedure as the Ctr/Point command, except that the center point is determined by the selection of an existing circular model edge, surface, or sketched arc/circle.

> **NOTE:** *When you are in IMON and select another sketched entity as the center, you could have used Ctr/Point and let the navigator point find the center of the existing entity. Otherwise, when selecting a model reference, remember that because the navigator point cannot see any model references the Concentric command will be appropriate.*

Again, there are some features that can only be accessed with IMOFF, such as the 3 Point circle, which is constructed by selecting three points on the screen. The first two selections are usually on opposite sides of the center point, and the third selection is the deciding factor for the diameter. Before making the third selection you will be in Rubberband Mode. You can abort between any of the three mouse clicks. The fillet and 3 Tangent circles work exactly the same as arcs.

## Construction Circles

All methods described previously for creating geometry circles are applicable to creating construction circles. Like centerlines, a construction circle is a type of reference entity and can be used in dimensioning schemes, among other things. Most geometry can be turned into construction geometry by selecting the geometry, right-clicking with the mouse, and then selecting Toggle Construction from the pop-up menu.

## Arcs

The Concentric, 3 Point, and Ctr/Ends arc commands have a very similar convention to that of circles. The only difference in creating arcs is that after the center is defined the next click is only the start point. A third click is required to define the end point, and it does not matter which direction you go, clockwise or counterclockwise.

To create a fillet, you simply select two existing entities and Pro/ENGINEER automatically draws the fillet. The size is determined by whichever selected location of the two entities was closest to the intersection. In addition, but only when creating arc fillets, Pro/ENGINEER will trim the two chosen entities back to the respective points of tangency. The trim is always automatic for arcs (but not circles).

## Ellipse (IMON)

To create an ellipse, simply select a point on the screen to define the center, and then Rubberband Mode will highlight an ellipse at the approximate X and Y radius sizes of your next screen click.

✓ **TIP:** *Because you cannot dimension to the tangent of an ellipse, you may create tangent centerlines and dimension to the centerlines. With this dimensioning scheme you can dimension the overall size of the ellipse instead of radii.*

**NOTE:** *This entity type cannot be created if Intent Manager is off (IMOFF). The entities may of course be modified in IMOFF, just not created.*

## Elliptic Fillet

Similar to an arc fillet, the size of an elliptic fillet is determined by how you select the two tangent entities, which are also automatically trimmed. After the ellipse is created, it can be dimensioned any way you see fit. Initially, Intent Manager places linear dimensions to locate each of the end points from the center. Either or both sets of the linear dimensions may be substituted with half-axis dimensions (analogous to minor and major axis dimensions).

**NOTE:** *The axes of an elliptic fillet are always orthogonal to the orientation plane. This means that the sketcher orientation plane is the key factor if you need to make an ellipse at an angle. In other words, even if you have two lines at an angle from the horizontal, the elliptic fillet that is drawn will not be normal to the two lines, but rather will be normal to the orientation plane.*

✓ **TIP:** *The two tangent entities required to create an elliptic fillet are not required afterward. You may delete the two entities after the fillet is created. An elliptic fillet may be created in IMOFF.*

## Splines and Conics

A conic is easy to draw; use the same procedure as a three-point arc. What turns a general conic into a specific type of conic (ellipse, parabola, and so on) is the way in which you dimension it. A conic is only available in IMOFF.

A spline is a smooth curve that connects through a series of points. Select as many points as necessary. To finish drawing the spline, click the middle mouse button. Only the end points of the spline must be constrained. Tangencies at the end points may also be established and, optionally, by dimensioning the spline to a sketcher coordinate system the internal points of the spline may be constrained as well.

## Text

Sketched text can be used to create raised or sunken letters on the part.

> ✘ ***WARNING:*** *Creating an extruded feature from sketched text will result in many tiny surfaces. If you must create these types of features, for optimal part performance it is best to create them after as many other features as possible.*

After selecting the Text icon, you are prompted to sketch a single line representing the initial height and orientation of the text. The Text dialog window will appear, in which you can establish the various aspects of the text, such as with the Font, Slant Angle, and Aspect Ratio options. The height or length of the text (its relationship to the sketched construction line) is controlled by the construction line sketched previously. All you need to constrain is the lower left corner of the text (of course, in IMON it is automatically constrained). You can later modify the text angle, text, and so forth as needed. Pro/ENGINEER now offers several "true type" fonts for this application.

## Axis Point

By placing an axis point in a sketch, a datum axis will be created as part of the feature. The beauty of this functionality is that the axis will be embedded in the feature. This is extremely useful for situations in which you create a slot by dimensioning to its theoretical center.

## Reference Geometry

Centerlines and construction circles have already been covered. Creating a coordinate system or a point is simply a matter of selecting a single location on the sketch for the entity's position. Among other things, a sketcher point can be useful for describing tangencies with model references, especially where the tangency occurs at a position other than 90°, 180° or 270° relative to the orientation plane.

## Creating Geometry from Model Edges

A few more commands for creating geometry (Edge Use, Use Offset, Use Edge, Offset Edge, and IMOFF) are available in the Sketcher pull-down menu or as an icon in IMON. These commands are also available on the GEOM TOOLS menu in IMOFF. The GEOM TOOLS menu also contains numerous commands for modifying geometry, discussed in subsequent sections.

Use Edge and Offset Edge are employed to replicate model edges into the sketch. In the case of Use Edge, the part edges are projected onto the sketch plane exactly as viewed from the sketch view. To select the edges, you have access to three options in the USE EDGE menu. Single (Sel Edge IMOFF) allows single selection of edges. Loop (Sel Loop IMOFF) and Chain (Sel Chain IMOFF) allow for quick selection of multiple edges.

A loop of edges is the entire set of edges that forms a closed boundary on a surface. Because certain surfaces have several such loops, Pro/ENGINEER will prompt you to confirm the one you wish by highlighting such possibilities one at a time. A chain of edges is a set of edges connected to each other. You must select a "start" and "end" edge. If applicable, Pro/ENGINEER will highlight various circuits between the two edges one at a time until you confirm the circuit you want.

The part edges used do not need to be in the sketch plane or even parallel to it. Moreover, no constraints are necessary because Pro/ENGINEER automatically assigns an alignment constraint between the model edge and the new sketch entity.

> ✓ **TIP:** *Using the Use Edge command on a datum axis will create a centerline in the sketch. It is a good practice to select the edge(s) in 3D orientation to ensure the selection of the desired edge(s).*

The Edge Offset command is simply a variation of Edge Use. But in this case, an offset dimension is in effect for all edges chosen at the same time. The Edge Offset options work the same way as the Edge Use options. However, these options are even more important here because if you use Single and select only one entity, that entity will be the only one controlled by the offset dimension. Using one of the other two commands, Loop or Chain, may be preferable because the single dimension will be in effect for all edges in the chain. After you finish selecting the edges, an arrow will be displayed that shows the direction of the offset if a positive number is entered. To have the offset occur in the opposite direction, simply enter a negative number. With IMOFF, after using the Regenerate command, the number will be normalized (i.e., its direction is maintained and is positive).

The Mirror command works on existing sketched entities only. The one requirement for using this command is that a centerline must represent the line of symmetry. With IMON, select the entities to be mirrored. You will then be prompted to select the centerline to mirror about. With IMOFF, select the centerline, and then from the MIRROR menu select either Pick (the default for single selection of entities) or All.

> ✓ **TIP:** *A very useful functionality of the Mirror command occurs when a curve is perpendicular to and touches the centerline. The curve will not be duplicated on the other side. Instead, the curve will be extended so that it is whole and symmetric about the centerline.*

## ■■ Deleting Sketcher Entities

The Delete command is activated by first selecting the item you wish to delete and then holding the right mouse button down and selecting the Delete option from the pop-up menu. With IMOFF, the Delete command initiates Delete Item Mode, in which an entity is immediately deleted upon being selected. Alternatively, you can use Delete Many and compile a buffer of entities, and then use Done Sel to complete the action.

> **NOTE:** *A buffer is what Pro/ENGINEER uses to store selections. If the command is canceled, the buffer is flushed without any effect on selected entities. If nothing happens after you thought entities were chosen for deletion, you may have inadvertently flushed the buffer by choosing a different command.*

> ✓ **TIP:** *Do not forget to use the middle mouse button for Done Sel when using Delete Many. Pick, pick, pick with the left button and then click the middle button—the selected entities are immediately deleted.*

Upon selecting Delete Many, the default command is Pick Many from the GET SELECT menu, and you simply draw a selection rectangle around the entities you wish to be buffered. The entities must be completely within the rectangle for them to be chosen.

Unsel Last and Unsel Item are used to take items out of the selection buffer. These commands are used in the instance when you accidentally selected an entity. Rehighlight is useful when you repaint the screen. In the selection process, this command will refresh the highlights so that you do not have to start over to be certain of what is currently buffered.

## Modifying Dimensions

The Modify command is used primarily to change dimensional values, although it is also used to modify spline points and text entities. To use it to change a dimensional value, simply select the dimension text and enter a new value in the message window prompt.

> ✓ **TIP:** *When you are prompted for a new value, you can use the entry line as a calculator if needed. For example, assume that you wished to enter the metric equivalent of 3/8 inch. Input*

*3/8 * 25.4 and press <Enter>. Pro/ENGINEER will automatically calculate the result and use it.*

To use the Scale command, select all dimensions that should be affected, check the Lock Scale option in the Modify Dimensions dialog window, and then simply change one linear dimension. You can either input the new value or use the value dial. Pro/ENGINEER will calculate the ratio of change and appropriately modify all other linear dimensions by the same factor. With IMON, you may select several dimensions.

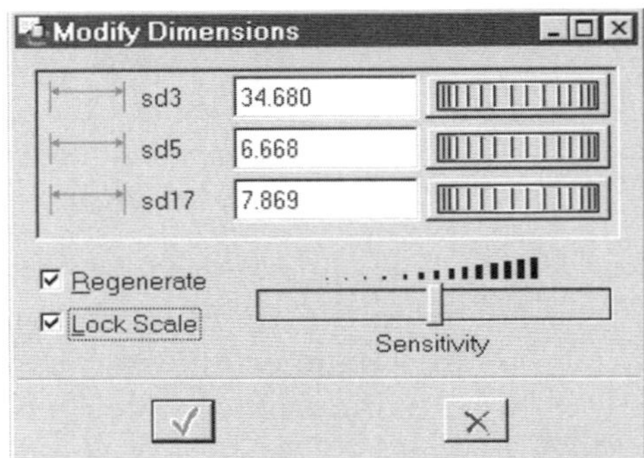


*Modify Dimensions dialog.*

While modifying dimensions, you have a choice of whether or not you wish the sketch to be instantly updated. By placing a check mark on the Regenerate option, you can force the system to wait for you to tell it when to regenerate. In this case, when a dimension is modified, the dimension's color turns white. A white dimension indicates that the section must be regenerated. This functionality enables modification of many dimensions before tying up the computer for regenerating. However, in Sketcher Mode the processing time is so short that it is not likely you will have a great need to turn on this option.

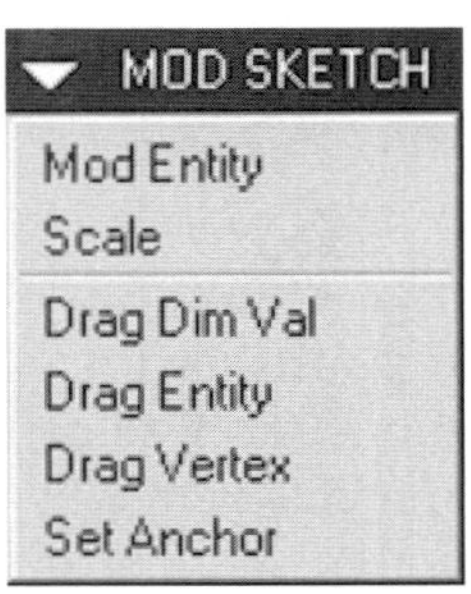


*Commands for modifying dimensions with IMOFF.*

With IMOFF, the Drag Dim Val command will only allow five dimensions to be modified, using sliders for dynamic viewing throughout the respective ranges of values. To use the slider box, click the desired slider bar once and drag left or right. Click again in the slider bar to stop. Click once on the completion bar to accept the changes, or click the middle button to abort.

*Use sliders to modify dimension values.*

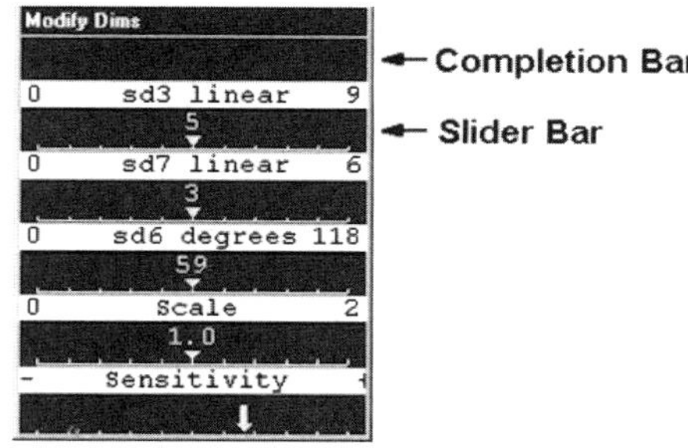


✓ ***TIP:*** *If you choose to modify many dimensions at once, before regenerating, it may be difficult to trace problems. If you wait until many dimensions are modified, it may be difficult to find the error.*

# Commands Used to Adjust Geometry

Sketcher entities can be trimmed, moved, and divided, among many other operations. Some shapes simply cannot always be sketched by rubberbanding, and it may be more efficient to draw temporary geometry and then trim, delete, and so on.

## Move Command (IMON)

There are two commands for moving sketcher entities. The Move command in the Sketch pull-down and pop-up menus is only available in IMON. It works on geometry and dimensions. Another command, Move Entities, is on the GEOM TOOLS menu, and is available in IMOFF only. Both work on dimensions the same way: Select the text of the dimension and drag and drop it to a new location.

The difference between the two methods in IMON is seen when dragging geometry. The Move Entities command ignores all constraints and simply lets you drag the entity anywhere you want. When placed at its new location, constraints will be automatically applied (except in IMOFF, of course).

When using the Move command, all current constraints are maintained while the affected dimensions are dynamically modified. Intent Manager may also determine that certain dimensions should be locked while entities are moved. You can also tell Pro/ENGINEER which specific constraints and/or geometry to lock by using the Toggle Lock command in the Edit pull-down or pop-up menus. Note that as you lock a dimension, the letter L is temporarily added in front of the dimension value. As an option, you may want to lock all dimensions with the Toggle Lock by first using the Select All option in the Edit drop-down menu. Then select Toggle Lock to selectively unlock dimensions you want changed while dragging.

**NOTE:** *When you lock all dimensions, you cannot change the section until something is unlocked.*

✓ **TIP:** *A circle can be moved via two different operations. To move the entire circle to a new location, select its center point, and drag and drop it. You can also select on the circumference to drag its size.*

## Trimming Entities

With IMON, there are three Trim command options: Dynamic Trim/Segment Delete, Corner, and Divide. The options can be accessed through either the Edit pull-down menu or the trim icon in the Sketcher toolbar. Dynamic Trim/Segment Delete automatically divides sketched entities at any point of intersection, thus allowing the user to simply delete the unwanted geometry. Corner requires the selection of two entities. It finds the intersection of two selected entities and either extends or trims the entities up to the intersection. Divide will divide any sketch entity at the point of selection for as many selections as desired.

With IMOFF, the Trim command's submenu, DRAFT TRIM, contains four commands. Bound and Corner require the selection of at least two entities, whereas Increm and Length work on individual entities. More often than not, however, you will probably be using Bound and Corner.

Increm adds to or removes from (with a negative value) the existing length of a curve. Length creates a new entity at the specified length. Corner finds the intersection of two selected entities and either extends or trims the entities up to the intersection.

> **NOTE:** *In all trimming operations, Pro/ENGINEER keeps the portion of the entities to the selected side of the derived intersection.*

Bound allows the selection of one entity (including a part edge) as a boundary, and then allows one or more entities to be trimmed to that boundary. As in the Corner trim, you must select on the portion of the entity on the side of the boundary you want to keep.

The other two commands for trimming on the GEOM TOOLS menu split the entity into pieces. The Divide command works independently and the Intersect command works by selecting two entities.

> ✘ **WARNING:** *By design, a circle has no discernible start or end point in Pro/ENGINEER. Using the Divide or Intersect command on a circle technically converts the circle into an arc, even though it may appear whole. There is no way to convert an arc into a circle.*

To use the Divide command, simply click on an entity and it will be split apart at that location. Be careful to use Query Sel if there is a chance another entity might accidentally be chosen.

To use the Intersect command, select at any location on two entities and both will be split at their intersection. If the entities intersect at multiple locations, be sure to select the entities at a location near the desired intersection. The exception occurs when one of the entities happens to be a centerline or a construction circle. In this case, nothing happens to the reference entity; only the geometry entity is split.

## Commands for Constraining Geometry (IMON)

When IMON automatically applies constraints to the section, they are first created as "weak" constraints. (Recall that a dimension is a type of constraint.) A weak constraint could be replaced by something else, and the appearance of the geometry would not change. Weak constraints are colored gray, whereas strong constraints are yellow. A constraint is only temporarily weak. As soon as you leave IMON, all weak dimensions are automatically strengthened. You can also strengthen all dimensions and constraints in a section by using the Impose Sketcher Constraints icon found in the Sketcher toolbar.

✓ **TIP:** *Leaving IMON and then returning (unchecking and then rechecking the Intent Manager option) is a quick method for strengthening the entire sketch.*

Normally, you should manually strengthen the constraints (your design intent), rather than leaving it the way it is (Pro/ENGINEER's design intent). This can be accomplished in two ways. You can create your own constraints, and they are automatically created as "strong. The other method is to click on any constraint or dimension and use the Strong command from the pop-up menu.

Constraints are created by simply choosing the type of constraint required, and then selecting the applicable entities. Geometry will be redrawn if necessary to satisfy the applied constraint. Constraints are simply deleted with the Delete command. Because the sketch is always fully constrained in IMON, any new constraints added will often result in a conflict. Pro/ENGINEER displays a conflict by highlighting the conflicting constraints, including dimensions. You must examine the conflict, displayed in the Resolve Sketch dialog window (shown in the following illustration), and in most cases decide which of the existing constraints must be deleted so that the new one can be added.

*Resolve Sketch dialog window.*

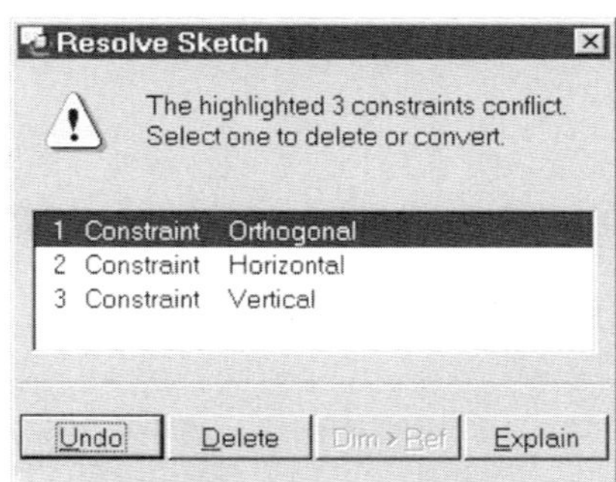

## Constraints

Pro/ENGINEER assumes constraints as you sketch. When Pro/ENGINEER assigns a constraint from this list, a symbol is displayed on the screen next to the entity or location where the constraint applies. The constraint types follow, along with respective symbols.

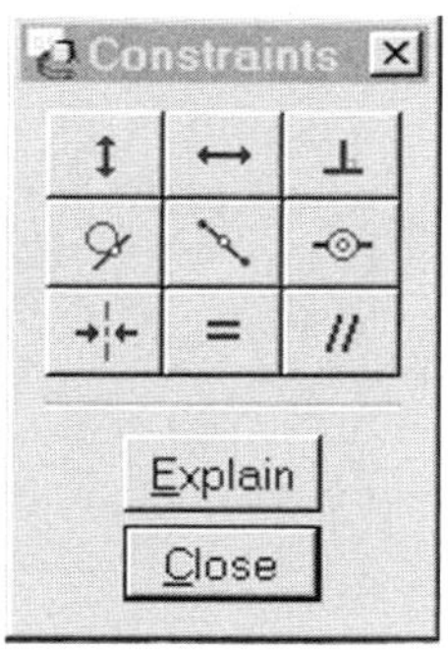


*Constraints menu.*

- *Same Points.* This constraint type lacks a symbol. The two entities chosen are simply redrawn to match the condition.
- *Horizontal (H) or Vertical lines (V).* Based on the sketcher orientation plane.
- *Point On Entity (–O–).* For example, a circle lying on a constrained centerline, or a line end point touching a part surface normal to the sketch. If the end point is constrained to a vertex or axis, it simply appears as a circle.
- *Tangent ($T_{\#}$).* One selection must, of course, be something other than a line.
- *Parallel ($//_{\#}$) or Perpendicular lines (^#).* For two lines oriented in such a way that are not horizontal or vertical.
- *Equal Radius ($R_{\#}$).* Works on arcs and circles. There is no limit to the number of entities that can assume the value from one constrained entity.
- *Equal Lengths ($L_{\#}$).* The orientation does not matter, even if different, nor does it matter how much distance is between the entities. There is no limit to how many entities can assume the value from one constrained entity.
- *Symmetric (→ ←).* Requires an existing sketched centerline.
- *Line Up Horizontal or Vertical (–).* Projects the constrained location of an existing arc or circle horizontally or vertically to another arc or circle.
- *Collinear* (–). Lines to be collinear, even if separated by distance.
- *Alignment.* This constraint lacks a symbol. The symbol displayed is the one whose condition is met by the align-

ment, such as Point On Entity, Equal Radius, and so forth.

## Dimensioning

The secret to manually creating dimensions is knowing how to select geometry. Pro/ENGINEER knows what type of dimension you want just by how you select it, and where you locate the dimension. Once you select the Dimension command, you simply select the geometry in certain ways with the left mouse button and then *locate the dimension text with the middle mouse button.*

## Linear Dimensions

Several methods of selecting geometry will result in a linear dimension. In each case, it is assumed that after the entities are selected with the left mouse button, the dimension origin is chosen with the middle button (at the location of the letter in the following illustration). Line length dimensions (A) are made by selecting a line (1) by itself only.

*Different types of linear dimensions.*

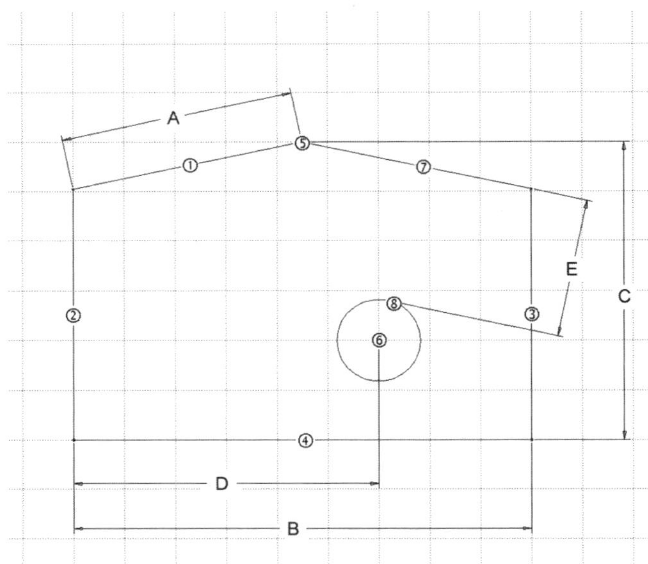


✓ ***TIP:*** *This is a really quick and easy way to make linear dimensions. But remember that you are communicating your design*

*intent. Such action may be constraining something different than you think, so be careful with this one.*

Line-to-line dimensions (B) are made by selecting two lines (2 and 3).

➾ **NOTE:** *The results would have appeared the same if you had selected 4 and placed the dimension. Would it have been equivalent in reality? No, because the 4 selection would have been a line length dimension, whereas the 2 and 3 selection is a line-to-line dimension. The differences here may seem subtle, but they are important. Remember once again that everything in Pro/ENGINEER is a relation in terms of design intent.*

Line-to-point dimensions (C) are made by selecting a line (4) and a point (5). End points, as in this case, are also acceptable.

✓ **TIP:** *Selecting end points of curves can be a little tricky. You need to get real close with the cursor to the end point. If you are too far away, Pro/ENGINEER will think you want to choose the entire curve. For this reason, using Query Sel Mode when selecting end points is recommended. With Query Sel, you will be able to confirm your selection and possibly save yourself from restarting the dimension.*

Another version of the line-to-point dimension that should be noted is selection of the center point of a circle (D). If you select a line (2) and a point (6), the creation sequence is equivalent to that of (C). As an alternative to selecting the center point of the circle (6), you can select the circle itself at (8). At this time, Pro/ENGINEER will prompt you with the Type of Dim menu (IMOFF ARC PNT TYPE menu) as to whether you want the center or the tangent of the circle closest to the point at which you selected on the circle. The dimension (E) is made by selecting the line (7) and the circle (8), and selecting Tangent from the Type of Dim menu (IMOFF ARC PNT TYPE menu).

➾ **NOTE:** *You are not prompted for the choice between Tangent and Center until you locate the origin of the dimension. After you locate the dimension, it appears as if nothing has happened. Look for the Type of Dim menu to continue.*

## Circular Dimensions

Pro/ENGINEER will also automatically determine if a circular dimension is necessary based on the entities you select and how you select them. A radial dimension is created simply by selecting the perimeter of an arc or a circle with one click of the left mouse button, and then, of course, placing the dimension with the middle mouse button.

To create a diameter dimension, use the same procedure as for a radial dimension except that you click on the arc or circle *twice* (not the rapid double click necessary when clicking on a Windows icon, just two clicks) in the same spot or not, and then place the dimension.

> **NOTE:** *You will notice that Sketcher Mode does not display an R or a Δ in front of the dimension. Part Mode does this later. To tell the difference between a radial and diameter dimension in Sketcher Mode, determine the number of arrows displayed in the dimension. One arrow indicates a radial dimension, whereas two arrows indicates a diameter dimension.*

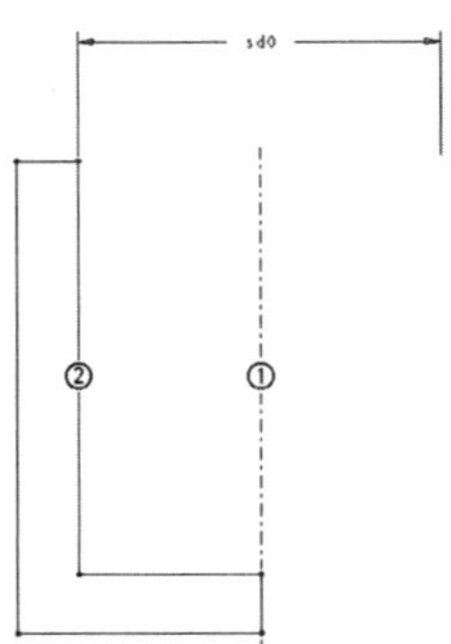

*Cylindrical dimension of a revolved section.*

A cylindrical dimension (a diameter dimension when viewed from the side instead of the top) is necessary when you want to control the geometry in a revolve feature with a diameter dimension. When a revolve feature is sketched, geometry on only one half of the required centerline is constructed.

This procedure tends to lead users to believe that only a radial dimension is allowed. However, you can create a diameter dimension (cylindrical style) as shown at left. This technique requires three mouse clicks, with the third click made on the same entity as the first. For example, you could select 1 > 2 > 1 and place the dimension, or select 2 > 1 > 2 and place the dimension.

## Angular Dimensions

When selecting the two lines for an angular dimension, it does not matter which one you pick first. Where you place the dimension does matter. You will obtain the acute (small) or obtuse (large) angle.

Another type of angular dimension is one in which you constrain the angular span of an arc. To create an arc angle dimension, select in the middle of the arc with the first pick, and then, before placing the dimension select each of the arc's end points with the second and third picks.

# ▪▪ Intent Manager Off (IMOFF)

Previous topics in this chapter have focused on IMON, whereas remaining sections discuss IMOFF. Because many functions work the same in either mode, as previously mentioned, this section will discuss only those commands or concepts unique to IMOFF.

Once the sketching plane has been set up, assume you enter Sketcher Mode and choose to work in IMOFF. In this scenario, you typically follow the sequence of steps summarized in the acronym SCRAM (sketch, constrain, regenerate, analyze, modify). This sequence differs from IMON in that two extra operations are required for constraining and regenerating the sketch. The AutoDim command, used to assist in these steps, is explained shortly. The five steps are summarized in the following.

- S*ketch* geometry consisting of lines, arcs, circles, splines, and so on. Sketching geometry resembles freehand sketching on a grid pad. All new geometry will at first be inexact and then later refined by the constraints.

**NOTE:** *Do not let the grid intimidate you while sketching. Because you do not snap to it (unless you want to), do not worry about the grid spacing either. Generally speaking, the grid is used to gauge orientation and proportions in the same way as freehand sketching. See the end of this chapter for more about the grid.*

- *Constrain* the geometry using alignments and/or dimensions with respect to the sketch itself and the existing part or datum. These constraints are performed manually using the Dimension and Align commands, or automatically with the AutoDim command.

- *Regenerate* sketch. This operation will determine if you specified adequate constraints for the geometry created. The Regenerate command is comparable to asking Pro/ENGINEER, "Do you understand this sketch?" Pro/ENGINEER also automatically makes assumptions, represented by symbols, during regeneration. AutoDim automatically invokes this step.
- *Analyze* constraints, including your own and those made by Pro/ENGINEER when the sketch was regenerated. At this time, especially if you used AutoDim, the dimensions may not yet resemble your design intent. You should analyze the current constraint scheme to ensure that your design intent has been met.
- *Modify* dimensions wherever you happen to know the actual value.

You may find that you will need to return to some or all steps in SCRAM. For instance, if while analyzing the sketch you discover that you have inappropriate dimensions, you will then return to Constrain. After applying new constraints, you must again Regenerate and Analyze. The SCRAM acronym is intended to get you started, because although Regenerate is in the middle, it is always the last operation to perform. If Pro/ENGINEER responds to the Regenerate command with an error message, you must return to a previous step. If it responds with SRS ("Section Regenerated Successfully"), technically speaking, the sketch is finished. In practical terms, however, you should always Analyze the sketch after SRS. If you Modify a dimension, you must Regenerate again.

This SCRAM process may seem a little strange at first, but as long as you are thinking about design intent at all times, you will get the hang of it. Remember, it is only an overview of the typical process of making a sketch.

✓ **TIP:** *When you are uncertain of specific details, consider the following trick for determining design intent. Think about what would happen and how the geometry would be affected if something in the model were to change. Next, imagine exaggerated changes to further understand the effect. For instance, if the part were ten times longer but the section was the same size, how would the section react, and where would the geometry move?*

# Commands for Creating Geometry (IMOFF)

While creating geometry in IMOFF, the most important thing to remember is how Pro/ENGINEER "sees" the geometry you sketch. When in IMON, the geometry is apparent because Pro/ENGINEER displays potential constraints on the fly. In IMOFF, you must learn the constraints well enough so that you can emulate IMON's ability.

## Rubberbanding (IMOFF)

Rubberband Mode works in IMOFF, but without the navigator point. The only aspect of rubberbanding that works here is the dynamic preview of the entity to be.

## Mouse Sketch (IMOFF)

The Mouse Sketch command is a convenience. This command accesses the three default menu choices from the Line (2 Points), Circle (Ctr/Point) and Arc (Tangent End) menus by using the left, middle, and right mouse buttons, respectively. There is no difference between a line drawn with Mouse Sketch and the same type of line composed by using the Line submenu. The convenience is that you can draw three different types of geometry without ever having to make any different menu picks. It is fast and easy.

> **NOTE:** *There is no way to customize Mouse Sketch to create other entity types.*

Mouse Sketch is a bit uncoordinated for beginners because, in the case of arcs and circles, you are using different mouse buttons with Mouse Sketch than when explicitly using the Circle or Arc submenus. On the submenus, you always use the left button to create the geometry; with Mouse Sketch, however, you use the middle and right buttons.

When using Mouse Sketch, you can abort entity creation between mouse clicks, as described previously for the middle button. Each of the three entity types available for Mouse Sketch is created by a series of two mouse clicks, which means they are the types that can be aborted. However, as stated, the abort is accomplished by clicking the middle mouse button. But what do you do if you are creating a circle with the middle mouse button? Click the middle button again and the circle will be completed. In this case, then, you can abort a Mouse Sketch circle by using the left button between clicks.

## Lines (IMOFF)

Horizontal and Vertical are both variations of the 2 Point method. The cursor and abort rules are the same, but the orientation of the line is locked at either horizontal or vertical until the end point is defined. Another nice function is that after completing one segment, the next rubberbanded segment will be intended for the other orientation (i.e., horizontal, then vertical, then horizontal, and so on).

Parallel and Perpendicular are easily understood. To use these commands, simply select an existing line or edge and then click the left mouse button at a point at which the new line will pass through at the orientation in relation to the chosen entity.

Tangent and Pnt/Tangent are opposites of each other. They both reference an existing curve, and the resultant line will be in some way tangent to the chosen curve. They differ in what is first selected. With the Tangent line, you select the existing curve first at its end point, and then the rubberband will be locked into a tangency as you select the end point of the new line. With Pnt/Tangent, you select a start point on the screen somewhere first, and then select the existing curve at the approximate point where you wish the tangency to occur. Pnt/Tangent does not use Rubberband Mode. 2 Tangent in IMOFF works the same way as in IMON.

> **NOTE:** *The good news and bad news of the 2 Tangent command is one and the same. Pro/ENGINEER not only creates the tangent line but splits the tangent curves at the point of tangency. This is good news because now you can easily delete the unwanted portions of the curves (which you will wish to do 99% of the time). The bad news is that if you incorrectly choose the approximate location of tangency you will not know until the line is created. And by then it is too late because the curves have already been split. You could have recourse to Undo, but only in IMON.*

*If this happens in IMOFF, you have to restore the curves to their original condition (you will most likely have to delete and then recreate them) and recreate the line. Be careful when approximating the tangent location during curve selection.*

### Centerlines (IMOFF)

The Horizontal and Vertical commands are unique to IMOFF. It is actually easier to create a horizontal or vertical centerline in IMOFF because it requires only one mouse click with the left button.

### Circles and Arcs (IMOFF)

All functionality described for IMON is available for IMOFF, with the exception, of course, of the navigator point and automatic constraints. Ctr/Point is the method employed when using Mouse Sketch, except in that case you are using the middle mouse button for both clicks. Here you are using the left button for both clicks.

When creating tangent arcs, remember that to select an end point in IMOFF you must be very close to the end point (because there is no navigator point). After selecting the end point, the rubberband will show the potential arc. Regardless of where you rubberband, the arc will be tangent to the chosen entity. The Tangent End arc procedure is the same as Mouse Sketch, except in the latter case you are using the right mouse button for both clicks. Here you are using the left button for both clicks.

**NOTE:** *If the Tangent End command does not seem to be working, it is most likely because the selected tangent entity is too far from its end point.*

## Modifying Dimensions (IMOFF)

Note in SCRAM that Modify is last. Its location does not mean that it is not an important step, but rather that all other steps are by far more important, at least initially.

- When conceptualizing, actual numbers are usually the last thing you worry about. More often than not, you are more concerned with approximate position and orientation of the geometry and proportionate size to the model.
- It is also possible to create invalid dimensions. Pro/ENGINEER will not realize that the dimension is invalid until you regenerate the sketch.

### Trimming Entities (IMOFF)

All trim operations work the same in IMOFF as they do in IMON. All trim commands performed in IMOFF may be undone using the Untrim Last command. But Untrim Last is available only immediately after the trim. It becomes unavailable the second you choose another operation. Untrim Last is one of the few Undo type of commands available in IMOFF.

## Commands for Constraining Geometry (IMOFF)

### Automatic Dimensioning (IMOFF)

AutoDim is a great tool that can be used in the following ways:

- All by itself to quickly create all necessary dimensions and alignments for the sketch to obtain SRS.
- In conjunction with manually created dimensions to intentionally "fill in the blanks" for constraints that are not important to you.
- Last resort. When you have tried your best to dimension the sketch manually, but cannot quite obtain SRS using the Regenerate command, AutoDim will find the things you overlooked.

The AutoDim command simply wants to know how the geometry should be located with respect to the part. This is exactly the same as required by IMON before you begin sketching geometry. As in IMON, referenced geometry can consist of a single datum axis or several references (including datum planes, edges, and so on). Consequently, immediately after selecting AutoDim from the SKETCHER menu, the GET SELECT menu will appear from which you choose part references. Even if you have previously identified adequate references (via a dimension or alignment) to the part, the GET SELECT menu will appear. If that is the case, and there are existing references to the part, simply select Done Sel without choosing any new references. If the existing references are valid and complete, AutoDim will result in SRS. If not, search for missing items and try AutoDim again, this time choosing an additional part reference for AutoDim to use.

> **NOTE:** *AutoDim typically takes the easy way out, meaning that, for example, when you see a linear dimension created by AutoDim, it is most likely a line length dimension. This is not necessarily a bad things—just be aware that AutoDim usually results in a dimensioning scheme that is somewhat scattered at best. The prudent thing to do after using AutoDim is to analyze—remember to SCRAM.*

One thing AutoDim does not do very well is place the dimensions in a cosmetically pleasing location. For this reason, immediately after AutoDim results in SRS, you will be prompted to select the dimension to be moved.

> ✓ **TIP:** *Press the middle mouse button (Done Sel) if movement of dimensions is not required, or after you have finished moving dimensions. This simple click will automatically place you in Modify Mode.*

## Alignments (IMOFF)

An alignment is analogous to a dimension with a value of zero. The benefit of an alignment is that there is no dimension to clutter things up. The following are two rules for using the Align command.

- ❐ The alignment is between two entities. One entity must be a sketcher entity, and the other a part entity. It does not matter which is selected first.
- ❐ The sketched entity must be sketched in the same approximate location as the part entity.

Always check for confirmation in the message window that the entities were aligned. If Align is unsuccessful, Pro/ENGINEER will report, "Entities cannot be aligned." If you receive this message, that means the alignment did not work for one of two reasons: either the entities are incompatible for an alignment, or they are not close enough at the current scale. To be certain you always receive a fresh message after each alignment, select Align from the SKETCHER menu every time.

Not only is location of an entity locked in with an alignment, but the size can also be aligned. For example, a sketched circle can be aligned to a part edge of the same size. This will not only lock its center, but its size. If the circle were the only entity in the sketch, the sketch would not require any dimensions.

To remove an alignment, use the Unalign command. After selecting this command, anything aligned will highlight in green (by default). Consequently, selecting the command alone does not actually execute anything other than highlight the display. While the green highlights are shown, you must then select the highlight of choice to actually unalign something. Because one rule states that an alignment is between two entities, you will see two highlights per alignment. It does not matter which of the two you select. Either will do unless more than one sketch entity is aligned to the same part entity. Once you select a highlight, the alignment is immediately removed. Because there is no confirmation, the use of Query Sel is recommended once again.

# Regenerating a Sketch

As stated earlier, the Regenerate command is your way of asking Pro/ENGINEER, "Do you understand this sketch?" If the answer is "Yes," Pro/ENGINEER will display the message, "Section Regenerated Successfully" (SRS).

## Assumptions (IMOFF)

When you regenerate the sketch, Pro/ENGINEER runs through a list of assumptions regarding the geometry. Dimensions and alignments can only accomplish so much. What if you want two lines to be perpendicular to each other? Are you going to place an angle dimension with a 90° value? You could, but you most likely would not wish to. This is an example of the types of things Pro/ENGINEER assumes for you. In IMOFF, these are called "assumptions," but are equivalent to IMON "constraints" in terms of the control they offer to the design intent. The assumptions terminology is based on the fact that you have no explicit control over which constraints will actually be applied; you can only sketch the geometry in such a way that it "looks" like a "constrainable" scenario, and hope that Pro/ENGINEER will assume the same constraint.

In general, assumptions (called "implicit constraints") can be overridden by the application of an "explicit constraint" (dimensions and alignments). Alternatively, constraints can be disabled or enabled by selecting Constraints from the SKETCHER menu and selecting Disable or Enable from the CONSTRAINTS menu. The other command on the CONSTRAINTS menu is Explain, which will highlight the affected entities and explain with a message what the chosen constraint is doing. The following constraints are unique to IMOFF, or behave differently than in IMON.

- *Equal Lengths ($L_{\#}$).* This is one of the more difficult assumptions to avoid in IMOFF. It will sneak up on you when you least expect it.
- *Tangent ($T_{\#}$).* This can be a challenging situation to sketch in IMOFF. For best results, use the Fillet command or a command containing the word *tangent.*
- *Symmetric (→ ←).* In IMOFF, this assumption requires a sketched approximation of symmetry, so that Pro/ENGINEER can "see" it to assume it.
- *Arc Angles (90°, 180°, or 270° arcs).* Although seldom used, this constraint does serve an important purpose in some cases.

**NOTE:** *Sometimes more than one assumption could have been made by Pro/ENGINEER. Using the Disable command simply tells the program not to use the current assumption. It is possible that a different assumption might be made in its place. For example, a circle may be assuming its size from another circle, but not the one you want, which just so happens to be very close in size to the one Pro/Engineer's assumption is based on. By dis-*

*abling the current constraint, you will most likely be enabling the desired assumption.*

Most of the time, after you get more familiar with how constraints behave and gain a little more experience with constraints, you will be able to predict which assumptions Pro/ENGINEER will make. However, you cannot really identify the assumptions in effect until *after* SRS. Steering Pro/ENGINEER in the right direction is recommended so that it will have a better chance of choosing the assumption you have in mind. This feat is accomplished by exaggerating certain geometry as you sketch.

## Regeneration Error Messages (IMOFF)

When you do not see "SRS," you will receive some type of error message. It may not always be completely evident what the message is referring to, but in time you will immediately recognize the error condition as soon as Pro/ENGINEER reminds you. The following are explanations of selected common error messages.

❒ *Underdimensioned section.* You need to align to a part or add dimensions. This generally means that you are a dimension or two short, or that you have not located the section with respect to the part via a dimension or alignment. If you are short on dimensions, try using AutoDim.

❒ *Extra dimensions found.* This means you have provided too many dimensions. The "extra" dimensions are highlighted in red. Generally, the extras should be deleted, but deletion is not mandatory. If retained, they are considered reference dimensions and cannot be modified. If you wish to convert a reference dimension into a "real" dimension, you must determine which assumption or constraint is making it a reference, and somehow reconfigure the dimensioning scheme. IMON actually tags the dimension with the word REF, whereas IMOFF simply keeps it highlighted.

❒ *Regen failed.* Highlighted segment is too small. This happens, more often than not, if you accidentally attempt to draw a line and do not correctly abort. Pro/ENGINEER cannot evaluate the line, and the program complains. In other cases, you may be sketching something out of proportion to something else, such as a .010-inch diameter hole inside of a 15-inch rectangle. This is best remedied by creating the small hole another way, perhaps via the use of a different type of feature.

- *Regen failed.* No entities to regenerate. You have not sketched any geometry yet, even though you may have sketched a centerline or similar reference entity.
- *Multiple loops must all be closed in this section.* See the following section on open and closed section loops. You can have multiple closed loops, but not multiple open loops.
- *Cannot have more than one open loop.* Same as previous item.
- *Warning: Not all open ends have been explicitly aligned.* This message will only appear, if at all, in a section that has an open loop. It means that one or more of the loose end points are not aligned to the model using the Align command or Point On Entity constraint. Pro/ENGINEER is trying to guess about the alignment, and because that is usually a dangerous assumption, it warns you. You can choose to ignore the warning, but there is no way to suppress the warning.

## Deleting Sketcher Entities (IMOFF)

Because IMOFF lacks an Undo command, the DELETION menu contains an Undelete Last command. If an entity is actually deleted, it may be returned with the Undelete command. However, the only entities eligible for restoration are the ones that were deleted since the last "SRS," or since you entered IMOFF—whichever occurred last.

## Modifying Dimensions (IMOFF)

The only difference while using Modify in IMOFF is that a Delay Modify mode does not exist. Consequently, the Regenerate command must always be used after a dimension is modified.

# Sketcher Environment

From the SKETCHER menu, the Sec Tools command displays a menu that offers commands for importing geometry, obtaining section-specific information, and changing some frequently used Sketcher Mode settings.

## Importing Geometry

Copy Draw and Place Section are both commands for importing geometry. Place Section allows you to retrieve a previously saved Pro/ENGINEER sketch (**.sec*). Copy Draw allows you to use Drawing Mode as a tool for either creating geometry or importing a DXF or IGES file. Because Sketcher Mode lacks access to a translator, you can at least access Drawing Mode to access the translator. To use Copy Draw, you must first display the drawing in a separate graphics window, because one of the steps in the command sequence will be to select a window that contains the drawing from which you want to copy.

> **NOTE:** *Do not forget that all geometry, either sketched or imported into a sketch, must be constrained. Constraining the geometry and communicating design intent are often more challenging than drawing it. Intent Manager will help, but will not be perfect. You must weigh the benefits in each case.*

## Sketcher Information

Select Sec Tools > Sec Info to obtain information on sketched entities, including distances and angles.

## Sketcher Tools

The Sec Environ command displays the SEC ENVIRON menu. The first three options are duplicates of default icons on the icon bar.

*These icons toggle the respective commands: Disp Dims, Disp Constr, Grid On/Off, and Disp Verts.*

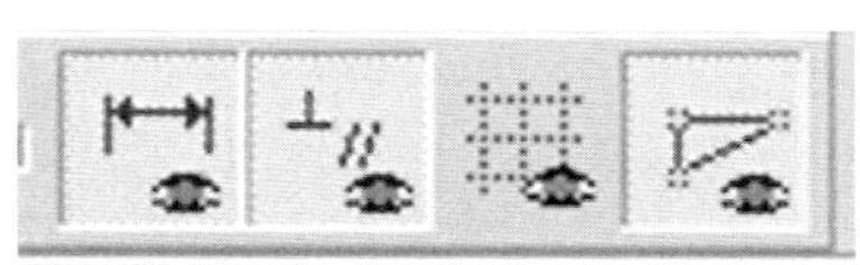

The Grid command will display a menu with various commands for controlling the grid display and spacing.

Num Digits controls the number of decimal places for newly created dimensions and controls the display (and only the display, not the value) for existing dimensions. This setting will be remembered whenever you work on this sketch only (each sketch can have a different value).

## Other Sketcher Settings

Two other commands related to Sketcher Mode found in the ENVIRONMENT menu are Snap to Grid and Use 2D Sketcher. With the Use 2D Sketcher option, you can decide whether or not you wish to immediately begin sketching in the 2D sketch view, or stay where you are (the view orientation you are in when selecting the orientation plane).

> ✓ **TIP:** *You may wish to delay making this setting until you can accurately predict the result of choosing the sketching/orientation planes. Starting off in the sketch view (setting is checked) will at least confirm that you correctly specified the top/bottom or left/right directions before you start sketching.*

Although not frequently used, the Snap to Grid setting can be in effect whether or not the grid is actually displayed. The setting is in the ENVIRONMENT menu rather than the SEC TOOLS menu, where other grid settings are changed (explained in material to follow). The reason for this is because grids can also be used in Drawing Mode, and this command controls snapping there as well.

# Sketcher Hints

- *Remember design intent.* Use AutoDim in conjunction with manually created dimensions. Create the critical dimensions first and then use AutoDim to fill in the rest.
- *Exaggerate.* Not only does this suggestion ease the creation of geometry, in most cases it is also a very helpful aid in forcing you to think about design intent. Remember that dimensions do all the driving. By exaggerating everything to begin with, you are forced to use the constraints to

refine everything. If this refinement is possible, it is likely you have achieved the correct design intent.

- *Be aware of assumptions.* One of the most common constraints that crops up when you least expect it is "equal length." If you do not wish for entities to be equal, be certain to exaggerate their differences. Another assumption that causes trouble is tangency. A tangent condition is often difficult to draw freehand. It is best to use a command that creates something inherently tangent, such as Line > 2 Tangent, Arc > Fillet, Arc > Tangent End, and so on.

- *Use the "Rule of 10."* Keep sketches simple by employing this rule. If you create more than 10 entities or 10 dimensions, or spend more than 10 minutes on any single sketch, the sketch may be getting too complex. (Of course, the 10-minute boundary applies once you become somewhat proficient in Sketcher.) You may be better off starting over and rethinking your approach to the feature. Maybe you could break the feature into two or more features instead. Are you creating fillets in the sketch when you could create rounds as the next feature?

- *Regenerate in steps.* Feel free to go beyond the "Rule of 10" limits when the need arises, but when you do, proceed slowly. Sketch a few entities, constrain them, and regenerate. Next, sketch a few more entities (and even trim some of first ones if need be), and regenerate again. Repeat this process. One of the biggest reasons this process really works is because when you are sketching, you are inherently creating imperfect geometry. Every time you get SRS, you have perfected the geometry. The odds of getting SRS on three things that are imperfect are much better than the odds of getting SRS on 10+ imperfect things.

- *Use open and closed sections appropriately.* All boundaries in a sketch must "hold water" somehow, either internally (closed), or in a combination of the sketch and the model (open). Consider a rectangle containing water. This boundary is said to be closed because the water cannot escape. Take away the line on top, and this section is now open. Remember, however, that even an open section must hold water somehow. To achieve this, the end points of the open-ended rectangle must meet with a valid surface of the model and be constrained with an alignment.

- *Zoom in or zoom out get SRS.* It can be said that Pro/ENGINEER sees what you see. If two line end points appear to touch (even though they do not appear to touch when you zoom way in), Pro/ENGINEER will assume it. If you continually get a message stating that the two entities cannot be aligned, try zooming out once or twice and try the alignment again. Moreover, if you continually get a message that something is too small, try zooming in until you (and Pro/ENGINEER) can view it better.
- *Sketch in 2D and 3D.* Do not get stuck in the 2D sketch view. Sketching in 3D on occasion can really be helpful to convince yourself that you are doing what you think you are doing. Perhaps you should start in 2D, sketch something, and then slightly rotate the view to see what you did in the context of 3D. Next, it can be very helpful to create dimensions and alignments while in a 3D view, because you can more accurately select the correct model references (remember design intent). Using the Sketch View command in the SKETCHER menu, return to the 2D view.

## Summary

Sketcher Mode is perhaps the most frequently used of all modes. This fact makes sketching one of the most important fundamental skills. Almost every feature, it seems, requires a sketch, and good sketches can often make all the difference in the world as to how change-friendly the part will be.

This chapter covered SAM in IMON and SCRAM in IMOFF. Next in the sequence were drawing and constraining geometry. Also included were recommended practices that will help you stay out of trouble, and make modeling more enjoyable for you and others who will have to use your models.

## Review Questions

1. What is the main difference between Intent Manager on and off (IMON and IMOFF)?

2 (True/ False): Parts cannot be saved while in Sketcher Mode.

3 (True/False): Sketches must always be drawn on planar surfaces.

4 Of what significance is an orientation plane to a sketch?

5 What does it mean when you see an orange phantom line on a sketch?

6 (True/False): A rectangle is a group that can be exploded into four individual lines.

7 What happens when you click the right mouse button while rubberbanding in IMON?

8 What happens when you click the middle mouse button while rubberbanding?

9 By simply looking at a constraint, how can you tell if it is weak or strong?

10 (True/False): A weak constraint will always be weak until you strengthen it.

11 What types of constraints do the following symbols represent? (1) $R_{\#}$ (2) $\rightarrow\leftarrow$ (3) –O–

12 Which mouse button is used to locate a new dimension?

13 When creating a diameter dimension, what do you do differently from creating a radius dimension?

14 What is a cylindrical dimension and how do you create one?

15 How is the AutoDim command in IMOFF similar to initiating IMON?

16 What type of entities do each of the three mouse sketch buttons create?

17 True/False): When creating a 2 Tangent line, the tangent curves are automatically divided at the points of tangency.

18 True/ False): You can use the Align command and align a circle center point to a centerline.

19 (True/False): As soon as you use the Regenerate command in IMOFF, Pro/ENGINEER will display the SRS message.

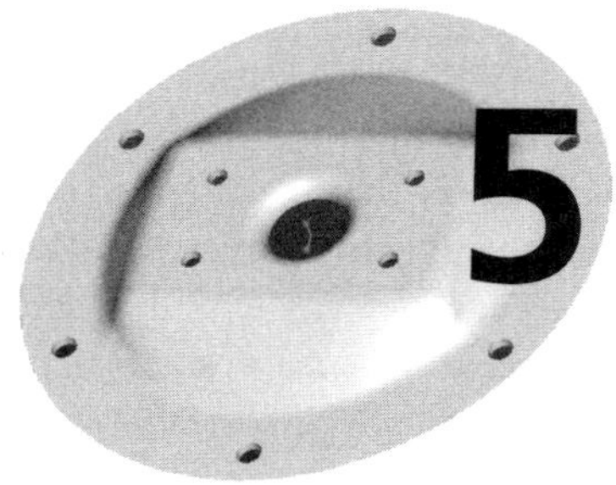

5

# Creating Features

## *Overview of Reference and Part Features*

There are essentially three types of features discussed in this book: datum, pick and place, and sketched.

> **NOTE:** *Pro/ENGINEER is also capable of making surface features, which are extremely helpful in designing parts with swoopy, curvy shapes and other unusual modeling situations. Surface features are not covered in this book. See* INSIDE Pro/SURFACE *by Norm Ladouceur (OnWord Press), a good reference for working with surfaces.*

Datum features are also considered reference features because they do not alter the volume of solid material in any way. The other two types of features alter volume and are therefore considered part features.

## Identifying Features

When features are created they are immediately labeled by the system with ID numbers (1 to n). The assigned ID number never changes, and you have no control over the number assigned to a feature. Moreover, an ID number will never be reused by the same part. The ID number is not to be confused with the feature sequence number known as the "feature number." In brief, you ultimately determine the feature numbers (by the order in which you create features) and Pro/ENGINEER decides the ID numbers (internally). The two numbers are usually two different values, but refer to the same feature. You also have the option of naming features in a way that makes it easier for you to identify the feature by using the model tree or the GET SELECT menu using the command Sel By Menu > Name.

> **NOTE:** *Pro/ENGINEER automatically assigns a name to reference features (e.g., DTM1 for datum planes, A_2 for datum axes, and so on). These names, of course, can be changed if you prefer. The model tree can be used to display the IDs as well as the display and edit names you assign.*

# Reference Features

Datum features are sometimes necessary for the creation of other features, including other datum features. They are also very helpful for developing a sensible design intent and dimensioning scheme. Reference feature types include Plane, Axis, Point, Coord Sys, Curve, and Cosmetic.

> ✓ **TIP:** *Datum features can be displayed or blanked by using the datum display icons described in Chapter 2. If certain datum planes are required and others are not, layers are recommended.*

## Datum Plane

A datum plane is a representation of an infinitely large planar surface at a user-defined orientation and location. Although a datum plane is infinite, it is displayed with boundaries that are continually adjusted automatically to be slightly larger than the object. It is a completely transparent plane, but its boundary lines are colored yellow or red, depending on which side of the plane you are viewing. Just as a piece of paper has two sides, so does a datum plane.

For proper orientation of features and components in an assembly, it is essential that you are able to specify which side of the datum plane you want to reference. In some cases, Pro/ENGINEER will ask you which of the sides you want to reference, but in most cases you are responsible for knowing that *the yellow side is the default.* As in all defaults, when not otherwise specified, the default is automatically chosen for you.

Planar surfaces are very important in Pro/ENGINEER. You need them to sketch on, to orient views and sketches with, to mate parts in an assembly, and to make cross sections. Datum planes are used when appropriate planar surfaces do not already exist on the part, a frequent occurrence. For this reason, datum planes are perhaps the most important type of datum feature.

With the exception of default datum planes, all datum planes are created by providing a series of constraints. The number of constraints you need to specify will vary with the type of constraint. For instance, a plane is defined as a flat surface that passes through three points. This example would use the Through constraint three times, one for each of the three points. The next example would require only one constraint: The Offset command requires just one dimension for some distance from an existing planar surface of the part (or another datum plane).

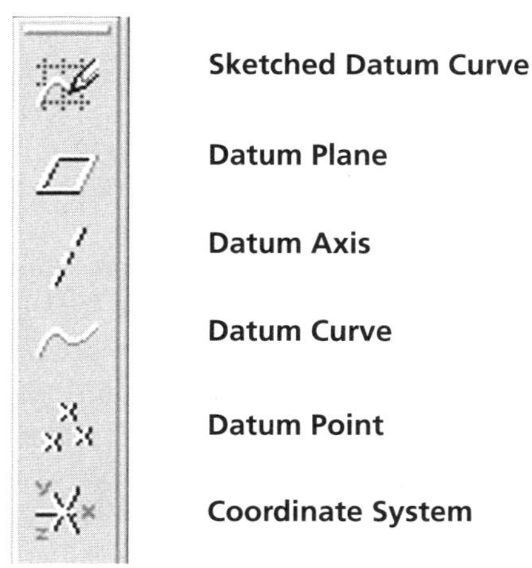


*Datum creation icons.*

*Constraint used for creating datum planes.*

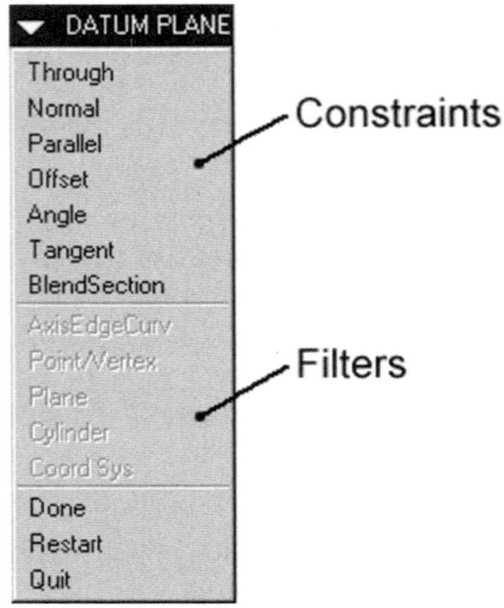


To create a single datum plane, the DATUM PLANE menu is used repeatedly until enough constraints have been defined, at which time all constraints will appear grayed out. When you pick a constraint, the middle part of the menu sets the appropriate filters for geometry types eligible for that constraint. To facilitate geometry selection, the filters of your choice may be dehighlighted (and thus unpickable).

In some cases the constraints will gray out as you go. For example, if you go Parallel to one surface you cannot go Normal to another surface, so Normal will be grayed out. To use the Angle constraint, you must first establish a Through constraint. Pro/ENGINEER will remind you if you forget.

✓ **TIP:** *The "standalone" constraint that is not obvious because of its arbitrary nature is to go through an axis or cylindrical surface. When you establish the Through constraint, there are many other constraints still available (not grayed out), and in most cases you will indeed establish other constraints. But in some cases, you will not wish to, nor be required to do so. In the latter instances, Pro/ENGINEER will use a default angle around the axis for the datum plane. Consequently, after establishing the Through axis constraint, simply select Done.*

## Default Datum Planes

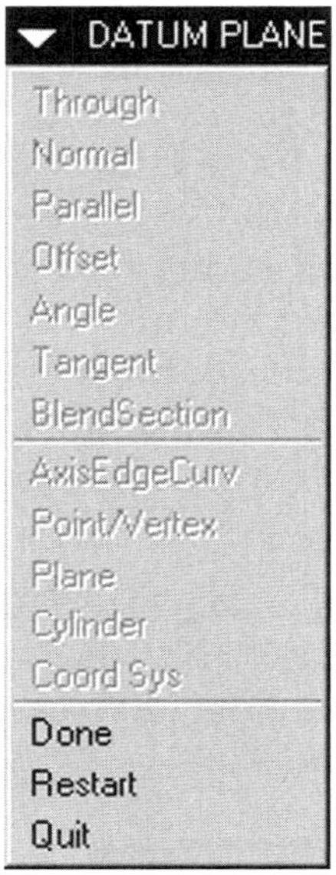


*DATUM PLANE menu is "grayed out" when the plane is completely constrained.*

Creating default datum planes prior to anything else is not required, but is considered good practice in Pro/ENGINEER for both assemblies and parts. When you commence a new object and select Feature > Create > Datum > Plane > Default, you will note that all three default datum planes are simultaneously created. Thereafter, you must constrain datum planes using standard datum plane constraints.

Default datum planes can serve as the foundation for everything created in the model. Once the foundation is built, the first geometric feature is amenable to change (i.e., flexible) and, if the design intent allows, even deleted. If the foundation were to consist of a geometric feature only, this ability to remove or change design intent is severely compromised because it is not very flexible. Recall the following statement appearing in the Introduction: "Everything in Pro/ENGINEER is a relation." If you tie in as many relationships as possible that are not critical to the design intent of the part to the default datum plane "foundation," the model becomes more flexible.

Another benefit to creating default datum planes is that you have more control over how the first geometric feature is oriented in the default view. The default orientation of a given part is not relevant to an assembly or drawing of a part. It is helpful and even critical for the default view to match your perception of the part's natural orientation. If the default view is backward and upside down in relation to your natural perception, you will always feel uncomfortable when working on the part in question. Without default datum planes, you will have very little control over the default view because the direction of the first feature is chosen for you. With default datum planes, you can make your first solid feature go in the direction that makes the default view appear correctly vis-à-vis your perception.

## Make Datum

All sketched features require the selection of two planes: one to sketch on and the other to orient the sketch. Sketching is covered in Chapter 3. At this point, however, using the Make Datum command and selecting these two planes deserves mention. If you were required to create a separate datum plane at every location where you needed to sketch and no part surfaces were adequate, you would soon witness "datum clutter." By utilizing the Make Datum command (commonly referred to as a "datum on the fly") you can embed or bury the plane into the feature being created. This can be done for both or either of the two planes, but of course you are bound to the selections available in the DATUM PLANE menu described earlier in this chapter. A datum plane made in this way is owned by and accessible only to the feature for which it was created. In other words, if another feature created later should require this datum plane as well, you should have created the datum plane as an individual feature, not "on the fly" as a Make Datum.

When you are prompted for the Sketching Plane (SETUP SK PLN menu) and Orientation Plane (SETUP SK PLN | SKET VIEW menus), and the SETUP PLANE menu defaults to Plane, you simply select Make Datum from that menu instead.

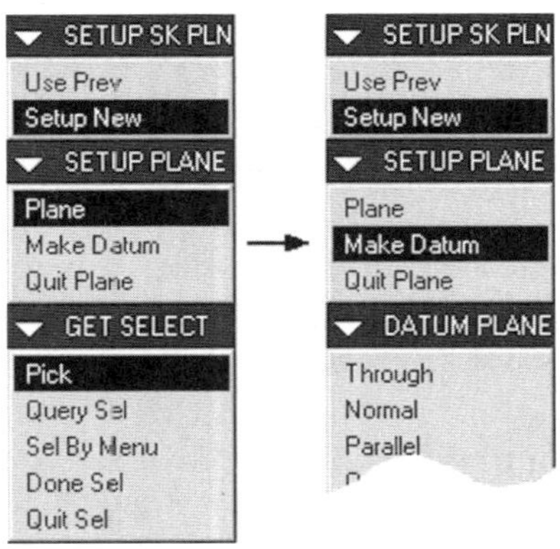


*Select Make Datum to create a datum on the fly for the sketch plane.*

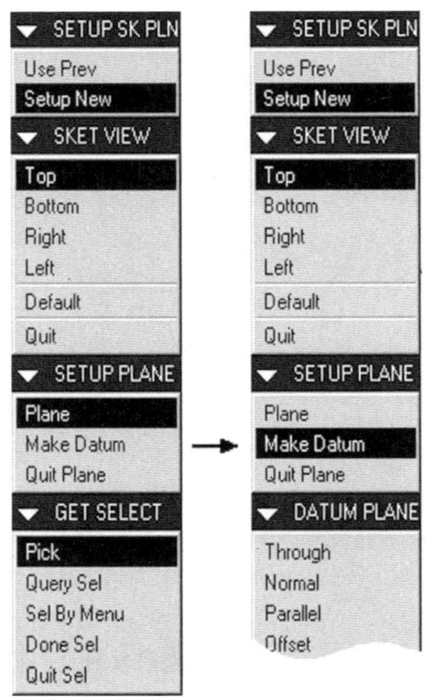


*Select Make Datum and you can also create a datum on the fly for the orientation plane.*

Upon selecting Make Datum, the system displays the DATUM PLANE menu with the constraints that apply to datum planes. As you proceed to sketch the feature, you will see the new plane until you are finished with the feature, at which time it will disappear.

✓ ***TIP:*** *An occasionally useful subtlety is the fact that the Make Datum command can be stacked up to produce multiple planes until the desired plane is finally created. Consider calling it an "on-the-fly stack." For example, assume that you need to sketch on an angled plane offset from an existing surface. Sketching under these circumstances would require two datum planes: the first plane at an angle to the existing surface, and the second plane offset from the first plane. Both planes can be created successively on the fly and still be embedded into the feature in order to avoid datum clutter.*

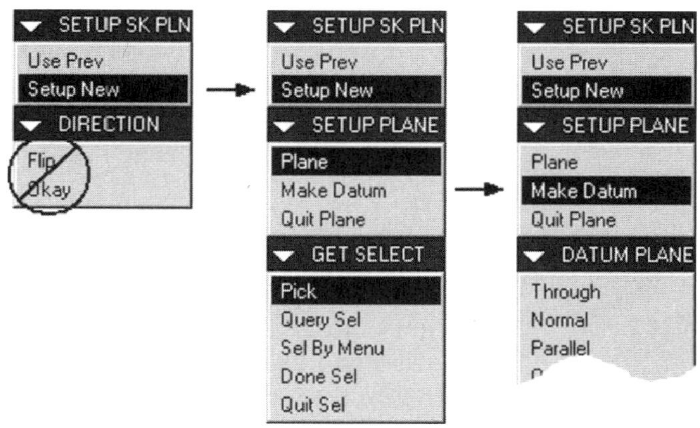


*Menu choices for creating on-the-fly, stack datum planes.*

Because the previously described functionality is somewhat buried, you have to be ready for it or you will lose your chance to use it. For this example, the key is to remember that after creating the first angled datum plane, the system will prompt you with a direction arrow, and your choices on the DIRECTION menu are Flip and Okay. Do not make either choice. Instead, select Setup New from the menu above the DIRECTION menu. Upon selecting Setup New, the first datum plane will be maintained as if it always existed, and you can then set up the sketching plane all over again. At this juncture, you would set up the offset plane, the one on which you really want to sketch. After this plane is set up, you would select Flip or Okay for the feature direction.

## Axis

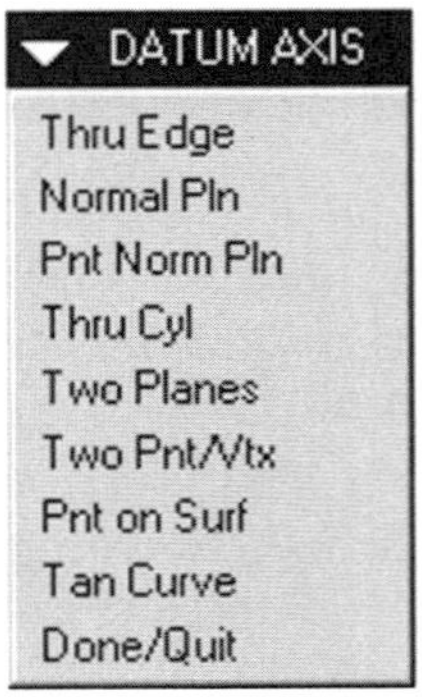


*Options for creating a datum axis.*

An axis is usually considered the center of a cylindrical surface (Thru Cyl, i.e., a hole centerline). Of course, in Pro/ENGINEER you will use axes in this way, but there are other uses for them. For example, an axis can be created to represent the intersection of two planes (including datum planes). A datum axis is displayed as a single yellow centerline in a 3D view, and appears as yellow cross hairs when viewed straight on.

> **NOTE:** *A datum axis is created automatically whenever you create a hole, a revolved feature, or an extrusion with a full circle in it. However, this type of datum axis will not have an individual feature number; rather, it is embedded in the feature that created the datum axis.*

> ✓ **TIP:** *For extrusions with partial circles (arcs) in the sketch, you can create an axis for each arc. In* config.pro *use* SHOW_AXES_FOR_EXTR_ARCS YES. *Because this option is effective only for new features created after setting the option, you cannot create an axis for each arc in existing extruded features.*

## Point

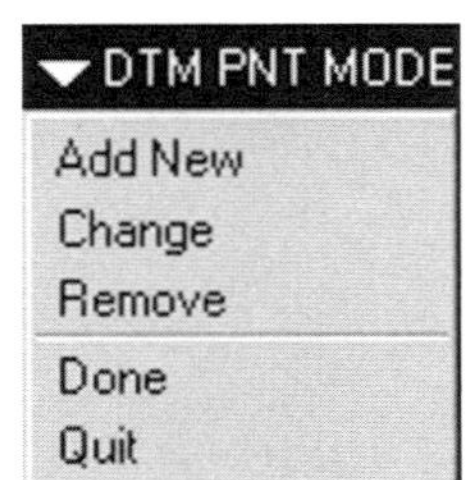


*Menu allowing control over number of points in a feature. Many commands are available in Pro/ENGINEER for creating datum points in diverse scenarios.*

Datum points can be used to identify locations of things such as datum targets and analysis markers, but are also used to help in the creation of other features. For example, when creating a round with a variable radius, you can specify additional datum points along the edge being rounded, thereby enabling the round to have several different radii along the same edge.

> ✓ **TIP:** *Pro/ENGINEER allows you to create as many points as desired within a single feature.*

A datum point is displayed by a yellow X.

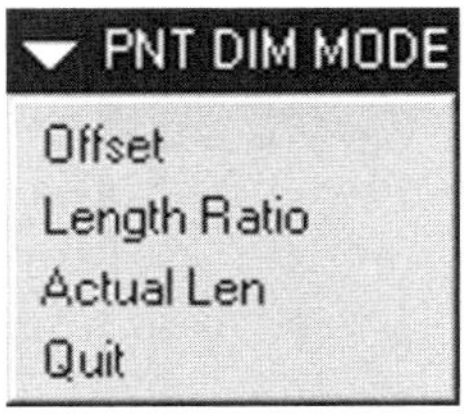


*Menu for creating datum point on curve.*

**BONUS** *When using the On Curve command, you can specify distances from an end point (e.g., 1.75 inches) in two different ways: Offset and ActualLen. The two would be different if the curve is not linear or not normal to the adjacent surface. Length Ratio is extremely useful because you can specify something like 0.5 (50%), and, of course, because the software technology is parametric, the point will always be halfway along the total length of the curve.*

## Coordinate System

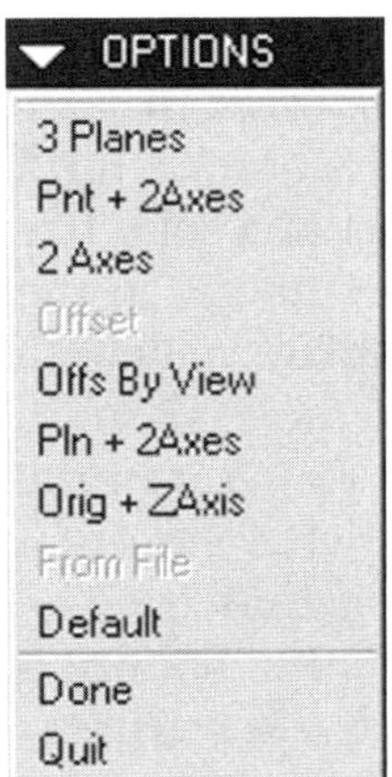


*Menu for creating coordinate systems.*

Compared to traditional 2D CAD systems, coordinate systems in Pro/ENGINEER are rather insignificant. Recall that because "everything in Pro/ENGINEER is a relationship," the location of something in space is only relevant in relation to other features, not to a coordinate system. In Pro/ENGINEER coordinate systems are used primarily to import and export geometry with other CAD systems as common orientations and origins between the databases. Other situations requiring a coordinate system in Pro/ENGINEER occur when measuring mass properties (i.e., center of gravity) and distances (so that you can obtain the relative distances in all three coordinate axes and identify them).

A default coordinate system is located at the same origin as the intersection of the default datum planes, whether or not the part has the default datum planes. The positive direction of each axis of a default coordinate system is fixed. When creating a coordinate system with most of the other commands in the OPTIONS menu, you are able to define the orientation of two axes. (The third axis is known after two are defined.)

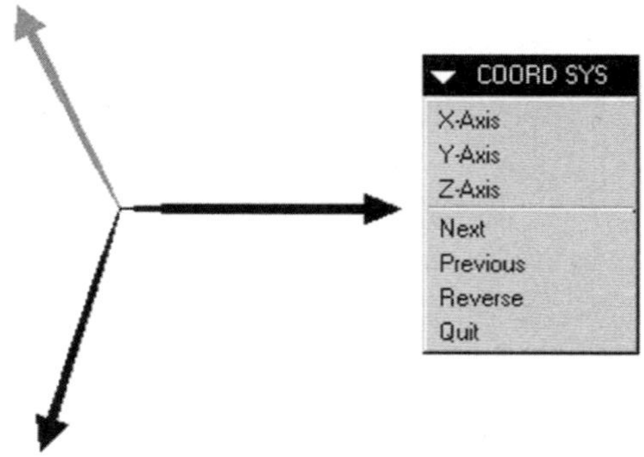


*Creation icon and COORD SYS menu.*

You will use the COORD SYS menu while viewing an icon in the Graphics window to assign the positive direction (using Reverse if necessary) and orientation (X-, Y-, or Z-axis). You will be consecutively prompted for two axes, and you can use the Next or Previous commands each time to specify the axis to be highlighted.

## Curve

A datum curve is the closest thing in Pro/ENGINEER to wireframe geometry. You can create various types of geometry for a variety of reasons without the geometry being part of a solid feature. They can be used, as with all datum features, to aid in the creation of other features and temporarily simulate a mating part, among many other creative possibilities. The most common method for creating a datum curve feature is to sketch it in the same way as when creating a sketched feature, which means that you use Sketcher Mode to draw and constrain the geometry. The difference between creating a sketched versus a datum feature is that in the latter case when the sketch is finished, the feature is completely finished (i.e., no depth attributes, and so on).

**BONUS** *There are many more commands for creating datum curves in the CRV OPTIONS menu. These methods, as well as surface features, are covered in INSIDE Pro/SURFACE by Norm Ladouceur (OnWord Press).*

**NOTE:** *If you import wireframe geometry from another CAD system into Pro/ENGINEER, the geometry will be created as a datum curve feature.*

## Cosmetic Features (Thread)

To facilitate the definition of threaded features without requiring the creation of typically very complex surfaces, Pro/ENGINEER has a reference feature type called Cosmetic Thread. Even though the cosmetic thread is not considered a datum, it is nonetheless a reference feature because it does not alter volume. This does not suggest that you cannot create thread geometry if you wish (by using a helical sweep). A cosmetic thread is a reference representation that provides the advantage of simplifying the display, storage, and flexibility of features.

When you make a drawing, Pro/ENGINEER will recognize these features as cosmetic threads and display them per ANSI standards (i.e., with dashed lines). To use a cosmetic thread as an internal thread, you should first model a hole or cut feature to represent the tap drill diameter. And likewise, for external threads, you should first model a cylindrical protrusion.

Once the model is prepared, you will specify the cylindrical surface as the thread surface, and proceed to specify where the thread starts by selecting a surface, and where it ends by selecting a depth element setting. The generic system prompt for the major diameter makes sense if you are creating an internal thread. For external threads, of course, you would specify the *minor* diameter. Nevertheless, Pro/ENGINEER will measure the selected cylindrical surface and provide that value as the default for this prompt. This value is used to make the new cylindrical surface that graphically represents the thread.

The next step is to modify the thread parameters. This element is actually called Model Params. After modifying the parameters you will note that when you apply the Modify command to the thread Pro/ENGINEER opens a window named Pro/Table, which will display the thread parameters for this feature, and allow for editing. Pro/Table is discussed later in the book.

✓ **TIP:** *Pro/ENGINEER provides several other types of cosmetic features, including sketched features. With a sketch cosmetic feature, you can crosshatch the internal area. This feature is ideal for marking off areas for texture or other surface requirements, and for designating restricted areas, as with the ECAD Areas command.*

# Pick and Place Features

Pick and place are typically the easiest types of features to create. For these features, Pro/ENGINEER makes assumptions about certain aspects of the geometry (e.g., 2D shape and 3D form), thereby eliminating some steps during the creation procedure. The assumptions made are implied by their names. In addition, because certain geometric situations are more likely to be encountered when using these features, Pro/ENGINEER contains built-in intelligence for handling them. For example, if three intersecting edges of a cube were rounded, a spherical surface is usually desired at the corner. Creating a round and selecting the three edges will automatically instruct Pro/ENGINEER to create the spherical "patch" at the corner.

*Pick and place features, such as this round, are able to appropriately handle special situations (e.g., an automatically created corner radius).*

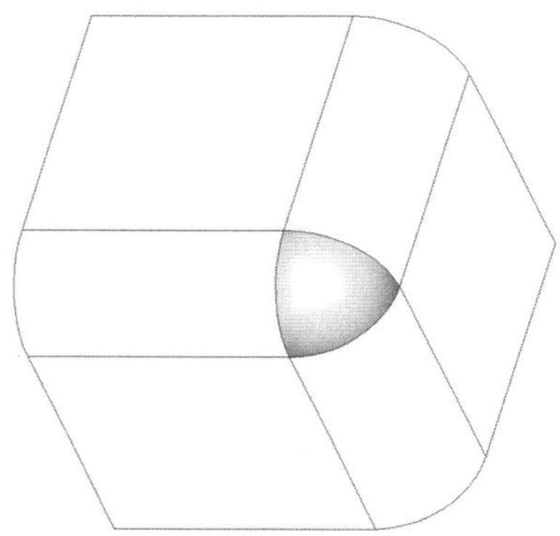

## Feature Element Dialog

The Feature Element dialog serves as your "control center" during the creation of part features. When creating a feature, it will inform you of which elements are required, which element you are working on, and the status of elements already defined. Upon making the initial selections to initiate a feature, the Feature Element dialog appears. The title bar of this dialog will always display the initial menu selections to remind you of the feature type you are creating (which can be an important reminder because the elements for creating a cut and a protrusion look exactly the same).

Normally, this control center is automated so that after you complete the definition of one element, it provides the appropriate prompt or menu for the next element in the list. You can keep track of where you are by following the caret ( > ), and by consulting the "info" column you can be reminded of the definition of the previous elements. When all elements have been completed, the control center stops and waits for you to tell it what to do next.

**BONUS** *For you power users out there, Pro/ENGINEER has a configuration option to further automate the Feature Element dialog. Upon using* FEATURE_ CREATE_AUTO_OK YES *in* config.pro, *when all elements of a feature combine to form a valid feature, the Feature Element dialog will not wait for you and the feature will build itself.*

You can enter preview mode by clicking on [Preview]. Initially, you will see a wireframe representation of the feature alone. At this point, if you perform a Shade or Repaint command, the entire model will temporarily update for a full model preview, at which time all zooming and spinning operations are available. Normally, you could perform the preview for reassurance, but it is not by any means a required step. To complete the feature, click on the [OK] button. If at any time while working on the feature you decide an element is not quite right, you can redefine it by highlighting the element with a click and then clicking on the [Define] button. (A double click on the element will also do the trick.) The menu that was used originally for that element will reappear and be defaulted to the current setting. Make a different selection if necessary and you will then return to the control center (the Feature Element dialog).

## Hole

A hole is perhaps the least "required" feature in Pro/ENGINEER, although it is frequently used and very powerful. Assume that you used all feature types in Pro/ENGINEER, but were forced to give up one type. You could potentially give up the Hole command and lose very little critical functionality. That is because a hole is really nothing more than a complete cylindrical cut. When you become more experienced you will recognize how much you can gain by using a hole feature instead of a cut, or vice versa. As a rule of thumb, if the hole is a single member of a linear or radial array of holes and has a standard dimensioning scheme, you should consider using a hole. The point is, just because the feature is circular and resembles a hole, that does not mean you need to use the Hole command. A creation short-cut may hamper the ability for redesign later.

There are three types of holes: Straight, Sketched, and Standard. If you were to examine a side view cross section of a flat-bottomed hole with a constant diameter from top to bottom, the hole is considered "straight." Any other configuration will require that the hole be "sketched." To put it another way: A Hole > Straight command is equivalent to a Cut > Extrude command and sketching a single circle, and a Hole > Sketched is equivalent to a Cut > Revolved and sketching a centerline with a single closed boundary, revolved to 360°. When you create a sketched hole, you are required to sketch the section before you place the hole. That is why you will be sketching in a temporary subwindow. The sketch is an extra step that is not necessary for a straight hole. The Standard command allows you to specify various aspect of the hole, such as depth, thread size, counter bore/sink, and so on.

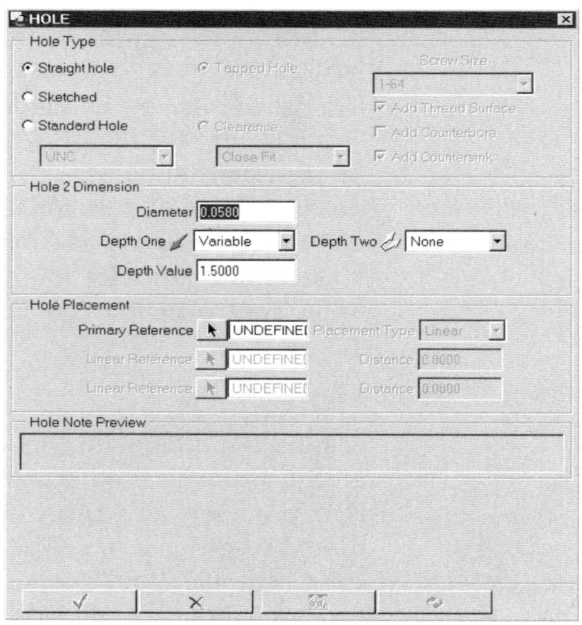


*Hole creation dialog window.*

The other aspect of creating a hole feature is deciding which dimensioning scheme to use. Upon selecting the Linear scheme, you are asked for two linear references, from which linear dimensions or alignments locate the hole center.

The Radial scheme option asks for an existing datum axis and a reference plane, from which a distance and an angle dimension locate the hole. Think of the reference plane as zero degrees, or where the angle dimension starts. If you want a "bolt circle" pattern of holes (with the appropriate dimensions to show this scheme on a drawing), you must create the first hole of the pattern with a radial scheme. You will be asked to input the angle and distance values. Once the hole is created, you can then use the Pattern command to complete the hole pattern by selecting the dimension type: Diameter, Radial, or Linear in the Hole Placement section of the Hole dialog. Selecting dimension type is not to be confused with the dimensioning scheme; this selection does not change the dimensioning scheme.

Upon selecting a Coaxial scheme, you will be asked to select the existing datum axis to which the new hole should be coaxial, and you will be asked to select the placement plane.

*Holes can be created with several different dimensioning schemes to match your design intent.*

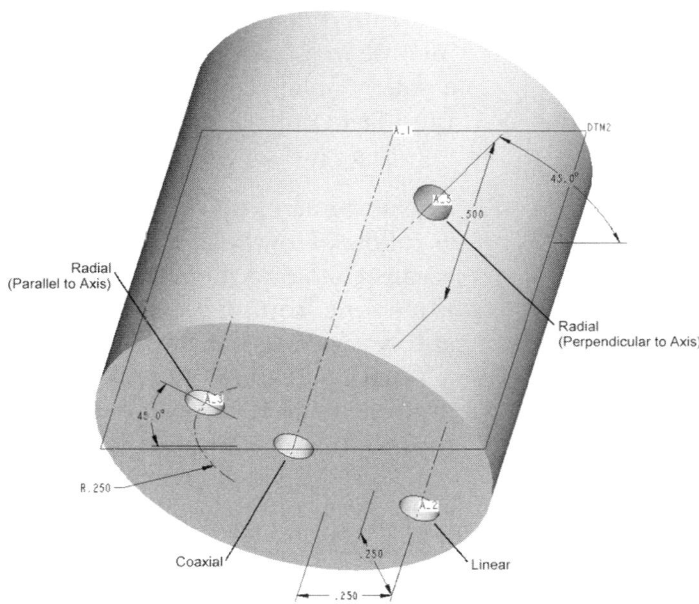


For linear or coaxial holes, however, you cannot place a hole on any surface other than a planar one. If you are stuck, this is a good time to use datum planes. When selecting the placement plane, the selection you make serves two purposes. Of course, the plane is identified, but it also marks an approximate location for the hole. This approximate location determines the values shown as the dimension defaults.

But what if the placement plane happens to be a datum plane? As you know, you cannot select a datum plane inside its boundaries; it must be selected on its boundary line. For this reason, you will also be prompted for an approximate location when you select a datum plane as the placement plane.

## Round

The Round command removes an edge and replaces it with a cylindrical surface tangent to the two adjacent surfaces. The same command is used for internal fillets (where material is added) as well as external rounds (where material is removed).

Many edges can be rounded at once with a single feature, or one by one with individual features. The key to making a flexible round feature is to determine the number of edges to include in a feature. For example, consider a plain cube; that is, a solid containing 12 edges. You could create a single feature (and select all 12 edges), or alternatively, you could create 12 features (and select only one edge for each).

The advantages to one method or the other can be summarized as follows: How many dimensions are required? If changing one means changing them all, you would go with one feature. If not, when one round requires a separate dimension, you would ignore that edge in the first feature, and select it while creating a separate feature. Other situations require either single- or multiple-edge features too, such as relationships with other features and miscellaneous modeling idiosyncrasies, like whether you want a vertex to receive a spherical "patch" (as shown in the example at the beginning of this chapter). You cannot get that patch unless you include all three edges in the same feature, or conversely, you can avoid the patch if you break the edges into separate features.

Pro/ENGINEER provides an additional flexibility to the issue of the number of rounds to include in a feature. Assume, for example, that you wanted a full round and a constant edge

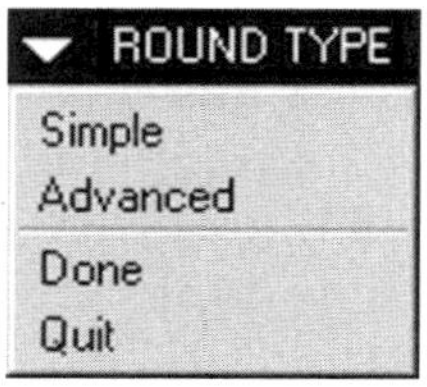


*Menu for advanced rounds used in creation of round sets.*

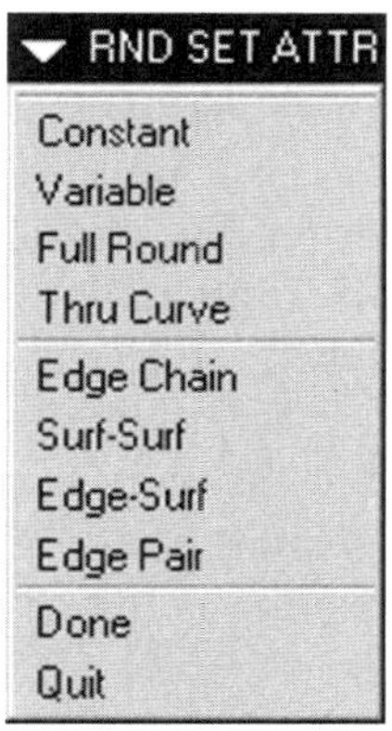


*Rounds can be set up various ways with this menu.*

round combined in a single feature. For this reason, among others, Pro/ENGINEER offers the ROUND TYPE menu.

Upon selecting Advanced > Done from the ROUND TYPE menu, each type of round will be created as a round set. A round set is similar to a bunch of simple rounds within a single feature. You can have one or as many round sets as needed, all in a single feature. In the previously discussed example, the feature would contain two round sets: one set would be the full round and the second set would be the constant edge round.

Another important modeling technique to understand is *when* you should create rounds. In general, you should create rounds last, or after all other types of features. Rounds are typically not very important to the design intent of most models, and will easily interfere with your design intent. Rounds have a tendency to come and go like the wind, so if a critical element from some other feature has a relationship to a round, this relationship is at risk.

A round created with the Constant | Edge Chain command simply replaces the selected edges with a cylindrical surface tangent to the two adjacent surfaces. This is the easiest method for creating rounds, and is made even easier because of the addition of the CHAIN menu.

*With this menu, you can quickly select a chain of edges to create a round.*

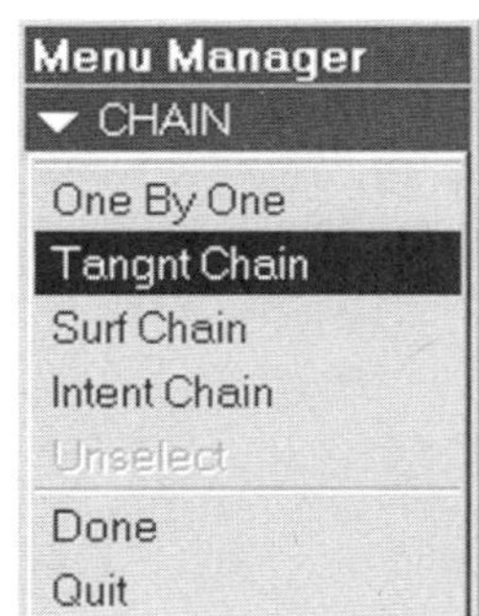


The CHAIN menu defaults to Tangnt Chain, which means that when one edge is selected, all edges tangent to it will also be selected automatically. Surf Chain can also speed up selection: simply select a surface and all edges related to the surface will either be selected, or if there are multiple loops of edges, each loop will highlight and be accepted/rejected one at a time.

When you create a round with Intent Chain, when one edge is selected, all edges related to it will also be selected automatically. Creating a round with the Constant | Surf-Surf command accomplishes the same thing, but instead of picking the edge, you pick the adjacent surfaces. Although this action duplicates the edge type of constant round, there are cases where it is useful. You may wish to use a Surf-Surf round when two non-parallel surfaces are separated by a very small surface, but using the Full Round option would be too small. Creating a round with the Constant | Edge-Surf command is useful in cases where one of the adjacent surfaces is too small and the point of tangency "falls off" the edge.

Variable rounds are the same as constant rounds, but you can specify different radii at the beginning and at the end of the common edge between the surfaces. You can also specify intermediate points, but you cannot create these points on the fly. If you want intermediate points, you must create datum points prior to creating a variable round. Look for the small green X when you are prompted for the radius values. The green X will display at every end point and then, if selected, the intermediate points.

The Full Round option results in the round replacing the middle surface between two other surfaces, with a cylindrical surface and tangent to all three surfaces. Because its value is defined by the three tangencies, a dimension is not specified. The Full Round | Edge Pair option is the easiest type to create because Pro/ENGINEER automatically knows which surface to replace based on the pair of chosen edges (the surface between the edges). Full Round | Surf-Surf is the same as Edge Pair, but because the surface in the middle can be ambiguous, you are asked to identify the same.

## Chamfer

A chamfer removes an edge and replaces it with a planar surface. Like a round, a chamfer may or may not include multiple edges in a single feature. The considerations for how and when to create chamfers are the same as rounds.

Edge selection is not as sophisticated for chamfers as it is for rounds because the Edge command does not have a CHAIN selection menu. Moreover, there are no similarities between making chamfers and round sets. However, the Chamfer command makes an assumption that the Round command does not. If a chamfer is made to an edge, and there are edges tangent to it, the tangent edges will be automatically chamfered as well, whether or not they were selected.

There are three chamfer dimensioning schemes. The 45° x d scheme requires no special explanation. But the d1 x d2 and Ang x d schemes require an orientation surface called the Ref Surface element. For d1 x d2, the chosen surface will be used for the d1 measurement. For the Ang x d scheme, the chosen surface will be used for the *d* measurement.

**BONUS** *Pro/ENGINEER allows for the creation of a corner chamfer. With this command you simply choose any three-edge vertex from which you select offsets along each edge, and through which a planar surface will be created to replace the selected vertex. Another thing you can do with Pro/ENGINEER is use a chamfer dimensioning scheme, d x d. This scheme is useful in cases where you want something similar to 45° x d, except that the adjacent surfaces are not perpendicular to each other.*

## Shell

The Shell command is probably the "coolest" feature in Pro/ENGINEER. It makes for a great demo, but not necessarily because it looks cool, but primarily because it works. As long as you understand the rules and do not ask it do something impractical, the Shell command will always work. In fact, Pro/ENGINEER is the first modeler that has yielded reliable results for the Shell command.

What does the Shell command do and how does it do it? Simply put, it hollows out the existing solid. In more technical terms, the command creates an offset surface (to the inside with a positive dimension or to the outside with a negative dimension) for each existing surface of the model, and removes all material trapped inside.

The one rule is that you must designate a minimum of one surface as a removal surface. A removal surface can be conceived of as the surface through which the material inside can escape. In other words, if the material that gets removed by the Shell command turned into water, you would use the removal surface to pour out the water. You can have as many removal surfaces as the situation requires.

As an option, you can specify different thicknesses for one or more surfaces. To use this option, complete the feature as usual and then select the optional feature element SpecThick.

Proper planning for how best to utilize the Shell command on any given part is essential. It is important to understand that the Shell command is not used for individual features; instead, it acts on all surfaces of the entire part as it is built up to the point where you perform the shell. Surfaces built from features created after the shell will not be shelled. To include features created later, you would use a command called Reorder—another shell should not be created. Although there is no strict limitation on the number of shells that can be created on any given part, there is a practical limit. If you apply the concept that all surfaces are shelled every time, this means that the second shell will offset all surfaces from the first shell as well.

To illustrate typical usage of the Shell command, consider a coffee mug. The first feature would be an ordinary cylinder, and the second feature, the shell. Specify that the top surface should be removed, and with the SpecThick option, indicate that the bottom surface thickness is different from that of the sides. The third feature would be the handle. The handle is created after the shell because it should be solid rather than hollow.

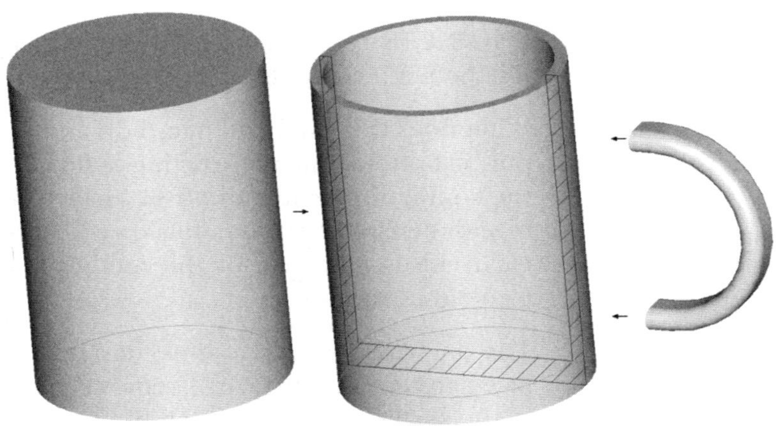

*Coffee mug illustrating use of Shell command.*

## Draft

Draft angles are generally conceived of as the angles required to release a part from a mold. In general, any wall of the part that is perpendicular to the mold parting line must have a gradual angle built into it, so that the part will not get stuck in the mold. A draft feature can be used for any purpose really, but the terminology and limitations (30° max angle) are consistent with that of molded or cast parts.

Through the years, users have debated the usefulness of building draft into a solid model. For the most part, the argument not to do it has been fueled by the inability of CAD software to provide the necessary functionality to model every required draft angle, either efficiently or at all. Pro/ENGINEER functionality puts that argument to rest. The other aspect of the argument is whether the effort to create the draft is beneficial. This argument would also state that draft angles are only something the molder or tool designer need worry about, and that the part designer does not need to spend valuable time modeling.

This argument has never really held any weight with designers who have seen the difference in quality between a part in which the designer carefully considered the draft angles, and a part in which this was ignored. The truth is that draft angles can have a significant impact on the viability of many designs, and to ignore them is as bad as ignoring such things as tolerance stack-ups or material selection. Now to explain how to use Draft.

> **NOTE:** *Pro/ENGINEER puts the Draft command on a menu named TWEAK. The TWEAK menu likely gets its name from the activity of tweaking an existing surface into looking like something else. No other commands on the TWEAK menu are covered in this book, but some of them (such as Offset, Radius Dome, and Free Form) are exceedingly useful.*

The first decision to make is how the angle is defined or how it pivots.

> **NOTE:** *In Pro/ENGINEER the draft can also pivot through an edge/curve or set of edges/curves, called a "neutral curve." This type of draft is used in applications such as for small soldiers or dolls, where the parting line is freeformed.*

Assuming you make a neutral plane draft, the next decision is whether the draft surface should be split. A split draft is useful where parting lines occur somewhere within the drafted surface. The main parting line frequently falls at the waistline of a surface, which would split the surface in half, and in this case the Split at Pln setting would be used. In other cases, a mold shutoff or slide typically requires reverse or 0° draft specified within a specific region of the particular drafted surface. Use the Split at Skt setting to set up a sketch on the surface and then specify the draft both within and outside the sketched region. For remaining cases, No Split will suffice.

*This menu allows draft surfaces to be selected manually or automatically based on a seed surface.*

When selecting surfaces, you will be Including and/or Excluding the surfaces, depending on which surface selection option is being used. Commands such as Surf & Bnd (Surface and Boundary) and Loop Surfs accelerate the selection of draft surfaces by picking adjacent surfaces based on the selection of a single surface. However, you will simply use the Indiv Surfs command in most cases, and pick the surfaces one by one. Like rounds and chamfers, relationship management dictates the number of surfaces selected for each draft feature.

The neutral plane, specified next, is the plane about which the draft angle is pivoting. Dimensions on a drawing will often point to one side or the other of a drafted surface and specify that the draft starts here, and the draft either adds or removes material from the feature. In this context, the intersection of the neutral plane and the drafted surface is normally the place at which you are controlling the feature size and allowing draft to deviate the feature size from there.

The next prompt is for a plane to orient the draft angle. The neutral plane only defines the pivot point, but says nothing about the orientation of the draft angle itself (x° from where). In most cases, the orientation and neutral planes are one and the same, and for this reason, you can select the Use Neut Pln command from the REF DIR menu. There are cases, however, where these two planes must be different.

Finally, when specifying the angles, you will be prompted for the angular values while a curved arrow is displayed in the graphics window. The direction in which the curved arrow points represents a positive angular value. You may enter a negative value if

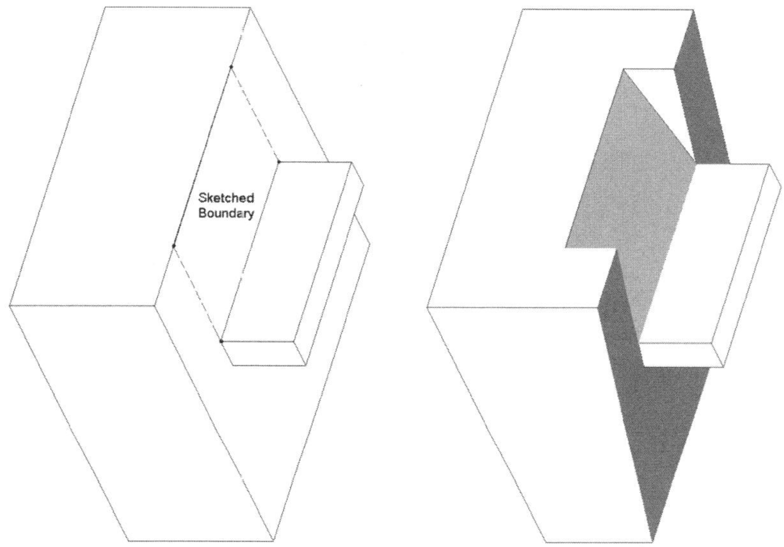


*Surface that requires a split draft because part of the surface must be drafted in one direction, whereas another part of it (the "sketched boundary") must be drafted in another direction.*

you wish the draft to go in the other direction. As usual, the negative value will only be temporary, as Pro/ENGINEER will normalize it after the feature is built.

# Sketched Features

More than any other type of feature, sketched features allow for the utmost in flexibility for creating geometry for both 2D shapes and 3D forms. But be aware that the price to pay for flexibility is complexity. By the same token, flexibility is good. These features derive their name from the fact that all require the use of Sketcher Mode.

In general, it can be said that pick-and-place features satisfy a specific need, whereas sketched features have a more general purpose. They come in two types that are exactly the same but for one difference: a cut *removes* material and a protrusion *adds* material. Six types of sketched feature forms are covered in this book: extrude, revolve, sweep, blend, swept blend, and helical sweep. Some of these forms can be created as a solid or thin, which is a choice to describe the type of section drawn in Sketcher Mode that will follow the path of the form.

## Extrude

An Extrude form projects a 2D shape along a linear path in a direction perpendicular to the sketching plane. This tends to be the most popular feature form; because of its flexible nature, there are often many ways a feature can be extruded. For example, a cube can be extruded six different ways, even though each time it would be sketched identically.

The distance this form travels is specified by a depth element, much like pick-and-place holes. The depth element settings are discussed later in this chapter.

## Revolve

A Revolve form projects a 2D shape around a sketched axis. The angle of revolution can be set in two ways. It can be specified with an angular dimension, by selecting Variable when asked, or by choosing one of the "canned" increments (i.e., 90, 180, 270, or 360) available on the same menu. If you choose a canned value, Pro/ENGINEER will not create a dimension.

It is common for users to forget to sketch the centerline, or to mistakenly think that the centerline is not necessary because the feature is revolving around the same axis as another feature. *When sketching this feature, it is suggested that the first thing you sketch be a centerline to represent the axis of revolution.* If the sketch requires more than one centerline (e.g., axis of symmetry), Pro/ENGINEER uses the first centerline drawn as the axis of revolution.

## Sweep

A Sweep form projects a 2D shape along a user-defined path. This feature uses two sketches: the first will be the path, called a trajectory, and the second will be the shape that follows the trajectory. The trajectory, being the first sketch, is the one that will be sketched on the selected sketching plane. It can be closed (it ends where it begins) or open, and can consist of lines, arcs, curves or a combination of the three.

> ✓ **TIP:** *Pro/ENGINEER allows you to define a trajectory consisting of model edges and/or datum curves (using the Select Traj command), whether or not they are all coplanar.*

If the trajectory is an open loop (the start and end points do not touch) and this is not the first feature of the part, the feature will have attribute selections for either Free Ends or Merge Ends. If you use Merge Ends, if one or both ends of the trajectory touch a nonnormal or nonplanar surface (in context of the trajectory), such as a cylinder, the feature will be extended up to the surface so that no gaps are created between the sweep and the surface it touches. If the Free Ends attribute is chosen in the same situation, the feature could be invalid or incorrect. The rule of thumb here is that if the end(s) of the trajectory is aligned to a surface, use Merge Ends; if neither end touches anything, use Free Ends.

When the trajectory sketch regenerates (SRS), you will see an arrow that attaches itself by default to the start point of the first entity drawn, and points toward the end point. This "start point" can be moved by selecting Sec Tools > Start Point and then selecting any other end point. If the trajectory is closed and contains a sketched line, the next sketch (for the shape) is often less confusing if the arrow points down that line.

> ✓ **TIP:** *Even though you are forced to draw a sketched trajectory on a planar surface, you can still make a 3D trajectory this way. This procedure requires that you use a spline and dimension it to a sketcher coordinate system. (To dimension a spline to a coordinate system, click twice on the spline and once on the coordinate system.) Once the spline is dimensioned and regenerated, you can modify the spline points (click on the spline once, and then on one of the highlighted points), and at the appropriate prompt enter a Z value. This action will lift the point off the sketching plane. Perform this action for each spline point as needed. This is not an elegant solution, but it might be useful if you can control it. If you wish to make a spring or thread feature, a helical sweep works much better.*

When you finish sketching the trajectory, use Done as usual, and, if applicable, Pro/ENGINEER will stop to ask about the attributes (merge or free ends), and then automatically orient you into the "shape" section, which will be perpendicular to the trajectory and at the start point. It also automatically creates a horizontal and vertical centerline in the second section at the start point. You are supposed to use the two centerlines to constrain the location of the shape section.

✓ **TIP:** *It can be confusing trying to orient yourself when sketching the second section of a sweep feature. Sketching in 3D is recommended, or remembering the rule about protrusion (coming at you from the sketch plane) and cut (going away from you). Furthermore, do not be careless about proportions between the shape section and the trajectory section. This commonly leads to an invalid feature: you cannot have a shape wider than the smallest radius in the trajectory or it will invert on itself, and that is not allowed.*

## Blend

The Blend form transitions a 2D shape into one or more other 2D shapes. Each shape (called a subsection) is separated by a user-defined parallel distance. Another rule follows: All shapes must have the same number of geometric entities.

✓ **TIP:** *Pro/ENGINEER provides exceptions to the rules imposed by a parallel blend by offering a rotational or general blend (for nonparallel subsections) and a sketched entity type called a "blend vertex" (that can make up for an odd number of entities between subsections). However, this is not to say that you will always want or need these exceptions, because the rules for a parallel blend are perfectly satisfactory in most situations.*

For example, to (parallel) blend from a square to a circle, the circle must first be divided into four arcs. Pro/ENGINEER will use the end points of each shape to determine the trace lines between shapes. By dividing (in this case) the circle into pieces, you control where on the circle the square should blend. This procedure will control or allow twist during the transition between subsections.

The transitions (or trace lines) can be straight or smooth. A smooth transition will result in a really cool-looking blend by making Pro/ENGINEER calculate a smooth trace line as it transitions through each intermediate subsection. Of course, you must have more than two subsections to take advantage of a smooth transition.

> ✓ **TIP:** *Even if you want a smooth transition, you should first create it as a straight one because it will be easier to see if there are any unwanted twists. Then, if the preview looks right, redefine the Attributes element and make it Smooth.*

Even though this feature allows for multiple shapes (sections), it uses only one sketch. Each shape, however, is drawn on its own subsection. Toggle Section (IMOFF Sec Tools > Toggle) is a special command used for advancing through each subsection. This tool is found in the Sketch pull-down menu under Feature Tools. If you forget, and after you finish sketching the first subsection, select Done; without using the command to advance to and create the next subsection, Pro/ENGINEER will warn you and remind you of which command to use. If you then forget about the equal-number-of-entities rule, you will be warned about that as well.

To determine the subsection you are working on, when you toggle from one subsection to the next, all previous subsections will turn gray, and the current subsection will use the normal sketcher colors. When an entity is gray, you cannot delete or otherwise modify it, but you can dimension to the same. Moreover, Pro/ENGINEER will take such entities into account when calculating implied sketcher assumptions.

> ✗ **WARNING:** *You cannot delete or insert subsections of a parallel blend, but you can add more after the last one. In addition, users commonly forget to toggle for a new subsection. This can get pretty messy, so do not forget to toggle.*

As in the trajectory of a sweep, a start point is utilized in each subsection of a blend. In this case, the start point will also be used to determine if there is any twist. For example, if a square is drawn on each subsection and the start point is not in the same corner of each, the blend will develop a twist (in the direction of the start point arrow) during the transition between the subsections. This may or may not be your design intent, but you will definitely want to keep track of the start point's location *and* direction.

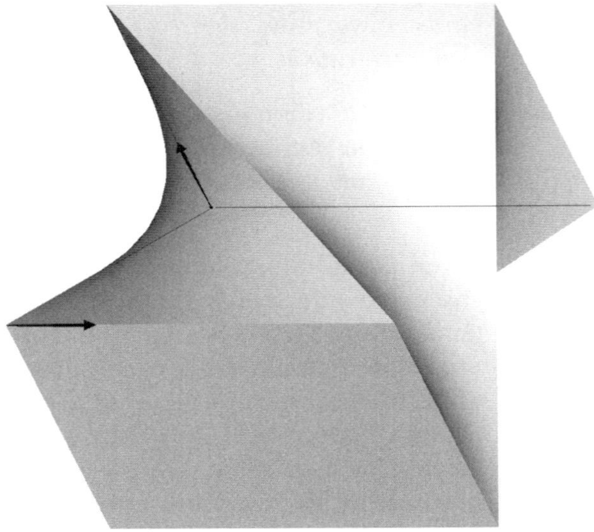

*Blend twisting because start points are not consistent from subsection to subsection.*

If the start point is not correct, it can be moved by selecting the new start point, performing a right-mouse-click-and-hold, and then selecting Start Point from the pop-up menu that appears (using IMOFF Sec Tools > Start Point and picking a different vertex). Using IMOFF, if the arrow does not point in the right direction, try again and use Query Sel > Next > Accept at that same end point. This action should point the arrow the other way. (It was the end point of one curve the first try, but you will get the end point of the other curve using Query Sel on the second try.)

The Done command is used only after you sketch each subsection (by using Toggle). At this time, Pro/ENGINEER will prompt you for the distance(s) between the subsections. You will use the Blind option here. Upon selecting Blind in the DEPTH menu, the values you enter are incremental, not baseline (i.e., they go from 1-2, 2-3, and so on, not from 1-2, 1-3, and so on). If you choose one of the Thru commands, Pro/ENGINEER will determine the overall distance and divide it by the number of subsections for the equal spacing between each.

## Swept Blend

A Swept Blend form, combining the functionality of the Sweep and Blend forms, projects one 2D shape at the beginning along a user-defined trajectory and transitions into another 2D shape at the end. (Pro/ENGINEER allows for additional sections at any or all vertices or datum points along the trajectory.) To make this feature, you first sketch or select a trajectory like a sweep, and then sketch sections like a blend. Unlike the Blend feature, you do not need to toggle.

This feature allows you to add a different type of twist as well as the twist a regular blend allows (a twist induced by mismatching start points). In a swept blend, you are asked to enter a rotation around a Z axis for each of two shape sketches. The Z axis in this case is the normal (perpendicular) direction of the sketch view and is positive along the trajectory. Each sketch automatically contains a sketcher coordinate system, located at the end points of the trajectory, to keep track of the Z axis information. Pro/ENGINEER has a few extra menus for a swept blend to allow for more control over how the sections are related to the trajectory and the rest of the model.

## Helical Sweep

The Helical Sweep form projects a 2D shape along a user-defined helical path (i.e., springs and threads). This feature is really a special type of revolve feature that moves axially as it revolves. Similar to a few other forms, this feature requires multiple sketches. There are also several attribute settings that include both Left and Right Handed, Thru Axis (resembling a spring), and Normal to Traj (resembling twisted wire).

The first sketch defines both the total length of the feature and the pitch line. When you select the sketching plane for this feature, imagine that you are viewing the side view of the feature you want to create. The first thing you should sketch is a centerline to represent the axis of revolution. Next, sketch a single chain of entities on one side of the centerline to represent the silhouette and length of the helix. When that sketch is constrained and regenerated, the Done command will move you to the second sketch. Before you get to the second sketch, however, Pro/ENGINEER will prompt you for the pitch value (axial movement for each revolution).

The second sketch is simply the shape that pitches around the axis. The sketch is automatically started with centerlines that represent where the shape will start its pitch, and the shape should be constrained relative to those centerlines.

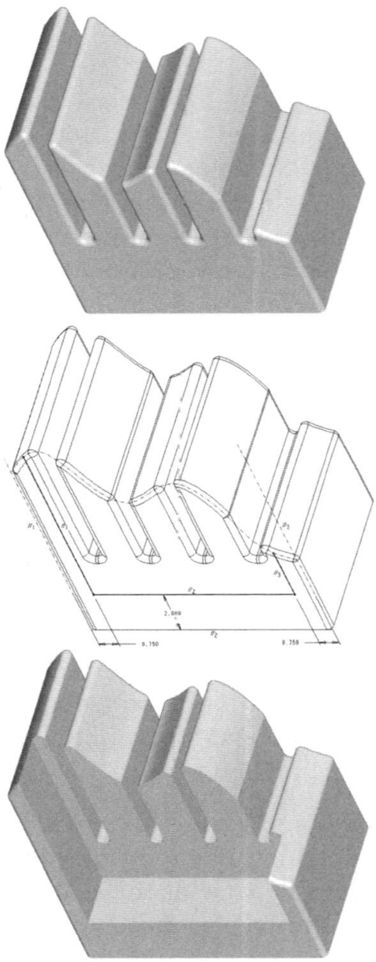

*Example showing usefulness of open section.*

## Solid Section

A solid section is a completely enclosed boundary. Imagine that such a section can "hold water." An enclosed boundary consists of sketched entities and (optionally) part surfaces. If the closed boundary consists solely of sketched entities, the sketch is called a "closed section," and if it includes one or more part surfaces, it is called an "open section." Keep in mind that in either case, the *boundary* formed must be completely enclosed for the entire distance described by the form (extruded, revolved, and so on). The boundary cannot spill a drop of water from start to finish. A closed section is the conservative approach if you are not certain.

An example instance where an open section can be very useful is shown at left. The open section is made in such a way that it does not reference any of the other patterned cuts, thereby providing flexibility between features. A closed section would have violated fundamental rules (of sketching outside the part), or created numerous convoluted relationships to the other cuts.

## Thin Section

Instead of developing a shape completely inside or outside a boundary, such as in the case of a solid section, a thin section adds thickness to each sketched entity. With a thin section, you have a choice of whether you want the thickness to go to either or both sides of the sketched entities.

## Use Quilt

*Quilt* is a Pro/ENGINEER term for a surface feature. This feature is not about *creating* a quilt, but rather *using* one to modify the model. A common usage is to select a surface and use it to cut away the model, thereby copying its shape on the model.

## Other Features

The following descriptions are intended to provide an overview of other useful features found in Pro/ENGINEER. Datum curves can be created many different ways. Some of the more powerful methods include From Equation (solving for a given variable in terms of X,Y,Z coordinates), Formed (forming a line onto a curvy surface), Use Xsec (extracting the curves of an X-Section), and 2 Projections (the intersecting curve of two sketches).

Pro/ENGINEER has many "convenience" features that serve very specialized purposes. Included here are Slot (a cut that assumes the MaterialSide toward the inside of a closed section), Neck (a simple revolved cut), Flange (a simple revolved protrusion), and Rib (a both-sided protrusion).

There is a TWEAK menu of commands that is also specialized, but unlike the commands previously described, there is no duplication anywhere else in Pro/ENGINEER, so these commands are truly powerful. However, you may find that situations that require creation of a Toroidal Bend or an Ear are very rare. Draft is probably going to get the most traffic in this menu.

Another feature type worth mentioning is a Var Sec Swp on the ADV FEAT OPT menu [Feature > Create > Protrusion (or Cut) > Advanced | Done]. This type allows a section (Sec) to vary (Var) as it sweeps (Swp). In some ways this feature resembles a swept blend, but whereas a swept blend allows size control of sections at various places along a trajectory, this feature allows you to define multiple trajectories for total size control of a single section along the entire distance of the sweep.

# Depth

Several feature types utilize a depth element that allows you to set the depth to be constrained by a dimension or by a setting that evaluates the current state of the model and automatically determines the depth. Unfortunately, like improper selection of references, this is a commonly misused feature element.

For example, if someone handed you a piece of wood and told you to drill a hole through it, would you go to the trouble of measuring the thickness? Of course not; you would simply keep drilling until the drill bit exited the other side. But assume that you did measure the thickness of the wood because you wanted to be precise. Measurement works, but it would be a hassle and most importantly, it does not reflect the intent of the instruction. The instruction specifies that regardless of thickness (or in the context of Pro/ENGINEER, the thickness the feature might be changed to), the hole will always go completely through.

*Protrusions with different depth settings: Thru next (A and C), Blind (B), Thru Until (D), Thru to Pnt/Vtx (E), and Thru All (F).*

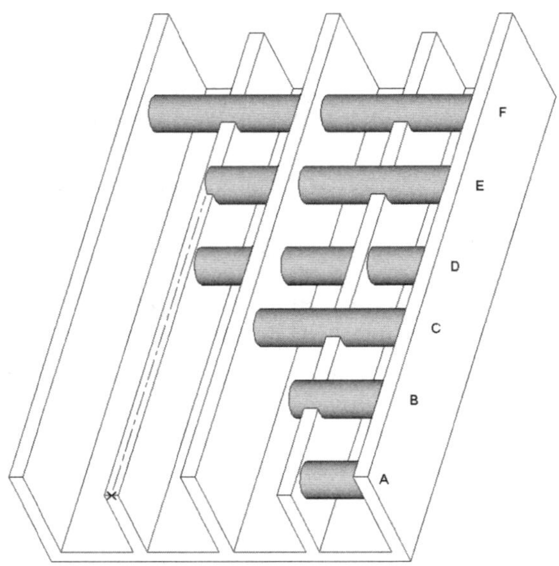

*Cuts with different depth settings: Thru All (A), Blind (B), Thru Next (C), Thru to Pnt/Vtx (D), and Thru Next or Thru All (E).*

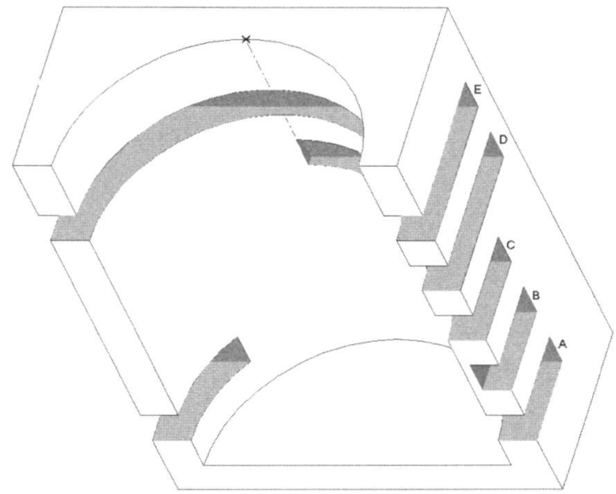


## Blind

*Blind* is a general term in Pro/ENGINEER that is synonymous with length, because it applies to hole depths as well as protrusion lengths. This is the only depth setting that actually creates a dimension. See the Bs in the previous illustrations.

> **NOTE:** *The depth setting of 2 Side Blind is available if the feature's attribute element is set to Both Sides. Whereas a 2 Side Blind depth allows one unique dimension for each direction, a regular Blind depth provides only a single dimension, which is a symmetric overall depth.*

## Thru Next

This setting will determine the depth based on whether there is something in the model that can "swallow" the new feature. In this context, swallowing can be explained by the fact that a solid feature is really just mass inside a boundary. A protrusion adds the bounded mass to the model, and a cut removes the bounded mass.

With the use of Thru Next, the depth of a protrusion will stop at the next place that completely *intercepts* the mass. (See A in the first of the two previous illustrations.) If the mass of the protrusion is only partially intercepted, the feature will continue until it finds something that intercepts it completely. (See C in the first of the previous two illustrations.)

The depth of a cut will stop at the next place that completely *releases* the mass. (See C in the previous illustration.) If the mass of the cut is only partially released, the feature will continue until it finds something that releases it completely. (See E in the previous illustration.)

## Thru All

Using Thru All will force Pro/ENGINEER to determine the maximum envelope that encompasses the solid model and then decide where the feature was last "intercepted" or "released" when it encounters the outside of the envelope. (See F in the first of the previous two illustrations, and A or E in the second.)

## Thru Until

Use Thru Until if you want the depth of the feature to stop somewhere between Thru Next and Thru All. The same rules apply as Thru Next, but they do not take effect until the feature reaches the surface chosen as the Thru Until surface. (See D in the first of the previous two illustrations.)

## Up to Pnt/Vtx

The Up to Pnt/Vtx setting will stop the feature at the selected point or vertex, and ignore the rules explained for Thru Next. (See E in the first of the previous two illustrations, and D in the second.)

## Up to Surface

Pro/ENGINEER is equipped with an additional depth setting called Up to Surface. As seen in the following illustration, this is a powerful depth setting.

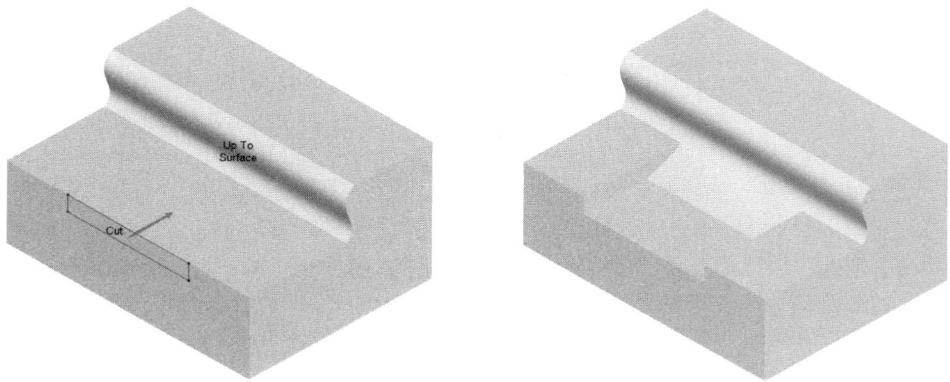


*Cut with depth up to surface.*

## One Side/Both Sides

Although One Side/Both Sides is not necessarily a depth setting, it is related to the depth. A feature that uses the One Side setting simply means that the feature travels in only one direction, as specified by the Direction element of the feature.

A feature that uses the Both Sides setting enables the feature to travel in both directions relative to the sketch/placement plane. This element allows for mixing of any of the Thru settings, but you cannot mix Blind with anything else. For this element setting, you are prompted twice for the depth, and if you observe closely enough, you will see that the direction arrow informs you of which depth direction you are specifying each time.

# ■■ Summary

This chapter covered everything you need to know about creating features. Subsequent chapters focus on how to manipulate and change the features, and how to embed even more design intent in your models.

# Review Questions

1. Name at least four types of reference features.
2. What type of features are holes and chamfers?
3. Name at least four types of forms for sketched features.
4. (True/False): Default datum planes are combined into a single feature.
5. What colors are used for the two sides of a datum plane and which one is the default?
6. Assume that a datum plane is embedded in a sketched feature. What is the result called?
7. (True/False): All parts are based on a default coordinate system.
8. What is the difference between a feature ID number and a feature (sequence) number?
9. What does the caret ( > ) in the Feature Element dialog tell you?
10. What is the maximum angle of a drafted surface?
11. What is the first thing you should make when sketching a revolved feature?
12. How many centerlines are possible in the sketch of a revolved feature? If your answer was more than one, which centerline would be designated as the axis of revolution?
13. For what type of feature is the term *free ends* applicable?
14. (True/False): When making a solid feature with a solid section, an open section does not necessarily have to be part of a closed boundary.

## Extra Credit

(True/False): If only two of the three default datum planes are needed, one of them may be deleted.

# 6

# Feature Operations

## *Overview of Changing and Working with Features*

Previous chapters were focused on creating features. This chapter covers techniques of modifying and working with features. Creating features takes a certain amount of time, but if you have to keep recreating them because of design changes, your productivity will plummet. And in a parametric environment such as Pro/ENGINEER, it is the changes and manipulation that actually makes using the software fun. Tools discussed here are focused on modifying, organizing, and copying features.

## Changing Features

In a perfect world, it would be great if you had complete foreknowledge about how your design might change, not to mention the total absence of mistakes when creating features. Because neither wish can be fully granted, Pro/ENGINEER provides a rich set of tools for changing features.

## Regenerate

Certain commands automatically invoke model regeneration, but for the most part the user decides when to regenerate. The Regenerate command simply scans the model's list of parameters for changes, and if it finds changes, begins recalculating the solid model from that point forward. You never actually tell Pro/ENGINEER where to begin regenerating; the program determines the where on its own, but once it encounters a change, it must ensure that everything from that point on is either unaffected, still valid, or modified accordingly.

For instance, assume the following two features: a cube (feature 1) and a hole (feature 2). The hole is created with the Thru All depth command. Now with the Modify command, change the thickness of the cube and use Regenerate. First, the system will scan to locate dimensions that have changed and then properly adjust the cube thickness. Then the program will examine feature 2. Although none of this feature's parameters have changed, it must be adjusted to a different physical depth, so it too will be appropriately modified automatically. This scenario illustrates the benefits of "feature-based modeling," in that relationships are as integral to the design intent as parameters.

Because you generally control when the model is regenerated, you will want to plan its usage for maximum productivity. Executing the Regenerate command could cause processing delays of several minutes (longer on slow workstations), especially when you are working on large models (in terms of feature numbers rather than size). For example, assume that a model has 100 features, and you modify feature 5. When you regenerate this model, you will see updates of the following type appear in the message window.

```
Regenerating feature5 out of 100 . . .
Regenerating feature6 out of 100 . . .
Regenerating feature7 out of 100 . . .
...and so on up to 100 out of 100.
```

## Modify

The Modify command is used for changing dimensions. Its primary usage is to enter a new value for a dimension. Upon using the Value command from the MODIFY menu, the prompt tells you to select FEATURE or DIMENSION. Typically, you first select a feature, either from the graphics window or model tree. Pro/ENGINEER will then display the feature's dimensions. Now you can select the dimension itself. However, to select the dimension, you must be fairly precise and position the cursor right on top of the text.

Once you select the dimension, you are prompted for a new value, while its current value is shown as the default. Enter a new value and press <Enter>, and you will see that the dimension with the new value turns white. A white dimension is indicative of the need to regenerate the model.

✓ **TIP:** *In most cases, negative values are also allowed. Upon inputting a negative value, the dimension will "go" the other way. Afterward, the value will normalize and become positive again, but by once again entering a negative value you can change the direction. In addition, as mentioned in Chapter 4, you can use the entry line as a calculator.*

*MODIFY menu provides commands for modifying dimensions.*

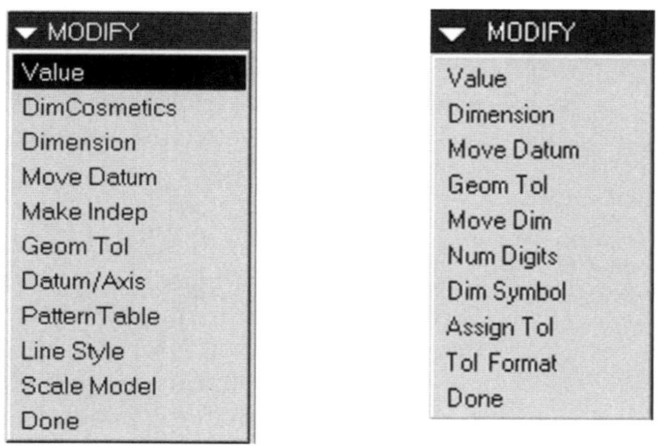


Another operation you can perform from the MODIFY menu is DimCosmetics. To assign different types of tolerances, you would change the dimension Format. To view tolerances, check the Dimension Tolerances option in the Environment dialog.

You can also set the default tolerance type for all newly created dimensions with the *config.pro* option *TOL_MODE.*

To change the number of decimal places in a dimension, use the Num Digits command. Key in the number of decimal places first, and then select any and all dimensions that will use that value. Repeat for other decimal place settings. This command works only for existing dimensions. For all newly created dimensions, use the *config.pro* option *DEFAULT_DEC_PLACES.*

Dimensions are always named. Pro/ENGINEER provides the names by default in a sequential manner in a format specific to the type of dimension. These dimensions can be renamed to improve clarity. For example, if Pro/ENGINEER names a dimension d3, but length would make more sense, use the Symbol command to rename it.

## Delete

This command is straightforward, so detailed explanation is not necessary. There are a few limitations, however. For example, there is no undelete command. Consequently, you may wish to save a part before you delete anything.

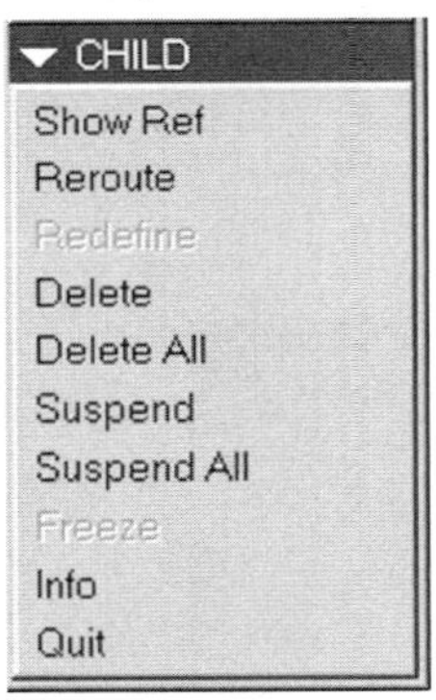


*The CHILD menu appears when you request the deletion of a feature with children.*

The other rule is that you cannot delete a feature that still contains children. There are several workarounds you can employ on the fly when you delete a parent feature. Upon selecting a parent feature for deletion, the CHILD menu appears. In this menu you tell Pro/ENGINEER what to do with the children of a feature to be deleted.

The only options in the CHILD menu not covered elsewhere in this chapter are the Suspend and Suspend All commands. (Freeze is covered in the Assembly Mode chapters.) The Suspend command allows you to continue selecting other features for deletion, but will then enter Failure Diagnostics Mode (covered later in this chapter) as necessary.

For choosing features, the SELECT FEAT menu offers several methods for selecting features, and of course the model tree can be used in conjunction with it. Select is the default and it accesses the GET SELECT menu. Layer is covered later, and the Range command is really useful in that you can specify a lower and upper limit of feature sequence numbers for selection. Any or all four of these methods can be employed at once to most efficiently select the desired features.

Finally, there are three methods of deletion: Normal, Clip, and Unrelated. Normal requires no explanation, but the following warning pertains to Clip and Unrelated.

> ✘ **WARNING:** *Exercise extreme caution when using the Clip and Unrelated commands while deleting. These commands are better suited to the Suppress command, which shares this menu. Refer to the Suppress command section for more information on these commands.*

## Redefine

At first glance, Redefine may appear to be a new command, but it really is not anything new. Recall the Feature Element dialog (or the feature control center) that guides you through all necessary elements for creating a feature. The Redefine command simply returns you to the control center for the selected feature. Any element that was defined for a given feature can be redefined with this command. There is no additional functionality available when you are redefining a feature than when you were creating the feature. In brief, you cannot redefine a protrusion as a cut.

Whenever you execute the Redefine command, all features that exist *after* the selected one are made temporarily invisible, or "suppressed." Suppression occurs so that you are not inadvertently tempted to reference an inappropriate feature. Features rendered invisible will automatically become visible once again after you finish redefining.

> ✓ **TIP:** *The model automatically regenerates itself all the way to the end after you redefine a feature. If you are not certain what exactly needs to be redefined, before you redefine, you should use one of the following two commands: Insert Mode or Suppress > Clip. (Both commands are covered in this chapter.) This will improve your productivity, especially if you are making iterative changes to the model. For example, assume a part with 300 features, and you need to redefine feature 50. After you finish with the Redefine command, all 250 later features will be regener-*

*ated. Using this tip will allow you to make several attempts at the redefine operation without any wait time between.*

## Reroute

The Reroute command lets you move a feature's reference from one place to another. A feature's reference can be many things, including the plane on which the feature is sketched, the plane that orients the sketch, or a surface from which the feature is dimensioned, among others. If, for any reason, any of such references must be moved to another place, you can use the Reroute command.

Although this command is not exclusive to the manipulation of parent/child relationships, such manipulation accounts for its primary usage. The relationship can be manipulated from either direction. The child can ask for new parents (Reroute Feat, the default), or a parent can transfer ownership of its children to something else (Replace Ref).

One example of an occasion for manipulating a relationship appeared in the discussion of the Delete command. Namely, you must divorce the children from a feature if you wish to delete the feature. To avoid deleting children, you could use the Reroute command on the children and move their references from the parent feature to be deleted to a different parent that is staying put.

> **NOTE:** *When using the Reroute Feat command, you are prompted with the following question: Do you want to roll back the part? Responding with a Y (yes) to this prompt will temporarily suppress all features after the one being rerouted. This is recommended as a means of clarifying which references are available to the feature being rerouted, and it would be similar to the behavior of the Redefine command.*

# Failure Diagnostics Mode

Sometimes you might make changes to features that create impossible geometry. Either the changed feature itself becomes invalid, or a different feature is adversely affected. Things like this can happen, for example, if features become disproportional, or if a feature reference disappears (e.g., a round wants to use an edge that has disappeared). When Pro/ENGINEER encounters a feature that cannot be regenerated, it will enter Failure Diagnostics Mode. Invalid features must be dealt with one way or another in order to continue with the rest of the model. The use of this mode will help you to dig yourself out of messes. Many new users become apprehensive when features fail, but it really is nothing to fear. In reality, as you gain experience, you will know that you can fix problems on the fly without a lot of upfront preparation.

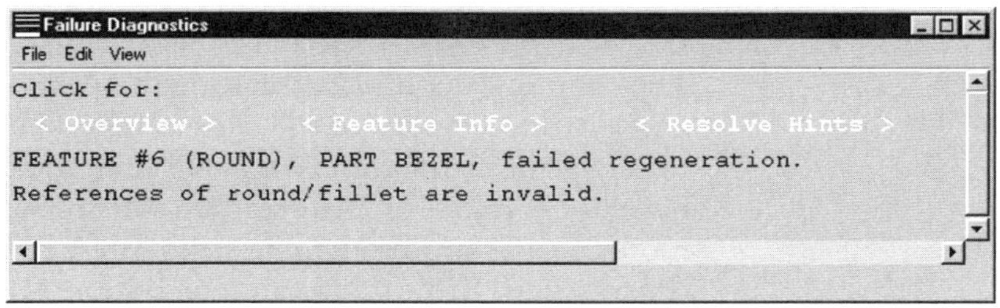


*The Failure Diagnostics screen appears when a feature cannot be regenerated.*

The Failure Diagnostics screen contains several commands that appear as a type of hyperlink. The Overview link displays a screen of information that never changes. It is more or less a reminder of what you can do while in this mode. The Feature Info link displays information about the currently invalid feature. A third link, Resolve Hints, appears only if hints are available for the type of problem encountered. The hints will give you a generic idea of what might help, but you will still have to determine how to effectively execute the hint.

✓ **TIP:** *Frequently, after fixing a particular feature, another feature will also be invalid. Pay attention to the Failure Diagnostics dialog to keep track of which feature has "failed regeneration." Users tend to get confused into thinking that they did not accomplish anything, when in reality they fixed a problem, but another crops up right on the heels of the one that was just fixed.*

## Undo Changes

For now, the Undo Changes command will most likely be your primary reaction when things go wrong. Of course, you will be learning how to effectively use the other commands here so that you will not panic when you see Failure Diagnostics Mode. If things proceed in an unexpected fashion (such as when you make a mistake), use Undo Changes and your model will be restored to its previous state. However, if you did not make a mistake, you will be able to fix the problem on the fly by using the other commands.

## Investigate STOP

This step is optional, but if something happened unexpectedly and you are not sure of the cause of the failure, using Investigate will help clarify the differences between the past and present. You have the option of investigating the problem using a backup model. A backup model can be created every time the model is regenerated, if the Environment option Make Regen Backup is checked or by using the *config.pro* option *REGEN_BACKUP_USING_DISK YES.* If neither of these options is employed, a backup model can still be generated, but it will be the last saved version on disk and Pro/ENGINEER will ask you if that is what you want to do. By using the Preview option in the part's Open Dialog window, you can view the model as it was in one window and the model as it is now in your main window. This way, you may be able to grasp what went wrong or which references are missing.

> ✓ **TIP:** *Using the Environment option to create a backup model before every model regeneration can be a bit of a pain on a large model. In this case, you may instead want to disable the function and save the model yourself whenever you accomplish something significant. In this way, whenever you need to use Investigate, Pro/ENGINEER will only allow you to use the last saved version as the backup, but that will be perfect.*

## Quick Fix

Normally, when a feature fails, it is usually because one or more settings are invalid or references have disappeared. The QUICK

FIX menu contains a limited set of commands allowing for practically any type of adjustment necessary to correct the problem.

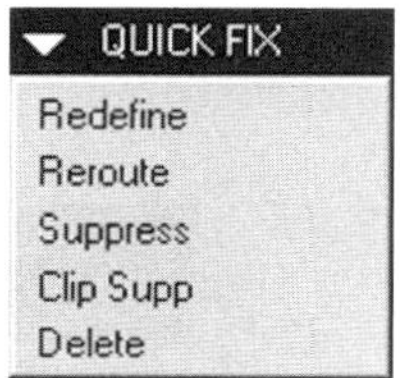


*QUICK FIX menu.*

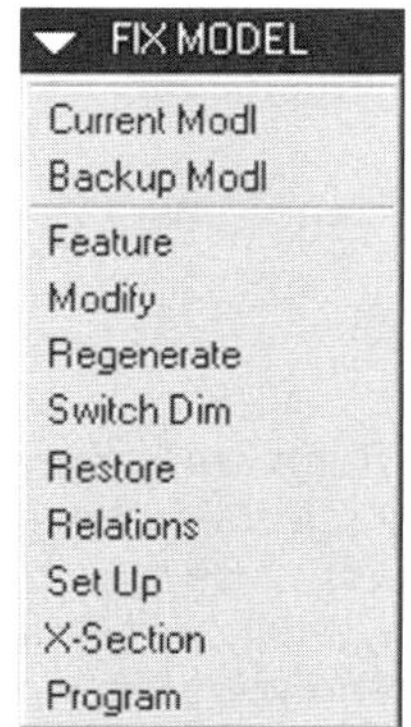


*FIX MODEL menu displays while you are in Resolve Feature Mode.*

Another menu used to carry out the same thing and more is FIX MODEL. Using QUICK FIX, however, is easier (quicker) because the command you choose from the QUICK FIX menu takes you right to the failed feature.

### Fix Model

Upon selecting FIX MODEL, you access the Resolve Feature Mode. QUICK FIX accesses the same mode, but with FIX MODEL you can do anything to any feature, valid or not. You can even create new features or delete features.

## Organizing Features

If you typically create simple parts with only five or six features, you will not need to use the following commands very much. But if you are like most design engineers, the parts you design will have dozens and sometimes hundreds (even thousands) of features. The prudent use of these commands will help provide visual clarity and performance improvements when many features and details are present.

# Layer

Layers provide a different way of grouping items. Grouping items in this way helps accelerate certain operations performed on them, such as blanking and selecting.

*When items are assigned a layer, they can be quickly selected whenever the SELECT FEAT menu appears and you select Layer. All existing layers will be listed in the LAYER SEL menu and you simply place a check mark in boxes of the layers you wish to select.*

Layers are not to be confused with the Group command (discussed next). When items are placed on layers, they can be acted upon individually *or* together with other similarly layered items. A layer is simply another bit of information added to an item. If a layer is deleted, that bit of information is simply stripped from the item that used it. In other words, deleting a layer changes nothing pertaining to the items or features that used it, except removing the information about the deleted layer.

## *Layer Control*

*Toolbar icon to display Layer dialog.*

To display the Layers dialog, use View > Layers, or select the toolbar icon shown at left. The Layers dialog contains its own menu bar and toolbar, and allows right-click operations within the layer list, to make it very easy to execute all of the necessary commands for controlling layers.

*Layers dialog.*

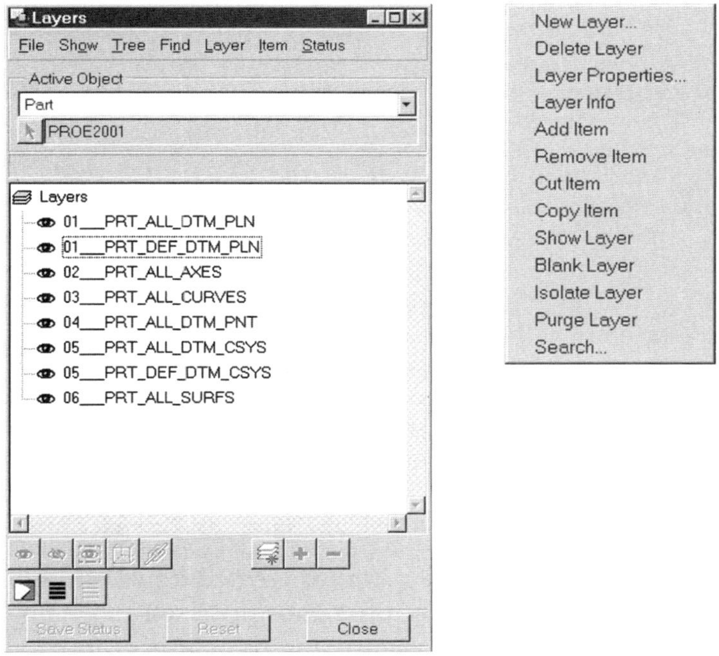


If you leave the Use Default Template option checked when creating new parts, Pro/ENGINEER will create certain default layers for datum planes, features, curves, and so on. Otherwise, layers do not exist until you create them. There are primarily two methods of creating layers. The first is through a *config.pro* setting *DEF_LAYER*, which allows you to specify that whenever a certain entity type is created, a specifically named layer will be created (or use the layer if it already exists) and the newly created entity is placed on its assigned layer. To go along with this method, one of the commands available in the Layers dialog is Layer Properties. One of the properties a layer can have is Default Layer Types, where all selected entity types automatically get added to the layer upon entity creation. This interactive setting adds to and supersedes any *DEF_LAYER* configuration setting for the current object only.

The next method is to manually create layers as needed, and then manually add items to a layer.

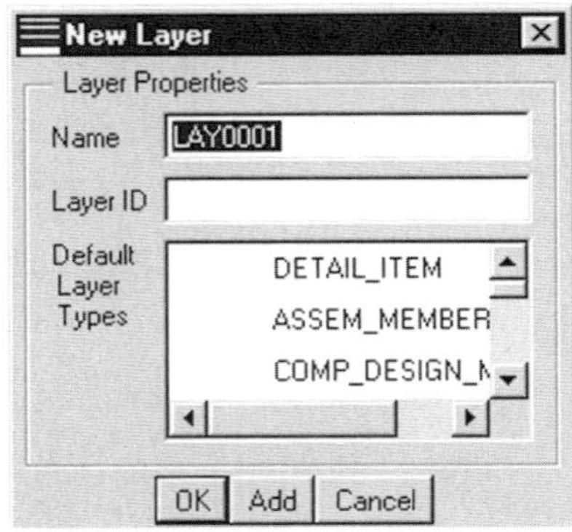


*The New Layer command displays the Layer Properties dialog, where a new and unique layer name is entered. Optionally, a Layer ID can be specified (mainly used when collaborating with other CAD systems), and Default Layer Types can be specified.*

There are no restrictions on how many layers you can create or use, and they can be named virtually anything you wish. You can use long names (up to 31 characters) that include letters, numbers, and a hyphen and underbar, but they cannot contain other special characters or spaces.

Once a layer is created, the Add Item, Remove Item, and Purge Layer commands are used to manually control the content of the layer. In addition, layers can be moved to other layers using the Switch Item or Cut/Paste commands, or copied to other layers using the Copy/Paste commands. When adding an item to a layer, the LAYER OBJ menu is displayed, where you must first select the type of entity you will be adding to the layer. Adding items to a layer using this method allows the most flexibility, as opposed to the other method, where entities are automatically added to a layer. With this method, you can add entities of the same type to different layers. An entity may belong to any number of layers simultaneously.

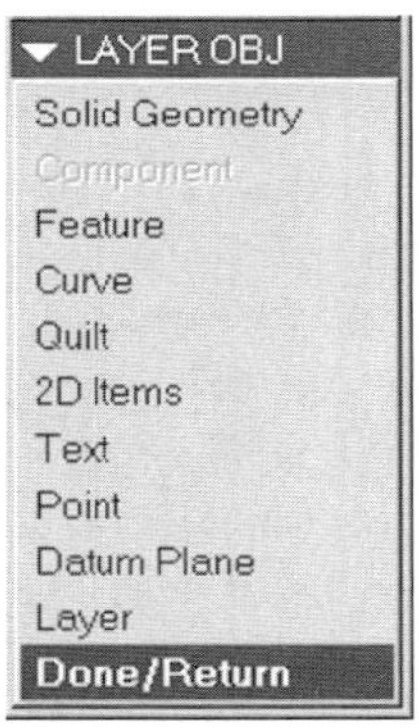


*LAYER OBJ menu.*

When working on an object such as an assembly or drawing, Pro/ENGINEER allows you control the layers of any of the dependent objects as well as the current object. The Object Type pull-down menu and Object Selection tools are used to specify which dependent object to use for this operation.

The Layers dialog may be used to display the features assigned to each layer. The Show > Layer Items command displays expand/ collapse icons next to each layer.

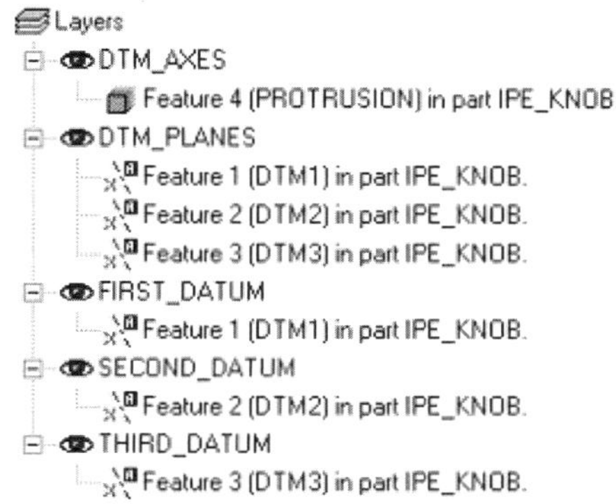


*Layers dialog content showing layers expanded, with layer items displayed.*

In addition, the model tree allows columns to be added that display the layers that are assigned to each feature—a different perspective that can further help you understand an object's layer structure.

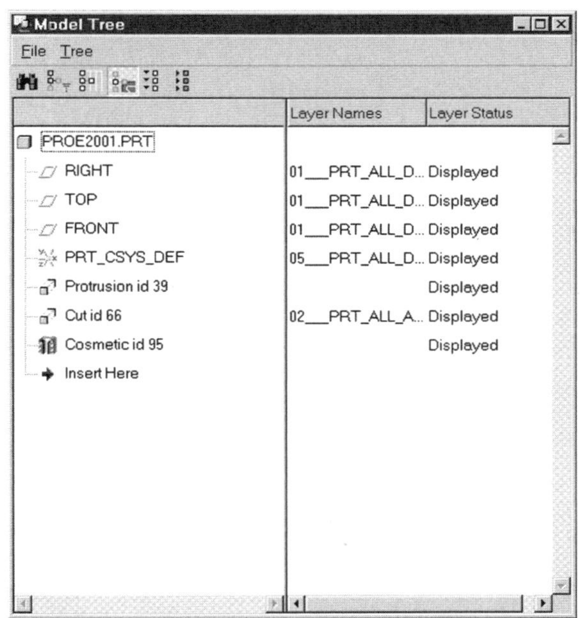


*Model tree with added columns for Layer Names and Layer Status.*

## Layer Display

The Layers dialog window contains two primary commands for layer display control: Show and Blank. A third command, Isolate, is a type of blanking tool that blanks everything except the layers that are isolated. A Repaint icon is placed here for convenience because you must repaint to view the effects of the Show/Blank/Isolate settings.

*Knob created in Chapter 3.*

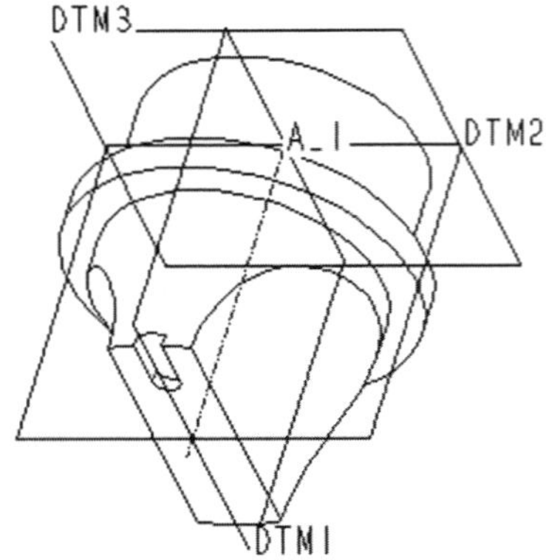


Assume that you create some layers in the *Knob* part created earlier. One layer is created for each of the datum planes (*FIRST_DATUM* for *DTM1*, and so on), and another is created for the purpose of adding each of those layers to a single layer (*DATUM_PLANES*) for easier selection with only one pick. One more layer is created for features with a datum axis (*DATUM_AXES*).

**NOTE:** *You can control the display of mass related geometry (i.e., protrusions, cuts) with layers. To achieve this type of control, select the Solid Geometry option from the LAYER OBJ menu when adding to a layer.*

*FIRST_DATUM layer is blanked. Note how all other datum planes are shown, except for DTM1.*

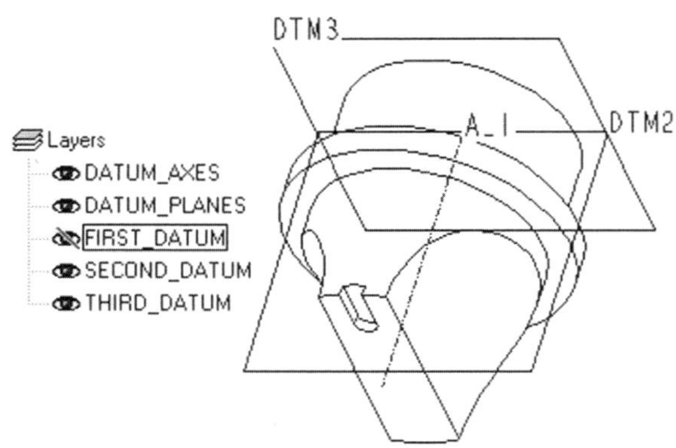

*FIRST_DATUM layer is isolated. Note how only DTM1 is shown.*

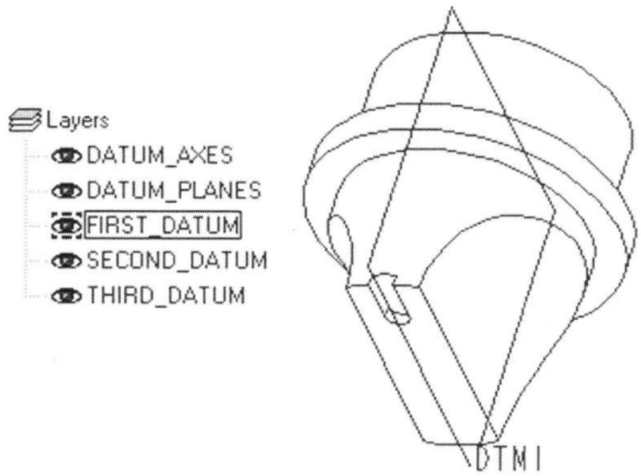


Use the Save Status command to save layer display changes. This command should be used only if the display changes just made should be permanent. Permanent means that whenever you open the part, the layers will be displayed according to the saved display settings. This is not meant to imply that you must always use the Save Status command, but rather use it when appropriate. For example, it can happen that temporary display changes made to clarify the display would be confusing if made permanent.

## Group

When an item is added to a group, it is *united* with the other items in the group. Unlike items on layers, an item in a group cannot be selected individually. It can always be *un*grouped if you wish, but while the item is grouped it behaves as if it is "one" with the others in the group.

In the case of a local group, the information about the group is managed solely within the current part. The group must be uniquely named, but this practice does not create an operating system file. One rule for creating a local group is that the features must be in consecutive sequence. If the features are not in said order, Pro/ENGINEER will ask if you want to group all features in between. If you answer *N*, the group will be aborted.

> **NOTE:** *The Copy command, discussed later, automatically creates a local group of the copied features.*

Next, you can create a UDF (user-defined feature). A UDF is a special type of group that can be used on different parts. To create and manage UDFs, use a separate command on the FEAT menu called UDF Library. When creating a UDF you can specify the methods and prompts that will be used when placing the "group" in other parts. To use a UDF in a part, access the GROUP menu and the From UDF Lib command to retrieve the group into the part.

## Suppress

The Suppress command is a type of blanking tool. When feature(s) are suppressed, they disappear from the model, but all information about the feature is retained in the part database. This command is used primarily for making the model more responsive and easier to work with.

When features are suppressed the model becomes more responsive because your system has less to do when the model is regenerated. For example, if a model has 100 features and feature 5 is modified, the system must process 95 features (6 through 100) for the model to be completely regenerated. That process could take several minutes or more, depending on the complexity of the features and, of course, workstation performance. But if any or all of those 95 features can be suppressed, the processing burden can be greatly reduced. Of course, the features will eventually have to be "resurrected" (using the Resume command), so the productivity gain is only experienced if the changes made require more than one run through the 95 features.

Next, when features are suppressed, the model becomes easier to work with because there is not as much clutter. But even more importantly, the reduction of features means a reduction in possible choices for relationships.

Selection of features is identical to that of the Delete command, and as a result the Suppress and Delete commands share the same menus, starting with the DELETE/SUPP menu. As stated earlier, the Normal command is the default method in Pro/ENGINEER.

There are two alternate choices to accelerate the selection of features. You can use the Clip command, which selects the chosen feature and every feature in sequence after the feature in question. Moreover, you can use the Unrelated command, which will select every feature in sequence after the chosen feature, except the selected one and all of its parents.

➾ **NOTE:** *Suppressed features can be listed in the model tree by accessing the MODEL TREE menu command Tree, selecting Item Display from the pull-down menu, and then checking Suppressed Objects in the Model Tree Items dialog window. When this option is checked, the features will be listed and identified as being suppressed by a small black square beside the feature name. You will also notice that a suppressed feature no longer has a feature sequence number. It still has a feature ID number, but because the feature is not constructed it is no longer in sequence. The feature's place in relation to other features is retained, however, so that when the feature is resumed, it will return in its former sequence.*

✘ **WARNING:** *If you create new features while existing features are suppressed, the new features will still be placed behind the suppressed features in the feature list. Or to put it another way, all new features are always placed at the end of the feature list, regardless of suppressed features. The exception to this rule is Insert Mode.*

## Resume

The Resume command is used to reactivate a suppressed feature. Resuming features using the All command resumes all suppressed features. Using the Last Set command allows you to step through the order in which features were suppressed, if applicable. The model is regenerated as needed when features are resumed.

## Reorder

Whenever you create a new feature, it will always be added to the end of the current feature list, except when in Insert Mode. Sometimes it becomes necessary to modify the sequence of the features, and because of the nature of feature-based modeling, you can potentially see a different result.

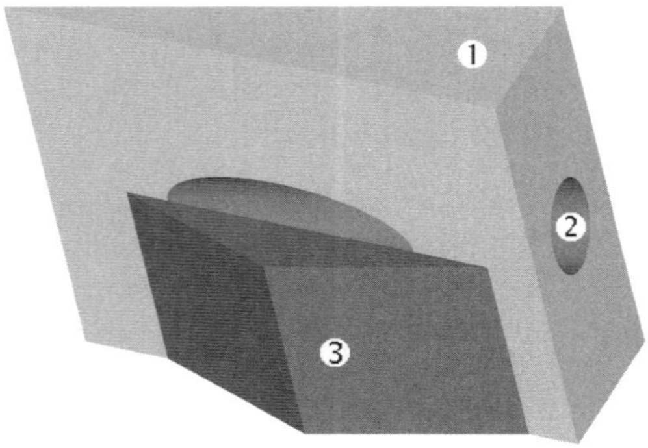


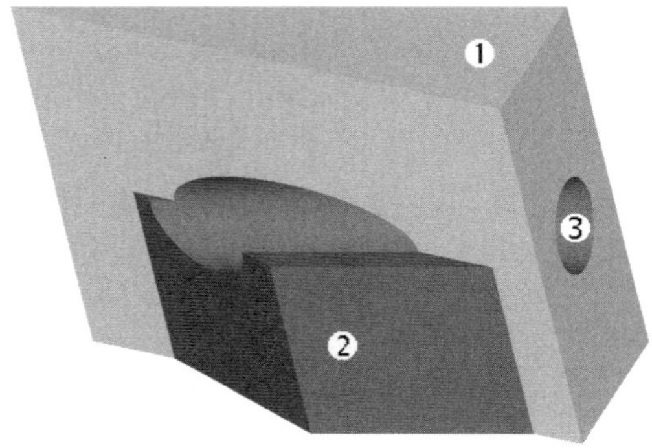


*The same features can produce a different result if they are reordered.*

In the previous illustration on the left, a part is made by first creating a wedge-shaped protrusion and a hole (feature 2) with a through-all depth, and then adding a protrusion (feature 3). Because the hole determines its depth before the protrusion is built, the protrusion plugs up the end of the hole. In the figure on the right, the hole is reordered to become feature 3. Now when the hole determines its depth (Thru All command), the protrusion (now feature 2) will be included.

The few pertinent rules are easy to remember because they are fairly logical. First, you cannot reorder a child to go before one of its parents. The second is that you can simultaneously select multiple features for reordering, but they must first exist in consecutive order. This rule may require that you use the Reorder command first to obtain consecutive ordering before selecting multiple features for reordering. Or, you can simply reorder one at a time. The third rule is that you cannot reorder the base feature (feature 1).

In some cases, usually on models with very few features, Pro/ENGINEER will discover that there is only one possibility for reordering and will give you a prompt to which you will simply answer *Y* or *N*. In most cases, however, you have the choice of placing the selected features before or after another feature. The decision is usually based on convenience more than anything else.

## Insert Mode

You will frequently need to create many new features, and each will have to be reordered somewhere in the middle of the feature list. Because this could be an unproductive process, Insert Mode allows you to determine up front where in the feature list new features get created, instead of the default behavior of getting stuck at the end of the feature list. One could say that Insert Mode is a combination of the Reorder and Suppress commands.

The INSERT MODE menu contains three commands. The Return command simply returns you to the previous menu, aborting the Insert Mode command. The Activate command is used to start working in Insert Mode, and the Cancel command is used to terminate working in Insert Mode. Whichever command is inappropriate will be grayed out.

When you use Insert Mode > Activate, you will always choose a feature to insert after. When you have finished creating the inserted features, use Insert Mode > Cancel. The features suppressed when Insert Mode was activated can optionally remain suppressed. The prompt *Resume features that were suppressed when activating insert mode? [Y]* can be tricky. Regardless of what you answer, the normal behavior of feature creation will still be restored; that is, new features go to end of the feature list regardless of suppressed features. So the answer to the prompt is simply based on whether you want the suppressed features automatically resumed. In other words, answering N and then selecting Resume > Last Set would be equivalent to answering Y.

## X-Section

Cross sections are not just for drawings anymore. With the use of the X-Section command, you have a tool that is dynamically kept up to date with the model. A cross section can be created at any time—after you create the first feature, or after you create the last feature—and the entire model will always be included in the cross section.

There are two types of cross sections: planar and offset. As you might assume, a planar cross section slices the model with a flat surface of your choice, which in most cases is a datum plane. An offset cross section is similar to an extruded cut in that you sketch a shape, and the model is cross sectioned along the sketch's extruded path.

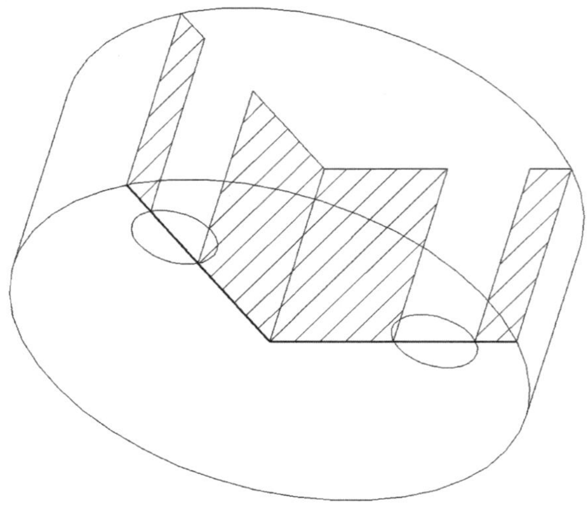

*Typical offset x-section sketched (represented by thick lines) and extruded through model.*

With the X-Section > Modify command, you can change the spacing, type, and angle of the cross hatching. Moreover, you can even redefine its location and/or sketch.

> **NOTE:** *A cross section may also be created in Drawing Mode, but whichever mode is used, the cross section information is always stored in the database of the part. Consequently, even if a cross section part is created in Part Mode, it will be available in Drawing Mode when creating a cross section view. Although the process in either mode is nearly identical to the other, it is arguably easier to create the cross section in Part Mode first, although it might seem more streamlined to create the cross section on the fly in Drawing Mode. When naming a cross section, it is not necessary to input multiple characters, such as A-A. Pro/ENGINEER will automatically do this for you, so input of just one character is required.*

## Copying Features

In most instances, you will select between the Copy and Pattern commands when copying features. Design intent will generally dictate which command to use. A third command, Mirror Geom, is used to mirror the entire part, not individual features such as the Copy command. In all cases, dimension values can be linked to or be dependent on the original feature.

## Copy

The Copy command allows you to copy existing features from the same model or a different model and place them at a new location. You can simultaneously copy any number of features.

When you copy features into the current part from another part, you will need to prepare for this operation by first retrieving the source part (the one with the features to be copied) into its own separate window. Then you should use the Window > Activate command in the original part window, and initiate the Copy command. The New Refs option is implied, as well as the Independent option for the dimensions.

When you copy a feature using the New Refs option, whether from the same or another part, Pro/ENGINEER makes all the necessary prompts, and highlights each current reference so that you can enter or select the appropriate new reference. This is a very flexible option, but if the new references have different orientations, verify that everything remains consistent. For instance, when selecting a datum plane as a new orientation plane, verify that the yellow side of the datum plane is pointing in the correct direction.

The Same Refs option copies a feature similar to the pattern copy process, except for the resultant dimensioning scheme applied to the copied features. With the Same Refs option, the copied features are dimensioned from the same reference from which the original is located. With a pattern, the patterned features are dimensioned from the original and each other.

When you use the Move command, you will be specifying a delta shift from the original features selected for copying. You also have a choice of whether you want to execute a Translate or a Rotate command, or both.

When using the Mirror | Select option, you can select one or many features. With the Mirror | All Feat option, you can quickly select all features. Be advised that the All Feat option means all features, including default datum planes and so forth. If you are considering the use of the All Feat option, you may actually have a need for the Mirror Geom command instead. Refer to the Mirror Geom section later in this chapter to examine the differences between these two procedures.

> **NOTE:** *Features inserted after a Copy command is executed will not be copied or affected by subsequent operations, such as Mirror. For example, if you select Copy > Mirror > All Feat, and then enter Insert Mode and create a new feature before the mirrored features, Pro/ENGINEER will not copy and mirror the inserted features when you leave Insert Mode.*

In all cases, except for copying features from another part, you can decide whether or not to link the dimensions. When using the Dependent option, any dimensions that are chosen as variable via the GP VAR DIMS menu (see following illustration) will vary according to the specified value when the copied feature is created, and will not be a shared dimension. However, the dimensions that are not chosen will be shared if the Dependent option was selected, or simply left unchanged and duplicated if the Independent option was chosen.

*When copying features, the dimensions of the original feature will appear in the GP VAR DIMS menu. To assist you in identifying dimensions, each one will be highlighted on the screen as you move the cursor over the items in the GP VAR DIMS menu. You can select the dimension from whichever location is more convenient.*

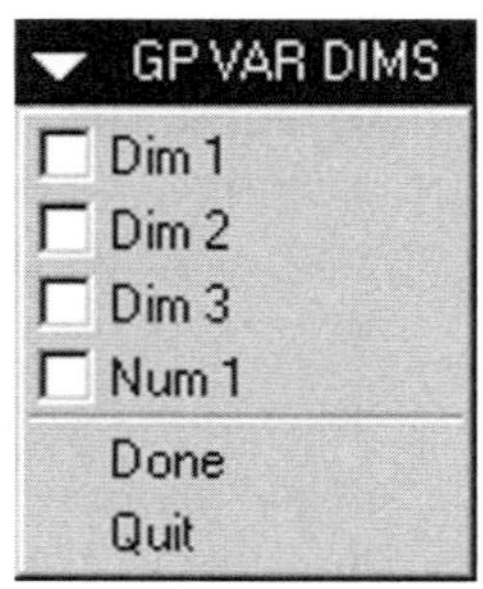


Next, if you copy using the Dependent option you can break the dependency at a later time. With Modify > Make Indep, you can select a copied feature with dependencies, and make any shared dimension independent from the original. You may also make the sketch independent, if applicable.

## Pattern

An entire chapter could have been devoted to this section because the Pattern command is a highly flexible and powerful feature of Pro/ENGINEER. There are so many creative ways to use patterning, that many pages could be filled covering various methods and techniques.

On the surface a pattern is a very simple concept: it allows you to make parametric copies (called *instances*) of an existing feature (called the *leader*). Because a pattern is parametrically controlled, you can modify it by changing pattern parameters, such as the number of instances, spacing between instances, and leader dimensions. Next, because all instances are by nature duplicates of the leader, changing a leader dimension updates all instances, and vice versa. The Pattern command only allows you to select a single feature; however, you can pattern several features as if they were a single feature by arranging them in a local group, and then patterning the group. For more information, see the "Group Pattern" section in this chapter.

There are three options available for creating a pattern, where each option makes certain assumptions for faster calculation. The output of the Identical Pattern option is the quickest to regenerate because Pro/ENGINEER simply copies the exact geometry of the leader to each specified instance location. This implies that every instance in the pattern will be the exact same size.

The Varying Pattern option takes a little longer to regenerate because it individually calculates the geometry for each instance, instead of simply copying the leader. The program then calculates the model intersections all at once, which implies that none of the instances can intersect each other.

The General Pattern option takes longer yet to regenerate because it accomplishes the same thing as the Varying Pattern option, in addition to calculating every intersection of each instance and the model. Few restrictions, if any, are implied.

✓ **TIP:** *To eliminate the guesswork of determining which pattern option to use, begin with the General Pattern option. After the pattern regenerates, use the Redefine command on one of the instances in the pattern. One of the elements of the feature will be the pattern. Select that element to change, and change the pattern option to Identical or Varying, whichever is accepted.*

Instances can be created in two directions. An analogy would be columns and rows, where the first direction would be columns, and the second direction, rows. For example, if you highlighted two columns and five rows in a spreadsheet, you would be highlighting a total of 10 cells. In this way, if you create a pattern with *two directions*, the resultant number of instances created will be a product of the number of instances in each direction. If a pattern has only *one direction* specified, the number of instances created will be fixed to the single factor.

> **NOTE:** *Once a pattern is created, and it has only one direction, you cannot return later and add a second direction. However, if you create a two-direction pattern, you can always specify the number of instances in one or both of the directions to 1. None of the pattern information will be lost, and you can always raise the total again anytime you want.*

In each direction, you are asked to specify which dimension(s) to use for the direction. This can be specified as a single dimension or several. Each dimension specified will increment equally, instance after instance.

Additional useful points about patterns follow.

- Size dimensions, as well as location dimensions, can be incremented, except when creating an identical pattern.
- As an option, you can enter negative values for the incremental values. This will reverse the natural direction of the increment, or if a size dimension is chosen, it will make the instances smaller.
- The key to a successful pattern is the dimensioning scheme of the leader. For instance, if you need a rotational pattern, but an angle dimension is not part of the leader scheme, the rotational pattern will be impractical. For example, a hole should be created with a radial scheme instead of a linear one.
- A feature can be patterned only once. If you believe this is a limitation, there are several creative solutions to consider. For instance, perhaps you sketch two circles in a cut rather than using a hole feature, and then pattern the two-hole cut.

*One-direction pattern created by selecting d3 as the sole dimension for the first direction, and incremented by the entered value, which becomes d6. No second direction is specified.*

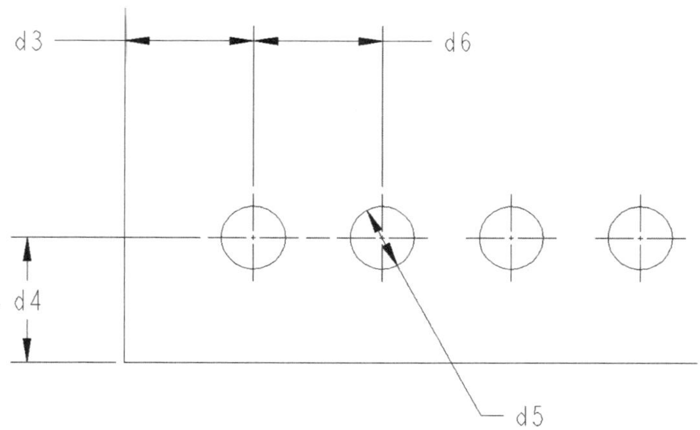


*Two-direction pattern created by selecting d3 as the sole dimension for the first direction, and incremented by the entered value, which becomes d10. The second direction is created by selecting d4 by itself, incremented by the entered value, which becomes d11.*

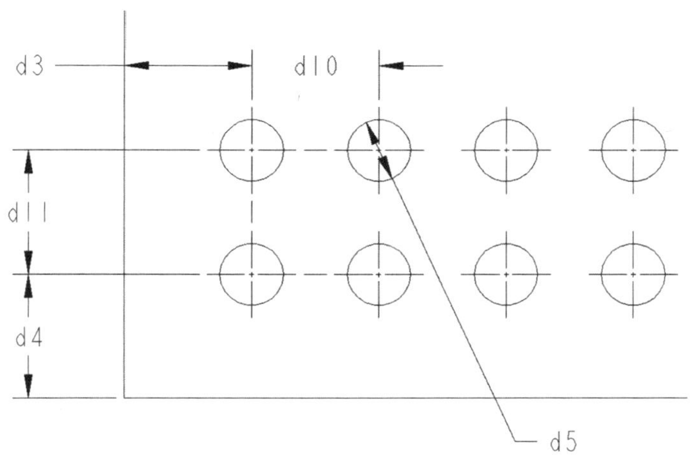


*One-direction pattern created by selecting both d3 and d4 as the dimensions for the first direction, which become d22 and d23, respectively. No second direction is specified.*

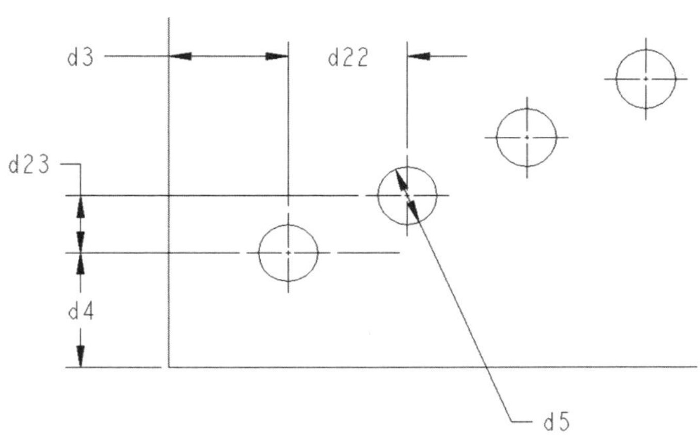

- ❒ When you create a leader for a rotational pattern of sketched features, introduce an angular dimension by creating a datum plane with the Make Datum option and use Through and Angle as the datum constraints. In this way, the Angle constraint will provide the angle you need, because the Make Datum is embedded in the leader. The Make Datum can be required for the sketch or orientation plane, and will be dictated by the situation.
- ❒ A centerline of a sketched feature cannot be used to establish an angular reference. Only a Make Datum will create the correct type of angular dimension for patterning. This becomes evident as a centerline approaches 180° of rotation; it loses its orientation, whereas a datum plane has this orientation (yellow side/red side).
- ❒ Use relations to control the location of instances. After you have created a pattern, enter a relation (e.g., a relation governing the angular spacing between instances based on the number of instances). In this case, you can create a rotational pattern with equal spacing around a cylinder, with spacing automatically calculated every time the number of instances changes.
- ❒ Pattern increment data may optionally be transformed into a pattern table, wherein individual control of every instance is attained. In this way, a hole in the center of a complicated pattern may have a unique size or location without requiring that the pattern data be stripped out.
- ❒ Once a pattern is created, additional features may be created on top, and can reference the same pattern data. For example, a hole may be patterned and another hole that resembles a counterbore can be created coaxial to the leader or any of the instances. Once created, the pattern type (Ref Pattern) can be selected and the counterbore will automatically be patterned.

## Del Pattern

It is important to understand the difference between the Del Pattern and Delete commands. Del Pattern is used to delete all information about the pattern only—the leader will remain.

The Delete command removes everything, including pattern data and the leader.

> **NOTE:** *Although Pro/ENGINEER highlights only one of the instances of the pattern when you select it, all instances (except the leader, of course) will be deleted.*

## Group Pattern

Everything about a regular pattern applies to the creation of a group pattern. The reason you would use the Group Pattern command results from the "one feature per pattern" rule, where a standard pattern prevents you from patterning more than one feature together in the same pattern.

Of course, you must first group the necessary features. Once grouped, the features behave as one and you simply use the same process as a regular pattern.

## Unpattern

The Unpattern command can be a blessing or a curse. This is because the command retains all patterned features in their patterned locations, but the features are no longer patterned. This is a curse if you wanted the features to be deleted along with the pattern information, because it will require the extra step of using use the Delete command to eliminate them. In contrast, you can create many independent features quickly by using the Group, Group Pattern, Unpattern sequence (described in the following tip).

> ✓ **TIP:** *If you like the idea of using the Pattern command as a method of creating many features quickly, but you do not really need the design intent restrictions of a pattern, the Unpattern command is very useful. But what about when you wish to pattern a single feature rather than a group of features? Although the Unpattern command is available only to groups, a group can consist of only one feature if you like. Simply apply the Group command to the single feature, apply Group Pattern, and then use the Unpattern and Ungroup commands on the feature.*

## Mirror Geom

The primary difference between using the Mirror Geom command instead of Copy > Mirror | All Feat | Dependent is that with Mirror Geom the result will be that only a single feature, called a merge feature, is added to the model. For example, if you copied 25 features using Mirror Geom, the model would consist of 26 features after the operation is completed. Alternatively, if you copied the same 25 features using Copy > Mirror > All Feat, the model would consist of 50 features after the operation is completed.

Although the Mirror Geom may seem like the more efficient alternative, be advised that a merge feature has no modifiable dimensions. Its definition is completely controlled by the state of the model that precedes it. This downside aspect will perhaps be most frustrating when making a drawing.

> **NOTE:** *Features created using Insert Mode before an existing merge feature will be duplicated by the merge. This is contrary to the rule stated about the Copy > Mirror > All Feat command sequence, where features created at another time while in Insert Mode are ignored.*

> ✓ **TIP:** *Be careful when using the Copy > Mirror command or the Mirror Geom command to verify that the design intent clearly requires that the features be mirrored. Users often mirror features as a tool for quickly making new features. Remember that when using Pro/ENGINEER, design intent is the primary consideration. If you mirror features and the design intent is actually something different, you will experience more pain trying to get the features to become independently clear.*

# Feature Information

The following commands are found on the INFO menu.

## Feature

Everything you ever wanted to know (well, almost) about a feature can be displayed in an Information window. The type of information listed includes the feature number as well as the numbers of all parents and children. The description of the feature is listed, as well as the settings for all elements and parameters.

Using the model tree, you can alternatively highlight a feature and then use the right mouse-click pop-up menu to select Info > Feat Info. The information is written to a text file in your current directory with an **.inf* extension. Moreover, if the information for every feature is required, you can use the Model Info command, which will provide the same information, but for every feature in the part.

## Feature List

The Feature List command is really nothing more than the model tree information displayed in a slightly more compact format. No customization is possible in terms of the information displayed here. Consequently, the model tree is considered to be more flexible because you can add various columns of information.

## Parent/Child

Select the Parent/Child option in the Info drop-down menu, and then select a feature in the part. The Reference Information window will be displayed. The Reference Information window offers several options for reviewing parent/child relationships, in addition to the options for reviewing external and local references. The Ref Extent options are used to display all references of a selected feature.

The Display Objects options are used to determine which entities of a feature are being used by the feature's children and parents. The information regarding your selection is displayed in a format similar to the Model Tree. Information for each item can be displayed by selecting that item, right-clicking with the mouse, and selecting Info from the pop-up menu.

## Model Player

The Model Player in the Utilities menu is an extremely useful tool that lets you "play back" the part one feature at a time. Typically, you would use the Model Player on a part with which you are unfamiliar (e.g., someone else created it). The Model Player provides several methods for playing back the model. The easiest method is to select the Go to the Beginning (of the model) button, which will play back the model creation from the beginning.

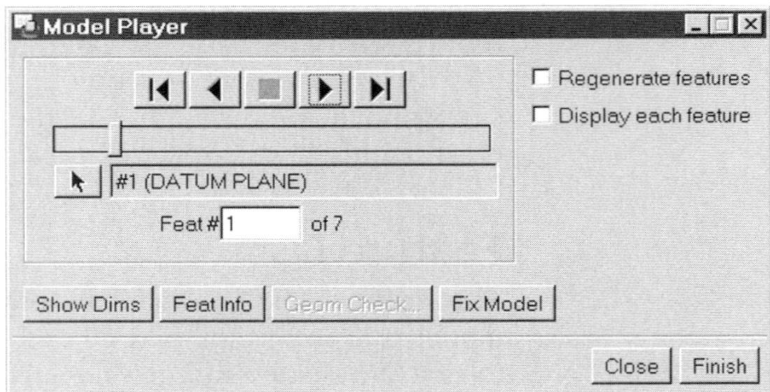


*Model Player used to navigate through part feature playback.*

As each feature is shown, starting from the place you designated, Pro/ENGINEER will pause, allowing you to execute one of several things at that time. Sketched features will pause, showing you how the model will look when the feature is built.

If available, you can access another command called Geom Check. A geometry check is a geometry error condition Pro/ENGINEER does not like. Pro/ENGINEER does not fail the feature in some cases, but rather flags it as a feature containing a geometry check. For example, a feature that creates a very tiny (short) edge when it intersects the model commonly results in a Geom Check.

## ■■ Summary

This chapter covered techniques of modifying and working with features. Topics included changing features using the Regenerate, Modify, Delete, Redefine, and Reroute commands; Failure Diagnostics Mode; organizing features; copying features; and feature information.

# Review Questions

1. What is the Modify command used for?
2. (True/False): The Regenerate command is automatically invoked after you modify a dimension.
3. (True/False): The Regenerate command is automatically invoked after you redefine a feature.
4. How do you undelete a feature once it has been deleted?
5. What does the Redefine command do?
6. What does the Reroute command do?
7. Without using the Undo Changes command, how can you leave Failure Diagnostics Mode?
8. (True/False): When you delete a layer, all items that were on that layer are also deleted.
9. (True/False): A suppressed feature lacks a sequence number.
10. What is the difference between using Copy | Mirror | All Feat versus using Mirror Geom?
11. Which Pattern option is the most flexible?
12. Why must you use a datum on the fly instead of a centerline for the angle dimension in a rotational pattern?
13. What is the difference between Del Pattern and Unpattern?
14. What does Model Player do?

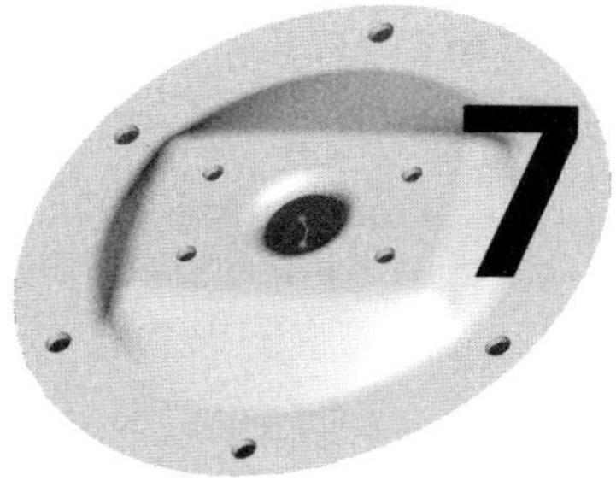

# 7

# Making Smart Parts

## *Overview of Working with Parts and Parameters*

The information presented in this chapter will help you become a "power" user. If you are just beginning, simply knowing about these things will help you become more aware of Pro/ENGINEER's possibilities.

> **NOTE:** *Many topics discussed in this chapter are applicable to Part Mode, Assembly Mode, and to a lesser extent, Drawing Mode.*

## Parameters

As discussed in previous chapters, Pro/ENGINEER is a parametric modeler, which means, of course, that it uses parameters. But the only type of parameter focused on thus far is a dimension. As defined earlier, a parameter is something that controls or describes the solid model. This section covers other types of parameters allowing additional control of Pro/ENGINEER objects. Other types of parameters are necessary because there is often much more information required in order to adequately describe and manufacture a part.

## Parameter Names

As discussed in Chapter 6, dimensions can be renamed. For example, renaming d4 to *hole_dia* adds clarification. Use the Modify > DimCosmetics > Symbol command for renaming.

> **NOTE:** *Remember that you cannot have two parameters with the same name in any given object. The same name may of course exist in other objects. To resolve same name conflicts in an assembly, wherein two or more objects exist with identically named parameters, parameters are "coded" by Assembly Mode. The "code" is simply a number that is automatically maintained by Pro/ENGINEER, and creates unique names by appending the code to the parameter. For example, a dimension in Part Mode may just be d4, but in any particular assembly the same dimension might be d4:3 (3 would be the code number).*

Features and individual surfaces, edges, and so on may also be named. Many features, such as datum features, are automatically named and can be renamed using the Setup > Name > Feature command. Next, the Other command in the NAME SETUP menu allows you to name practically anything else, including edges and surfaces. In Assembly Mode, you can also name components (in order to enhance description beyond the file name). Naming features and geometry make selection easier and organizing complicated details more manageable.

## System Parameters

System parameters are automatically available if you wish to use them. You do not create them; instead, you simply choose whether to use them. Part Mode and Assembly Mode provide system parameters for things relating to mass properties calculation. In Drawing Mode, system parameters are available for sheet numbers, and drawing scale, among other options. These parameter names and usage are discussed in a later topic.

## User Parameters

User parameters are employed to store various types of customized information about the model. They are typically used for revision, cost, description, and so on. User parameters must be created as needed. The value for a user parameter can be a string (text) or a number (integer or real number). In addition, the value can be a toggle (yes or no).

A user parameter can be created in two ways. The first is Setup > Parameters. When creating parameters using this method, you specify the level (Assembly, Part, Feature, and so on) at which the parameter applies, and then create it. For example, a parameter might apply to the entire part (e.g., Material = "Plastic"), or an individual feature (e.g., Thread_OD = .375), or surfaces and edges (e.g., Finish = "MoldTech MT1055"). The other way to create a user parameter is to add a relation (see next topic).

> ✘ **WARNING:** *A parameter added as a relation can only be modified when modifying relations. You may think that you can modify it using Setup > Parameters > Modify because it shows up in the menu and you can enter a new value, and it appears as if it is accepted. However, this is misleading because the relations database is not modified accordingly, and so the next time the part regenerates the relation value will revert to its previous setting.*

# Relations

Parametric relations are user-defined algebraic equations written between dimensions (or parameters in general). A relation can establish another type of design relationship among features in a part, and among component features in an assembly.

## Adding Relations

Within a part, for example, a relation could be defined such that the outside diameter of a boss would always be a function of the inside diameter plus a percentage of the wall thickness (typical design requirements in molded plastic parts). To write an equation for this example, you first determine the names of the dimensions. To display the names when using the RELATIONS menu, simply click on features as you do when using the Modify command. The dimensions are automatically displayed with their "symbolic" names.

*NOTE: Dimensions can be toggled between "symbolic" values and "numeric" values using the Info > Switch Dims command. Uppercase or lowercase letters are not distinguishable in relations.*

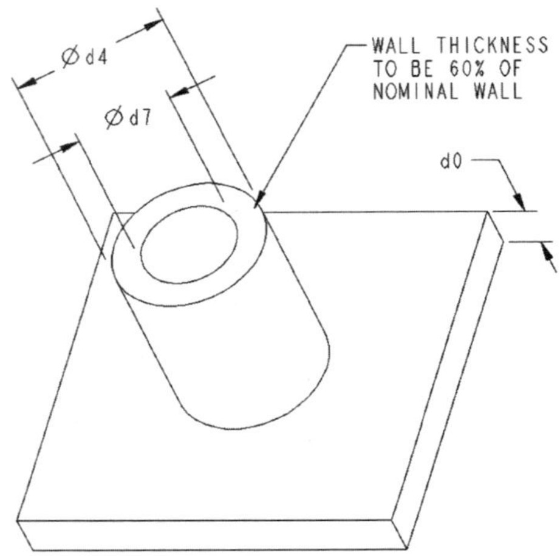


*A molded boss requires a relation.*

Next, use the Add command and enter a valid equation. The equation for this example might look like the following:

```
D4 = D7 + (D0 * 0.6) * 2
```

As a result of establishing this relation, *d4* cannot be directly modified. It will change only when something on the right side of the equal sign changes, that is, *d7* or *d0*.

Within an assembly, for example, a relation could be defined such that the length of one part is always a function of the length of two other parts. The equation for this example might resemble the following:

```
D3:7 = D1:0 + D1:5
```

## Modifying Relations

As discussed earlier, you typically use the Add command and input equations one line at a time. To modify relations, use the Edit Rel command. While editing, you can actually add and delete relations as well. This command reads the relations database and opens a separate window of the system text editor (e.g., Notepad, vi) that contains the text.

➾ ***NOTE:*** *Do not misunderstand and incorrectly assume that the relation data are stored in a separate file. Pro/ENGINEER is just borrowing the system editor for a little while. The modified text is returned to Pro/ENGINEER upon leaving the system editor. Using the system editor commands to save will determine whether or not the modified data are used by Pro/ENGINEER or thrown away.*

## Relation Comments

Pro/ENGINEER allows you to add comments to relations so that you can keep track of the "what" and "why" of relations. It is highly recommended that you take advantage of comments, and because no time is better than the present, you should add them right away. Any line that starts with a forward slash followed by an asterisk (/*) is considered a comment line. If those characters are anywhere else other than the beginning of the line, they are no longer considered "comment characters," but rather mathematical operators. In other words, you cannot write a relation and then append the same line with a comment at the end.

Therefore, a comment must be on a line by itself and should precede or follow the relations you wish to clarify. Use two or more lines for comments if necessary. You can never say too much here, and other users will really appreciate your effort.

✓ ***TIP:*** *For extra clarity, use spaces between operators and blank lines between relations (of course, the Edit Rel command must be used to add blank lines).*

✗ ***WARNING:*** *If you use the Sort Rel command, all comment lines will be grouped, and likely will no longer reside before or after the intended relation. Sort Rel is used to troubleshoot relations, especially when it seems that a parameter is being accidentally driven twice (two equations that inadvertently compete with each other). When the relations are sorted, this type of thing is easy to detect. But because comments are then rendered useless, you should be careful with this command. It is recommended that you use it to only view the relations temporarily, but then quit the editor without saving the sorted modifications. In this way, you can probably identify the error, and then fix it without having the relations (and comments) sorted.*

# Family Tables

Typically, when you have a chart for a tabulated drawing, one or more columns of dimensions have unique values for each tabulated version of the part.

*This type of part tabulation is exactly what family tables are for.*

| Tabulation Chart | | | |
|---|---|---|---|
| Version | Hole Dia | With Hole | Wall Thks |
| -1 | .50 | YES | .25 |
| -2 | -- | NO | .25 |
| -3 | .75 | YES | .38 |

Each tabulated version, called an "instance," is a virtual part. One single "master part," called a "generic," contains all geometry and parametric data required by each instance. Every instance is fabricated on the fly whenever needed, using unique parametric values or features designated in a table maintained in the generic.

First, create a solid model that contains all geometry and parameters that will be included in the family table. Next, access the FAMILY TABLE menu and select Add/Delete (table columns) from the Family Table dialog window. The Family Items dialog window will appear. From the Add Item section, select the item type you wish to add, such as Dimension, Parameter, or Feature. Once you have selected the items to be added, click on the OK button and the information will be added to the table. When an item is added to the table, an individual column is created in the table.

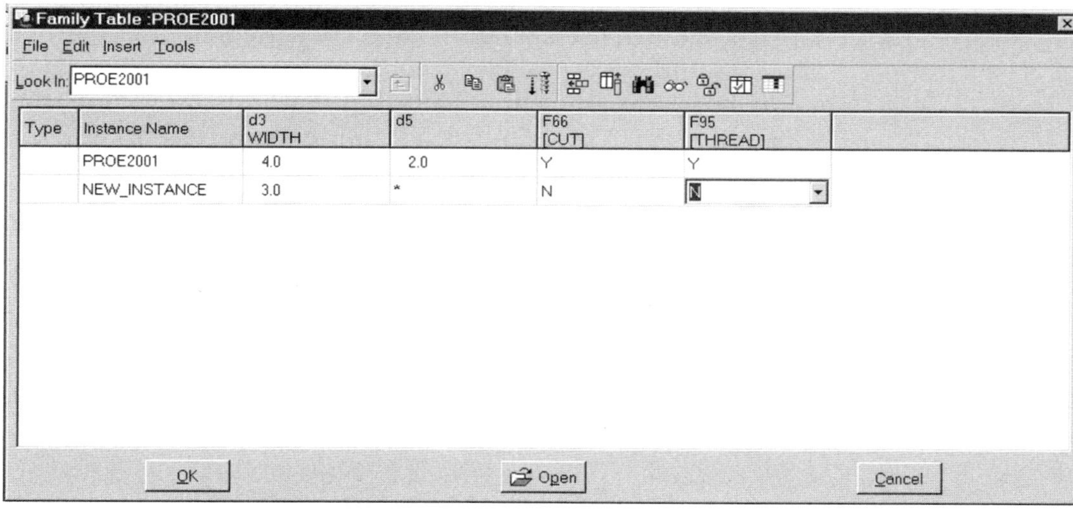


*FAMILY TABLE dialog window.*

Next, once the items are added, you then edit the table. The first time you edit the table, you will notice a single column for every item added, but only one row that starts with *the part name.*

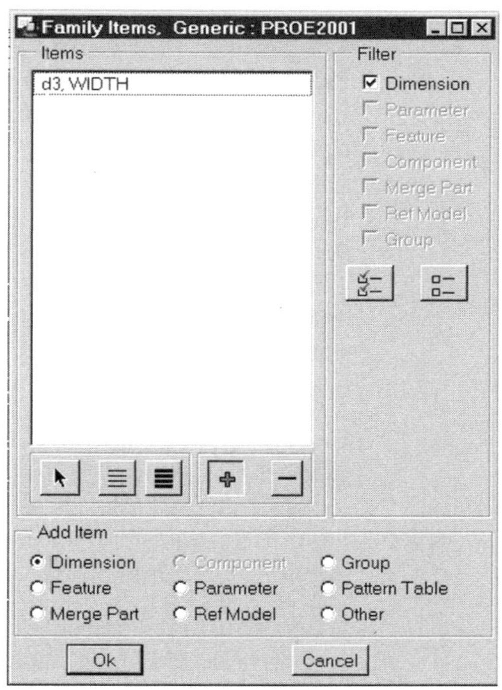


*Family Items dialog window.*

Simply add a new instance row under the last instance and then supply a value in each column. For each parametric value, enter a valid number or text. For each feature, enter a Y or an N to toggle the inclusion of the feature in that instance. To use the same setting as the Generic, you simply enter an asterisk (*).

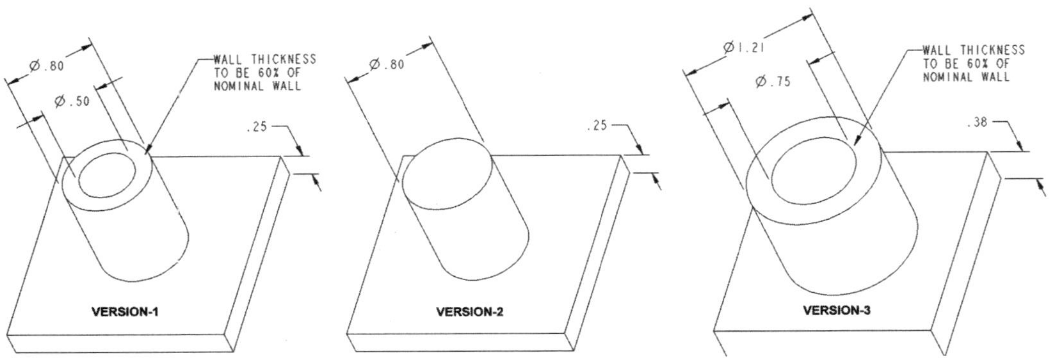


*Individual instances of a part with a family table.*

# ■■ Tolerance Analysis

The Setup > Dim Bound command is about the closest thing in Pro/ENGINEER to a built-in tolerance analysis tool. The Dim Bound (dimension boundaries) facility allows you to regenerate the model to the limits of the dimensional tolerances that are in effect for each dimension in the model. Using the DIM BOUNDS menu, you decide for each dimension whether to use the upper, lower, mean, or nominal value of the tolerance. There is no command for determining MMC, LMC, form tolerances, or anything like that, and that is where the limitations start. But this really is a useful tool for a quick check of interferences within basic plus or minus tolerance zones.

Once each appropriate dimension is set accordingly, the model is regenerated. Afterward the model is actually bigger or smaller to reflect the tolerances of the specified dimensions. The upshot is that you can now measure clearances and interferences in Assembly Mode.

When finished analyzing Dim Bound settings, the dimensions can be "cleared" back to normal values, which of course regenerates the model back to that state. But before the dimensions are restored, you may wish to store that set of dimensions for later usage by using the Dim Bnd Table > Save Current command. To reuse saved Dim Bound settings, from the DIM BOUNDS menu select the Dim Bnd Table > Apply Set command. Many sets may be so designated for individual scenarios (e.g., "Hole-MMC" or "Hole-LMC").

## Simplified Representations

As you begin to create highly detailed parts, you will see how useful the concept of a simplified rep (representation) can be. As discussed in the last chapter, suppressing features is a method used to improve processing speed and simplify solid model display. This is especially true for assemblies, and suppressing components in an assembly is covered later. The problem with using suppression alone is that you have very little control over different scenarios. Moreover, permanently suppressed features in a part or components in an assembly are generally (strongly) frowned upon.

Simplified reps provide a special type of suppression tool whereby you catalog many versions of an object, differentiated by which items may be suppressed. This cataloging capability not only enables you to quickly switch back and forth between the various versions of the object, but also allows you to use the simplified rep in assemblies and drawings, or to simply be retrieved by itself.

> **NOTE:** *The standard rules of suppression apply to simplified reps in Part Mode, especially in regard to parent/child relationships. This means that a parent must bring its children with it into the simplified rep.*

The following illustration shows an example of the stamped plate created during the previous tutorial chapter. The figure on the left resembles the "master rep." The figure on the right is a simplified rep, because features have been removed for clarity. A simplified rep is also useful for plastic injection molded parts, or where draft features and rounds produce a large amount of processing overhead.

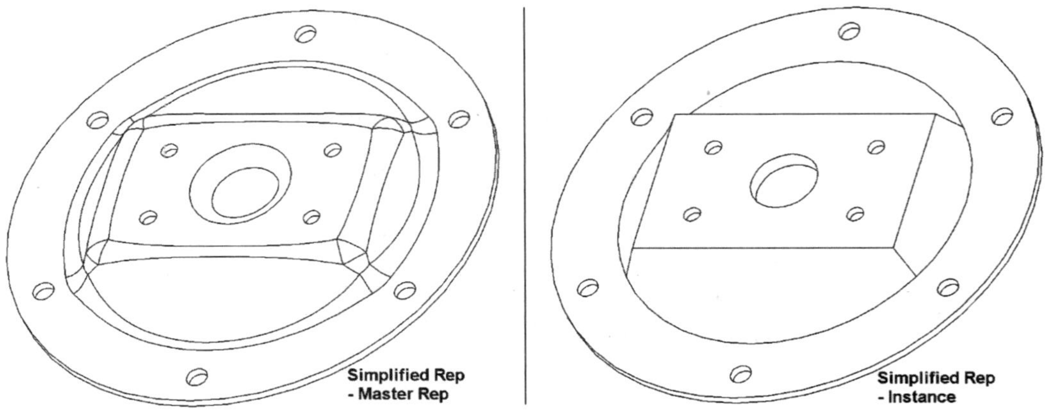


*Typical usage of simplified reps: master rep (left) and "simplified" instance (right).*

## Simplified Reps for Assemblies

A simplified rep, and especially a "blank one," is quite a popular tool in Assembly Mode. Assembly Mode is unique in that simplified reps ignore parent/child relationships. Consequently, components can be "suppressed" without regard to their relationships. You can then isolate a component with another for extreme clarity. You can do this with layers too, but the advantage of a simplified rep is best seen during retrieval. If a component is "turned off" in a simplified rep, Pro/ENGINEER simply ignores the component while it retrieves the rest of the assembly components. Of course, this procedure results in less RAM consumption, which typically leads to better performance.

The same is not true of a component on a blanked layer, and this should now shed light on the appeal of a blank simplified rep. A blank simplified rep can be retrieved in seconds, and only the required parts can be included later, instead of the entire assembly.

Two other types of representations are available, called "graphics reps" and "geometry reps." These types of reps are helpful for speeding up the retrieval time of large assemblies.

A geometry rep is a good compromise because all geometry in a model is retrieved, thereby enabling hidden line removal, measurements, mass property calculations, edge/surface selection, and more advantages over a graphics rep. In general, a geometry rep can be retrieved in 50% of the time it takes to retrieve the master rep. Extrapolate over hundreds of parts in an assembly, and you will see a significant time savings. The only thing missing in a geometry rep is parametric information. In other words, you cannot make modifications to a geometry rep because there is nothing to modify.

A graphics rep contains display-only information, and as such can be retrieved almost instantaneously. But do not expect too much, because you can only see a graphics rep—you cannot "touch" it or otherwise establish any relationships to it.

> **NOTE:** *Planning ahead is essential to effectively use a graphics rep via establishing the appropriate value for the* config.pro *option. Use the* SAVE_MODEL_DISPLAY *option and assign* WIREFRAME *(default) or one of the* SHADING_* *settings. In other words, when a graphics rep is retrieved, you get whatever was saved (i.e., nothing, wireframe, or shaded). You cannot change whatever you wish on the fly.*

## Model Notes

In the past, a drawing was always necessary to communicate certain design requirements that have nothing to do with dimensions or geometry. The drawing was nevertheless very important to the design intent. You can attach notes to individual features, edges, surfaces, or the model in general. You do not have to attach it to anything if you do not wish to. A note is really just another type of feature. You can use model notes to accomplish the following tasks.

- ❐ Inform other team members on how to review or use a model that you have created.
- ❐ Explain how you approached or solved a design problem when defining model features.
- ❐ Explain changes you have made to features of a model over time.

## Creating a Model Note

Although there are several ways you can create a model note in your model, arguably the easiest way is to use the model tree. One feature or part, after all, may have several attached notes, and it is only in the model tree that you can view all notes associated with an object.

> **NOTE:** *To see notes in the model tree, you must enable the option to show them. Use the model tree command Tree > Show > Notes.*

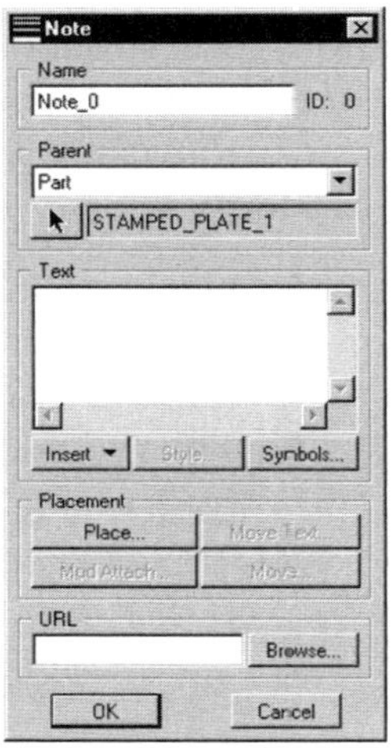


*Dialog for adding notes to model.*

To create a note using the model tree, simply right click on the part (in the model tree) and select Note Create. This is equivalent to using the menu panel command Setup > Notes > New. Once either of these commands is initiated, the Note dialog appears and you enter the appropriate information. Most of the fields in this dialog relating to text styles, symbols, and so on are explained in a later chapter where Drawing Mode is discussed.

You do not have to place a note on the model; you could simply view the note only in the model tree. But by placing the note on (attaching it to) the model, you can point to specific areas by using leaders. When notes are placed on the model, you have control over whether the notes are displayed. The MDL NOTES menu has a Show command to display selected notes or all notes, an Erase command to undisplay notes, and a Toggle command to quickly switch between Show and Erase.

# User-defined Features

By creating a library of UDFs (user-defined features), you can automate the creation of commonly used features. With a UDF, you can work with a single feature or many features, all associated dimensions, and any relations between the selected features, as well as create user-defined prompts for what to select for each required placement reference (e.g., "Select coaxial feature" or "Select Placement Plane"). A UDF dialog box serves as a control center for the UDF elements during UDF creation and modification.

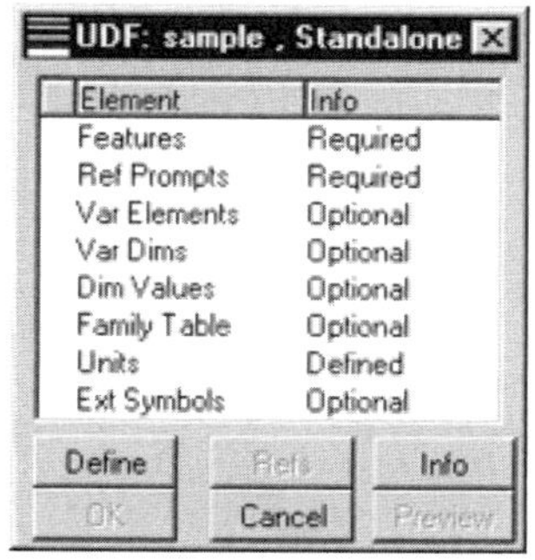


*UDF dialog box.*

Two strategies can be employed with a UDF. First, the UDF can be linked to a master so that any parts using the UDF are automatically updated whenever the master changes. This is called a *subordinate* UDF. The second strategy, which lacks associations, is called a *standalone* UDF.

If a standalone UDF is created, there is another choice: a reference part can optionally be included so that whenever you place the UDF in a new part, the reference part is displayed in a subwindow and shows the context in which the original UDF is used. This reference part can help clarify the required placement references, because the system highlights the dimensions to be entered as well as the reference information in the reference part at appropriate times during UDF placement. If you have no reference part, the number of UDF elements you can modify is also somewhat limited.

To create and manage UDFs, use the Feature > UDF Library command and the UDF menu to create, modify, and so on. To use a UDF in a new part, use the Feature > Create > User Defined command.

# ■■ Analyzing the Model

Solid models you create in Pro/ENGINEER are not just pretty pictures. Not only are they parametric and easy to change, but Pro/ ENGINEER has commands that allow you to instantly perform every type of geometric analysis imaginable. The Analysis pull-down menu contains four commands, the top two of which (Measure and Model Analysis) are discussed in this book. The other two (Curve Analysis and Surface Analysis) are better covered in *INSIDE Pro/SURFACE* (OnWord Press).

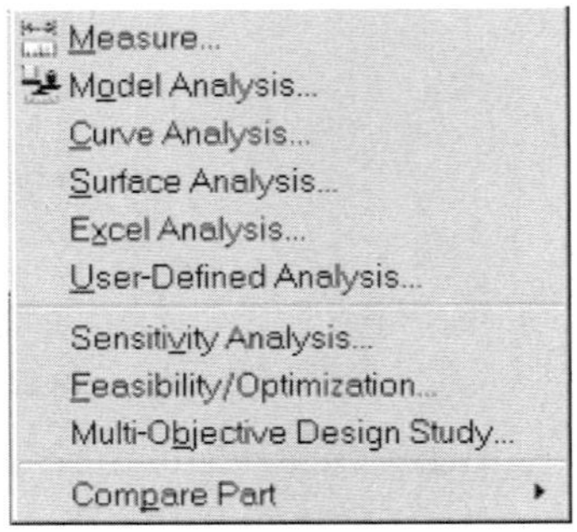


*Menu bar analysis.*

The Model Analysis and Measure dialog windows offer dozens of individual measurements. Each dialog is divided into four sections: Type, Definition, Results, and Saved Analyses. The Type and Definition sections are covered for each individual dialog in the following table.

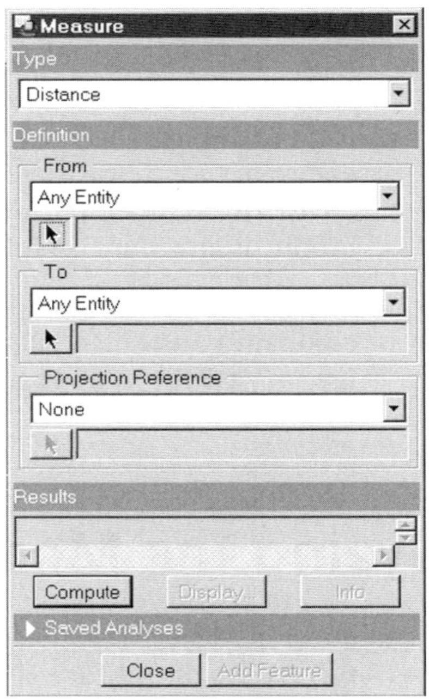


*Typical dialog for either model analyses or measure operations.*

The Results and Saved Analyses sections are consistent for every type of analysis. The Results section contains the all-important

[Compute] button used to initiate the analysis once the Type and Definition sections are filled in. If you wish to print out the results, use the [Info] button and the results will be displayed in an Information Window (which of course you can save to a file you send to a printer). If you think the current analysis may need to be rerun at another time, use the Saved Analyses section to provide a name. All settings are saved, including chosen references. Use the [Retrieve] button to run a presaved analysis.

## Measure

The following measurement types and definitions may be selected from the Measure dialog.

| Type | Definition | Notes/Comments |
|---|---|---|
| Curve length | Curve/Edge | |
| | Chain | With Chain, all edges must belong to the same surface. |
| Distance | From (Line, Point, Surface, etc.) | The From and To definitions can be left to Any if the entity is easily selected. (The Any selection in the drop-down list simply acts as a selection filter.) |
| | To (Line, Point, Surface, etc.) | |
| | Project Reference (Plane, View Plane, Coordinate System, etc.) | If no projection reference is selected, the result is the shortest 3D distance. All definitions may be individually changed thereafter and the results recalculated. |
| Angle | First Entity (Curve, Axis, etc.) | |
| | Second Entity (Curve, Axis, etc.) | |
| Area | Entity (Surface) | |
| | Project Reference (Plane, View Plane, Coordinate System, etc.) | Projection Direction is used for analyzing the area when it is viewed from a different direction and then projected. |

| Type | Definition | Notes/Comments |
|---|---|---|
| Diameter | Surface | Optionally select an approximate point or create a datum point on the chosen surface. If the surface chosen is not completely cylindrical and no point is chosen, the result is an average diameter. |
| | Datum Point | |
| Transform | 1st Coordinate System | Typically, the X,Y,Z distance between two coordinate systems. |
| | 2nd Coordinate System | |

## Model Analysis

The mass properties of a solid model can be calculated whenever you need them. The items calculated for mass properties include volume, center of gravity, weight (mass), and more. The only thing you need to input is the material density.

> **NOTE:** *Do not confuse model analysis with assigned mass properties (AMP). The Setup > Mass Properties command allows you to assign user-defined mass properties, as opposed to using Analysis > Model Analysis to calculate mass properties. AMPs are commonly used in parts with simplified representations (or suppressed features). If a part contains AMPs, whenever mass properties are calculated in Part or Assembly Modes, Pro/ENGINEER will ask if you want to calculate or use AMPs. (In Part Mode, select Computed or Assigned in the Definition/Method area of the Model Analysis dialog.) The information for AMPs is controlled by the user, or put another way, is unaffected if mass properties are subsequently calculated. Instructions are provided in the text editor used for entering AMP data, and all information must be entered. AMP data are stored completely within the database of the part, but Pro/ENGINEER also creates a text file in the current directory, which may be deleted.*

The following table presents the types and definitions available in the Model Analysis dialog.

| Type | Definition | Notes/Comments |
|---|---|---|
| Model (assembly) mass properties | Accuracy | Part and Assembly Modes. |
| | Coordinate System | Only suppressed features can be hidden from mass properties. Features and components on blanked layers are still calculated. |
| X-section mass properties | X-Section | Part and Assembly Modes. |
| | Accuracy | For cross-section area analysis. Cannot use on offset cross sections. |
| | Coordinate System | |
| One-sided volume | Accuracy | Part and Drawing Modes only. |
| | Datum Plane | Specify the side of planar surface to calculate (and ignore the other side). |
| Pairs clearance | From (Part, Sub-Assy, Surface or entity) | Part and Assembly Modes. |
| | To (Part, Sub-Assy, Surface or entity) | Calculate the clearance between two entities. |
| | Surface Options | Use default Surface option, Whole Surface for absolute check, and use Near Pick when a specific location is desired. |
| | Projection Reference (Plane, View Plane, Coordinate System, etc.) | |
| Global clearance | Setup (Parts only, Subassemblies only) | Assembly and Drawing Modes only. |
| | Clearance (value) | Calculate clearance between parts or subassemblies. Enter the minimum clearance as needed. The Harness option is applicable only if you use Pro/CABLE. Use the Results section to scroll through computed results. |
| | Harness | |
| Volume interference | Closed Quilt (surface only) | Part and Assembly Modes. |
| | | Only used for quilts. For example, use for analyzing Pro/ECAD keep-out areas. |

| Type | Definition | Notes/Comments |
|---|---|---|
| Global interference | Setup (parts only, subassemblies only) | Assembly and Drawing Modes only. |
| | Quilts (Exclude/ Include) | Calculate interferences between parts of subassemblies. Use the Results section to scroll through computed results. |
| | Display (Exact/ Quick) | |
| Short edge | Part (only necessary in Assembly Mode) | Part and Assembly Modes. |
| | Edge Length | Calculate the length of the shortest edge in a selected part, and then determine how many edges in the model are shorter than that edge. |
| Edge type | Edge | Part and Assembly Modes. |
| | | Determine the type of geometry used to create the selected edge. For example, sometimes an edge looks like a circle, but it is a spline. |
| Thickness | Part (necessary only in Assembly Mode) | Part and Assembly Modes. |
| | Setup Thickness Check ([Planes] or [Slices]) | Check the minimum and maximum thickness of a part in the model. Invaluable for molded or cast parts. If Planes option is selected, the planes are bounding. Use Slices as a quick and temporary method of "patterning" a datum plane across the part. |
| | Thickness | Use the Results section to scroll through computed results. When the thickness check is complete, the cross section highlights as follows: |
| | Max (enter value) | Yellow - Thickness is between the specified maximum and minimum values. |
| | | Red - Thickness exceeds the specified maximum value. |
| | Min (enter value) | Blue - Thickness is below the specified minimum value. |

## Summary

This chapter covered making "smart parts" using Pro/ENGINEER. Topics included parameters, relations, family tables, tolerance analysis, simplified representations, model notes, user-defined features, and model analysis.

## Review Questions

1. What method does Pro/ENGINEER employ to distinguish between identically named parameters in Assembly Mode?
2. (True/False): You can create as many system parameters as necessary.
3. What is the command to toggle display of dimensions from symbolic values to numeric values?
4. (True/False): Once a parameter is assigned a value via a relation, it may not be modified directly, but rather by modifying the parameters involved in the equation.
5. Which keyboard characters are used to add a comment to the relations database?
6. What are the rules for where the comment characters must be located?
7. (True/False): The generic part in a family table must contain all features and parameters used in all instances.
8. (True/False): Using Dim Bound results in changes to only the dimensions rather than the geometry.
9. What two types of simplified reps can be used to speed up retrieval of assemblies, while still retrieving all of its parts?
10. What command is selected to create a UDF (user-defined feature)?

11 What command is selected to use a UDF?

12 What is the difference between model analysis and assigned mass properties?

# *PART 3*
# Working with Assemblies

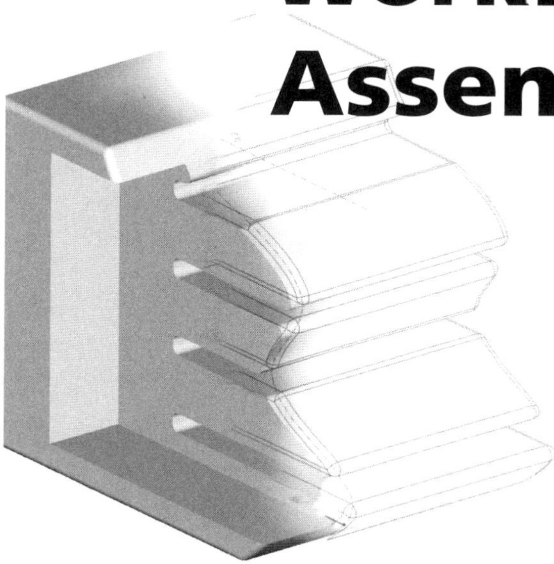

# 8 The Basics of Assembly Mode

## *An Overview of Assembly Components*

Previous chapters covered how to create features for parts using Part Mode. Assembly Mode is used for bringing parts together using design intent constraints in much the same way that features have design intent constraints within a part. These assembly constraints maintain relationships between parts, so that changes to one part have an effect on the other related parts. For example, if two blocks are assembled, one on top of the other, and the bottom block is made shorter, the top block would not simply stay in its old location in space but would automatically move down appropriately to maintain its relationship with the bottom block.

Once an assembly is created, it can be used in other assemblies as a subassembly. The term *component* is used in Assembly Mode as a generic description of either a part or a subassembly.

Assemblies can become quite complex as numerous parts are assembled. Whereas many assemblies are modest in terms of component numbers, others have been known to contain thousands of components. When that much data must be worked on, the resources of your workstation and network become severely taxed. For this reason, Pro/ENGINEER has tools for creating simplified reps (simplified models and assemblies), skeleton models, copied geometry, and more. All periphery functionality found in Part Mode is also available in Assembly Mode, such as Layers, Parameters, Relations, Measure, and so on. Additional functionality makes Assembly Mode an extremely powerful and efficient environment.

# Assembly Design

Finishing a part design while working isolated in Part Mode the entire time is rare. It is generally preferable to design while working in a "layout" environment in which mating parts can be seen and referenced, so that part features can be more easily visualized and designed.

## Bottom-up versus Top-down

Assembly Mode can be used in a bottom-up approach in which existing parts are assembled, or top-down in which parts are initially conceived in the assembly and later detailed in Part Mode. Either approach is equally effective because of the fact that the geometry and parametric data of every part used in an assembly remain independent of each other and of the assembly, unless you want such data tied to the assembly, which is also doable. In other words, part level information is not copied into assemblies.

For example, if two parts consisting of 5 Mb of data each were assembled, you might expect the assembly to add up to at least 10 Mb—but it does not. An assembly database only contains information about part names and how they are assembled. The parts never duplicate their geometry for the sake of assemblies, or even for that matter, drawings.

The way designs usually progress is that a user employs a hybrid approach using bottom-up to get certain things started and then top-down to begin new designs or even to break the project into manageable tasks. The reason is that you often work with predefined parts and you know how you want to put them together (bottom-up). In other instances, you are starting from scratch and feel more comfortable designing new parts while the mating parts are on screen (top-down). In still other cases, you might develop a model up to a certain point isolated in Part Mode, assemble it, and then add more features to it while in Assembly Mode. To enable you to add features to parts while in Assembly Mode, there is a special environment called *Modify Part* Mode. In this mode, you have a subset of the commands normally available in Part Mode (creating and redefining features, and so forth). The newly defined data are stored as usual in the database of the part as if you were in Part Mode, but you are technically still in Assembly Mode.

## Relationship Schemes

Maintaining relationships between parts in an assembly can sometimes become quite a daunting task, especially as designs change wildly during design conception stages. Even within parts, individual feature relationships can be cumbersome at times. In an assembly of these "cumbersome" parts, features (which are targets for relationships) tend to be too transitory to always predict the effect they have on assemblies. Because of this problem, many users employ various relationship schemes. These schemes are categorized as *dynamic, static,* and *skeleton.*

In a *dynamic* assembly, components are assembled in an intuitive manner. In this case, a typical example is that surfaces of one part maintain relationships with surfaces of other parts. The good thing about this relationship scheme is that components in an assembly work just like features in a part. When one part changes, its mating parts dynamically react through their associative relationships. This is the preferred method for small to modestly sized assemblies. The bad thing about this scheme is that parts with many relationships become too dependent on other components, and quickly become very inflexible for experimenting with substitutions and new designs.

In a *static* assembly, parts are not really assembled. They are just "hung" in space so that their spatial relationships are maintained without really tying them together. This is typically accomplished using coordinate systems or datums.

The *static-coordinate system* relationship scheme is difficult to maintain. In fact this scheme is not really accomplished in Pro/ENGINEER, and is just a remnant of the good old days when CAD systems did not have the power of a Pro/ENGINEER. In this scenario, parts are modeled individually and each contains a coordinate system. The parts are then located to their respective coordinate systems with dimensions determined by their assembly positions. As stated, this is extremely difficult to maintain, and the only reason this scheme is even mentioned is to discourage you from using it in Pro/ENGINEER.

> **NOTE:** *Just because the static coordinate system is not preferred, this is not to say that using a coordinate system constraint (explained later) should not be used now and then. Instead, you should avoid developing an entire scheme based on coordinate systems.*

In the *static-datum* approach the assembly is populated with datums (that is, planes, axes, points, and so forth), and the design intent is established among those datums. Components are then assembled directly to the datums. As parts incur changes, the assembly datums must be modified accordingly in order to maintain proper relationships among the parts. The good thing about this is that parts are not really tied to each other; consequently, parts can be easily deleted or substituted. The problem with this approach, however, is that assemblies tend to get really cluttered with datums and the design intent is nonintuitive, if not downright confusing. This approach practically forces one person to be the author and maintainer of the assembly.

The *skeleton* assembly is becoming quite a popular scheme for working with large assemblies. It started out as a word-of-mouth procedure that was circulated among power users, and has become so widely accepted that Pro/ENGINEER now highlights it and offers additional functionality to make it easier to use. The concept involves the use of a special type of part, called a skeleton part. The skeleton part consists of datum entities, in much the same way that the static-datum assembly is constructed. Likewise, components are assembled directly to datums, but in this case the datums belong to the skeleton part. This approach combines many of the advantages of the dynamic and static-datum assemblies. The advantages offered by a skeleton assembly follow.

- The design intent is condensed in a single, neat, little part, rather than spread out all over an assembly. This enables better communication of design intent, and alleviates the author dependency syndrome.
- A skeleton part can be automated using Pro/PROGRAM. For example, the program could ask for a specific value that is intrinsic to the design intent, and then automatically adjust all appropriate datum orientations and locations.

**NOTE:** *For more information on the use of Pro/PROGRAM, see Automating Design in Pro/ENGINEER with Pro/PROGRAM (OnWord Press).*

- Skeleton parts can be worked on (modified) independently of the assembly. Because the skeleton is a part, it can be retrieved into a separate window.
- Assembly Mode has special commands that allow for easier display management (i.e., blanking, and so on) of a skeleton datum structure.

In summary, relationship schemes can be used independently, but are often used interchangeably. For example, just because you utilize a skeleton part in an assembly, this does not mean that *every* component has to reference it. Dynamic relationships between components coexist nicely with skeleton relationships.

Becoming acclimated with Assembly Mode using the dynamic assembly relationship scheme is recommended. When you wish to begin using skeleton assemblies, additional research would be useful. Consider obtaining PTC's *Top-Down Design Task Guide*.

## Assembly Components

Adding components to an assembly is much like adding features to a part, in that the first "thing" you add is considered the base. The base component (in the case of an assembly) tends to be the foundation on which the entire assembly rests. As additional components are added to the assembly, the new ones are attached to the base and/or with each other depending on the relationship scheme being used. The three principal methods for adding new components to an assembly follow.

- *Locate and Constrain.* Use parametric constraints that specify locations and orientations of new components relative to the assembly (existing components).
- *Locate Only.* Drag components around to desired locations, but without establishing any parametric constraints. This method utilizes a mode called Package.
- *Not Located.* Add a component to the assembly without locating it. The component becomes invisible, but is present in the database. The term for this is *unplaced.*

All methods previously described can be used in stages if desired. For example, a component can be "unplaced," and later "packaged" into a location, and still later parametrically finalized by applying constraints. Components can be redefined at any time with different settings, deleted, or even replaced by another similar component.

**NOTE:** *If a component is unplaced, but is then "placed," it can never again become unplaced.*

# Base Component

Just as default datum planes are recommended in Part Mode when new parts are created, they are recommended in Assembly Mode when new assemblies are created.

**NOTE:** *A skeleton part is a legitimate alternative to using default datum planes in an assembly, but even then, the skeleton part should have default datum planes.*

Without using default datum planes, the base component is simply placed automatically (as it appears in the part's default view), without any choices about orientation in the assembly. However, by checking the Use Default Template option, as described earlier, Pro/ENGINEER will automatically create datums when you create new parts. You may also as a first step create default datum planes and then locate and constrain the base component to those planes. Doing this, you gain the following advantages.

- You can orient the first component any way you see fit, and then change it if you need to.
- You can reorder subsequent components to come before the first one (assuming no parent/child conflicts prevent it).
- You can establish views and cross sections based on the default datum planes, instead of on geometry (avoiding unnecessary parent/child relationships for those types of things). As stated, Pro/ENGINEER will automatically create some default views if you have the Use Default Template option activated.

## Assembly Constraints

Applying constraints is how you establish parametric design intent—whether creating features in a part, or adding components to an assembly. As you know by now, the whole idea behind design intent is establishing behavior for when changes occur. For example, if a screw is inserted into a hole, a parametric constraint instructs the screw on what to do if the hole is moved to another location—it should obviously move with it.

The goal for establishing a component constraint scheme beyond design intent is to remove all degrees of freedom of movement. In other words, constraints are combined to parametrically "lock down" the component relative to the assembly. In most cases, the order in which the constraints are applied does not matter, as long as they all add up to a fully constrained condition. The three levels of constrained conditions that can be achieved follow.

- *Underconstrained.* This condition is called "packaged," and is explained in more detail later. The constraints in place are retained, and any package movements that occur can only go in the open degrees of freedom.

- *Fully constrained.* This is the norm, in which no degrees of freedom exist. In other words, any additional constraints cannot influence the existing scheme.
- *Overconstrained.* You can add more constraints beyond fully constrained if you wish, and they will be stored. An example of where this might be used is a 4X hole pattern. An alignment constraint could be established for each hole, even though only two are needed to fully constrain the component. This would ensure that design intent is always met, even if the number of holes were to change to three, for instance.

The terminology used for Assembly Mode constraints is very similar to the commonly understood methods for assembling parts in the physical world. Examples are "two mating parts," "these parts are aligned with each other," and "insert the screw in the hole." With this in mind, the following table provides an exact definition of what these constraints mean in terms of which entities can be selected, and how location and orientation of a component are constrained.

| Constraint | Selected Entities | Location | Orientation |
|---|---|---|---|
| Mate | Planar Surfaces | Coplanar | At Each Other |
| Mate Offset | Planar Surfaces | Coplanar + Dimension | At Each Other |
| Align | Planar Surfaces | Coplanar | Same Direction |
| Align Offset | Planar Surfaces | Coplanar + Dimension | Same Direction |
| Align (Axes) | Axes | Coaxial | Default Angle |
| Align (Points) | Points or Vertices | Coincident | None |
| Insert | Surfs of Revolution | Coaxial | Default Angle |
| Orient | Planar Surfaces | None | Same Direction |
| Coord Sys | Coord Sys | At Origins | Coord Axes Aligned |
| Default | N/A | Assembly Origin | Default |

When selecting entities for a constraint, one selection is made from the component geometry and another from the assembly geometry. The order in which the entities are selected does not matter (component first or assembly first, whichever is more convenient), but both selections must be the same type (plane-plane, axis-axis, and so on). "Surfs of Revolution" refers to a surface created by revolving a section or extruding an arc or circle.

When an Offset constraint is used, a dimension is created and the value is a positive number in the direction you specify. If you need to reverse the direction at a later time, you simply enter a negative value for that dimension. When Pro/ENGINEER regenerates the assembly, the dimension will be normalized (be positive again), but is now in the other direction.

For the orientation of a constraint, the terms used are based on the direction a surface points. As mentioned previously, a surface is said to point in a normal direction away from the solid volume. In addition, remember that a datum plane (an eligible selection for a planar surface) has yellow and red sides; the yellow side does the pointing. In the case of a coaxial type constraint, the orientation is often defined by combining that constraint with another constraint to lock in the rotation around the axis. This is not always necessary, however, as Pro/ENGINEER uses a default angle if no additional constraints are applied. This scenario is most often seen when "inserting" a screw or something similar, where rotation around the axis is usually meaningless.

- **NOTE 1:** *Pro/ENGINEER may be forced to override the default angle, as mentioned previously regarding a coaxial constraint. This assumption may be toggled on or off by checking Allow Assumptions, located in the Placement Status area of the Component Placement dialog.*

- **NOTE 2:** *The Make Datum option (datum on the fly) is also available in Assembly Mode when applying constraints, just like it is in Part Mode when defining a sketching or orientation plane. In the case of using it in Assembly Mode, there are a couple of important rules to note. First, if Make Datum is used for the assembly reference, the datum is embedded into the component constraint scheme in the assembly. This is the same behavior seen in Part Mode when the Make Datum command is used for a sketching plane. The end result is that the newly defined datum plane does not show up as a separate feature. Second, if Make Datum is used for the component reference, the datum is not embedded in the component constraint scheme. The newly* *defined datum plane shows up as a separate feature in the component.*

There are also more constraints than those listed in the previous table (e.g., Tangent, Pnt On Srf, Edge On Srf, Default).

## Constraint Procedure

The Component > Assemble command is used to add a new component and this initiates the component constraint procedure. The Component Placement dialog is used to select and describe all details about the placement constraints. Most of this functionality is demonstrated in the tutorial in Chapter 9.

*Use the Change Orientation of Constraint button in the Component Placement dialog window to orient placement when datum planes are selected.*

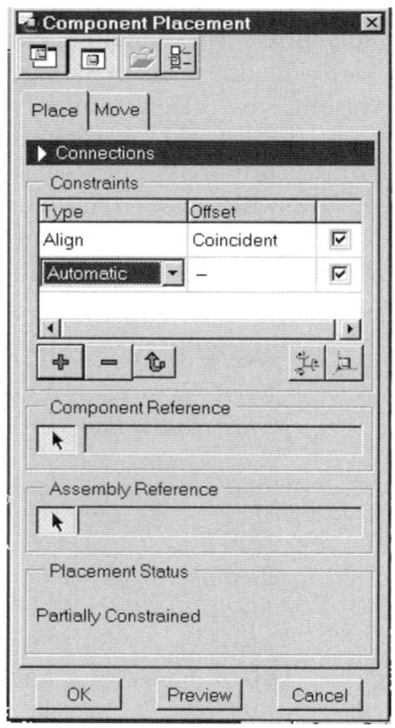


The Component Placement dialog contains Show Component buttons that allow the component to be displayed in an individual window, or together in the assembly, or both. For example, this setting is useful if you need to spin the component, but not the assembly, to enable easier selections and visualization. These buttons can be toggled on and off anytime as needed during the process.

The Constraints section keeps track of the constraints as they are added. To delete or modify an existing constraint, simply highlight it and then select the desired action. When an existing constraint is highlighted, the settings in effect for the highlighted constraint can be modified as needed.

When adding a new constraint, a selection is made from the Constraint Type pull-down list and then a geometric entity is chosen for both the Component Reference and the Assembly Reference. Either setting may be defined first, and Pro/ENGINEER will notify you if your selection is inappropriate; that is, if your selection belongs to the assembly but you indicated that you were choosing a component reference.

After a datum plane is chosen for a reference, the Component Placement dialog includes a Change (orientation of constraint) button for easy modification without having to reselect the datum plane again.

The Placement Status message at the bottom informs you of the status of the constraint scheme. It will say something like, "No Constraints," "Partially Constrained," "Fully Constrained," and so on.

> ✓ ***TIP:*** *Alternatively, a component can begin with constraints, using the Place tab of the standard Component Placement dialog and then located with packaged locations (see Package Mode) using the Move tab. This hybrid method is very useful, but remember that only the constraints are parametric—the packaged locations are not. When you click [OK] on the Component Placement dialog while a component is only "Partially Constrained" or has "No Constraints," Pro/ENGINEER will remind you that if you continue, the component will be packaged.*

## Package Mode

Package Mode is great tool for temporarily placing a component into the assembly. Its packaged location becomes fixed in space and nothing else in the assembly can affect it. If you previously used a nonparametric 3D modeler before using Pro/ENGINEER, this environment should be familiar to you. Packaging components is commonly executed when you are laying out an assembly of existing parts, or you need to experiment with different configurations or orientations of components.

> **NOTE:** *A packaged component cannot be referenced when adding subsequent components. In other words, it cannot have children until it is finalized.*

If you know from the start that you want to add a completely packaged component, you can enter Package Mode directly with the Component > Package > Add command.

Three different settings for Motion Type can be used to move a packaged component. However, *before you initiate any motion actions,* it is crucial that you first specify the Motion Reference. The dialog defaults to the View Plane setting and if you are viewing the assembly in a 3D view (i.e., the default view), chances are that the apparent location is not even close to the actual location. It is more likely that you should specify one of the other reference settings.

*Package Move dialog. Note that this is the same as the Move tab in the Component Placement dialog.*

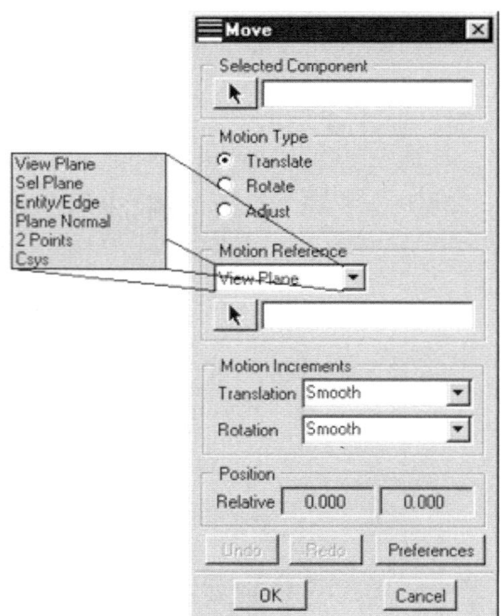


When using Translate or Rotate, the selected component is attached to the cursor and is dragged relative to the motion reference setting. The Motion Increments section has settings available to control the amount of incremental movement.

When set to anything other than Smooth, the movement acts as if it is snapping to an imaginary grid.

The Adjust command is used to emulate the parametric constraints used when constraining a component. Be sure to understand, however, that a parametric relationship is not established in this case.

The [Preferences] button provides some additional settings. Use the Drag Center commands to define a new location of the component that attaches itself to the cursor while translating or rotating. The Drag commands Modify Offsets and Add Offsets are used when a component is already locked in with a parametric Align or Mate constraint. Using these commands allows you to drag without undoing those constraints, and the program then updates or adds the appropriate parametric dimension when finished.

### *Finalizing Packaged Components*

Once you know where components should be located, you should finalize their location. Use either the Component > Package > Finalize command or the Component > Redefine command to apply parametric constraints (i.e, Mate, Align, and so on).

## Unplaced Components

*This icon is displayed in the model tree next to the component's name to identify it as an unplaced component.*

Adding an unplaced component to an assembly is a good method of populating an assembly before any or all of its parts have been designed. An unplaced component belongs to the assembly without actually being assembled or packaged.

You can use either of two methods to add an unplaced component to an assembly. First, for existing parts or subassemblies, use the command Component > Adv Utils > Include. To create a new component that is also unplaced, use the command Component > Create. After entering the name and type of component in the Component Create dialog, check the box next to Leave Component Unplaced in the Unplaced section of the Creation Options dialog.

*Dialog for creating a new assembly component.*

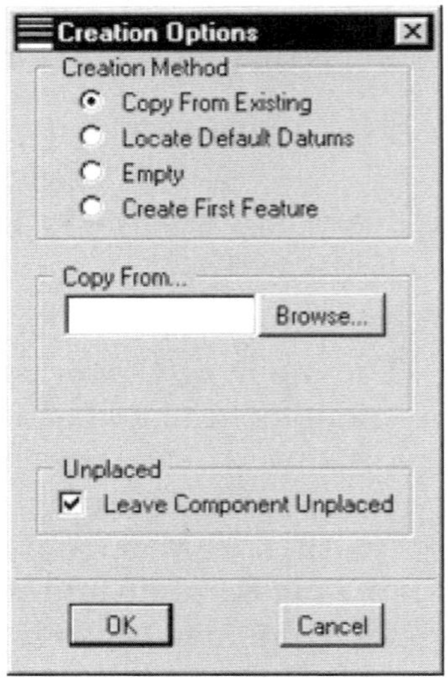


## ■■ Summary

There is still a lot more to learn about assemblies. This chapter provided an introduction to the philosophy of what an assembly is and how the parametric relationships can be managed. Chapter 9 consists of an assembly mode tutorial.

## ■■ Review Questions

1. What does the term *component* mean?
2. (True/False): Assembly Mode duplicates the geometry of each component in the assembly, and maintains an associative link to the original geometry.
3. Name the three different categories of relationship schemes.
4. (True/False): You can use a hybrid approach to relationship schemes, as well as employ several in a single assembly.

5 What is it called when a component is located in the assembly, but no parametric constraints are applied?

6 Should you use default datum planes in Assembly Mode? Why or why not?

7 What is the objective of constraining a component?

8 (True/False): You may not underconstrain a component.

9 (True/False): You may not overconstrain a component.

10 Name some of the ways the Align constraint can be used.

11 What is meant by the default orientation of a coaxial constraint?

12 (True/False): You can use the Make Datum command when defining an Orient constraint.

13 (True/False): You can use the Make Datum command when defining an Insert constraint.

14 (True/False): Once a constraint is successfully applied, you cannot redefine it. You must remove it and re-add it.

15 (True/False): You cannot mate a new component to a packaged component.

16 (True/False): Using View Plane as the Motion Reference for the Package Move command is the ideal choice for properly locating the component in 3D.

17 (True/False): After using the Adjust command as the Motion Type in Package Mode, Pro/ENGINEER automatically establishes a parametric constraint when you select Mate or Align.

# 9

# How to Create an Assembly

## *Tutorial for Building a Basic Assembly*

In this chapter, basic concepts are introduced along with step-by-step instructions for building an assembly. Commands and concepts covered follow.

- ❒ Planning the structure of the assembly
- ❒ Using placement constraints
- ❒ Patterning and repeating components
- ❒ Starting an assembly with default datum planes
- ❒ Redefining component placement
- ❒ Modifying a part while in Assembly Mode
- ❒ Interference checking
- ❒ Exploding the assembly
- ❒ Creating layers
- ❒ Setting component color

The following illustration shows the complete control panel assembly to be built in the following sections. With a total of 12 components, where some components are assembled more than once, this is not a complex assembly. Nevertheless, even simple assemblies must be organized, easy to modify, and follow intended design constraints.

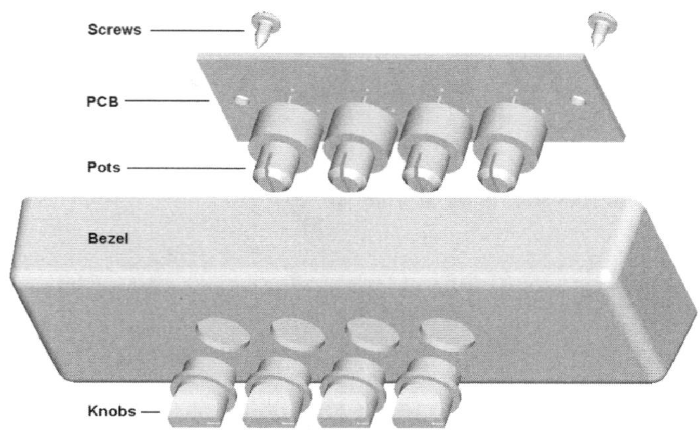


*Completed control panel assembly.*

To avoid confusion, save all current objects and restart Pro/ENGINEER before beginning the following tutorial. All models to be used in this tutorial have been provided on the companion web site. However, you may choose to use the models you have built in completing the exercises in this book.

> **NOTE:** *Remember that Pro/ENGINEER looks for the associated part models whenever you open an assembly or drawing. Whether you use your files or the companion web site files, it is important to keep them together in a single directory until you learn more about file retrieval and search paths, as explained in Chapter 10.*

If you choose to use the models on the companion web site, you should substitute these file names for the file names suggested in the exercises. The tutorial will assume that you will be using your own models according to the file names suggested in each exercise. For example, if the tutorial asks you to open *pcb* and you wish to use the companion web site file instead, you would substitute *ipe_pcb* for *pcb.*

> ✗ **WARNING:** *While building your own models during the exercises or tutorials, you may have deviated from the recommended*

*or expected construction sequences. In that likelihood, feature names and ID numbers referenced in this chapter may differ from those of the names and IDs in your models. For example, you may be asked to select axis A_3, or to select a feature that may or may not even exist. If this is the case, and you cannot resolve the differences on your own, it is recommended you use the* ipe_* *web site models instead.*

## Assembly Structure

Before performing assembly work in Pro/ENGINEER, take time to think about the assembly's structure. Use the following items to identify or map out structure.

- ❒ Which components constitute the assembly?
- ❒ What are the quantities of each component?
- ❒ Is there a logical scheme of subassemblies?
- ❒ Which components form a foundation or basis for the assembly?

Use the following items to identify potential downstream usage.

- ❒ Consider possible manufacturing methods and order.
- ❒ How useful will the subassemblies be to you or others in the future?
- ❒ Can the subassemblies be used in downstream applications (e.g., documentation, manufacturing, and purchasing)?

Use the following items to evaluate component relationships.

- ❒ Are certain assembly components fixed, whereas others have various degrees of freedom?
- ❒ Do components rotate within the assembly and is it important to see the entire range of their motion?
- ❒ How should the components be constrained?
- ❒ Which features (i.e., surfaces, axes, edges, vertices, and so on) correspond between components?

- ❒ Have corresponding features been modeled yet, or are you developing concepts at this point?
- ❒ Must you maintain component relationships such as offsets or symmetry?
- ❒ Should you avoid or incorporate certain parent/child relationships?

In the control panel example, five unique part models constitute the assembly: *bezel*, printed circuit board (*pcb*), *screw*, potentiometer (*pot*), and *knob*. The pot, knob, and screw are placed in the assembly multiple times, bringing the total part count to 12. Upon considering the entire assembly, one logical subassembly emerges: the *pcb* and board level components (*pots*). Undoubtedly, these components should act as a complete unit. One possible scenario entails fastening the *pcb* subassembly to the large plastic bezel, and then pressing the knobs into place over the pots. Following this scheme requires two assemblies: the *pcb* subassembly and the overall control panel assembly. Your first task, then, is to complete the subassembly.

## Beginning an Assembly

Just as in creating a new part model, you will begin an assembly model with three default datum planes. Chapter 8 lists many advantages to starting your assembly this way. This step is often automatic if you or your company makes use of a standard template or "start assembly." The next step is to bring each component into the assembly, adding constraints to locate the component as you go along.

**NOTE:** *For instructional and simplification purposes only, the first subassembly will not commence with default datum planes. Later, after discussion of assembly constraints, default datums are incorporated into your assembly creation strategy.*

1. To begin a new assembly, select File > New. In the New dialog box, make the following selections: Assembly | Design | *pcb_assy* > [OK].
2. Knowing that the subassembly consists of a *pcb* and four pots, the logical first component would be the

*pcb*: Component > Assemble > *pcb.prt* > [Open]. The *pcb* model immediately appears in the main graphics window and is locked in place as the first component.

What is known about the *pcb*? It has a front side and a back side. The back side is coplanar to DTM3, DTM2 is along the bottom of the part, and DTM1 is along the left side. Four groups of three small holes mark the destination of the four *pots*. Each set of three holes constitutes a feature; that is, a cut. The original cut is dimensioned from the left side of the part and patterned to make a total of four cuts.

3 Bring the pot into the assembly as follows: Component > Assemble > *pot.prt* > [Open]. This time, the operation requires more work than it did the first time. To assemble this component, you must first establish assembly relationships between the component and the assembly.

You will see the *pot* model appear in the main graphics window. Now visualize it in place on the *pcb*. Does it rest on the surface of the *pcb*, or have an offset? Which pin on the *pot* corresponds with which opening on the *pcb*? Assume the leads on the *pot* assemble through the front of the *pcb*. The slot should remain vertical, and the back of the *pot* rests on the front surface of the *pcb*.

4 The Component Placement dialog appears at the right of the screen. Before going any further, select the "Show component in a separate window" button and deselect the "Show component in assembly" button.

Note how the *pot* and the assembly are now displayed in two separate windows, as shown in the following illustration. This is very important when you begin assembly mode: at this point, you can view the two components independently, as well as have unobstructed access to pertinent surfaces, axes, and datum planes.

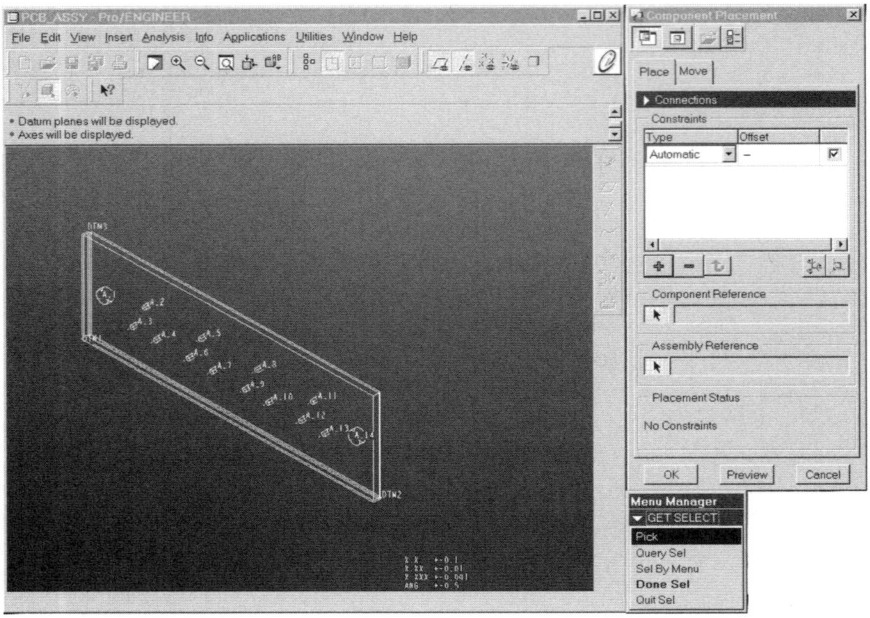


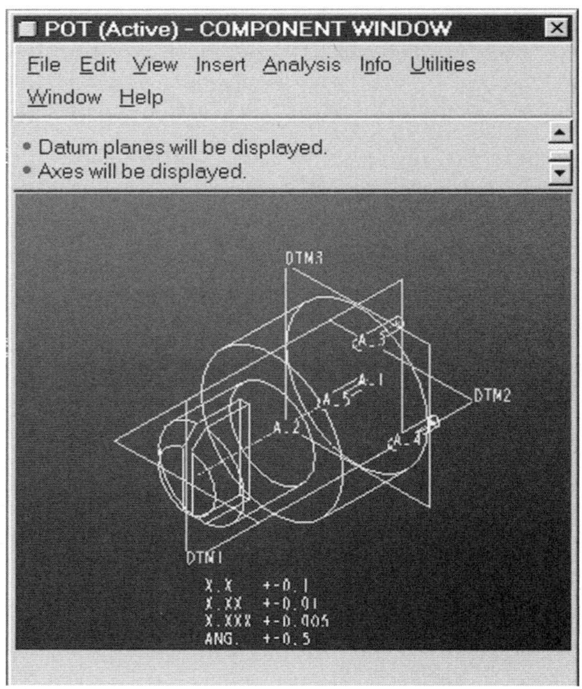


*Full screen shot showing the suggested layout of Component Placement dialog and separate graphics windows.*

✓ **TIP:** *You may wish to move the smaller "component" window so that its border is easy to see above the larger "assembly" window. Resizing the main window may be helpful as well. Toggle back and forth between these windows by selecting on the top window borders. When you are finished with this portion of the tutorial, you should restore the original window sizes and placement.*

## Constraints

The Constraints section of the Component Placement dialog box does not yet list constraints, but rather a message reporting that you are in the process of defining constraints (the default is Automatic). The objective here is to individually add constraints until the Placement Status option changes to Fully Constrained. You will need a minimum of two constraints, but more likely three or even four to fully locate the *pot* on the *pcb*. Remember that the order in which you create the constraints is not important.

✗ **WARNING:** *As long as the assembly constraints are valid, Pro/ENGINEER will allow you to assemble components that interfere. This includes "magically" passing components through one another as you assemble them in a physically impossible order. Keep this in mind and remember to always check for interferences and assembly order.*

Begin by placing the back surface of the *pot* against the *pcb*.

1. Select Mate in the Constraint Type section.

✓ **TIP:** *Using Mate Offset adds flexibility to the assembly. You can always start with an offset of 0.0 and later change the offset to add a clearance or interference.*

Now you simply select a component reference from the *pot* and a corresponding assembly reference on the *pcb*.

➫ **NOTE:** *From this point forth, you will note that almost every single selection command begins with "Query select." This technique is strongly preferred in Assembly Mode because of assemblies' typical complexity, which produces the tendency to choose incorrectly. By using Query Select Mode, you will always have the opportunity to verify selections before continuing. The same commands tell you to Accept after the selection. However, this* *implies that you have verified the correct selection before doing so, either by viewing the screen highlights and/or by reading the message window.*

2 Query select the front surface of *pcb*, and then click on Accept.

3 Query select the back surface of *pot,* where the three pins begin, and click on Accept.

"Change orientation of constraint" button.

**NOTE:** *You can also select datum planes as constraint references. For example, you could have selected DTM3 on the pot as the mate reference. When you select datum planes as references in an assembly constraint, use the "Change orientation of constraint" button to achieve desired orientation of the component.*

The first constraint is listed in the Constraints area of the Component Placement dialog. Placement Status still indicates "partially constrained," meaning that you need to continue adding constraints. It is time to align the corresponding leads and holes on the *pcb*. Align locates two axes to be coaxial.

4 Select Align, and query select A_2 of the *pcb*. Pick along the dashed yellow line, not the name. Click on Accept.

5 Query select A_3 of the *pot*, and then click on Accept.

✓ **TIP:** *Another method of making two axes coaxial is to use the Insert constraint, which prompts you to select one revolved curved surface from both the component and the assembly. This command is very helpful when an axis is not available for either the component reference or the assembly reference. This method is used later in the tutorial.*

Placement status has changed to "fully constrained," but this is only because Pro/ENGINEER is making an assumption about the third constraint. That is, note that the option Allow Assumptions is checked. In this case, Pro/ENGINEER is making an assumption that the *pot* has a default orientation identical to that of the *pcb*. Inasmuch as the *pot* could be clocked at any angle around the second Align constraint, this option is allowing Pro/ENGINEER to assume that it is not at some other angle and is therefore fully constrained. However, the design intent for this *pot* is incomplete when this option is checked, and additional constraints for controlling rotation should be incorporated, because there are three pins on the *pot*, not just one.

The third constraint will be another Align. Whenever you string together two Align constraints, Pro/ENGINEER offers an option called Forced. The Forced option is necessary in cases where the axes of the second Align are not collinear (do not line up), and until they do line up, Pro/ENGINEER will not consider the *pot* fully constrained and will not report it as such. Remember that the *pot* is already positioned as a result of the first Align constraint.

Because the second Align constraint is technically only defining the rotation, the axes of the second Align do not necessarily have to be collinear to achieve rotation. Pro/ENGINEER would simply create a vector from each of the axes of the first Align reference to each of the axes of the second Align references and line up the vectors. This may be okay for some applications, but not in this case; this assembly requires that all axes be collinear, or the parts will not fit.

Now you ask, why go to all this trouble when Pro/ENGINEER can assume the rotation? The answer involves design intent. If your design intent requires that axes remain collinear, this is the only way to ensure it. If the design ever changes and the features change the rotation, Pro/ENGINEER will update the assembly correctly. In addition, if a mistake is made while making changes, and the holes fall out of alignment, Pro/ENGINEER will fail to make this placement and you will know that your design intent was violated.

Now, after all that is said about the Forced option, this particular scenario really does not require the Forced option anyway. The Forced option is really only needed in cases where only two Align constraints are used. This assembly will have *three* Align constraints, because there are *three* pins on the *pot*. When three Align constraints are used, it would be geometrically impossible to be anything but collinear at all the locations, which is the definition of *forced*.

6. Select [Add] and Align. Query select A_4 of the *pcb*, and then click on Accept.

7 Query select A_4 of the *pot*, and then click on Accept.

8 Select [Add] and Align. Query select A_3 of the *pcb*, and then click on Accept.

9 Query select A_5 of the *pot*, and then click on Accept.

10 Select [Preview] | [OK].

✓ **TIP:** *If the component is not in the correct location when you preview, you have made a mistake defining one or more constraints. Highlight the constraints in the Constraint section of the Component Placement dialog individually; note that the corresponding references display on the assembly in cyan, and on the component in magenta. Investigate the references and correct those of which you are uncertain by choosing a new reference, or changing the constraint type.*

# Patterning Components

You have seen how the use of patterns speeds up model creation and modification at the part level. Patterning components at the assembly level provides the same advantages. There are two types of patterns: dimension and reference.

A dimension pattern relies on a dimension that is incremented to determine the additional locations. In Assembly Mode, a dimension pattern will be available only if the assembly constraints of the component have offset dimensions. You can use Mate Offset or Align Offset to provide the dimensions. A reference pattern builds on an existing pattern, whether the existing pattern is a component or a feature within a component.

✓ **TIP:** *It is good design practice to determine the leader in the existing pattern and place the first component in relation to that leader. This practice is required in Part Mode. Assembly Mode will automatically convert the placement references to the leader, but there may be complications in some cases where complex relationships are established.*

Considering the example in process, the *pcb* has a pattern of four cuts for the purpose of locating four *pots.* Because one *pot* was placed on the existing pattern, a reference pattern can be used for the rest of the *pots.*

SAVE

1 Pick Pattern, and then select on *pot.prt.*

2 Pick Ref Pattern > Done.

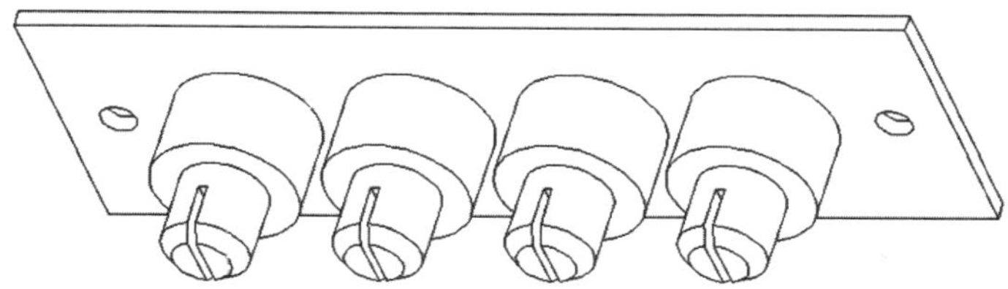

*Completed* pcb *assembly.*

# ■■ Control Panel Assembly

Now that the subassembly has been put together, you are ready to begin assembling the next level. The top-level assembly will be a completely separate assembly model that includes the *pcb_assy* model previously created as one of its components. Take the following steps.

1 Clear the subassembly from the screen.

2 Proceed to creating a new assembly. Select Window > Close, and then File > New.

3 Select Assembly | Design. Input *control_panel,* and click on [OK].

For this example, you will manually create the default datums but in the future leave the Use Default Template option checked and let Pro/ENGINEER create the datums.

Before adding components to this assembly, the first step is to create assembly-level default datum planes. The functions of default datum planes at the assembly level are much the same as at the part level. These functions include serving as a foundation to build on for orientation, reordering, controlling parent/child relationships, and creating cross sections.

**NOTE:** *Observe how assembly datum planes have a different naming convention from part datum planes: ADTM versus DTM.*

4 Click on the Datum Plane icon in the right-hand toolchest and, because there are no existing datums, Pro/ENGINEER will automatically create the default datum planes. This can also be done using the Datum option of the Insert menu.

The *bezel* is a good choice for the first component of the assembly. The other components in the assembly either nestle into it or offset from its front surface.

5 Select Component > Assemble. Input or select *bezel.prt*, and click on [Open].

For better viewing, separate the display into individual "component" and "assembly" windows as described while working on the *pcb_assy* model.

Your goal is to place the *bezel* into the assembly in the clearest orientation and location. Visualize how you would like to place the component onto the datum planes: which features or datum planes correspond? Your choices here may or may not be critical, but your default view for this assembly, which is critical to your comfort level when working on the assembly, depends on your choices now. Assume that you like the present orientation of the bezel. You will need to establish three constraints that locate the part-level datum planes onto the assembly-level datum planes.

Remember that the Align constraint is used for two planar surfaces that are to be coplanar and face the same direction. In this example, align the following part and assembly level datums of the same name: *DTM1* and *ADTM1*, *DTM2* and *ADTM2*, and *DTM3* and *ADTM3*.

6 Select Align. Query select DTM1 on the bezel, and click on Accept.

7 Query select ADTM1, and click on Accept.

8 Query select DTM2 on the bezel, and click on Accept.

9 Query select ADTM2, and click on Accept.

10 Query select DTM3 on the bezel, and click on Accept.

11 Query select ADTM3, and click on Accept.

At this point you should see a listing of three align constraints listed in the Constraints box in the Component Placement dialog, and a Placement Status message of Fully Constrained. When the component is fully constrained, you should combine the separate windows again.

12 Select the "Show component in assembly window" button and deselect the "Show component in separate window" button.

**NOTE:** *Note that each of the part and assembly level datums are right on top of each other and facing the same direction. What looks like DTM22 is really a portion of ADTM2 obscured by DTM2. This phenomenon occurs quite frequently in Assembly Mode as datums become stacked.*

13 To complete the bezel placement, click on [OK].

## Placing a Subassembly

If you limit your vision to the Graphics window, it may appear as though you are working in Part Mode because you see only a single part. However, the assembly has begun, and as you add more components, it will become more obvious that you are in Assembly Mode and assembly operations will be easier. The next task is to add the *pcb_assy* to the assembly.

*Datum plane display is off when icon is raised.*

1 Select Component > Assemble. Input or select *pcb_assy*, and select [Open].

The *pcb_assy* mounts with the two holes on each end, to the two short bosses in the interior of the *bezel*. The viewing of assemblies tends to become cluttered because of all the datum planes and axes. Because you will need to see axes for this component setup, but you will not need to see datum planes, you will turn their display off.

2 Click on the datum plane icon.

Without the datum planes showing, it is easier to see the axes you will need for these assembly constraints. This time you will work with the assembly and the new component in a single window, in contrast to separate windows like before. Use the Align constraint to line up with the holes and boxes.

3 Select Align, and query select A_1 of the *pcb*, the mounting hole at left. Click on Accept.

4 Query select A_5 of the bezel, the short boss at left. Click on Accept.

The left mounting hole is located, but the component can still rotate. After another Align constraint, the orientation will be locked in.

5 Query select A_14 of the *pcb*, the mounting hole at right. Click on Accept.

6 Query select A_13 of the bezel, the short boss at right. Click on Accept.

Now the mounting holes are in line, but the component can still move back and forth. Place it against the bosses in the bezel with a Mate constraint.

7 Select Mate, and query select the front flat surface of the *pcb*. Click on Accept.

SAVE

8 Query select the top surface of the short boss on the bezel on either side. Click on Accept, and then [OK].

## Repeating Components

### *Adding Screws to the Assembly*

Before adding the *screws* to the assembly, spin (rotate) the assembly to get a better view of its interior.

1 Press <Ctrl> and hold the middle mouse button down. Drag the cursor to spin the model until the screen resembles the following illustration.

*Use dynamic viewing controls to spin the model view.*

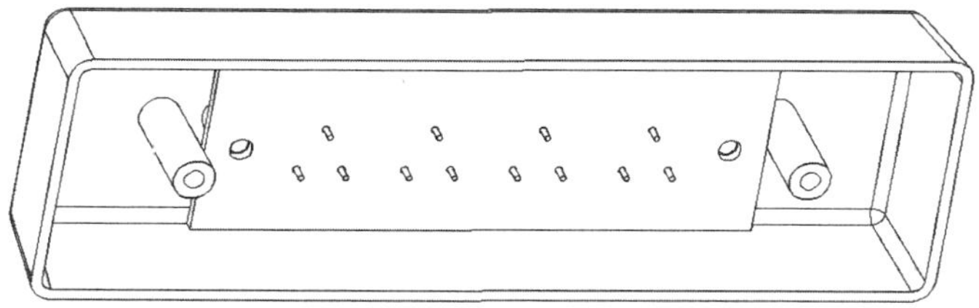

Two screws hold the *pcb_assy* in place on the assembly. You might be tempted to place one *screw* and then use a reference pattern for the second *screw*. However, upon further investigation you will find that the two short bosses are mirrored features, not patterned. Consequently, using a Reference pattern is not viable. For this situation, you will use the Repeat command. To place the first screw, perform the following steps.

**2** Select Component > Assemble. Input or select *screw.prt*, and select [Open].

Center the screw on one of the short bosses with an Insert constraint.

**3** Pick Insert, query select the cylindrical surface on the screw body, and click on Accept.

**4** Query select the cylindrical surface inside one of the short bosses, and click on Accept.

**NOTE:** *Constraining a screw is the ideal situation for utilizing the Allow Assumptions option, as orientation (rotation) of the screw is unimportant.*

Mate the underside of the *screw* head against the *pcb* back surface.

**5** Select Mate, query select the flat surface under the screw head, and click on Accept.

**6** Query select the flat back surface of the *pcb*, click on Accept, and then [OK].

To place the second screw, you need the same constraints as used for the first, except that you must now substitute new references for the Insert constraint, the cylindrical surface inside the other boss hole. The Repeat command allows you to duplicate a set of assembly constraints while simply selecting new references.

1 Select Adv Utils > Repeat. Select the screw.

The Repeat Component window appears with a listing of the two constraints controlling the *screw* location.

2 In the Variable Assembly Refs box, select Insert. Then select [Add] from the Place Component box.

3 Query select the cylindrical surface inside the other short boss, and click on Accept.

SAVE

A screw now sits in the second location. Confirm completes the placement, whereas Cancel allows you to exit the operation. If the repeated screw is in the correct location, complete the operation and return to the default view.

4 Select [Confirm]. Then from the View menu select Default Orientation.

## Placing the Knobs

The *knobs* at the front of the assembly are the only remaining components. During the remainder of this tutorial, and in the exercises, you may choose a part feature or assembly component from the model tree whenever you are prompted to make a selection on your model geometry. As outlined in Chapter 2, the model tree is not only a selection tool but a shortcut to many operations.

Select View > Model Tree, or the Model Tree icon.

> **NOTE:** *Assembly features, including assembly datum planes, are not displayed by default. To see the assembly-level features, display the model tree and from its menu bar select Tree > Item Display > Features.*

Begin the placement sequence for the *knob* by performing the following steps.

1 Select Component > Assemble. Input or select *knob.prt,* and then select [Open].

Center the knob on the first *pot* using the Align command.

2 Select Align. Query select the central axis of the *knob*, A_1, and click on Accept.

3 Query select the central axis of the first *pot*, A_2, and click on Accept.

Now establish the depth at which the *knob* will be placed.

*Choose these surfaces to mate the knob to the pot.*

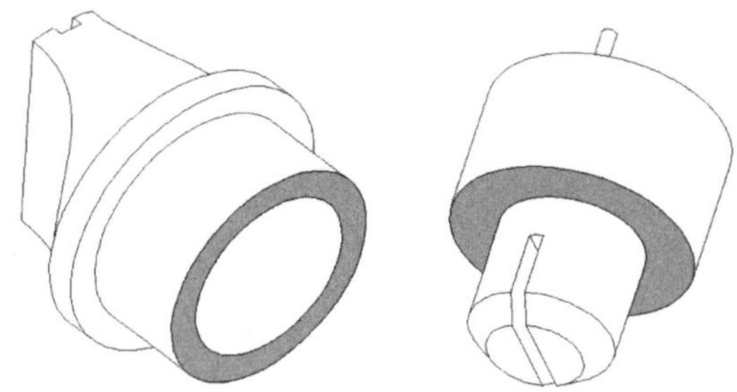

4 Select Mate. Query select the flat circular ring at the opening of the *knob*, and click on Accept.

SAVE

5 Query select the flat circular shoulder surface on the first *pot*, and select Accept.

The Placement Status box tells you the *knob* is fully constrained. However, based on an earlier discussion on the *pot* placement, you know that you may need additional constraints to control the rotation of the *knob*. In this instance, the *knob* is oriented correctly, but you will not always be so lucky. Do not leave your component placement scheme to chance. Adding and changing constraints are discussed in the next section. When the first *knob* is correctly located and oriented, it will be patterned for the other locations. At the moment, simply complete the placement.

## Redefining Component Placement

If for any reason you need to add, remove, or modify the placement constraints of a component, you simply redefine the component. In the last section, you accepted the default rotation of the *knob* with the understanding that if needed, you could change the orientation later. Assume that the *knob* should start rotating from the three o'clock position, and you would now like to show the *knob* in that starting position.

**1** Right click on *KNOB.PRT* in the model tree, and click on Redefine.

The Component Placement dialog appears with a listing of the current constraints for the *knob.* Highlight each of the constraints and note that Pro/ENGINEER displays the assembly references in cyan and component references in magenta. If one of the constraints were incorrect, you could highlight the suspect constraint and select new references or a new constraint type. This time the current constraints are not the problem; instead, you want to add a new constraint.

### Use Orient to Control Rotation

The *knob* in the control panel assembly is a perfect application for the Orient constraint. With Orient, you choose one planar surface from both the assembly and component, and Pro/ENGINEER points their surface normals in the same direction. Therefore, to control the rotation of the *knob,* you simply choose two datum planes that are parallel with their axes, and whose orientation match the requirements to achieve the three o'clock position.

> **NOTE:** *Take care when choosing oriented references. Remember that parent/child relationships are established between components at the assembly level, just like features at the part level.*

You may wish to relate the *knob* and *pot* in such a way that if the *pot* orientation changes the *knob* will rotate along with it. To get started, turn on the display of datum planes by clicking on the Datum Plane icon, and separate the assembly and components.

**2** Check Separate Windows.

Now you can see all available references to be oriented. If *DTM1* on the *knob* runs through the indicator (the small indentation on the top of the *knob*), and the indicator is at the three o'clock position, *DTM1* will be horizontal on the assembly. Is there a corresponding horizontal planar surface on the *pot*? Luckily, *DTM2* on the *pot* will work. If a surface is not available, you could use the Make Datum command to create an appropriate datum plane.

**3** Select Add > Align or Mate (with the Oriented option selected in the Offset column). Either option will generate a little different result in orientation of the component. Query select *DTM1* on the *knob*, and click on Accept.

4 Query select *DTM2* on the *pot*, and then click on Accept.

SAVE

5 Deselect the "Show component in separate window" button and click on [OK].

## Interference Checking

Before the assembly gets any larger, you may wish to make minor checks and adjustments to the components.

To prepare for interference checking, return to a default view if you are not already there and turn off datum planes, axes, and points by toggling respective displays. See the following illustration for the icons to be selected in establishing these settings.

*Toggle datum display settings.*

1 To check for interference between components, select Analysis > Model Analysis.

In the Model Analysis dialog, a pull-down menu under Type lists the entire range of available analyses. You will check for interferences in two ways: using Pairs Clearance and using Global Interference. Pairs Clearance allows you to select any two models to determine their interference. The From and To pull-down menus define exactly what model or portion of a model you wish to consider. A model may be an individual part, an entire subassembly, or an individual surface or edge on any component. In the control panel assembly, you are especially concerned about the fit of the *knob* on the *pot*.

2 Select Pairs Clearance. Query select *knob*, and click on Accept, and then query select *pot*, and then click on Accept.

Areas highlighted in red indicate an interference. You will see the results of your analysis in both the message window and Results section of the dialog box, which state that there is an interference between the two parts. The Global Interference option checks every possible model combination.

*3* Select Global Interference > Compute.

The Results window lists all interferences. As you highlight each line, the specific interference displays on the assembly. Interfacing parts are highlighted in blue and yellow, and the volume of interference is highlighted in red. You can also toggle through the listings using the arrow buttons below the Results window.

✗ ***WARNING:*** *Using the Display Exact Result option can cause processing delays, especially for a global interference check on large assemblies with complex or numerous (hundreds) of parts. Consider selecting "Quick check" in the Display section for analysis or performing the analysis on smaller subassemblies within the larger assembly.*

Not surprisingly, the global interference check found the *knob/pot* interference. Depending on the state of your assembly, the check may have located other interferences. You need to review each interference and ask the following questions: Is it intentional? Is it critical? What is the easiest way of fixing it? What models are involved in the solution?

Assume that the *knob/pot* interference problem is critical. Close the Model Analysis menu to continue to the next topic.

*4* Select [Close].

# Modifying a Part While Working in Assembly Mode

To fix the *knob/pot* interference problem, you need to investigate. The *knob* is assembled in such a way that it "bottoms out" on the shoulder of the *pot,* and in doing so its interior area interferes with the top shaft portion of the *pot.* Any of the following three changes could alleviate the problem: lengthen the *knob,* modify the curved cut area at the top of the *knob,* or shorten the shaft on the *pot.* Because the *pot* is a purchased part, modifying it is not an option. Therefore, the *knob* will be lengthened.

1. Select Component > Modify > Mod Part. Select anywhere on the *knob.*

Mod Part Mode places you into a pseudo Part Mode, wherein you can still see and reference the assembly. All menu selections you make during this phase refer to the selected part, the *knob.* To test the functionality, select Modify Dim, and select anywhere on the *bezel.* Note that Pro/ENGINEER ignores any selection other than the active part. To proceed to the modification, perform the following steps.

2. Select Modify Dim. Query select the cylindrical protrusion feature 4 on the *knob.* Click on Accept.
3. A length and a diameter dimension appear on the *knob.* Click on the length dimension .500 and input *.550.* Select Regenerate.

As is often the case, fixing one problem causes another. Note that the length change on the *knob* also affects the flange location. Deciding that a .03-inch offset between the flange and *bezel* would be ideal, make the change as follows.

1. Select Feature > Redefine. Query select flange feature 8, and click on Accept.

The Protrusion/Revolve dialog appears with a listing of the feature elements for the revolved flange.

2. To view the original 2D section, select Section > [Define] > Sketch.

The assembly immediately rotates so that you are viewing the 2D sketched section of the flange. Zooming in would be helpful at this point.

3. Press <Ctrl>, click the first mouse button in the center of *knob,* and drag the cursor to the left.

One of the greatest benefits of using Mod Part at the assembly level is having access to the other assembly members. Here you can create a reference dimension between the bottom of the flange and the top *bezel* surface.

*Sketch view of flange on knob, redefining while in Mod Part Mode.*

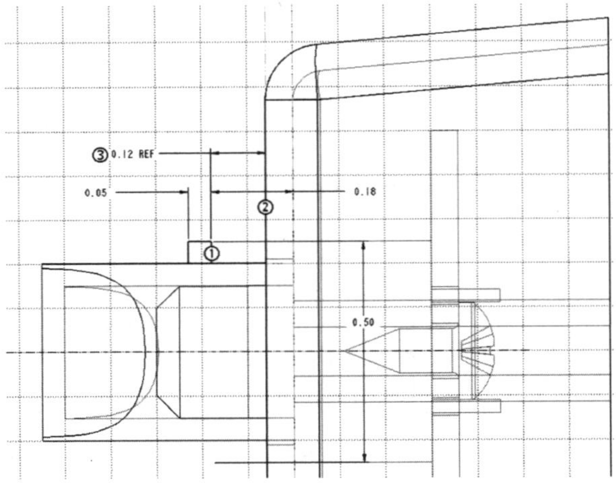


4 Click on the Dimension icon in the right-hand toolchest (with IMOFF Dimension > Reference). Select the flange bottom surface at position 1.

5 Select the *bezel* top surface at position 2. Click the middle mouse button to place a dimension at position 3.

After the dimension is created, the Resolve Sketch dialog will appear. Highlight the newly created dimension, and then select the DIM>Ref button to designate it as a Ref (reference dimension).

The reference dimension measures a .12-inch gap between *flange* and *bezel*, meaning that you will change the locating dimension on the *flange* by .09 inch to achieve the optimal .03-inch clearance.

6 Select the dimension and, holding down the right mouse button, select Modify (select Modify with IMOFF). The Modify Dimension dialog will appear. With IMOFF, select the .18-inch dimension and input *.09*.

Now that the *flange* is in the right location, it is time to decide whether to retain the reference dimension. Any dimension to a reference outside the active part sets up a parent/child relationship to the other component. If such is truly your intent, retain the dimension; otherwise, you should delete it.

7. Select the dimension and, holding down the right mouse button, select Delete. With IMOFF, select Delete, then select Ref Dimension.

8. With IMOFF, select Regenerate > Done > [OK].

## Patterning the Knobs

Many small adjustments were made to the *knob* before patterning, but rest assured that the changes would have propagated through all the *knobs* if you had patterned first and modified afterward. Finish the control panel assembly by incorporating the remaining *knobs*, as follows.

1. Leave Mod Part Mode by selecting Done > Component > Pattern.

2. Currently you are viewing the *bezel* from the side. Change to the default view by selecting View > Default Orientation.

3. Select the *knob* to be patterned. Query select *knob*. Select Accept > Ref Pattern > Done.

The assembly is complete!

## Setting Component Color

SAVE

Shade and rotate the assembly to admire your handiwork.

1. Select View > Shade, and then press <Ctrl> and hold down the middle mouse button while you move the cursor.

Unfortunately, the assembly looks like a giant, gray aluminum casting! You have worked so hard to create the assembly; let's put some effort into improving the color scheme. As outlined in Chapter 14, the palette of available colors is limited to one entry until you define your own.

2. Select View > Model Setup > Color Appearances. The Appearances dialog box opens to show the lone palette selection.

3. To place new colors into the palette, select [Add].

An Appearance Editor dialog displays a sample sphere, which shows your newly defined colors as you define them.

*Appearance Editor dialog.*

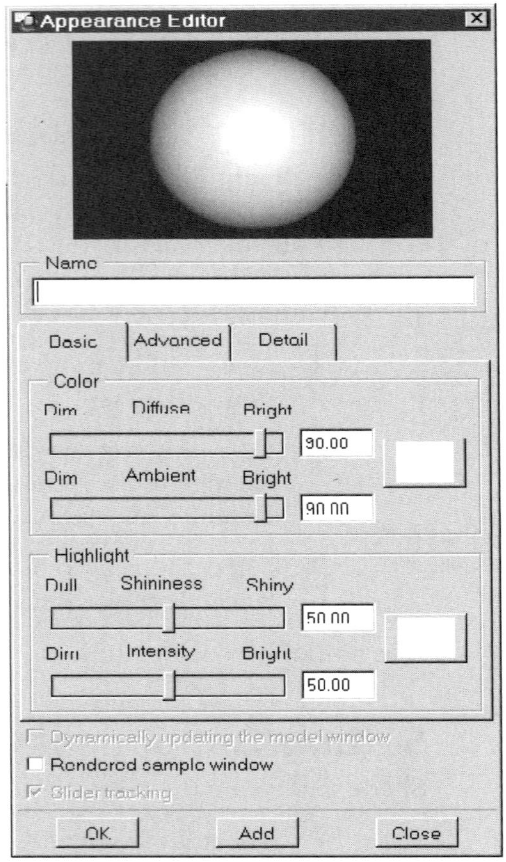


4 Click once on the upper white box in the Color section.

The Color Editor dialog opens to display three slider bars, one each for Red, Green, and Blue, or one each for Hue, Saturation, and Value.

5 Click and hold the left mouse button as you slide the indicators to a new color value.

Above the slider bars, a color panel updates as you move.

✓ **TIP:** *If you happen to know the actual values, you can also define a new color by entering a number from 0 to 255 in each of the three boxes.*

**6** When the color panel displays the desired color, select [Close], and then [Add].

➾ **NOTE:** *The Appearance Editor dialog is currently obscuring the view of the color palette. If you wish to see the palette, you could move the editor dialog to see the updated palette.*

**7** Repeat the process by selecting the upper square box again (steps 4 through 6); it continues displaying your most recent color definition. Set up a minimum of four colors for this tutorial, including a green shade for the *pcb.*

**8** Finish defining colors by closing the palette. Select [Close].

Before applying the colors to the models themselves, decide whether you want to change the colors at the part or assembly level. Setting colors at the part level changes the model appearance in both the part and assembly, unless you assign an assembly-level color to the part as well. Assembly-level colors take precedence at the assembly level. Next, be aware that assembly-level colors apply to an entire component, even if the component is a subassembly (e.g., the *pcb_assy,* which is considered one component in the *control_panel* assembly). To ensure that each component has an individual color, appearances will be set at the part level.

**9** Select [Close]. Select Window > Close.

**10** Begin by assigning a color to the *pcb.* Select File > Open. Select *pcb.prt* and then [Open].

**11** Apply one of your newly defined colors. Select View > Model Setup > Color Appearances.

The appearance menu displays the palette. Under Set Object Appearance, a pull-down menu contains the default, Part. This selection affects an entire model; even the wireframe display will change to the new color. Other choices in the pull-down menu will affect individual surfaces or quilts for individual surfaces on a surface model only.

12 Select Part. Select a green color from the palette. Select [Set] > [Close].

13 Save the *pcb* with its new color. Select File > Save > [OK].

14 Close the *pcb* window and start work on the *bezel.* Select Window > Close > File > Open. Select *bezel.prt,* and then [Open].

15 Apply one of the newly defined colors. Select View > Model Setup > Color Appearances. Select Part, and select a color from the palette. Select Set > Close.

16 Save the *bezel* with its new color. Select File > Save > [OK].

Change colors on the *pot* and *knob* using the same procedure. The *screws* can retain their default color. After assigning new colors to all components, open the *control_panel* assembly to view the changes.

17 Select File > Open, select *control_panel.asm,* and then select [Open].

18 To shade and spin the assembly, select View > Shade, press <Ctrl>, click, and hold down the middle mouse button while dragging the cursor.

## Exploding the Assembly

Considering all the work you have put into constraining your assembly, exploding it may be a frightening thought. Fortunately, Pro/ENGINEER saves both the exploded and unexploded states of the assembly model.

1 Starting the explode process from the default view is recommended. Select View > Default Orientation > View > Explode.

Pro/ENGINEER explodes the components to default positions. This is just a starting point, and rarely the finishing point. The

MODIFY menu provides an option for updating the exploded assembly.

**2** Select Modify > Mod Expld > Position.

At this point, you may wish to review the "Package Mode" section in Chapter 8, because the Package and Explode Modes share similar menus. The Preferences option allows you to set translation and move types.

**3** Change the default move type from Move One to Move Many. Select Preferences; then select the Move Many option and Close.

Now decide where to move your components. For example, you may wish to move the *knobs* in front of the *bezel* following their center axes. The easiest way to make this change is to select the motion reference.

**4** Select Translate > Entity/Edge. Select the center axis of any *knob*.

The system immediately prompts you to select components to be moved.

**5** Using Query Sel, pick all four of the *knobs*. Query select *knob*, and click on Accept. Repeat this process for all *knobs*. After clicking on Accept for the fourth *knob*, select Done Sel.

**6** Click the left mouse button somewhere close to the *knobs* to mark a starting point for the move. As you move the cursor, the *knobs* will follow. Click the left mouse button again to drop the components in place. If you would like to continue moving the same set of components, select Use Previous.

**7** Repeat the procedure to move the two screws behind the *pcb*. Select Translate > Entity/Edge, and select the center axis of either *screw*.

**NOTE:** *If you are certain the* knob *and* screw *axes are parallel to each other, you can skip the last step and instead continue to reference the direction of the* knob *center axes.*

8. Pick the two *screws* to be moved. Query select a *screw*, click on Accept, and repeat this process for the second *screw*. Click on Done Sel.
9. Click the left mouse button to start and finish the motion of the *screws*. Move the *bezel* for a better view of the *pots*. Once the components are in their desired location, click on OK.
10. Select File > Save.

## Summary

This chapter took you step by step through the process of creating an assembly. Numerous concepts and functionality were explored during this process. You should now have a sense of how to plan the structure of an assembly, as well as how to start an assembly using default datum planes. You should be able to place constraints, redefine component placement, check interferences, and create layers. You should be able to explode an assembly and modify a part while in Assembly Mode, and at the component level be able to pattern and repeat components as well as establish the color of components.

## Review Questions

1. What is the advantage to changing the display into separate component and assembly windows?
2. (True/False): The order in which assembly constraints are created is not important.
3. (True/False): Using the query select selection method is not very useful in Assembly Mode.
4. Name two assembly constraints that would enable the use of Dimension Pattern for component patterning.

5 (True/False): While using the model tree in Assembly Mode, only components, and not features, can be shown.

6 (True/False): Pro/ENGINEER automatically informs you when components interfere.

7 Name one advantage of Assembly/Mod Part Mode that you do not have while working in regular Part Mode.

8 In Assembly Mode, do colors defined at the assembly level or the part level have precedence?

9 Positioning exploded components is similar to which Assembly Mode operation?

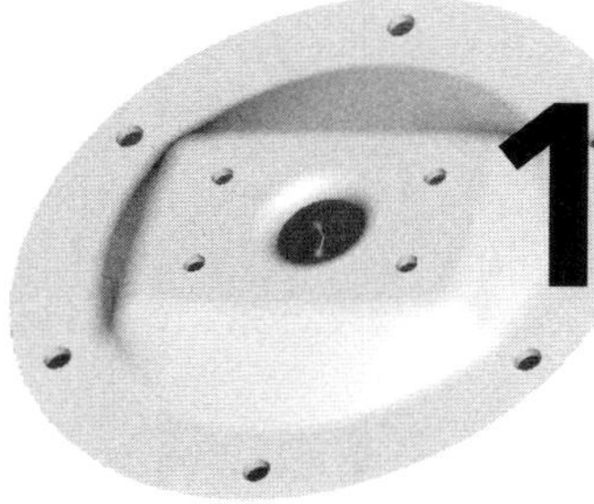

# 10

# More About Assemblies

## *Assembly Mode Productivity Tools*

Now that the basics of Assembly Mode have been discussed and a tutorial completed, this chapter presents a seemingly never-ending complement of functionality. Although Assembly Mode is not everything to everyone, there is something here for everyone. This environment is capable of improving the productivity of a single user with simple assemblies, and can accomplish near miracles for a company that creates extremely large, complicated assemblies. Because Assembly Mode serves a broad range of users, certain features may appear somewhat complex, but most of the functionality is basic.

An entire book could be devoted to Assembly Mode and still not clearly describe every detail. Therefore, in adhering to the purpose of this book, the current chapter will introduce concepts with clear explanations and appropriate examples. For more information, and commands and usage outside the scope of this chapter, refer to PTC manuals or PTC's web site.

## ■■ Assembly Retrieval

Important principles regarding the retrieval of assemblies should be reiterated and understood clearly.

- The geometry from a part is not copied into an assembly. This means that an assembly file is useless by itself (for most intents and purposes). Only after all individual databases representing its components are retrieved can work commence on the assembly.
- If a large assembly (with many parts) is retrieved, it is likely that workstation performance will become an issue.

The items previously listed have conflicting requirements. On the one hand, the assembly must properly load everything assembled to it. On the other, you want to reduce the amount of data retrieved.

To address the first issue, search paths are explained so that you can control the assembly retrieval process. Next, simplified reps (repetitive components or parts) are discussed so that you can control the amount of data retrieved.

## Search Paths

> **NOTE:** *The concept of a "search path" does not apply if you use a product data management system such as Pro/PDM or Pro/Intralink. However, you could mistakenly have search paths in place and cause unpredictable results with a PDM system.*

When an assembly is retrieved, Pro/ENGINEER automatically initiates a retrieval process for each component. An assembly only records the file name of a component, and does not store the name of the directory from which it derived. This procedure would not necessarily be a problem if you always worked in the same directory, but that scenario is unrealistic.

A more likely scenario is one in which parts are spread out over many locations, such as in a library of standard components, a "vault" of released objects, many users' directories with mating parts, and so on. Because Pro/ENGINEER only knows about files in the current working directory, an attempt to retrieve an assembly that requires parts in other directories would be unsuccessful. Files in other directories are totally unknown to Pro/ENGINEER, unless you tell it about those directories. It is for this reason that Pro/ENGINEER has a *search path*. The standard search path begins searching in the following order.

1. *In Session.* Parts in memory that have already been retrieved (opened). You may not actually see them on screen or in a window, but Pro/ENGINEER retains them in memory. To see parts in memory, use Info > Session Info and then the Object List command.
2. *Current Directory.* The current directory never changes unless you use the File > Set Working Directory command. Consequently, unless you have changed the directory, the current directory is the one in which Pro/ENGINEER started.
3. *Directory of Retrieved Object.* If you retrieve an assembly, and while using the File > Open dialog you navigate to another directory to select it, Pro/ENGINEER will look in the same directory to find parts for the assembly.
4. *User-Defined Search Path.* This search path must be created. The search path information is defined by loading it from a *config.pro* file. When you do so, the keyword *SEARCH_PATH* can be used as many times as necessary. Each time it is listed, the directory will be appended to any previously specified directories.

A search path can contain as many directories as you like, but the order in which they are specified is important. As soon as Pro/ENGINEER finds an object, it stops looking and loads it. Next, the program begins searching for the next object from the beginning of the search path. Thus, the objective for a search path is to order directories such that it is as efficient as possible for Pro/ENGINEER to find the objects.

**NOTE:** *In Session is an often overlooked location of the search path. Frequently, a user tries to retrieve something from disk, but obtains a modified version retained in memory. Remember, In Session includes objects whether or not they are shown in a window, and In Session comes before disk directories in the search path order.*

✓ **TIP:** *The previous note is cautionary, but you can also use that fact to your advantage. By retrieving a part or parts from a directory that is not in your search path, you can effectively force*

*Pro/ENGINEER to retrieve objects that are not in the search path before you retrieve the assembly that uses those parts.*

## Retrieval Errors

If an assembly cannot be retrieved due to a missing component (i.e., Pro/ENGINEER cannot locate the component in the search path), you will be forced into Failure Diagnostics Mode. If the reason for failure is listed as Component model is missing, you have two choices. You can execute a Quick Fix > Suppress on the component (and its children) and continue with loading the assembly. Because the model is missing, however, there is probably a larger issue in play: What is the reason for Pro/ ENGINEER's failure to find the component? An improper search path? The better choice would be to execute the Quick Fix > Quit Retr command. The latter command can be applied on only the first missing component encountered, but it will abort the retrieval process. After you have aborted, you should examine the search path and incorporate the correct settings.

✓ ***TIP:*** *Another common problem that causes the missing model failure is an improperly executed Rename command. Often when users rename a model, they forget that the assembly still remembers the model by its old name. Remember that when you rename a model, all assemblies and drawings it reports to must be in memory so that they can be properly notified of the change. Next, do not forget to save the assemblies and drawings after the rename operation. If you have made this error, simply rename the model to its old name, retrieve the assembly, carry out the renaming again, and save the assembly.*

If the retrieval error is caused by another problem, such as a "missing reference," the cause may be changes made to a model without verification of whether the assembly was affected. An example would be deletion of a hole in a part followed by failure to check the assembly. When the assembly is next retrieved, the *screw* aligned to the hole's axis cannot be placed due to a missing reference. When this occurs, you can suppress the *screw* or align it to something else.

## Simplified Reps

With a Simplified Rep, you have specific control over how much of the assembly to retrieve. These settings can be made on the fly if you wish, and can be stored for repeated retrieval.

> **NOTE:** *For more details, see Chapter 7 under "Simplified Reps for Assemblies."*

# Component Creation

Creating a component in an assembly context is an on-the-fly equivalent of the File > New command. Several advantages can be achieved, and some unique functionality is made available by using the Component > Create command.

*Create a new component as one of several types.*

With this functionality, you can assemble empty parts, skeleton parts, subassemblies, and bulk items. (A bulk item is simply an item added to the assembly BOM; it is not a separate model such as a component.) Other options tell Pro/ENGINEER to automatically create those items with default datum planes, or based on your predefined template. None of those options establishes a dependency between the new component and the assembly; the options merely provide shortcuts for the operations.

## Skeleton Model

You will need Pro/ASSEMBLY for this option to function. As the name infers, a skeleton model serves as the backbone of the assembly. It can be used for all component relationships or selected relationships. A skeleton usually consists of datums (planes, axes, curves, and so on), and is usually set up in such a way that relationships are controlled or so that motion can be simulated. In brief, a skeleton is really just a regular part when everything is considered; it can contain all types of features, parameters, relations, and more. Pro/ENGINEER tags the file so that it knows it is a skeleton. When you view the files in the file browser, you will not see skeleton parts listed unless you filter for them (using the Type | Part > Sub-Type | Skeleton Model setting on the Open dialog).

A skeleton model can be created only through Assembly Mode, and an assembly can only have one skeleton. Regardless of when the skeleton is created, Pro/ENGINEER will always order it in front of everything else in the assembly. There is no need to enter Insert Mode to accomplish this; in fact, Pro/ENGINEER does not allow you to create a skeleton while in Insert Mode.

Pro/ENGINEER suggests a file naming convention when a skeleton is created. It names the skeleton after the assembly, with the addition of *_skel* at the end. It is suggested that you use this convention or something similar for easy identification of skeleton models when working outside Pro/ENGINEER.

## Intersection and Mirror Parts

An intersection part is useful for special circumstances. The most meaningful instance occurs when analyzing the volume of interference between two parts in an assembly. Ordinarily Pro/ENGINEER only tells you how much volume exists in the intersection between two parts (when you perform an Analysis > Model Analysis command and then select Global Interference from the Model Analysis dialog). Simply viewing a shaded image of that interference will typically help determine the proper course of action required to clear up the interference. By creating an intersection part, you will be able to do just that. One possibility is to immediately delete the component from the assembly and switch to Part Mode to view the intersection part, which of course will be in memory. An alternative is to use Component Display found in the View menu under Model Setup (see Display States), with the intersection model shaded and everything else in wireframe.

> **NOTE:** *An intersection part is completely dependent on the assembly. As such, it remains in complete synchronicity with the assembly so that the volume will update as necessary. In this case, the assembly must be in memory and be fully regenerated.*

To create a mirrored part, you can use a temporary assembly to perform the mirror operation, and then discard the assembly. To accomplish this, you simply need to ensure that you do not have any assembly features in the assembly that might be accidentally referenced. Otherwise, you would establish a dependency between the new part and the temporary assembly. Whether or not you have a dependency between the mirrored part and the original part is determined by whether you select Dependent or Copy from the MIRROR PART menu. The steps for creating a mirrored part follow.

1. Create an assembly. Do not create any features or add any other components.
2. Assemble the original part that is to be mirrored.
3. Create the new mirrored part by selecting the original part, and then mirror through one of its planar surfaces (one of its default datum planes will do nicely).
4. Open (from In Session) the new part in a separate window and save it.
5. You may now discard the assembly and forget it ever existed.

> **NOTE:** *When you make a mirrored part, note that the last feature in the part is a merged feature. If you work on the features prior to the merge operation (e.g., redefining it), you will notice that while you are working on the features they temporarily revert to their original orientation. The merged feature is the thing that actually turns them around.*

## Creation Options

When creating a new part, subassembly, or skeleton in Assembly Mode, you have some options available to you during the creation phase, as outlined in the following table. The options vary depending on the type of object you are creating, except for a bulk item, which has no creation options.

| Creation Option | Part | Subassembly | Skeleton Part |
|---|---|---|---|
| Copy From Existing | X | X | X |
| Locate Default Datums | X | X | |
| Empty | X | X | X |
| Create First Feature | X | | |

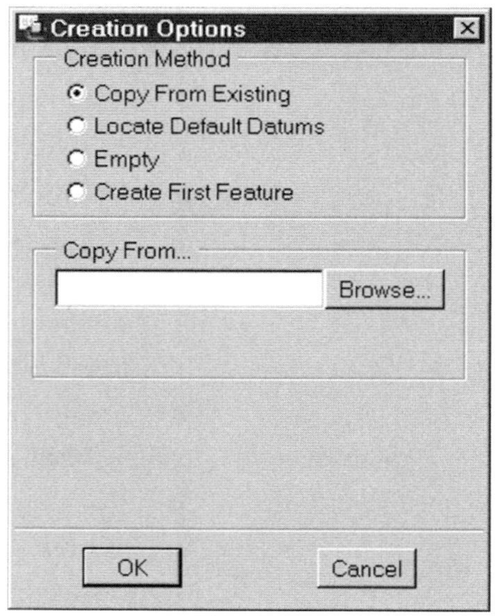


*Selected options for creating a new component.*

The Copy From Existing and Empty options are simply automated shortcuts of the File > New functionality. The advantage of this shortcut is that the model is automatically added to the assembly. If the Copy From Existing option is used and the copied model contains any type of geometry, including datum planes (which is likely because otherwise you probably would have used the Empty option), Pro/ENGINEER will require assembly constraints before the assembly receives the new component. With either of these options, you can also select the option to add it as an unplaced component.

> **NOTE:** *When you create a new component as an empty part, first understand the ramifications of how you begin to create the first feature. If you stay in Assembly Mode and use the Modify Part command, you will be forced to orient the first feature (with a sketching plane, and so on). This procedure will establish a dependency of the part to the assembly (usually a bad thing unless you specifically desire it). You are advised to consider creating the first feature in Part Mode instead.*

The Locate Default Datums option is one step above the Empty option in that it starts with an empty object and automatically creates default datum planes in the object. After it creates the object, you are required to locate it in the assembly. The method of placement is determined with one of the options in the Locate Datums Method section available in the Creation Options dialog when you select the Locate Default Datums option. Whichever method is chosen from that section, understand that when you specify the references for the datum locations Pro/ENGINEER will create Mate/Align Offset constraints for each of the default datums and corresponding references. You may find it necessary to redefine some of those constraints (to Insert, and so on).

> **NOTE:** *The Locate Default Datums option is a less desirable option than Copy From Existing. In the latter case, the model copied likely contains default datum planes anyway. Another reason that Copy From Existing is a better choice is that you have more alternatives over how the new object is constrained to the assembly; you are not limited to Mate Offsets.*

Be careful with the Create First Feature option because the new part will be completely dependent on the assembly for the orientation and setup of the first feature. Such dependency may be acceptable for assembly-only parts, but should be avoided for most parts.

# Component Operations

Assembly Mode is as much a part of the design environment as Part Mode. Creating and redefining part features, changing dimensional values, and other operations covered previously in the discussion of Part Mode can also be performed while in Assembly Mode. The ability to perform these operations while in Assembly Mode gives you the opportunity to work in the context of the mating parts with which the features interface.

## Model Tree

To perform multiple operations in Assembly Mode, you must first become accustomed to using the model tree. The model tree is the nerve center of an assembly. Most commands can be executed, components selected and/or highlighted, and types of information displayed from here. The model tree displays the assembly in its hierarchic format, with levels that can be expanded and collapsed by clicking in the boxes adjacent to items. The basic functionality of the model tree was explained in Chapter 2.

## Modifying Dimensions

With the Modify > Mod Dim command, you can choose any dimension from any feature, and from any part, to modify its value. Remember that because the dimension is owned by the model that created it you are not changing the assembly but the component.

> **NOTE:** *Pro/ENGINEER can display dimensions one at a time. This characteristic is a problem only where multiple windows are displayed on screen. For example, if you activate a Part Mode window and display a dimension, and then without repainting immediately activate an assembly window that contains that part, you cannot display the dimension in the assembly. You will have to return to the part window and repaint, and then proceed to the assembly to display the dimension.*

## Modify Part, Skeleton, and Subassembly

These commands provide you with the opportunity to work on models as if you were independent of the assembly. You have the commands and functionality for these models as if you were in their respective modes. The advantage of this environment is that you are not isolated. You are working in the context of the assembly.

Keep in mind that while in Mod Part, Mod Skel, or Mod Subasm modes, you can work on only one model at a time, called the *active model.* The active model is selected prior to beginning modifications, and all other models in the assembly are inactive. The other models can be referenced, but they cannot actually be modified until you return to Assembly Mode. In other words, new features created while in these modes cannot intersect with or traverse between any other parts, including datum planes and other features.

## Reference Control

You will need Pro/ASSEMBLY to use the options described in this section. Because the Assembly Mode environment presents the opportunity for components to reference other components via the assembly, you should take advantage of that functionality *when it is appropriate.* Unless you have a very good reason for establishing such a relationship (called an *external reference*), you should avoid it. Sometimes this is easier said than done, especially in a very crowded assembly. For example, if you are in Mod Part Mode and you select carelessly while setting up a sketch plane for a new feature, you will be defining the new feature with a relationship to the other part (via the assembly). This means that you can never modify that part feature without first retrieving the assembly.

The previous explanation is provided so that you can appreciate the importance of controlling references while working in Assembly Mode. The Reference Control functionality allows you to specify a scope (i.e., filter) for selectable entities when using commands that establish a reference (external or otherwise).

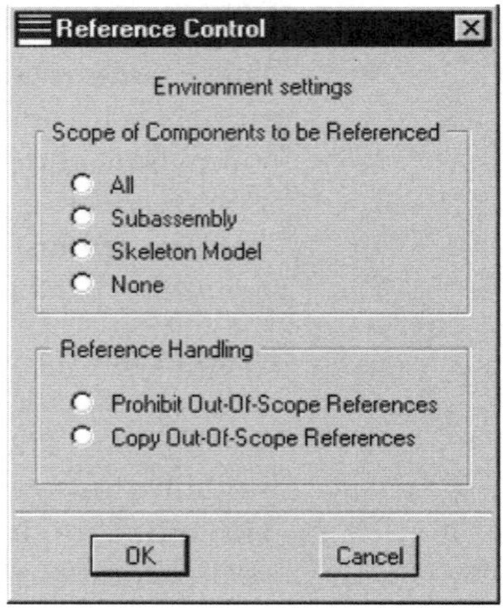


*Reference Control dialog.*

Unless you have unique requirements, the most typical setting for the Reference Control dialog is None | Prohibit. This setting prevents you from accidentally creating an external reference.

Reference Control is available at all levels of the assembly. At an even higher level, it is available as an environment setting. Environment settings can be automated using various options in a *config.pro* file, and unless otherwise overridden while in Assembly Mode (as explained in the following), the environment setting applies to all open objects in session.

To override the environment settings for the top-level assembly, use the command Design Mgr (manager) > Ref Control to set a scope at that level. Likewise, when using Mod Subasm or Mod Assem Mode, you can use that model's Design Mgr (manager) > Ref Control command. While in Mod Part Mode, you are able to specify a unique reference control for each part.

> **NOTE:** *If you override the environment settings for Reference Control of a specific object, the settings are stored so that every time you work on the assembly the same settings will be in effect for that object.*

## Redefine

Use the Component > Redefine command to redefine a component's placement constraints. The Component Placement dialog will appear with the current constraints for the selected component. To modify a constraint, highlight that line in the dialog, followed by changing the element to be redefined (Type, Assembly Reference, or Component Reference). Use the [Add] or [Remove] buttons for new or obsolete constraints.

## Regenerate

When you use the Regenerate command in Assembly Mode, you can choose what you wish to regenerate. You can also let Pro/ENGINEER determine what should be regenerated by selecting Automatic from the PRT TO REGEN menu. Depending on the size of the assembly, it is generally faster to be selective about the items you want regenerated, but if you prefer to be thorough, use Automatic.

You will need Pro/ASSEMBLY for this option to function. If you have Pro/ASSEMBLY, you can also use Regeneration Manager to specify a special group of components you want to regenerate by themselves. To activate the Regeneration Manager dialog, select the Custom command from the PRT TO REGEN menu. With this dialog, you simply select the items to be regenerated or skipped.

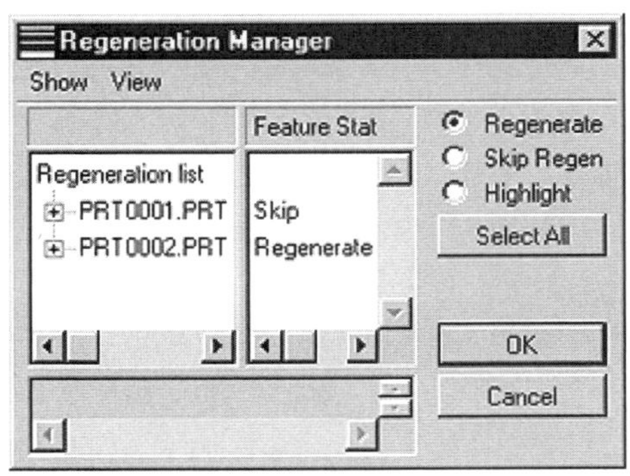


*Regeneration Manager dialog.*

✓ **TIP:** *It is recommended that all objects be fully regenerated when you complete your work. You can work awhile before you decide to spend the necessary time to regenerate, but verify that all permanently stored objects are fully regenerated. Through Pro/ASSEMBLY, one easy way to check for this necessity is to select* *the Custom command. If nothing requires regeneration, a dialog will be displayed that says "No modified features found."*

## Replace

The Component > Adv Utils > Replace command is used to replace one component with another. If you try to replace a component with another totally unrelated component, you must provide substitutes for every reference of the current component. If you use it in that way, the Replace command is simply a shortcut for executing a series of Delete and Assemble commands (including Suppress for any children that might be attached). That makes this a useful tool, but to make the Replace command even more useful or automated you can utilize family tables, interchange assemblies, and layouts. Pro/ENGINEER will detect the presence of these possibilities and enable the appropriate commands in the Replace Component dialog. Unavailable options will be grayed out.

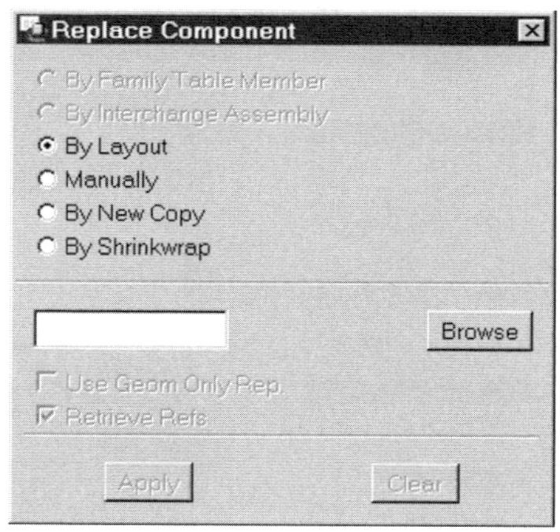


*Replace Component dialog.*

## Restructure

You will need Pro/ASSEMBLY for this option to function. When you begin a new project, you seldom know the level of an assembly at which any given component should be assembled. The ASSEMBLY > Restructure command provides you with a tool so that you do not have to worry about it up front. You can proceed to assemble items to whichever level of the assembly makes sense at present (top level, or some subassembly), and then later restructure the component to the level that appears to make more sense.

Certain restrictions apply, however. First, you cannot restructure the first component of an assembly. Second, the references used to constrain the component in the original assembly must exist in the target assembly. If anything is a problem during the restructuring process, it will likely be references. Children of a restructured component must also be included.

*Restructuring example.*

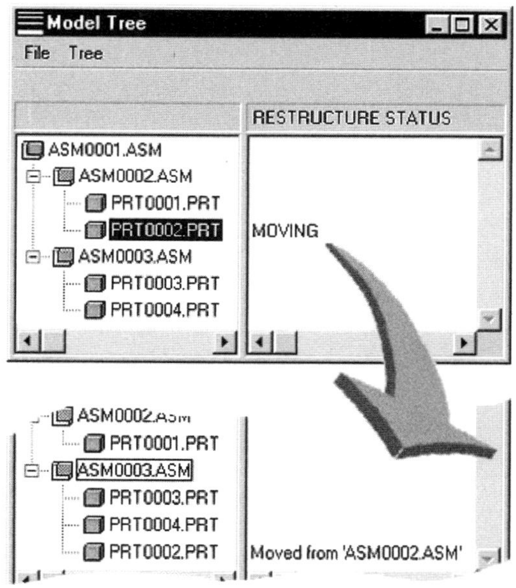


## Repeat

To duplicate a component multiple times in an assembly, you can use the Component > Adv Utils > Repeat command. The advantage of using this command over the Assemble command is that all constraints of the component to be repeated can be retained, except for the one or two that should be varied to provide the repeated locations.

> **NOTE:** *No associations are established between the original and repeated components.*

## Pattern

In Pro/ENGINEER, there are two ways to pattern a component. In either case, you start with the Component > Pattern command.

When you select a component, Pro/ENGINEER will determine if that component currently references a patterned feature. If so, you will be presented with the PRO PAT TYPE menu, with the choices of Dim Pattern and Ref Pattern.

Use Dim Pattern to pattern a component the same as a feature in Part Mode. The constraints used to locate the component must include an offset constraint(s); otherwise, there will be no dimensions to pattern. Ref Pattern also functions as it does in Part Mode, in that if the component references an existing pattern, it will follow the pattern.

## Merge and Cutout

These two operations are similar to the Mirror command in that you typically use Assembly Mode as a temporary workspace for performing the operation and erase the assembly to achieve the result you require. In the case of both a merge and a cutout, one or more components are first selected as a target, and then one or more other parts are designated as reference parts. After the parts are so designated, Pro/ENGINEER asks whether you wish to establish the operation as a Copy or Reference. Select Reference if you want the target part to be updated whenever the reference part changes, and select Copy if you wish the new part to be independent.

For a merge, all geometry pertaining to the reference part(s) is added to the geometry of the target part as a single "merged" feature. A good example of the utility of this feature is for casting and machining. By creating the machined part as a reference-merge of the casting, the machining version becomes an exact duplicate of the casting, which always remains up to date, and then incorporates the additional required machining features. A typical procedure for accomplishing the same follows.

1. Create a blank assembly.

2. Assemble a new part (the eventual machining part) containing only default datum planes to the blank assembly.
3. Assemble the casting model to the assembly, using the default datum planes of each part as the references for the constraints.
4. Initiate the merge operation, selecting the new part (machining) as the target and the casting as the reference.
5. Open the machining part in a separate window and save it.
6. Delete the assembly.

A cutout is essentially the opposite of a merge, in that the geometry of the reference part(s) is subtracted from the geometry of the target part(s). This creates a feature in the target model called a "cutout." An example of this usage is a tooling die for which the geometry in a block is usually the "negative" of the part it is used to create. In this case, the die would be the target and the part it creates would be the reference part.

# ■■ Assembly Features and Tools

The previous section was devoted to describing functionality you can use with the components, or lower levels, of an assembly. This section is focused primarily on functionality applicable to the top level of an assembly.

## Assembly Cuts

Several feature types available in Assembly Mode (such as cuts and holes) can be used to remove material from models, in the same manner as in Part Mode. The difference with these Assembly Mode commands is that they can intersect many models with the same feature.

A typical usage for assembly cuts is match drilling. A common manufacturing process is to assemble two parts and then perform a drilling or boring operation on the parts as if they were one. This procedure provides an exact match for the two mating parts, and tolerances are virtually eliminated. When incorporating this process into Pro/ENGINEER, you would not want to model that hole in the individual parts, because it would show up incorrectly on respective individual detail drawings. Only in an assembly drawing would you want that detail to be displayed. In Pro/ENGINEER, you create an assembly of the two parts and then perform an assembly cut. In doing so, Pro/ENGINEER does not modify the original parts. The cut only shows up when the parts are retrieved in the assembly.

*Specify which components are intersected by assembly cuts.*

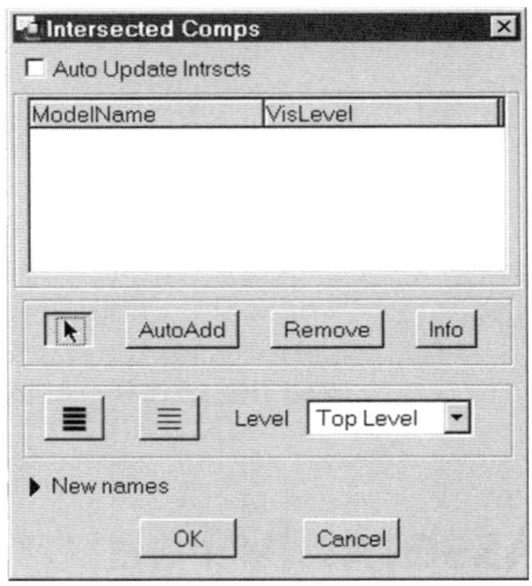


When defining the intersecting parts of an assembly cut, use the options in the Intersected Comps dialog to specify the intersected components. Use the Manual Select option (arrow adjacent to AutoAdd) from the Intersected Comps dialog to select the intersected components. Alternatively, you can use the AutoAdd command to tell Pro/ENGINEER to intersect all possible components, but you will typically experience much better performance if you do not use the Manual Select option instead.

## Layers

In Assembly Mode, the most practical use for layers is to place each component on an individual layer. This will provide a great amount of flexibility for blanking and isolating components on the screen. In addition, you should consider combining components on layers. In this way, you can create a pseudo subassembly of components that are on the same assembly level.

While in Assembly Mode, you can decide to access the layers of the top-level assembly, or the layers of any assembly component, and so on. The Show menu contains three commands at the bottom that control whether you see only the layers of the top-level assembly (Active Object, Layers), the layers of the top-level assembly and any components with identically named layers (All Objects, Active Layers), or all of the layers of all objects related to the assembly and components, regardless of name similarity (All Objects, Layers). Whenever either of the All Objects modes is selected, the applicable components are sorted by the common layer names, such that when a layer name is expanded all components that utilize that layer name are shown in that node. See the following examples for how these settings differ.

*Active Object, Layers: Only the layers contained in the top-level assembly (IPE_CONTROL_PANEL.ASM) are shown.*

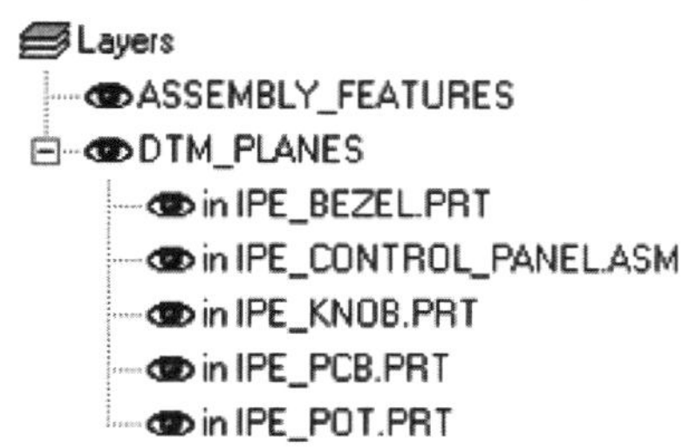


*All Objects, Active Layers: Any components that contain the layer DTM_PLANES are shown after that node is expanded. Note that no components contain the layer ASSEMBLY_ FEATURES.*

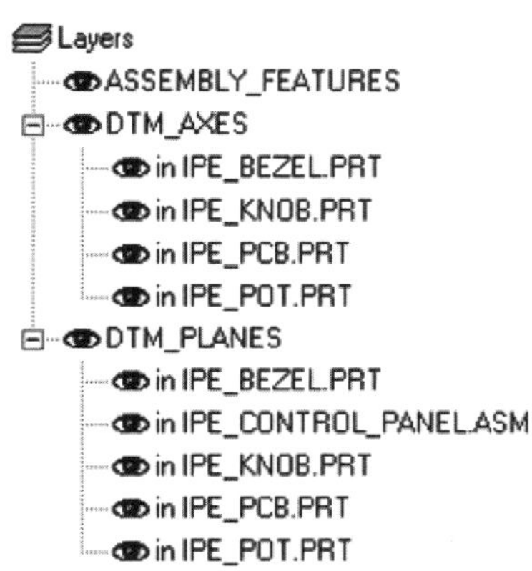


*All Objects, Layers: All layers of all components in the assembly are shown and expanded to show a typical hierarchy. Note how the assembly IPE_CONTROL_PANEL.ASM does not contain the layer DTM_AXES and therefore is not listed under that node.*

Layer display control in Assembly Mode allows the flexibility to Show, Blank, or Isolate an entire node all at once or just selected components. The following examples demonstrate this.

*While selecting the layer DTM_PLANES, the **Blank** command is selected. This automatically selects all components in that node, and the layer is blanked in all of the components, even if viewing the component in a separate window.*

*All components except IPE_CONTROL_ PANEL.ASM are selected individually, and the Blank command is selected. This will result in display of the assembly datum planes, but none of the component datum planes. Note that the icon for DTM_PLANES is dimmed to illustrate that one or more items in its node have a setting different from others in that node.*

✘ ***WARNING:*** *If the [Save Status] button is used at the top level, the command will ripple down throughout all components. This is significant because ordinarily Pro/ENGINEER will not save any unmodified components when the top-level assembly is saved. However, if the layer status is saved, this is technically a modification to all affected components and Pro/ENGINEER will save them when the top-level assembly is saved. In Pro/PDM and Pro/Intralink, this will be a major hassle at the time of submitting the assembly because you will be forced into submitting every component, when you actually may have not made any significant changes worthy of being submitted.*

## Exploded Views

An exploded view in Pro/ENGINEER is simply a cosmetic representation of an assembly. Whether the assembly uses dynamic or static relationships, an exploded assembly can be produced without affecting any existing assembly constraints or relationships.

An exploded view is created and retrieved using the View > Explode command. All components are initially exploded into a default exploded position that Pro/ENGINEER arranges by searching for all existing mate constraints and sliding the children components away from parent components. These default locations are rarely adequate in providing the type of detail you usually expect, so now you typically begin to move the components around to preferred locations. This is accomplished using various drag-and-drop techniques.

The positioning commands are accessed with the Modify > Mod Expld > Position command. The commands used for explode positions are very similar to those in Package Mode. First, you establish the motion direction (e.g., Entity/Edge, Plane Normal, and so on), and then select the Translate option to drag the selected component in that motion.

*Exploded components are repositioned using options in the Explode Position dialog.*

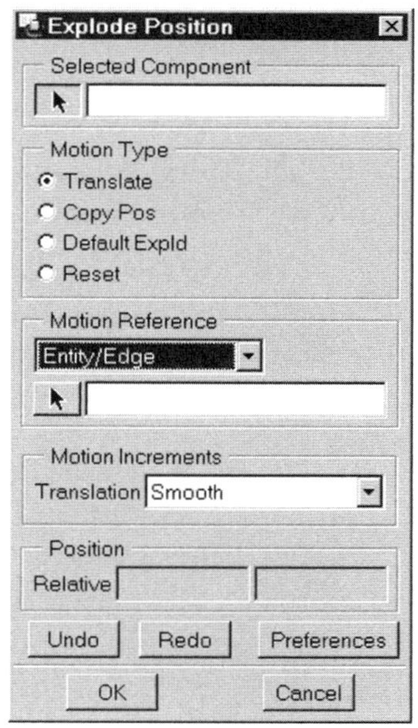


By setting Motion Increments, you can also refine the motion settings. For example, you can set a Translation increment value with an entered value, so that you do not always have to drag to arbitrary locations. Next, using Preferences in the Move Options dialog, you can determine whether children move with parents (Move With Children), and can translate many components at the same time (Move Many).

Once you have repositioned components, the current positions become the default positions, and the next time you return to the exploded view you will see the components in the most recently placed locations. As a means of reverting to an unexploded view, you will note that the View > Explode command now says View > Unexplode.

Use this toolbar icon to quickly toggle between an exploded and unexploded view. Explode tips follow.

- To select individual members of a subassembly component, use Query Sel.
- The explode positions are only in effect at the level in which you are working. If subassemblies are exploded within the top-level assembly, that subassembly file will not be affected (i.e., not changed). In this instance, the explode position affects the subassembly only when it is in the top-level assembly.
- Default positions of components can be reevaluated to revert to their original locations.

**NOTE:** *Sometimes you may simply wish to explode only a single component, or only a select few. Use the Expld Status command to establish whether or not a component should be exploded.*

## Display States

A display state can be used to clarify the view of selected components. With a display state you can specify that certain components be displayed in wireframe, others in hidden line, yet others in shaded modes, and so on.

To activate the COMP DISPLAY menu, use the View > Model Setup > Component Display command. First, create and name a display state, and then select which components are to be displayed, using various styles that are the same as the standard model display styles. You can create as many named styles as required.

# X-Section

Cross sections function in Assembly Mode the same way they do in Part Mode. Refer to Chapter 6 for more information. The command is Setup > X-Section.

In Assembly Mode, there are a couple of items worth noting. First, a planar section may use a datum plane, but the datum plane must belong to the assembly (i.e., it cannot be a datum plane from a component). However, using the Make Datum command, you can simply go Through a component Datum Plane. Next, to exclude or include various components from the cross section, you can use the commands Excl Comp and Restore Comp in the MOD XHATCH menu.

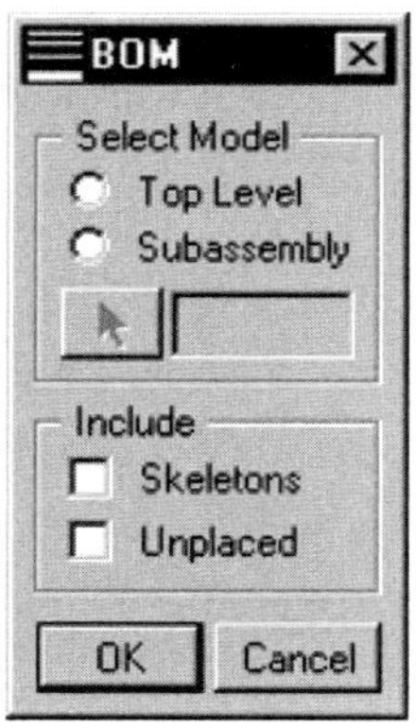


*Use this dialog to decide what to include in a BOM.*

# Info

There are a few unique informational items to be obtained in Assembly Mode. First, the Info > Bill of Materials (BOM) command is used to generate a bill of materials.

✓ **TIP:** *The format in which the BOM data are displayed can be customized by a* bom.fmt *file. Refer to PTC user manuals for help on how to create such a file.*

The Info > Component allows to you to view the constraints currently in effect for any given component. When you select this command, a dialog displays all current component constraints, and when you select a constraint the references being utilized are highlighted. You cannot change any constraints with this dialog.

*Component Constraints information dialog.*

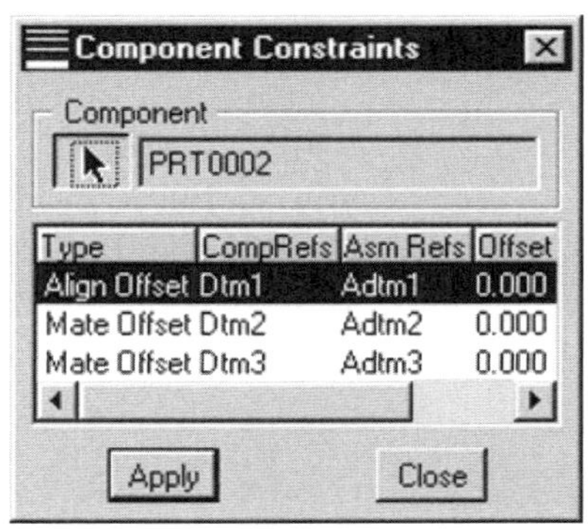

You will need Pro/ASSEMBLY for this option to function. The last unique Info function in Assembly Mode is the Global Reference Viewer. The Global Reference Viewer is also available in Part Mode, but in Assembly Mode its importance is magnified. With this tool, you can identify component references. As shown in the following illustration, you can set filters to show children, parents, feature references, model references, and so on.

*Sample assembly shown in Global Reference Viewer dialog.*

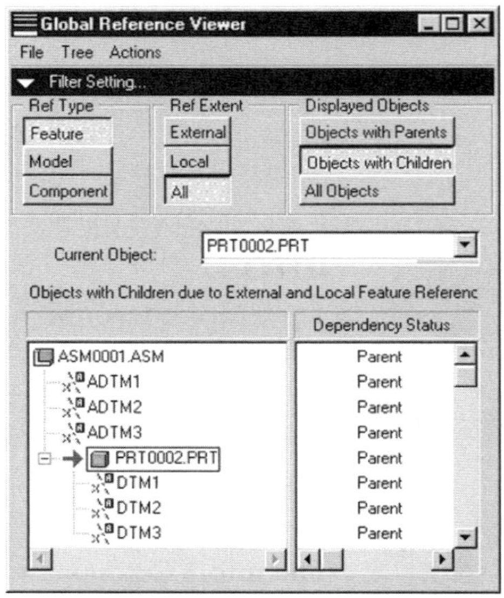


## Summary

This chapter has expanded on the previous chapter, including further detail on assembly retrieval, component creation, component operations, and assembly features and tools. In addition to the various functionality and options covered under these areas, you should understand the role of the search path and the skeleton model, as well as the nature of dependency. You should also have a broader grasp of external references, regeneration operations, the effects of child/parent relationships, and the nature of assembly levels.

## Review Questions

1. (True/False): An assembly records the directory name of where a component currently resides when it is placed in the assembly.
2. List the order followed by the standard search path.
3. (True/False): Only one skeleton model is allowed per assembly.
4. (True/False): A skeleton model can be worked on in the context of the assembly only.
5. (True/False): When using the Create First Feature option, the new component will establish a dependency on the assembly.
6. Name two examples of an external reference.
7. Which Reference Control setting can you use to prevent accidentally creating external references?
8. (True/False): It is generally faster to use the Automatic type of regeneration.
9. In which ways can you make the Replace command even more useful?
10. Name one restriction to using the Restructure command.
11. What is the advantage of using the Repeat command?
12. (True/False): A repeated component becomes a child of the selected component.
13. Cite one use of the Merge command.
14. Cite one use of the Cutout command.
15. Cite one use of an assembly cut.
16. (True/False): An assembly cut is visible in individual parts while in Part Mode.
17. (True/False): The Layer > Save Status command affects only the top-level assembly.

# *PART 4*
# Working with Drawings

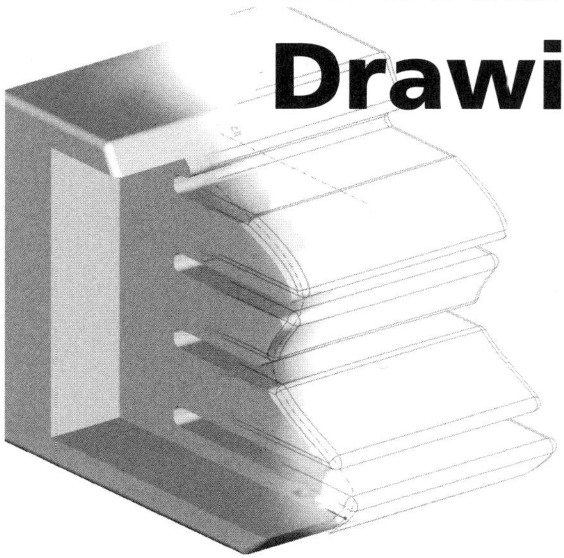

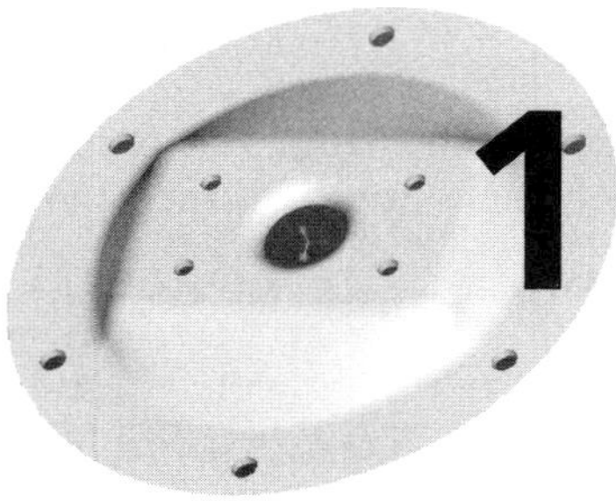

# 11

# A Tutorial of Drawing Mode

This chapter introduces the basic concepts of laying out a drawing, and provides step-by-step instructions. Commands and concepts covered in the chapter follow.

- ❒ Setting up the drawing size and choosing the model for the drawing
- ❒ Creating and locating drawing views
- ❒ Dimensioning and notes

➺ ***NOTE:*** *In Chapter 3, you worked on a tutorial to create a model of the knob. This tutorial creates a drawing for that model. However, due to the many variations that can occur from user to user, and the fact that these instructions might not be accurate if one of those variations is encountered, it is advised that you work on this tutorial with the companion web site model of the knob instead (named* ipe_knob.prt*). If you have not already done so, copy these files into your working directory (see the Introduction).*

## ■■ Starting a Drawing

Before beginning, let's confirm that the *knob* model is valid and that you are in the correct working directory. Such initial steps are not necessary every time you begin a drawing, but for this tutorial to be successful these precautionary steps will be taken.

1. Select File > Set Working Directory.
2. In the Select Working Directory dialog, verify that the IPE installation directory *(ipe2000i)* is listed in the Look In box. If not, use the browser to navigate there and click on [OK].
3. The *knob* model should now be retrieved in Part Mode. Select File > Open. Use this dialog to locate the *ipe_knob.prt* file, and then select the file. Double click on the file or select [OK].
4. Close the window that contains the knob. Select Window > Close.

To begin the creation sequence of the *knob* drawing, perform the following steps.

1. Select File > New to access the New dialog.
2. Select Drawing and then input *knob.* Click on [OK].

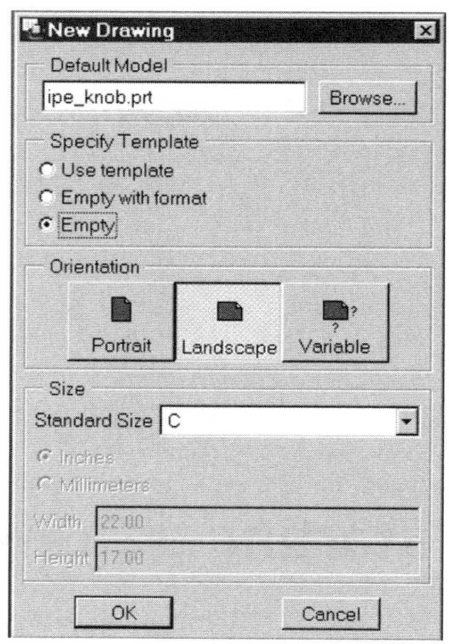


*Dialog for creating a new drawing.*

# Optional Default Model

The term *optional default model* requires some clarification. The term *optional* refers to a scenario in which you would not use Part or Assembly mode to describe geometry for a drawing. These modes imply the use of a solid (3D) model. An example of not using a solid model is a 2D drawing for which the 2D geometry and annotations are described while working in Drawing Mode (i.e., not using model views, which imply the use of a solid model).

In the case of the 2D drawing, you would simply leave the Model Views box blank, and the drawing would be created without assigning a model. In the event you leave this box blank by accident, and attempt to add views to the drawing, Pro/ENGINEER will ask you if you want to activate the box. That is, the box must be active (implying an active solid model) for views to be added.

The term *default* refers to the fact that Pro/ENGINEER remembers the last solid model active in session (if applicable), which the program will provide as the default selection. Notice in this case that the default name for the model is *IPE_KNOB.PRT.* This is because you just activated this model. You could select the [Browse] button to choose a different model.

# Selecting Drawing Size

You can either use the Specify Template section of the New Drawing dialog to specify a size or select Empty With Format to begin with a preexisting drawing format. The *config.pro* setting named *PRO_FORMAT_DIR* can be used to specify a different directory in which Pro/ENGINEER will seek drawing formats. A drawing format can be added now or later, as desired, and the drawing size can be changed. For this exercise, perform the following steps.

1. Select Empty; then set C as the drawing size and Landscape as the orientation.
2. Select [OK].

At this point, you should see a white rectangle in the graphics window containing information at the bottom of the screen. This information includes scale, type, name, and size settings. The scale value is explained after the first view is added.

## Adding the First View

Typically, the first thing accomplished with a newly created drawing is to add all necessary views for sheet 1. For the *knob* drawing exercise, four views will be created and all necessary dimensions added.

The first view will be what Pro/ENGINEER calls a "general view." A general view requires a user-defined orientation of the model, whereas all other view types derive their orientation from existing views.

1. In the DRAWING menu, select Views. A new menu will drop down and display many sets of options for view setup. Accept all defaults (Add View | General | Full View | No Xsec | No Scale) by selecting Done at the bottom of the menu.
2. At this juncture you are prompted to select the center point for the view. Click somewhere in the middle of the screen. The knob will appear in a default orientation. The datum planes will also be displayed (even if their display is currently toggled off). Finally, the Orientation dialog will appear, in which you can make selections to orient the view to the desired position.
3. In the dialog, Orient By Reference is the default method of orientation. For Reference 1, use the default Front and select DTM3. For Reference 2 (defaults to Top), select DTM2. The view should now reorient on the drawing, as shown in the following illustration. Finally, select [OK].

**NOTE:** *Remember, the yellow side of datum planes is always used for view orientation operations.*

*Orientation of first drawing view.*

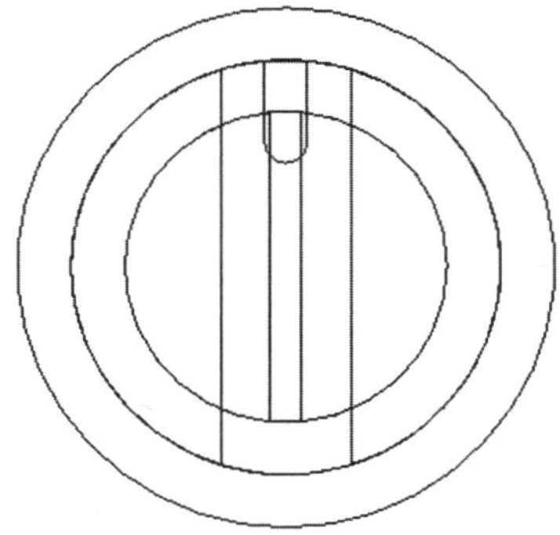

✓ ***TIP:*** *Previously saved model views created in Part Mode can also be used to orient general views. You can click on Saved Views in the lower portion of the dialog to view and select from the list.*

✗ ***WARNING:*** *The planes or surfaces chosen for orienting general views become parents for those views. If such planes or surfaces are deleted from the model, the general views using them would reorient to a default orientation. Any other associated views and annotations may also be negatively affected. Consequently, using default datums whenever possible for orienting general views is recommended.*

# ▪▪ Scaling Views

Placing a view on a drawing with No Scale does not mean the view is not scaled. Rather, it means that the view does not have an independent scale. If the view is the first one on the drawing, the scale value of a No Scale view will be automatically determined by Pro/ENGINEER as a function of model size versus drawing size. This value becomes the global value for all views at No Scale. Modifying this value will alter the scale of all views at No Scale.

A view created with the Scale option will have an independent scale value. To change scale values of such views, simply select Modify > Value, and click where the value appears in the note beneath the view. The No Scale (global) value appears at the bottom of the drawing at the beginning of the status line. It too may be modified in the same manner (by clicking on the text with the Modify command).

> **NOTE:** *The model tree may be obscuring part of the screen. You will not be using the model tree in this tutorial, so close it now.*

## Adding a Projection View

To add a top projection view, select Views > Add View. In this instance, you will accept all defaults (Projection | Full View | NoXsec | No Scale). Select Done to accept the defaults. You are now prompted to select a center point for the view. Click directly above the first view. A top projection view will appear.

## Moving Views

Before you add a third view, select Move View and pick the first (general) view. As you should see, the view can be dragged anywhere on the drawing, with the projection view moving as well to maintain its alignment to the first view. Move the view to approximately the middle of the lower left quadrant of the drawing. Click the middle mouse button to abort the command.

## Create a Cross-sectioned Projection View

The next view to be created will be a right projection view displaying a full cross section. The cross section must reside in the model to be referenced in the drawing, although if it does not already exist, the cross section can be created on the fly without leaving the drawing. The *ipe_knob* model already has a cross section named *A*, which will be used for the view.

> ✓ **TIP:** *When you prepare a drawing and lack a cross section, sometimes it is necessary or simply easier to create the cross sec-*

*tion in a model window, especially if it requires creation of a new datum plane. For this and many other reasons, you may wish to open the model in Part Mode and keep it in a minimized window while working on the drawing.*

1. Select Views > Add View. You will again retain the defaults, except for one. This time, select Projection | Full View | Section | No Scale. Select Done.
2. You will now see a new menu, in which you can specify a certain type of cross section. Here, use the defaults, Full | Total Xsec. Select Done.
3. At this point, you are prompted for a center point for the new view. Click to the right of the first view. A right projection should appear along with a menu prompt to select a cross section from the list of previously saved cross section names.
4. Select A from the XSEC NAMES list.
5. You are prompted for a view to which the section is perpendicular, on which to place the section arrows. Click on the view to the left of the section view (the first general view). You will see the view arrows displayed and the section name appear under the newly created section view.

# Modifying the View Display

You have probably noticed that all the views are displayed in wireframe, which is not acceptable for most drawings. Let's modify them now to a more standard display for drawings. Unless modified, drawing views are displayed according to the settings in the ENVIRONMENT menu. For better control, Pro/ENGINEER provides functionality so that drawing views can override environment settings for display.

*Datum Planes Display icon.*

1. If the datum planes are displayed, blanking them will also simplify the display. Click on the Datum Planes Display icon (shown at left) so that it pops

out (is turned off). Repaint the screen by selecting View > Repaint.

2 Select Views > Disp Mode > View Disp. You are then prompted to click on the views whose display you wish to modify. Click on the section view, followed by Done Sel.

3 From the new menu options, select No Hidden | No Disp Tan. Select Done.

4 Click on the remaining two views, followed by Done Sel. Select Hidden Line | No Disp Tan, and then select Done.

## Create a Detailed View

A detailed view is a portion of an existing view that is magnified and placed in another location on the drawing. Although this drawing probably does not require such a view, one will be created anyway for tutorial purposes. Perform the following steps to make a detail view that magnifies the upper flange area on the cross-sectioned projection view.

1 Select Views > Add View > Detailed. Note that almost all menu items are grayed out. Select Full View | No Xsec | Scale | Done.

2 Select the location in the upper right corner of the drawing for the detail view. Like all views, the location is always chosen for the new view before anything else. Do not mistake this selection for the place on the existing view that should be detailed.

3 Enter the view scale for the new view. This number is the actual scale for the view, not a factor of the parent view. For example, assume that the parent view did not have a scale, and the drawing scale is set to 2. Next, assume that you create a detail view with a scale of 4. This actually means that the scale of the detail view will be 4:1, not 8:1. For this detail view,

enter 10. Remember, these values can always be changed later.

4 Now you are prompted to select a center point on an existing view. At this point, Pro/ENGINEER wants you to click somewhere within the portion of the view you wish to magnify. This action is better understood by knowing that the next prompt will ask you to draw a boundary around the area to be shown in the detail view. However, you first need to click somewhere within this imaginary boundary. Click on one of the vertices within the circle pointed to by the *See Detail A* note, shown in the following illustration.

5 At this point, you will be prompted to sketch a spline to define the boundary outline. Although this is an easy task, it may take a couple of tries to get the "feel" of how it works. Each click you make to define this boundary indicates another point on the spline. As you finish the boundary definition and approach the starting point, click once on the middle mouse button and Pro/ENGINEER will automatically close the boundary.

**NOTE:** *Do not get too close to the start point of the spline. It is recommended that the last point in the spline be located at least 1/4 inch from the start point.*

✓ **TIP:** *The more clicks you make as you define the spline, the more jagged will be the outline around the detail view.*

6 The message window now asks you to enter a name for your detail view. The name entered here will be placed under the detail view and in a note pointing to the boundary. For this detail name, enter *A*.

7 The BOUNDARY TYPE menu appears with choices for how the boundary will be displayed. Select Circle.

8 The last prompt in creating the detail asks where you want the note *See Detail A* to appear. By default, this note is left justified; click where you want the note to start. The result should look like that shown in the following illustration.

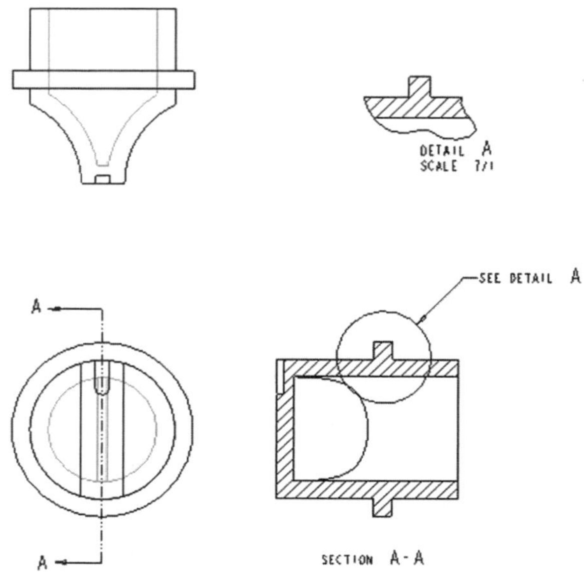


*Result of adding views to the drawing.*

**SAVE**

## Adding Dimensions and Axes

The next task to be accomplished in this drawing is to add dimensions and axes to the views. This task will be relatively easy because the dimensions and axes already exist in the model, and thus you are only required to display them on the drawing. These types of dimensions are called "model dimensions," because they exist in the model. They do not have to be recreated just for the drawing, although you could create new dimensions and axes on drawing views if needed. This topic is discussed in more detail in Chapter 12.

1 Select Show and Erase from the View menu. On the Show/Erase dialog, [Show] is selected by default.

2 From the ten icons showing different drafting items, click on the Dimension icon, and then on the Axis icon, to activate them for the Show command.

3 Several choices for specifying the selection method appear in the Show By section of the dialog. Click

on [Show All] (a typical choice when starting a simple drawing).

4 Upon clicking [Show All], a confirmation window appears asking if you are really sure you want to select the Show All button. Click on [Yes].

5 The Show/Erase dialog has a Preview Mode that is activated by default. Of the items shown as a result of step 4, Preview Mode allows you to select items to remain displayed or to select items to remain erased. Here, select [Accept All] and then [Close].

## Cleaning Up Dimension Locations

Axes and dimensions are now displayed on the drawing. However, the dimensions are not located in the desired way. Before moving them into a better position, let's give Pro/ENGINEER a chance to clean them up.

*Clean Dims icon.*

1 Select Edit menu then, Cleanup Dimensions, or use the Clean Dims icon (shown at left). In the ensuing dialog you are prompted to select the dimensions to be cleaned up.

2 Select the Pick Many option from the GET SELECT menu for defining a window around all dimensions to be selected. Define a window around all dimensions in the top projection view and then select Done Sel, or simply click the middle mouse button as the Done Sel shortcut.

3 In the dialog, the default settings for Offset and Increment are .500 and .375, respectively. The offset is the distance from the view outline to the first dimension line, and increment distance is the distance between dimension lines on the same side of the view. Upon clicking the Cosmetic tab in the dialog, you will see that the system defaults to automatically flip arrows, center text, and so on. Select Apply from the dialog and you should see that most of the manual labor of locating dimensions is obviated.

4. Select [Close]. Repeat steps 1 through 3 for the remaining views. You may do both views at once if you wish.

**NOTE:** *Clean Dims does not work on radius and diameter dimensions. You will have to use Move to relocate them. In addition, snap line display can be turned off using the ENVIRONMENT menu.*

# Dimension Placement

As you can see, Pro/ENGINEER determined a location for each dimension. These locations may not always be the best locations, but they get you in the ballpark. Pro/ENGINEER determined these locations based on the order in which the views were created, combined with the dimension's orthographic orientations. For example, you cannot put a depth dimension (.50) on the front view (the first view created); therefore, Pro/ENGINEER holds onto that dimension until it gets around to the next view created (in this case, the top view). The following section will show you how to switch dimensions from one view to another, and then refine their locations.

*Switch View icon.*

1. Select the Switch View icon (shown at left).
2. Select the Ø.40 dimension in the front view, and then select Done Sel.
3. Select the top view.
4. Select the .05 dimension in the top view, and then select Done Sel.
5. Select the detailed view.

Notice how this task merely switched the dimensions to their new views. Pro/ENGINEER did not attempt to determine a cosmetically pleasing location for the moved dimensions. For this operation, you will reuse the Clean Dims operation. You may "clean" a view as many times as you like.

**NOTE:** *Clean Dims does a great job of stacking dimensions, but sometimes one particular side of a view can get overloaded. A* *typical solution is to balance things out a bit by manually moving dimensions to the other side, and then rerun Clean Dims to restack the dimensions.*

1. Select the Clean Dims icon.
2. Select the top view, select the detailed view, and then issue the command Done Sel > [Apply] > [Close].

One thing Pro/ENGINEER did in the detailed view was place the .05 dimension below the view, whereas a better place would have been above the view. To fix this, you can modify the attachment reference of the snap line to reference the top boundary of the view instead of the bottom boundary. However, Pro/ENGINEER will not move the snap line yet; it will merely change the reference. The next step will be to modify the offset distance from the boundary.

3. Select the snap line for the .05 dimension in the detailed view.
4. Hold the right-hand mouse button down and from the pop-up menu select Mod Attach.
5. The view boundaries are highlighted. Select the top boundary line.
6. Select Modify Space from the pop-up menu.
7. Enter .5, and then select Done/Return.

The last dimension to switch to another view is the R.25, from the right side view to the top view. However, you will use another method of performing the previous operation. The reason for changing methods is that there will be some additional refinements necessary to be able to place the dimension in a nice location, and to make the arrow look correct. These refinements are not something Clean Dims works on, particularly because this will be a radial dimension when displayed in the top view. In addition, as noted earlier, Clean Dims does not work on radial or diametric dimensions.

# ■■ Modify Item Mode

*Modify Item Mode button.*

To move the R.25 dimension, this section uses a special editing mode available in Drawing Mode. You begin by positioning the cursor within the graphics window, then pressing and holding the right-hand mouse button. Then, when the pop-up button appears (see illustration at left), you drag the cursor over the Modify Item selection and let go. Once the mode is activated, it may be aborted by clicking the middle mouse button. Try this a few times to get used to the procedure of activating and aborting Modify Item Mode.

Okay, now that you know the shortcut for activating Modify Item Mode, you should also know that the mode can be activated by regular menu selections as well. The command is Modify > Any Item.

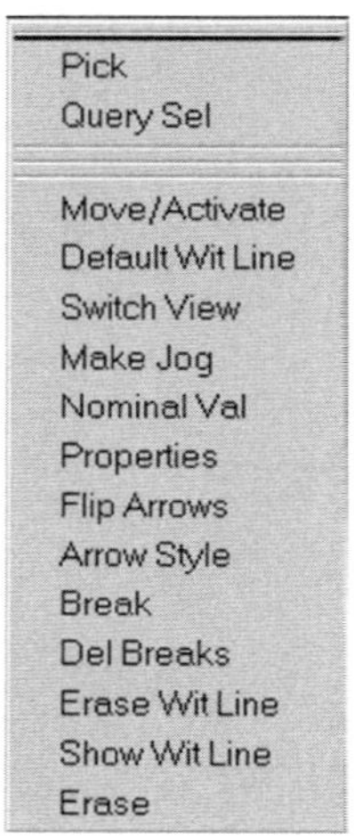


*EDIT ACTIONS pop-up menu.*

Once Modify Item Mode is activated, any drawing entity selected will initiate the EDIT ACTIONS menu, shown at left. This menu will be customized for each type of entity selected (i.e., whether a view or annotation is selected determines the actions that can be edited). As a shortcut, a pop-up version is available (shown at left) at the cursor location by again pressing and holding the right-hand mouse button, followed by releasing the button after dragging the cursor over the desired action.

Also, when a drawing entity is selected in Modify Item Mode, you will be presented with small square handles. Each handle does something different, such as moving the entire entity (the center handle), or moving just the text but leaving the dimension where it is (the left or right handle). Clip handles are used to extend or shorten extension lines.

You may proceed from one entity to another by simply selecting the new one. You do not have to abort the mode after one entity and then reactivate for the next.

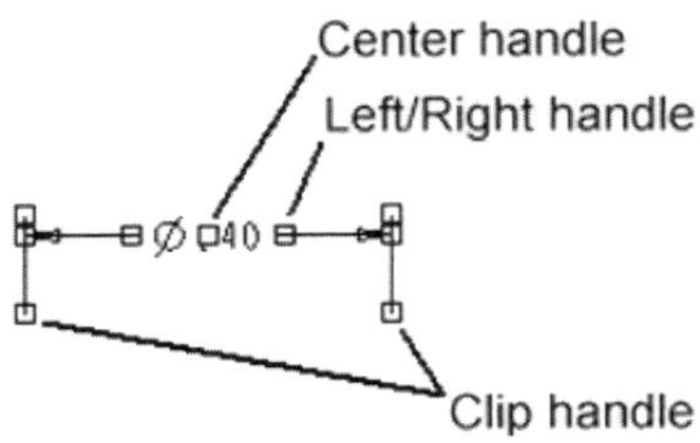


*Handles are provided in Modify Item Mode.*

1 Select Modify Item.

2 Select the R.25 dimension.

3 Select Switch View. Select the top view.

4 Click the center handle (with the left mouse button, in the middle of the text), and drag the note toward the top view. While dragging the note, click the right mouse button twice to select the correct arrow style. Without worrying about whether the text is to the right or left of the leader line, select a proper location for the note (by clicking the left mouse button).

5 Click the left handle, and drag the text to the right side of the leader line. Select the proper location (by clicking the left mouse button).

6 While still in Modify Item Mode, select the .02 dimension.

7 Click the .02 dimension's center handle and drag it over to the snap line of the left side of the top view.

8 Select the .14 dimension > Choose Properties.

9 Click the Dimension Text tab. In the Prefix box, enter *2X*. Click on [OK].

10 Click the left handle of the .14 dimension, and drag it to the left. While dragging to the left, click the right mouse button to flip the arrows. Select the proper location.

11 Select the R.25 dimension. Select Values/Text.

12 Click the Dim Text tab. In the Prefix box, enter *2X*. Click on [OK].

13 Right click any open area of display screen (to abort Modify Item mode).

# Creating a Parametric Note

The last step in this tutorial will be to make better sense out of that ".05 O_THICK" note stuck in the middle of the front view. This note is an automatically created parametric note, which describes the thickness of the shell feature within the *knob* model. This type of note would be clearer if described in a general note, in the Notes area of the drawing. For this tutorial, assume that the general notes will be positioned in the upper left corner of the drawing. Therefore, instead of keeping this note attached to the model in the front view, you will create a note in the Notes block that will read *1. WALL THICKNESS TO BE .05 THICK.* The note will be the parametric, because the *.05* will be the value of the parameter from the model.

As you know, every dimension in a model is a parameter. In addition, every parameter has a symbol name. To create a parametric note, you simply type the regular text you need, and where you need to reference a parameter, you use an ampersand (&) followed by the parametric symbol name. In this case, the .05 dimension is named *d8.*

1. From the INSERT menu, select Select Note > Make Note. The default in the NOTE TYPES menu will be fine for this note.
2. Select near the upper left corner of the drawing.
3. At the "Enter NOTE" prompt, enter *1. WALL THICKNESS TO BE &D8 THICK.* Press <Enter> and select Done/Return.

Notice how the *&D8* was automatically parsed to reflect the value of the parameter.

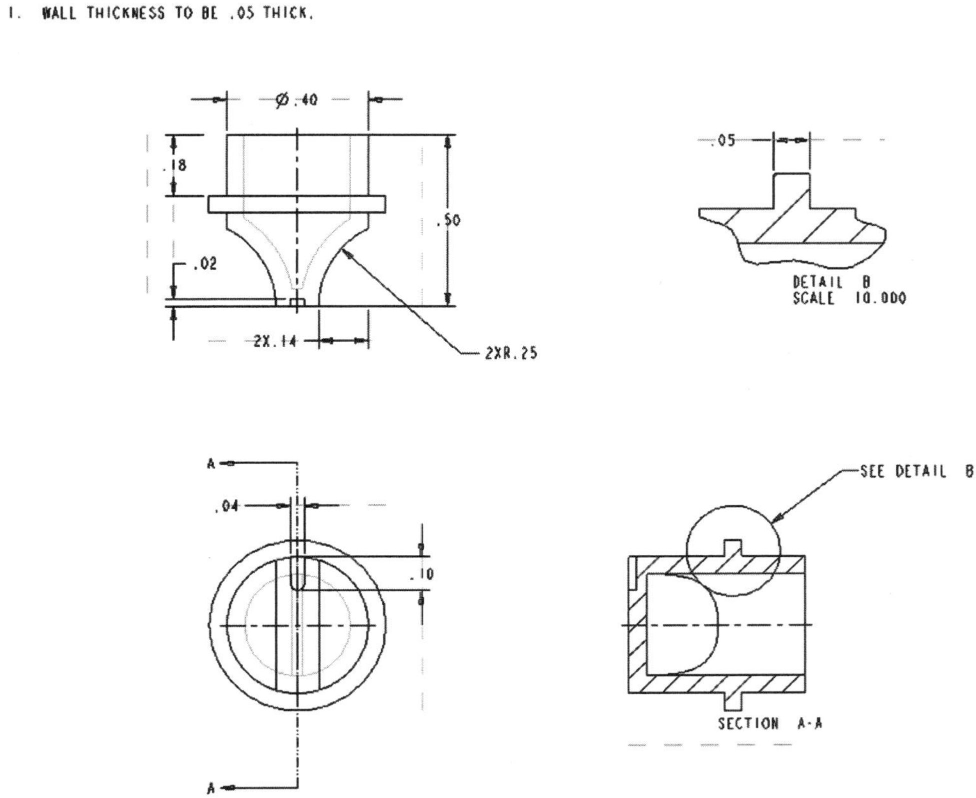


*The completed tutorial of the* knob *drawing.*

# Drawing Tutorial Complete

As you can see, there is still a bit more work to do to make this a production-ready drawing, but this is the end of the primary tutorial. To finish the drawing, read chapters 12 and 13, and then complete this exercise by inserting a drawing format.

# Summary

This chapter introduced the concepts and functionality involved in laying out a drawing. Commands and concepts covered in the chapter included setting up the drawing size and choosing the model for the drawing, creating and locating drawing views, dimensioning, and dealing with notes.

# Review Questions

1. What type of view is always the first view?
2. What side of datum planes, red or yellow, is used for view orientation operations?
3. What does it mean when a view is added with No Scale?
4. (True/False): Moving a projection view will unalign it from its parent view.
5. How do you change the view display in drawings from wireframe to hidden line?
6. What is a detailed view?
7. What are the dimensions called that you can "show" in a drawing?
8. What is the menu selection called that automatically moves dimensions into more desirable positions?

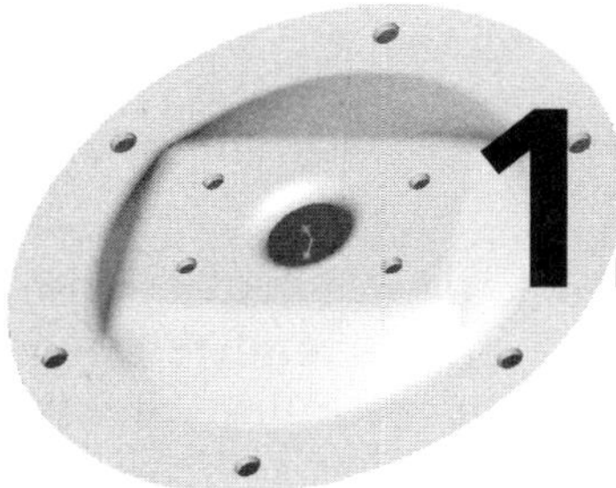

# 12

# Drawing Mode Commands

## Drawing Settings

Every drawing contains a collection of DTL settings that control detailing appearances and certain behaviors. DTL settings determine the height of dimension and note text, text orientation, drafting standards, and arrow lengths, among other things. You do not have to concern yourself with DTL settings if Pro/ENGINEER defaults are satisfactory. However, it is likely that occasionally you will need to customize a setting or two for a drawing, and sometimes even carry out extensive customization of DTL settings.

This chapter first covers minimal modifications to an individual drawing. The chapter then explores the methods used to make extensive customization available for all newly created drawings.

### Modifying DTL Settings

To modify drawing settings, use the Advanced > Draw Setup command. Pro/ENGINEER compiles all such settings into a text file and displays them in the Options dialog window. Using the commands for modifying and saving, you would make the necessary changes, select Apply, and then close the Options dialog. The data are automatically reread by Pro/ENGINEER and the changes put into effect. Whenever you make changes, you must repaint the drawing to see their effect.

DTL settings are identified by name, and can have various applicable values for each setting. Some settings require a number (e.g., *drawing_text_height .156*), and others require a specific text value (e.g., *view_scale_format decimal*). For settings that require a text entry, Pro/ENGINEER allows only specific values. These values can be obtained from the pull-down menu in the Values window of the Options dialog.

### Using a Company Standard

If you are implementing Pro/ENGINEER at your site, you will probably need to spend some time with all DTL settings. You must first study the function of every option, and adapt it to your standards. Once you or your site administrator has executed such adaptations, these settings can be saved into a separate file to be used as your standard DTL file. The saved file will have a *.dtl* extension, but you can name the file whatever you wish. This customized DTL file can be now used in the following ways.

- For existing drawings, you simply open the drawing, use the Advanced > Draw Setup command, retrieve the applicable *.dtl* file, and repaint the screen.
- For all newly created drawings, you specify the DTL file name for the configuration file option, *DRAWING_SETUP_FILE.*

## Creating Views

Many types of views can be created on a drawing. Most are based on existing views, and are created and oriented in accordance with their respective types. For each view type, you must specify the following properties.

- Type of view (General, Projection, Detailed, Auxiliary, and so on)
- How much of the view is displayed (Full View, Broken View, and so on)

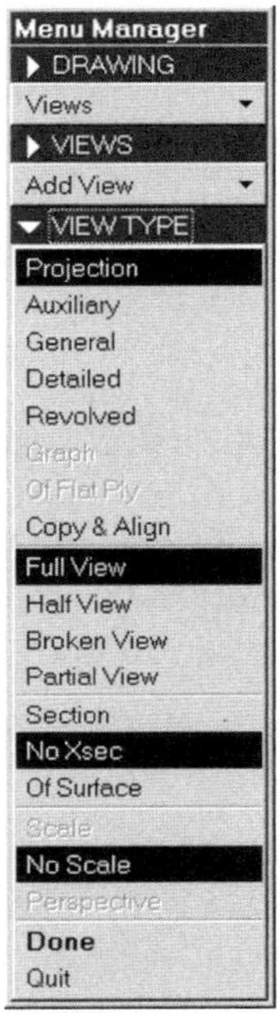


*VIEW TYPE dialog.*

- ❐ Whether the view contains a cross section (Section or No Xsec)
- ❐ Whether the view is exploded (assemblies only)
- ❐ Whether the view has an independent scale

After the view is created, each of the previously listed properties may be redefined at a later time. Views are parametric, meaning that when you create certain view types (e.g., Projection, Detailed, and so on) the new view becomes a child of the existing view. This parent/child relationship indicates that, for example, when you move a view that has a child projection the child will move appropriately in order to maintain the correct projection. In another example, if the same existing view is reoriented (e.g., turned upside down), the child will react appropriately.

## General

A general view is the only type that requires a user-defined orientation. The orientation of all other view types is established based on an existing view.

To create a general view, you are presented with the same Orientation dialog you use in Part and Assembly Modes. With this dialog (note that it also contains a Saved Views section), you can choose any existing orientations in the current model.

## Projection

A projection view is a standard orthographic projection of an existing view. All existing views have imaginary corridors extending out vertically and horizontally. When you click in one of those corridors to place the new view, Pro/ENGINEER creates the orthographic projection by looking sideways or up/down to determine the closest view. If there is a conflict, such as in the case of selecting a location that is in both a vertical corridor from one view and in a horizontal corridor from another view, you are prompted to select the correct view to project from.

## Detailed

A detailed view is typically an enlarged portion of an existing view. The creation sequence takes a little getting used to. See Chapter 11 for a thorough explanation of the creation sequence.

## Auxiliary

An auxiliary view resembles a projection view, except that you are not limited to horizontal or vertical corridors from the existing view. You are asked to select a location for the view, and then to specify an edge, datum plane, or axis on an existing view from which to project. The resulting view will project perpendicularly from the edge or axis you select.

## Sections

The view types previously discussed, except for detailed views, can show cross sections within them. (Detailed views can display sections only if they already exist in the parent view.) The cross sections, or x-sections, must actually reside within the model to be displayed on a drawing view. Although you can create the x-section in the model in the course of preparing the drawing view, it is sometimes easier to quickly retrieve the model itself to create the x-section. Note that for the section to be displayed it must be parallel to the front surface of the view. See Chapter 11 for a step-by-step creation sequence.

## Local Views (Breakouts)

Breakouts, or "local breakouts" (according to Pro/ENGINEER), are simply portions of x-sections displayed on drawing views. They can be created as the section view is prepared and placed on the drawing or added later by modifying an existing view. Creating local breakouts is similar to creating a detail view. After selecting Section from the VIEW TYPE menu, you will need to select Local from the XSEC TYPE menu.

## Broken Views

Broken views have complete interior portions clipped away to better fit them into the available space. You can remove multiple sections if desired. The default space between the sections is one drawing unit, as set in the drawing setup file, but the spacing can be changed by using Move View. When creating broken views, you will be prompted to create break lines. For every two break lines created, Pro/ENGINEER will remove the area between them.

## Exploded Assembly Views

Exploded assembly views can be created in drawings. You must select the Exploded option when adding the view. Pro/ENGINEER will explode the assembly components into default positions. It is very likely you will want to modify the default positions of various components, as well as unexplode certain components, as in the case of subassembly components. To begin this process, perform the following steps.

1. Select Views > Modify View > Mod Expld.
2. You are prompted to select a view to be modified. Upon selecting a view, the WXPLD STATE menu appears. For this exercise, select Redefine from this menu.
3. Menu options permit you to modify either the position or exploded status of a component. Modifying the exploded status is a fairly straightforward procedure. Modifying the exploded position is executed in the same fashion as moving a component in Package Mode, as described in Chapter 7.

## Scaled Views

As explained in Chapter 11, scaled views have a scale value that is independent of No Scale views. In other words, all No Scale views share the same scale value; changing this global value changes all No Scale views. However, in drawings that use multiple models, each model will need to be set.

# Modifying Views

Drawing views can be modified in almost every conceivable way, from simply moving a view to redefining its type. Just about everything you might have initially defined for a view can be altered or redefined later. Even the original model used for your views can be replaced, as long as the replacement is a family table instance or simplified representation. All commands available for changing views are found within the VIEWS menu, with many located in the MODIFY VIEW submenu. Other view commands are available from the right mouse button pop-up menu when selecting a view.

✓ **TIP:** *Information about views is available by accessing the View Information selection under the Info menu bar. Information about view name, view type, model name, parent/child views, and so on, is available.*

## Move View

As shown in Chapter 11, moving a view is accomplished via selecting Views > Move View and then clicking a view and dragging to a new location. Projection and auxiliary views will remain aligned with their respective parent views. Note, however, that views can also be moved to a different drawing sheet by selecting Sheets > Switch Sheet.

## Modify View

The MODIFY VIEW menu is a fairly extensive list of operations that affect existing views in various ways. Many, if not most, of the operations in the MODIFY VIEW menu will allow you to change a view by reselecting options used when the view was first created. In some cases, the option name clearly indicates its purpose, such as Change Scale, View Type, and Reorient. One option that is not so obvious is Boundary. Selecting Boundary allows you to add or modify a breakout x-section on an existing view. Another is Snapshot. With the Snapshot command, you can transform a view into a collection of lines, arcs, and circles with no association to the model. You should have a very good reason to use the Snapshot command, because a snapshot view will not update upon subsequent changes to the model. One valid use of the Snapshot command is in the creation of a symbol. Symbols are discussed later in this chapter.

## Erase/Resume View

With the Erase View option, views can be removed from display without actually deleting them or affecting child views. Selecting Resume View will show a purple outline around all erased views. Clicking within the outline redisplays the view.

✓ ***TIP:*** *Creating a view for purposes of making a projection or detail view is sometimes desirable. Erase View then becomes handy for removing the first "construction" view from the display.*

## Delete View

Unlike Erase View, Delete View permanently removes a view. Once a view is deleted, it cannot be resurrected. Pro/ENGINEER will not allow a view with children to be deleted; you must delete the child views before you can delete the parent.

## Relate View

Relate View is a type of grouping operation that allows selected draft entities to move in relation to a particular view when that view is moved. Draft entities are notes, lines, arcs, and so on that are created within a drawing. Draft entities are discussed further in the "Detailing Tools" section later in this chapter. You would also use Relate View to prevent draft entities from being related to a view.

## Disp Mode

Disp Mode is used to modify the display of drawing views. A submenu contains View Display, Edge Display, Member Display, and Process Display. View Display is the most frequently used of the four because drawing views should be changed from wireframe to hidden line (or no hidden line) display with this option. This is because the display you choose with View Display will affect only the selected views, thereby allowing different drawing views to have different displays.

The Edge Display and Member Display options allow you to hide selected edges on views or selected components on assembly views. Process Display is a command specific to the Pro/ENGINEER module Pro/PROCESS for Assemblies.

## Dimensions

In general, there are two types of dimensions you can use in a Pro/ENGINEER drawing: model and created. Model dimensions already exist in the model, and thus can be easily displayed in drawing views for any or all features. Model dimensions drive the geometry and can even be modified from the drawing. Created dimensions are created within the drawing and are analogous to reference dimensions in that their values are driven by the geometry.

Which type should you use? A response suitable for everyone is difficult because there are many pros and cons for each type of dimension. For example, using model dimensions should allow you to finish a drawing faster because they just have to be displayed.

Next, model dimensions assure the user that the design intent conveyed on the drawing resembles the modeling method used in the part. Without this assurance, users of models unfamiliar to them can waste time deciphering the model to determine the required course of action in making a change.

On the other hand, although some model dimensions may be quite elegant for capturing the design intent for a particular part, they may not describe the desired dimensioning scheme for a manufacturing drawing. Perhaps a reasonable approach is to use model dimensions whenever possible, and create the others when model dimensions are not appropriate.

Note that you can initiate the Redefine Feature command in Drawing Mode to change a feature's dimensioning scheme. This functionality is actually the same as working in Part Mode, by selecting Edit > Redefine Feature, and then selecting the feature in the drawing view. In this way, you are able to access the part and the schemes.

## Show and Erase

The Show and Erase dialog is used to display (show) or blank (erase) various entities that are contained within the database of the 3D model. Just as the VIEWS menu in Drawing Mode is used to display the geometry of the 3D model, the Show and Erase dialog is used to display the other parametric information from the model, such as dimensions, axes, notes, balloons (with the ID numbers in an assembly model), and so on.

*Show/Erase dialog.*

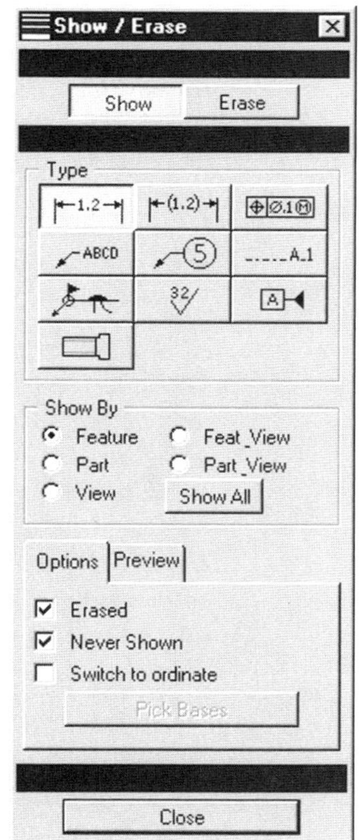


The icons beneath the [Show] and [Erase] buttons represent the types of entities available within parametric models. At least one icon must be chosen, but several icons may also be selected at once.

Below the icons is the Show By or Erase By section, depending on which command is used, [Show] or [Erase] (see the following illustration for the options available for each command). The options that are available, in either case, are provided to offer controls over how many entities, and from which views, the commands act upon. Included are [Show All] or [Erase All] buttons. If these buttons are chosen, a confirmation dialog ensures that these commands are not used without serious consideration.

> **NOTE:** *Using the Show All command on a complicated model is probably not a good idea. The reason is that if there are a large number of dimensions in the model, showing them all at once could become confusing. Additional options are provided when using the Show command. One option, "Switch to ordinate," enables the [Pick Bases] button, and these two commands streamline the operation of showing model dimensions directly as ordinate dimensions instead of linear dimensions, the default. The other two options, Erased and Never Shown, may be used interchangeably to control the display of entities that have either already been erased in prior sessions or have never been shown.*
>
> *In addition to these options is the Preview tab. In this tab, the With Preview option is always checked by default, and together with the buttons below it provides an intuitive way of quickly filtering out any unwanted entities that may have been shown in the last operation. With this option enabled, entities appear in a color different from dimensions already shown so that they are obvious. Whether or not the With Preview option is checked, entities remain highlighted until they are moved or modified, at which time they turn yellow.*

A very important entity type to use in the Show/Erase dialog is the axis. If you want to have a centerline appear on the drawing, you must show a model axis. When a model axis is shown, it appears as a centerline. This Drawing Mode functionality overrides the Datum Axis display, whether or not the Datum Axis display is on or off. Axes will not display on the drawing until they are shown with the Show command. However, once the axes are shown, in Drawing Mode, the Datum Axis display command controls the display of the axis names, or tags. With axis display on, and if an axis is "shown," the tag will display. With axis display off, and if an axis is "shown," the tag will not display.

**NOTE 1:** *If you can see the axis tags, not to mention the datum planes, they will print. Make sure you observe whether these settings are correct before printing.*

**NOTE 2:** *Erase and delete have different meanings in Pro/ENGINEER. An erased item is removed from the display, but it can be redisplayed at any time. In contrast, a deleted item has been permanently removed or destroyed. Note that while in Drawing Mode you cannot delete a model dimension.*

## Created Dimensions

Linear and ordinate dimensions can be created on drawing views with Insert > Dimension. Linear dimensions are created in fundamentally the same way as they are in the Sketcher, although there are additional choices for dimensioning to midpoints and intersections. Created dimensions will update automatically to model changes, but they cannot be modified to change the model.

Ordinate dimensions are also supported in Pro/ENGINEER drawings, but they are not as intuitive to create as linear dimensions. Ordinate dimensions can either be created or linear dimensions can be converted into ordinate dimensions. Either way, you must start by creating the baselines; that is, converting an existing linear dimension with a witness line at the desired baseline.

1. Select Insert > Dimension > Ordinate > Create Bases.
2. Click on the linear dimension text. You are then prompted to select the witness line that will be the baseline.
3. Once the zero dimension is created, you can start creating ordinate dimensions with Insert > Dimension > Ordinate > Create Dims.
4. At this point, you are prompted for the baseline, and then for the locations on the view to create the dimensions. As with linear dimensions, use the middle mouse button to place them.

## Tolerances

When added to dimensions, tolerances are more than simply text. A tolerance is actually a parametric value. All dimensions inherently have a tolerance in Pro/ENGINEER, but the tolerance mode will determine how this parameter is shown.

> **NOTE:** *Actually, one tolerance setting, Nominal, does not have a tolerance.*

In Part Mode, tolerances may toggle on and off with an environment setting. This setting is ineffective for Drawing Mode. In Drawing Mode, you must set the DTL setting *TOL_DISPLAY YES*. Unless this setting is set to *YES*, you will not be able to view tolerances on a drawing. However, once it is set, you will note that the dimensions are displayed with respect to their tolerance modes. To change the tolerance mode, select the desired dimension, then either through the pop-up or the Edit menu select Properties, and make the necessary settings in the dialog. If a model dimension is modified in this way, you will notice the modification in Part Mode as well.

## Adding Text

Dimensions can be modified in order to add text before, after, or as a second line to, the actual dimension. You do this by selecting the desired dimension, and then either through the pop-up or the Edit menu selecting Properties. The Dimension Properties dialog appears with three tabs shown at the top. The Properties tab displays initially, but select on the Dimension Text tab only. In this tab, you will see the dimension in a large text field, where it can be edited. In addition, there are fields below where prefixes and postfixes can be added or edited. There is even a field for renaming the dimension symbol.

Do not be confused by the dimension appearing in the editor as *{0:@D}*. In most cases, you can simply ignore this notation and add text outside the curly brackets. This notation is typical of all text created by Pro/ENGINEER. Because a dimension is more than simply text (being a parameter), Pro/ENGINEER reads the *@D* portion of the text and understands that it must insert the parametric value in its place. The *@D* must always be present in

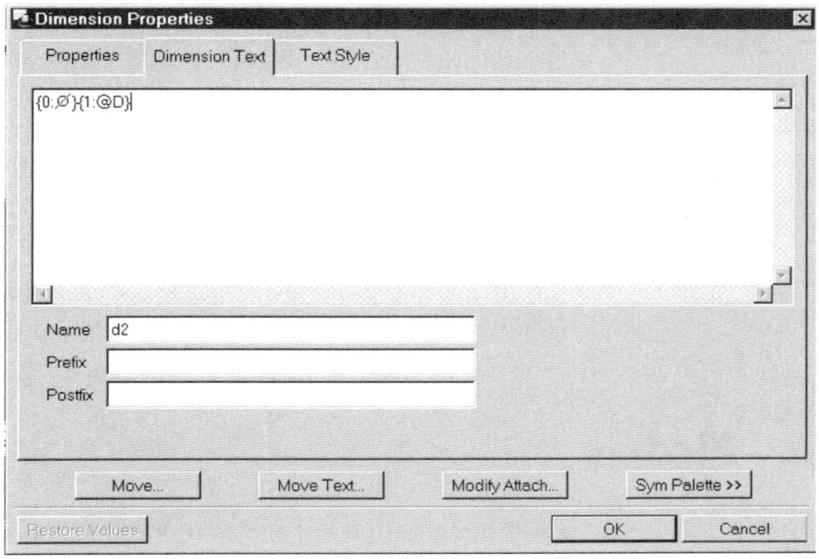


*Dimension Properties dialog.*

dimension text; you could not delete it if you tried. The remainder of this element's notation, *{0:}*, is called a text separator.

Pro/ENGINEER uses text separators for formatting. Once you become familiar with how Pro/ENGINEER uses these separators, you may want to add your own in some cases. With these separators, you can apply, for example, underline formatting to one portion of text, and enlarged font size to another portion of the same text entity. You can have as few as one, or as many text separators as you like, in any single entity. If, while editing text, you accidentally delete or omit these separator notations, Pro/ENGINEER will automatically re-add them.

> **NOTE:** *Sometimes you may wish to substitute text for the dimension value. If you edit the* D *in* {0:@D} *to an* S, *the dimension will display its symbolic value on the drawing rather than its numeric value. Moreover, changing the* D *to* O *will result in the dimension being replaced by whatever text is placed after the* O. *This is not a good common practice and should only be used in limited situations.*

## Moving Dimensions

Dimensions can be quickly moved into new positions by selecting on the dimension once to activate it. You then select one of the dimension handles (described in Chapter 11) and drag the dimension or its other components to the desired location. Each handle does something different when dragged. Experimentation is recommended here as the best method of learning the differences among the handles. After moving or otherwise modifying an item utilizing this technique, the mode is cancelled by right clicking in any open area on the display screen.

# Notes

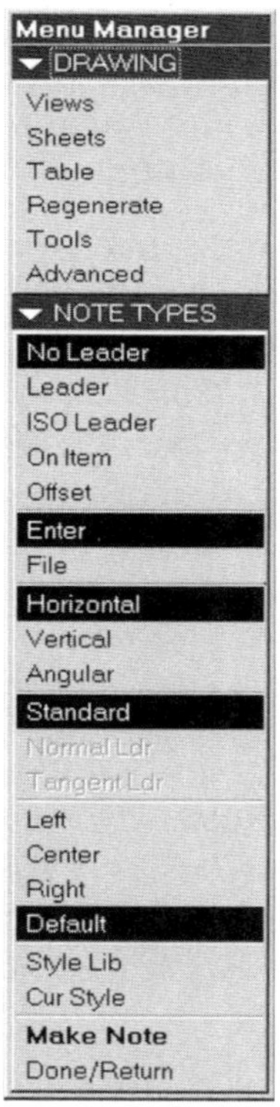


*NOTE TYPES dialog.*

Entered from the keyboard or a text file, Pro/ENGINEER drawing notes can be unattached ("free") or with leaders. Default values for note height, font, and so on are read from the drawing setup (DTL) file, but can be individually modified during or after they are entered. Next, in addition to normal text, Pro/ENGINEER allows model dimension and parameter values to be used in notes, which then update automatically in the Notes to model changes.

## Creating Notes

Notes are created by selecting Insert > Note from the Insert menu. The next menu lists some of the options for how the note will be created; that is, concerning choices on with/without a leader, text angle, justification, and so forth. Select desired settings and select Make Note. You are first prompted for the note location. At this point, you should move the cursor to where you wish the note to start, and click the middle mouse button. You next input the text into the message window. Press <Enter> on the keyboard to enter a second line. Pressing <Enter> on an empty line will complete the operation and place the note on the drawing at the previously selected location. If Leader was chosen, you are first asked where you wish the leader to be attached. There are many options for leader types as well, but Arrow is the default. Pick where you wish the arrowhead to point. (Multiple selections will create a multi-leader note.)

## Changing Text Style

Changing text style after the note is entered is carried out by first selecting the text and then either selecting Mod Text Style from the pop-up menu or selecting Properties from the Edit menu. The Text Style dialog will be displayed if Mod Text Style is chosen from the pop-up. The Enter Text dialog will be displayed if Properties is chosen. The dialog for text style is largely self-explanatory, with settings such as Height, Thickness, and others. Select the Text Style tab in the Enter Text dialog to make these types of changes.

> **NOTE:** *There are many fonts available in Pro/ENGINEER: true type, regular font, and filled. However, if you are using fonts for geometry creation, not all of them will generate geometry.*

*Enter Text dialog.*

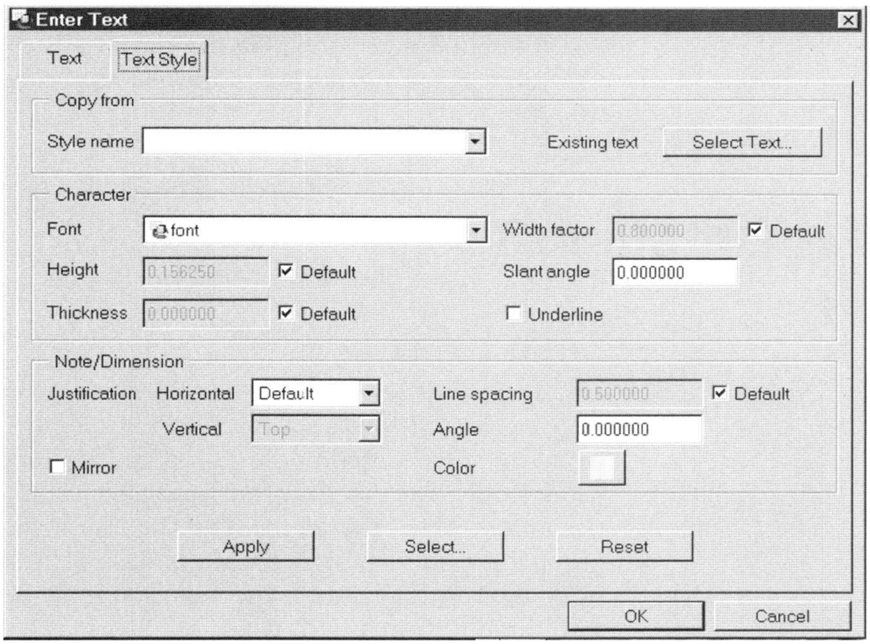


## Editing Notes

Notes can be edited in the same method as previously described for text style. However, in this case you would select Edit Text from the pop-up menu. The Text tab is the default and the Enter Text dialog is displayed for either menu pick. Once the dialog displays, simply edit the text displayed in the window and then click on OK.

### Including Parameters

Drawing notes can include parameters and model dimensions, whose values can then be modified from the note. All you need to do when typing the note is to precede the parameter name or dimension symbol with an ampersand (&). Be aware, however, that model dimensions can only be shown in one place on a drawing. Putting them into a note will cause them to disappear (if already displayed) from a view.

For instance, assume that the radius dimension symbol for the rounds on a machined part is *d14*. You could create a note that says "Break all sharp edges to &d14 radius." Not only would the note display the radius value, but the value in the note itself could be modified to change the round value in the part. Thus, you can make notes within a drawing that convey and maintain design intent.

## Detailing Tools

### Snap Lines

Use Insert > Snap Line to create drawing entities useful for aligning dimensions and text, and for keeping those items away from the model geometry. For aligning dimensions and text using snap lines, you simply drag the items up to a snap line and the items "snap" the location to the line. The "snapped" items are at that point parametrically linked with the snap line, but only regarding location. The snap line may be deleted without affecting items snapped to it.

The advantage of having the detail items parametrically linked to a snap line is that the snap lines are parametrically linked to the model geometry. There are two options used to establish the link: Att View and Att Geom/Snap. Att View attaches the snap line to the boundaries of the view at a specified offset. As the geometry gets bigger or smaller, the snap line moves. As the snap line moves, the detail items move. With Att Geom/Snap, you select a specific piece of geometry or another snap line to become parametric with the new snap line.

> **NOTE:** *Snap lines do not print out when you print the drawing. When a view is deleted, all snap lines for that view are also deleted.*

## Breaks

Dimension breaks are used whenever dimension extension lines cross over various detail items, especially other arrowheads. The Insert Break > Add command starts the procedure. Next, you select the dimension, and then select the dimension's extension line to be broken. (The precise location on the selected extension line is not important.)

After initiating the command and selecting the dimension, there are two methods for creating the break. The primary method, Parametric, allows you to link the break to a snap line or another dimension extension line. The other method, Simple, allows you to create a break anywhere else.

## Jogs

Jogs are sharp bends on note or dimension leaders; they are typically created to prevent passage of the leader through something on the drawing. Jogs are typically used on leaders of ordinate dimensions. Simply select Insert > Jog, or select Make Jog from the pop-up menu after selecting the text/dimension. You are then prompted to click on the leader where the jog is to be made. At this juncture, you should see the jog point stretch dynamically as you move the cursor. Click where you want the jog created.

To remove a jog, click on a vertex added as a jog, and the jog appears. Then, from the Edit menu, select Delete Jog.

# Symbols

A symbol is a set of drafting entities that can be saved and placed on any drawing. For example, it can be a set of notes used over and over again on many drawings. Or perhaps you use an installation view on many assembly drawings that is always the same. Furthermore, symbols can be placed in a single directory and your *config.pro* option *PRO_SYMBOL_DIR* can be set to this directory. In this way, all symbols will be saved and retrieved from the same place.

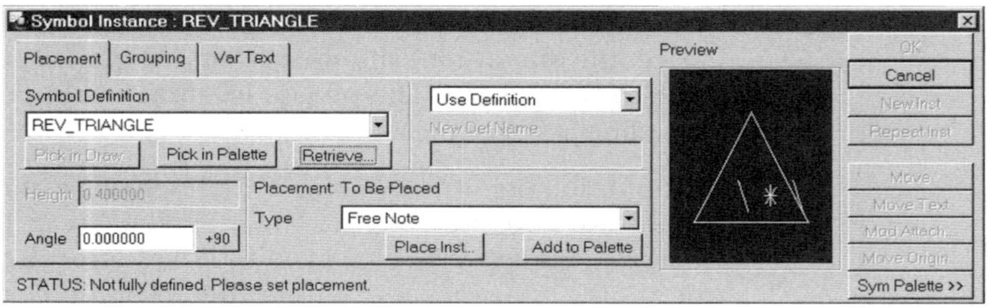


*Symbol Instance dialog.*

## Creating Symbols

The geometry and text collected into symbols can be created while editing your symbol or can be copied from existing drafting entities on a drawing. If you plan to copy existing drawing view geometry, you will have to first convert the view into draft entities. Use Views > Modify View > Snapshot for this action.

> **NOTE:** *Symbols cannot contain dimensions. If necessary, dimensions can be added after the symbol is placed on a drawing, and then only after it is exploded. To explode a symbol back into draft entities, click on the symbol, then select Edit > Properties from the pull-down menu, or select the symbols and, holding the right mouse button down, select Properties from the pop-up menu. In the dialog, click on Use Definition, select Exploded, and then click on [OK].*

Start by selecting Format > Symbol Gallery > Define. After entering a name for your symbol, a new window appears, in which you will create, copy, and edit the draft entities. Note that many of the same menu choices are found in the regular menu bar, including Edit, Insert, and so on.

Once you are satisfied with the appearance of your symbol, select Attributes, which accesses a dialog in which you must at a minimum decide the placement point used for locating the symbol. Select Done and your symbol is defined.

### Variable Text in Symbols

A symbol can be created so that certain text can be modified as the symbol is later placed on a drawing. The modifiable text can contain preset values or be opened for any type of edit. For your symbol to recognize variable text, the original text within the symbol must be bracketed with backslashes as follows: *\variable text*. In the Symbol Instance window, this text will appear in the Var Text tab, where it must be given a default value.

## Multiple Sheets

The SHEETS menu in Drawing Mode is fairly straightforward and requires very little explanation. You can add, delete, and reorder sheets. You can move views, tables, and draft entities from sheet to sheet. What is perhaps not so obvious is that the SHEETS menu is where you need to go to change the size of a drawing sheet (Format > Remove > select a new size). You can also switch sheets using the Sheets icon in the Top Toolchest.

### Adding and Deleting

Add a sheet to your drawing with Sheets > Add. Delete sheets with Sheets > Remove. Reorder sheets using Sheets > Reorder.

### Moving Items

Views, tables, and draft entities can be moved to a different sheet with the commands Sheets > Switch Sheet. Pro/ENGINEER even lets you add a new sheet on the fly in this case.

# Multiple Models

Creating a drawing that contains more than one model is a common occurrence. Examples are drawings for matched or welded assemblies. In these cases, you often need an assembled view, as well as detailed views of each individual model in the assembly (all on the same drawing).

The first model added to the drawing would be the assembly. With this model in the drawing, you will be able to create assembly views, but detailed views of each part would not be clear. The next step is to add the individual parts as models to the drawing. In this way, you can now have individually detailed views of each added part. In the DRAWING menu, use Views | Dwg Models | Add Model to add additional models.

# Changing Models

Before you can create a new view of a model and show its dimensions, it must be added to the drawing. Adding a model to the drawing does not create any views; it simply enables the model for various commands, of which Add View is the one you would use for adding a view.

Adding the first model to the drawing is carried out in the New Drawing dialog during initial drawing creation, or by initiating the Views command on a drawing in which a model has not yet been added.

When removing models from the drawing, use the Views > Dwg Models > Del Model command. Before you can actually use this command, you must first verify that all views using the model are *deleted.*

## Set Current

Only one model is current (active) at a time. Whenever you add a model to a drawing, that model automatically becomes the current model. Thereafter, you can set any model to be current by choosing a different model name from the toolbar icon (see

*Drawing model selection icon.*

illustration at left). You can select the model from the toolbar icon, or you can select any view that contains the model.

## Replace

If a model contains a family table, any of its instances may replace the current instance automatically. Use the Instance dialog to select the model, by first using the commands Views > Dwg Models > Replace.

# ■■ Layers

In drawings, layers are most commonly used to filter out the display of selected items from the drawing. These items can be components in an assembly, items in a part, and/or various entities in the drawing. A drawing can have a global setting (in its own context) such that all newly created views inherit an identical layer display setting, or each view can have independent display settings. Once views are created, the global setting and an individual view setting can be traded back and forth. Use either the Status > Copy > From Drawing command to apply the global setting to a selected view or the Status > Copy > From View command to have a view setting become the global setting. To adjust the display of the global setting, set Active Object to The Drawing. To adjust the display of a specific view, set Active Object to Drawing View and select the appropriate view.

Drawings can also have their own layers. Drawing entities may be placed on these layers just like items in a model can be added to a drawing layer. Use this functionality if you have a drawing requirement to display a configuration you would never require while in Assembly or Part mode.

By default, drawings ignore the layer display settings of the model (setting 1 in the following illustration). This behavior may be changed by selecting Status > Preferences.

*Control how layer display propagates between model and drawing.*

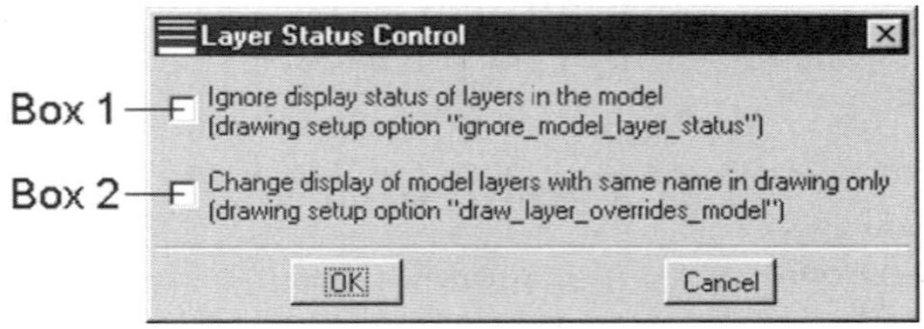


There are three possible settings for the Layer Status Control dialog are shown in the following illustrations.

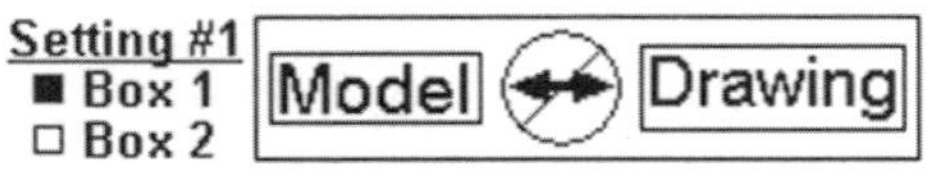


*The default. Neither object affects the other.*

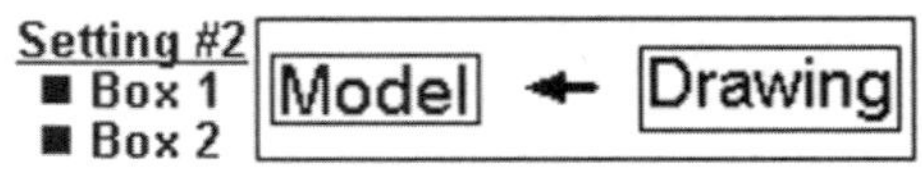


*Layer display changes in the drawing affect the model, but layer display changes in the model do not affect the drawing.*

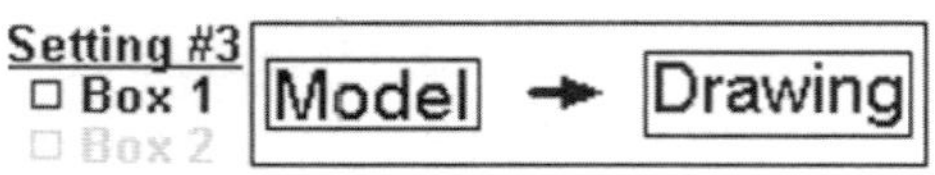


*Layer display changes in the model affect the drawing, but layer display changes in the drawing do not affect the model.*

Setting 3 is undesirable in most cases, especially on production drawings. Most of the time, if you ever want to adjust the global display of the drawing to be the same as one of its models, use Status > Copy > From 3D Model. Setting 2 is used in scenarios in which you are using a drawing as an aid in designing the assembly. Rarely do you use this setting on production drawings.

## ■■ Tables

Drawing tables consist of a spreadsheet-style grid in which text, parameters, and even BOM information can be placed. Table rows and columns can easily be set up and later modified to fit the required format. Tables can also be saved individually for reuse on another drawing.

## Creating Tables

Table row and column sizes can be defined either by number of characters (the default) or by length and height in inches. Once you have made this choice, start the table by selecting Table > Create. You are then prompted for a position on the drawing for the upper left corner of the new table. Then you begin setting up the number of columns and their widths (left to right is the default) by clicking on the desired number of characters for each column. A click on Done Sel (or pressing the middle mouse button) and you are now doing the same for the table rows. Do not worry about making it perfect. Table rows and columns are easy to modify and add later.

Enter text into the table cells with Table > Enter Text. Pick the cell and start typing. Be aware that the default text justification for table cells is left top. This too can be modified later, and it will not affect any text already entered. In other words, you must set cell justifications before entering text in the cells.

## Modifying Tables

Two menu selections for modifying tables are Modify Table and Modify Rows/Cols. The Modify Table menu includes functions for removing line segments within a table and for fixing an origin point so that the table is anchored as it grows or shrinks. Modify Row/Cols includes the functions for adding and deleting rows and columns as well as changing their size and text justification. Most of these functions are fairly easy to use with a little practice.

## Copying Tables

Tables can be copied from one place on the drawing to another with Table > Copy. This command creates a new table that is not associated to the original. Tables can also be saved to a file and placed into other drawings. Use Table > Save/Retrieve.

## Repeat Regions

Repeat regions can be used to capture model parameters into a drawing table. Repeat regions will cause a table to duplicate its rows and columns automatically with the values the referenced model contains for these parameters. Typically, repeat regions are used to list BOMs on assembly drawings or to document family table information.

Another special type of repeat region, called the 2D repeat region, fills itself out with family table data in the model referenced by a drawing when retrieved into said drawing. To create a repeat region, you must first create a table. The table requires only a single row, but typically you will want at least one additional row as a header. Then select Repeat Region > Add, and you are prompted to locate the corners of the repeat region. In reality, you are selecting the span of columns in which parameter values will be listed. You will then enter the desired parameters into each cell by selecting Enter Text > Report Sym, and selecting a table cell within the region. Available parameters will be listed in a menu, from which you can select the desired choice.

Tables with repeat regions can be saved as an empty table file, and then retrieved into assembly drawings where they fill themselves out automatically with parts-list information. These tables can also be inserted into drawing formats, and will fill themselves out as the format is placed in a drawing.

A large amount of customization can be applied to repeat regions. Much of this customization is similar to what you would encounter within a spreadsheet application. Although simple BOMs are fairly easy to create, your company might require much more extensive use of the available (but somewhat complicated) sorting, filtering, and indexing functions in order to define a special customized parts list. Consult the user manual for more information on customizing repeat regions.

# ■■ Additional Detailing Tools

You can draw lines, arcs, circles, and several other types of 2D entities in drawings. Because many of the menus and methods for drawing these entities are similar to the SKETCH menu in Sketcher Mode, you should not have much trouble determining how to create this type of geometry. Available commands for modifying this type of geometry are about what you would expect, and include translating, rotating, scaling, copying, and so forth. Draft entities can also be related to existing drawing views (Views > Relate View); moving a view will also move related draft entities. If the drawing setup file option *ASSOCIATIVE _DIMENSIONING* is set to Yes, dimensions created for draft entities will update as the draft geometry is modified.

## Sketching 2D Geometry

The Sketch menu or the icon in the Right Toolchest is where you begin creating 2D geometry. Here, you will find commands for creating lines, arcs, circles, splines, points, and so on.

Once you choose the type of geometry you want to create, the Snapping References or References (depending on your sketching option) dialog is activated. At this point, you may opt to specify where the end points will be located. You are able to select any existing geometry, be it sketched or part in origin. the following are additional options.

- *Rel Coord.* Specifies the end point at a certain distance from the start point.
- *Abs Coord.* Prompts for an *xyz* coordinate (0, 0, 0 at the lower left corner of the rectangle bounding the drawing size).

**NOTE:** *When creating lines you can use the Chain option to activate chaining while creating the lines. This technique is much like Sketcher when creating sketched features in parts. To stop chaining, toggle the option off in the Sketch menu or use the chain icon in the Right Toolchest.*

## Modifying 2D Geometry

The Tools selection in the DETAIL menu contains the commands for modifying 2D geometry. Here there are many options for manipulating draft geometry, including Translate, Rotate, Copy, Rescale, Group, Trim, Intersect, and Mirror. Most of these commands are not difficult to use, and require no special training. In fact, Trim, Mirror, Intersect, and Use Edge operate in virtually the same way as they do in Sketcher.

## Summary

This chapter has covered numerous aspects of commands associated with Drawing Mode. Topics with which you should be familiar are creating and modifying views; working with dimensions, symbols, and layers; manipulating notes; working with multiple sheets and models, as well as changing models; and making use of tables.

## Review Questions

1. How do you customize text appearance settings and other detailing defaults?
2. What type of view requires a user-defined orientation?
3. How are scaled and No Scale views different?
4. What is the difference between erasing and deleting a view?
5. Can created dimensions be modified to change a model?
6. What are repeat regions used for?

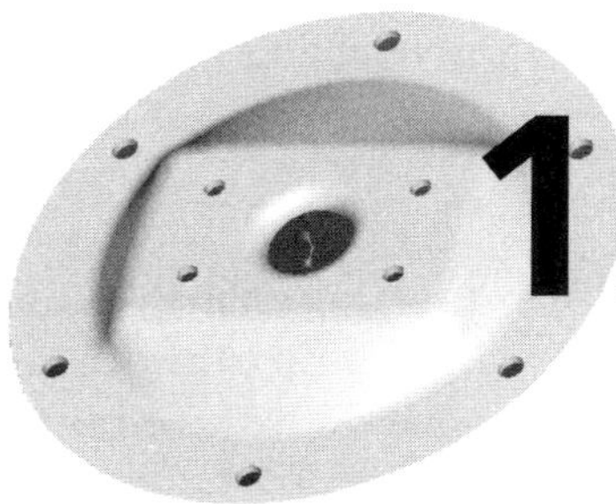

# 13

# Drawing Formats

## *An Overview of Drawing Borders (Title Blocks)*

This chapter describes formats, along with format creation and manipulation. Formats are used on drawings to show borders, title blocks, tables, and company logos, among other things. They are typically composed under Pro/ENGINEER's Format Mode (similar to Drawing Mode) and incorporate text, symbols, tables, and 2D geometric entities.

A format is an object dependent on a drawing, much like a part is dependent on a drawing. In other words, the geometry and text for the border, title block, and so on are not copied into the drawing database. Consequently, although you can see these items in Drawing Mode, they do not belong to the drawing. Rather, the format exists as a separate object (with the file extension **.frm*), which Pro/ENGINEER must retrieve and display every time the drawing is retrieved.

This facility enables drawings to take advantage of associativity, in that just like a drawing updates when a part changes, a drawing will likewise update if the format changes. An individual format is created for each required size (e.g., A, B, C, and so on), and is selected for use as needed to match the drawing size on which the format is to be used. This means that you will likely make use of an entire library of formats, which can include various sizes and configurations. This chapter also addresses the use of format libraries.

# Format Entities

A format is created with 2D entities in the same way a 2D drawing might be created. Because Format Mode uses many of the same (but far fewer) commands used in Drawing Mode, you will note that the menus appear to be identical but shorter. To make a format, you typically sketch lines using the Sketch menu or Right Toolchest, and create text using the Insert > Note command.

When a format is added to a drawing, all entities pertaining to the format are "untouchable" by any of the Drawing Mode drawing tools. They cannot be deleted or modified. In other words, text on a format cannot be selected for editing while in Drawing Mode. This is perfectly acceptable for many pieces of text you typically see on most formats. For example, as seen in the following illustration, text entities such as *TITLE, DO NOT SCALE DRAWING, APPROVALS,* and so forth are text entity types that are never edited.

However, what about format text that must be edited text while in Drawing Mode, such as the drawing title, part revision, and so forth? These pieces of text are usually edited at least once per drawing and in some cases every time the drawing is modified. For format text that must be edited while in Drawing Mode, Format Mode utilizes tables, the same table entities that can be created in Drawing Mode. Tables in Format Mode are created the exact same way without special settings. However, a format table is copied into the drawing, and it becomes a drawing entity.

> **NOTE:** *This copy operation occurs only once. In other words, if a drawing is set up to use a specific format, all format tables are copied into the drawing as the format is added. However, if the same format is later modified and a new table is added to it, the drawing that uses the format will not receive a copy of the new table, and in fact, will not display it. To enable the new table for copying, you would have to remove and re-add the format to the drawing.*

Tables are required if you wish to embed preformatted and accurately placed text in a format, and make this text available to Drawing Mode for easy editing. Next, tables are required in a format if you wish to use model parameters, or automatically create drawing parameters.

✓ **TIP:** *Be advised that the table borders will print out. In other words, you must be careful with the table borders so that lines in the title block do not appear as duplicate lines. The recommended solution is to place the table at a corner of the boxed area, and then input the column/row widths using lengths rather than characters. As long as you use the exact length measurements, the table borders will not print out because they will be obscured by the lines of the title block.*

## ■■ Automating with Parameters

Format Mode offers very sophisticated functionality, leveraging the use of parametric capabilities. Consequently, if adequate effort is invested in the creation of a format, format content can be completely automated when added to a new drawing. Moreover, it can be automatically updated as changes occur to the model and drawing.

The types of parameters that can be referenced by a format include model, drawing, and global. Optionally, a format can actually create a drawing parameter.

When a format is added to a drawing, and Pro/ENGINEER encounters a note in the format containing a valid parameter, it parses the note (converts the note to the value of the referenced parameter). This means that not only will you have a note that is properly formatted and placed but the note will display a unique value every time the format is used.

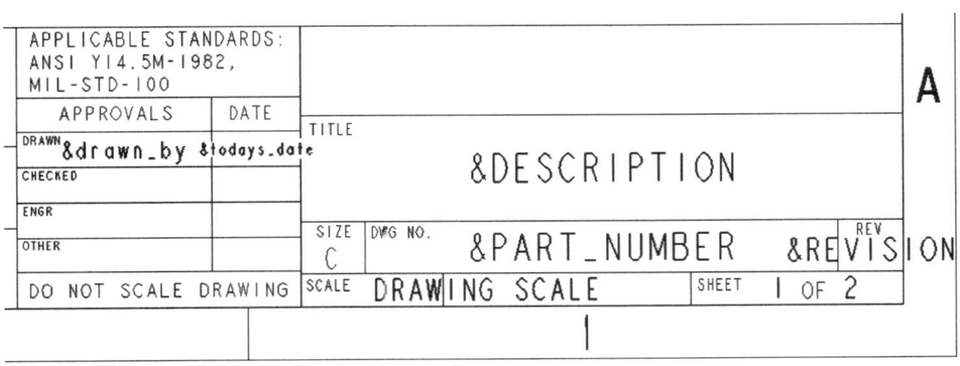


*Shown while in Format Mode, this sample format contains several parameters: &drawn_by, &DESCRIPTION, &PART_NUMBER, and &REVISION are examples of model parameters and/or drawing parameters, and &todays_date, DRAWING SCALE, and 1 OF 2 are examples of global parameters.*

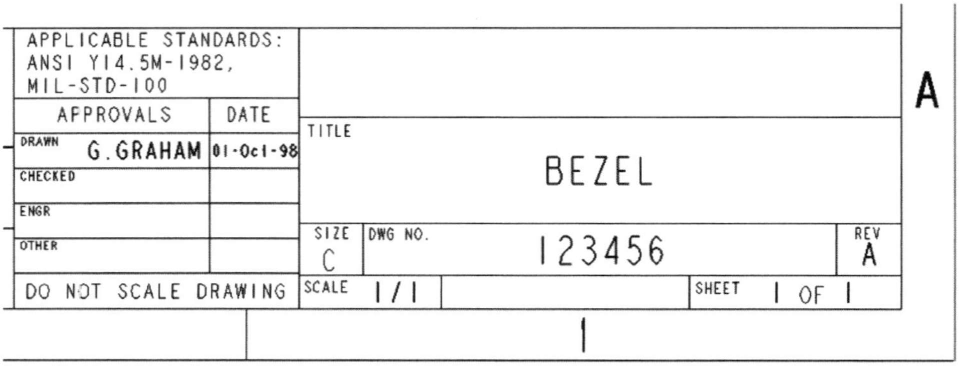


*Shown when added to a drawing with a model, the same format parameters in the previous sample have been automatically parsed.*

## Model Parameters

Parameter values from the model assigned to a drawing can be passed into a format. Remember that a dimension is a type of parameter. Drawings typically "show" these dimensions, thereby allowing the drawing to remain updated because it is showing model parameters. The usage of model parameters is not limited to dimensions. Parameters can be also be used for information typically included in a title block, such as description, revision, cost, and weight.

When a format is created, consider which parameters could be controlled directly by a model. With this in mind, you could develop a policy that all models contain these parameters; thus, when a format searches a model database it will find the parameters. When the parameters are found, the format will parse the note and substitute the value as the note text. If the parameter is not found, Pro/ENGINEER will prompt you for the value. Drawing parameters (discussed in the next section) are created in this fashion. To create a note and use it as a model parameter, perform the following steps.

1. Create a table and apply the correct column and row sizes and text justifications.
2. Add notes in the appropriate table cells using the exact name of the referenced parameter. Each of the latter are preceded by an ampersand (&). Text

for referencing model parameters is not case sensitive.

*3* Modify the appropriate text styles as you wish the notes to appear on the final drawings.

## Drawing Parameters

Drawing parameters can be used in the same way as model parameters. If a format table contains the name of a parameter, Pro/ENGINEER will first seek to determine whether the model contains a match. If a match exists, it will be parsed according to the model value. If not, Pro/ENGINEER will then seek to determine whether the drawing contains a match. If a match within the drawing database is found, the parameter value will be altered accordingly. If a match is still not found, one of the following two events will take place.

- ❐ If the *config.pro* option *MAKE_PARAMETERS_FROM_ FMT _TABLES* is set to YES, Pro/ENGINEER will automatically create a drawing parameter. It will then act accordingly, as noted previously. This is the preferred method.
- ❐ However, the value for the previously cited configuration option is NO by default. In this case, Pro/ENGINEER will prompt you for a value used for parsing. The disadvantage here is when multiple instances reference the same "parameter." For example, on most drawings the revision is typically referenced in several locations on the face of a drawing. If a model or drawing parameter is used in this case, Pro/ENGINEER will automate each location. Without a model or drawing parameter, each location is independent.

To create a note and use it as a drawing parameter, you must consider the same things as when using model parameters [i.e., use an ampersand (&) and a table].

## Global Parameters

Pro/ENGINEER has set aside special parameters that maintain respective dynamic values, such as the current date or total sheets in a drawing. These parameters are not directly accessed insofar as their values are concerned, but are the result of a condition within the current environment. Typical parameters used in a format appear in the following table.

| Parameter | Meaning |
|---|---|
| &current_sheet | Current sheet number of drawing. |
| &dwg_name | Pro/ENGINEER object name of drawing. |
| &format | Size of format (i.e., A1, A0, A, B, and so on). |
| &model_name | Pro/ENGINEER object name of model. |
| &scale | Global scale of drawing. |
| &todays_date | Date when format is added to drawing. Note: The value does not update; it remains as the value to which it was originally set. |
| &total_sheets | Total number of sheets in drawing. |
| &type | Pro/ENGINEER object type of drawing (i.e., part, assembly, and so on). |

✓ ***TIP:*** *For example, the note created in the SHEET box in the previous illustration, 1 OF 1, can be created by using the following text string in a format:* &current_sheet OF &total_sheets.

***NOTE:*** *When a global parameter is added to a format while in Format Mode, the parameter will immediately parse if used correctly. This is only temporary, because the parameter is ultimately parsed when the format is added to the drawing. A typo or incorrect name will cause the parameter to not parse correctly in Format Mode. For example, when using the* &current_sheet *parameter in a note, Pro/ENGINEER will temporarily parse the parameter and display something like 1. Another example is the same, but it looks slightly different: when using the* &scale *parameter, Pro/ENGINEER will temporarily parse the value* DRAWING SCALE. *This is because the format has no model being scaled.*

The rules for global parameters are very different from those of model parameters. Global parameters are case sensitive.

# Continuation Sheet

Sometimes, drawings contain multiple sheets. As explained in Chapter 12, Drawing Mode contains functionality for adding and deleting multiple sheets and maintaining them all within the single drawing database. Of course, for this to work properly, formats require an accompanying functionality.

Some companies implement a second and subsequent sheet of a drawing format, which typically requires a subset of the information shown in the format of the first sheet, as shown in the following illustration.

*First sheet of typical format.*

If required, you need to create only one continuation sheet per format database. With this continuation sheet in place, whenever a drawing adds a secondary sheet, the continuation format sheet will be used.

# Importing Formats

Format Mode contains the same importing functionality as Drawing Mode, which means that you are free to import any existing 2D format into Format Mode (from a DXF, IGES, or DWG file format). However, do not believe that your work is over after this initial import.

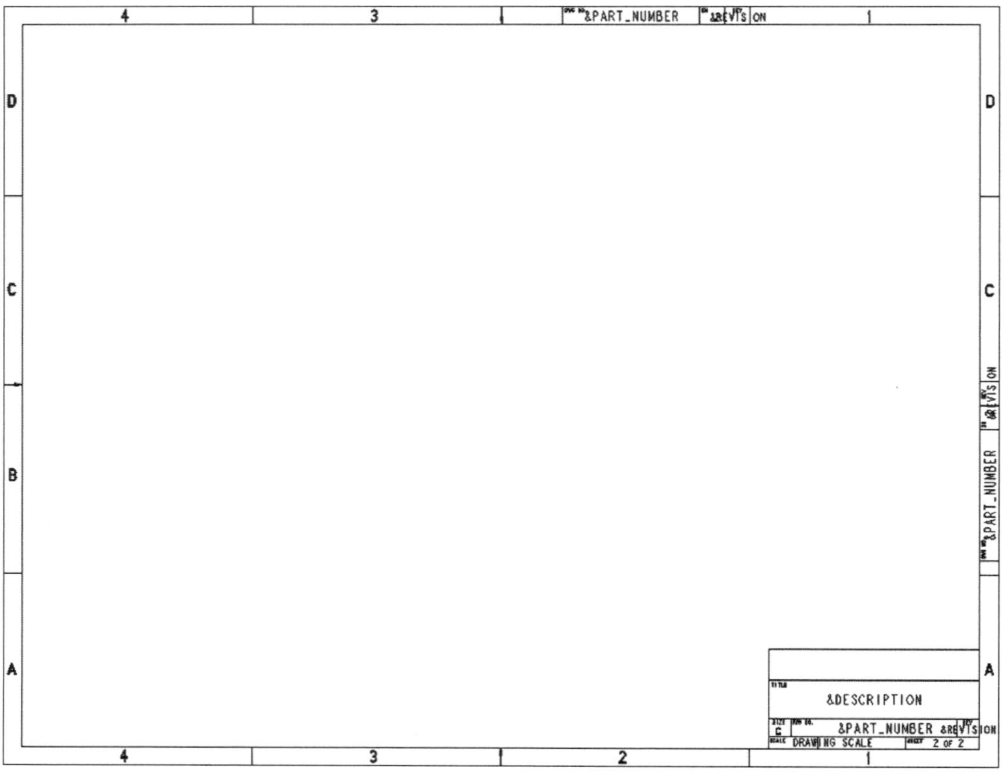


*Continuation sheet of a format is typically a subset of the information from the first sheet.*

Typically, text entities do not appear the same as the original (i.e., different font thicknesses, heights, and so on). Geometry will normally come across perfectly, and you will maintain all geometry, and delete and redo all text after you import a format. You also normally want to replace most of the old text with parameters (within tables where applicable) to make a "smart" format.

➾ ***NOTE:*** *If a continuation sheet is required, you should perform an import operation for each sheet.*

## Format Directory

The Open dialog in Pro/ENGINEER contains a special selection in the pull-down box for Look In named Format Directory. This special selection automates the navigation to the format directory, easing the process of finding the correct directory containing the formats.

✓ ***TIP:*** *By default, the directory specification for the format directory is* <loadpoint>\formats. *Retaining the default setting is acceptable if you are a single-user site. However, if you are a multiple-user site, you are advised to employ the* config.pro *option* PRO_FORMAT_DIR *and set the directory setting to a centrally located network directory. In this way, you will have a single source for formats, thereby enhancing consistent format usage and maintenance. When you use the* PRO_FORMAT_DIR *option, the Format Directory selection in the Open dialog will revert to the specified directory instead of the default loadpoint directory.*

## Summary

This chapter explored formats, along with format creation and manipulation. This chapter also explored the use of format libraries. Topics covered in this chapter with which you should now be familiar included automating with parameters, the use of continuation sheets, importing formats, and the use of the Format Directory function.

## Review Questions

1. Which Pro/ENGINEER mode is most similar to Format Mode?

2 (True/False): Format text can be edited while in Drawing Mode.

3 What happens to a table in a format when the format is added to a drawing?

4 What does "Pro/ENGINEER parses a note" mean?

5 (True/False): You must place a model parameter into a table for the parameter to be parsed.

6 (True/False): You must place a drawing parameter into a table for it to be parsed.

7 (True/False): You must place a global parameter into a table for it to be parsed.

8 (True/False): Model parameter names referenced in a format note are case sensitive.

9 (True/False): Global parameter names referenced in a format note are case sensitive.

10 Assuming a format will be used on drawings containing many sheets, how many continuation sheets, if required, should you create in each format database?

11 Name two reasons you typically redo text entities after importing; for example, a DXF file into Format Mode.

12 How can the format directory specification be customized to match your site requirements?

# PART 5
# The Environment

# 14

# Customizing the Environment

### *Environment Control Overview*

Understanding the environment in which Pro/ENGINEER works is important if you wish to control more of its functionality, or move to the next level of productivity. Many users go for months or even years without even understanding the information in this chapter, let alone putting it to use. For some, it is okay not to know this information, because you can still accomplish much without it. However, for others, such as power users or administrators, this information is vital.

## Operating System

Your environment starts with your OS (operating system). Pro/ENGINEER can be installed on both UNIX-based (i.e., SGI/IRIX, Sun/Solaris, HP/HP-UX, and so on) and PC-based (i.e., Windows and Windows NT) workstations. For the most part, Pro/ENGINEER functions the same way, regardless of OS.

## Installation Locations

The installation of Pro/ENGINEER can vary greatly from one site to another, taking into account different operating systems and network setups. Thus, for clarity, this book addresses the key concepts.

Pro/ENGINEER uses the term *loadpoint* to describe the main directory where the Pro/ENGINEER software is installed. This main directory contains all files required to execute the software. These files are distributed into various subdirectories under *loadpoint*. Because the name and location of the *loadpoint* directory are completely customizable by the person installing the software, these items vary from one site to the next.

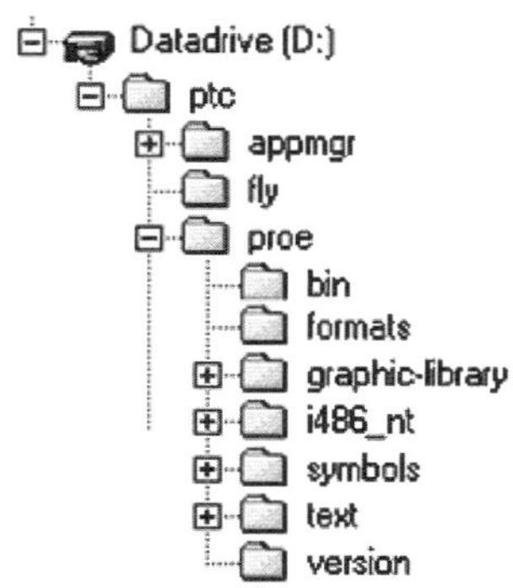


*Portion of typical loadpoint directory structure. (Some subdirectories have been omitted for clarity.)*

The preceding illustration is an example of a *loadpoint* directory named *proe*. This directory and the *fly* and *appmgr* directories are located within the *ptc* directory. In this example, *appmgr* is used for the *loadpoint* of the Application Manager, and *fly* is used as the *loadpoint* directory for Pro/FLY-THROUGH.Under *proe* (the Pro/ENGINEER *loadpoint*), the following key directories are worthy of mention.

- The *bin* directory is the main location from which all Pro/ENGINEER-based programs start. When the software is installed, and the appropriate startup command (with all of the license code information, and so on) is created, that command will be stored in this directory. Other commands, such as *purge* and *pro_batch*, are also executed from this directory.

❒ The *formats* and *symbols* directories contain generic versions of drawing formats and various drawing symbols, respectively. Custom versions may be generated and stored in these locations if you so desire.

✓ ***TIP:*** *At a small site (less than five users), storing custom objects in the formats and symbols directories may be appropriate. Whenever you update from one release of Pro/ENGINEER to the next, the installation utility will maintain custom objects in these locations during the update. However, at a large site you may find that maintenance (site-specific updates and changes) of these objects will be too difficult if executed this way. In this instance, creating a centralized network directory to emulate the functionality of the two loadpoint directories is recommended. Use the* config.pro *options* PRO_FORMAT_DIR *and* PRO_SYMBOL_DIR *to redirect Pro/ENGINEER to the custom directory locations.*

❒ The *text* directory is referenced later, in the discussion of the method Pro/ENGINEER uses to automatically load configuration settings.

## Text Editors

All Pro/ENGINEER data are stored in ASCII (text-based) format. This means that all data can be modified using any standard text editor, but PTC does not recommend editing objects (**.prt*, **.asm*, and so on) with a text editor. Many files require the use of a text editor, but object files (i.e., part, assembly, and so on) do not.

✘ ***WARNING:*** *You may hear stories of the "good old days," when veteran users could whip out their text editor and make an adjustment here or there to a part file (e.g., modifying the header of an object to force it to become backward compatible, or a renaming operation). In theory, you can make text edits to objects if you are very careful and knowledgeable about the data structure of object files. You could even create an object with a text editor if you knew that much. However, chances are that if you edit object files you will get into trouble very fast, and PTC will not be able to help you. PTC support will not be able to easily track down how the damage occurred, where the damage resides, or the extent of the damage. PTC has implemented a lot* *more data into object files than ever before, and you are not likely to have as much success in this area as your veteran colleagues enjoyed in the past.*

The text editor of choice is typically dependent on the OS. For instance, on SGI, the text editor of choice is often a program called Jot. On Windows platforms, Notepad is typically used. On all UNIX platforms, the use of *vi* is also common (although it has an arguably intuition-challenging interface). Pro/ENGINEER automatically establishes a default to the system editor, based on the operating system type, for those occasions when Pro/ENGINEER requires you to interactively use a text editor for various operations (i.e., editing drawing notes and so on).

✓ **TIP:** *If you prefer a different editor than the one Pro/ENGINEER uses by default, use the* config.pro *option* pro_editor_command *and specify the exact path to the executable command that starts the editor of choice.*

# Interactive Environment Settings

A small collection of settings that affect certain behaviors and appearances is available while interactively using Pro/ENGINEER. An even larger collection of settings is available when using a configuration file, but this method (explained in material to follow) requires a bit more effort to make changes. The interactive settings available in the Environment dialog are intended to provide easy access to settings that might change frequently during any given Pro/ENGINEER session.

✓ **TIP:** *With the exception of the options listed under Default Actions, all settings in the ENVIRONMENT menu are available as individual icons that can be added to any toolbar and constantly displayed for even faster access.*

## Colors

Pro/ENGINEER has incorporated a widely accepted color scheme for the *global* display of various entities, and for the method with which entities are highlighted. (This is not to be confused with the Model Appearances facility discussed later in

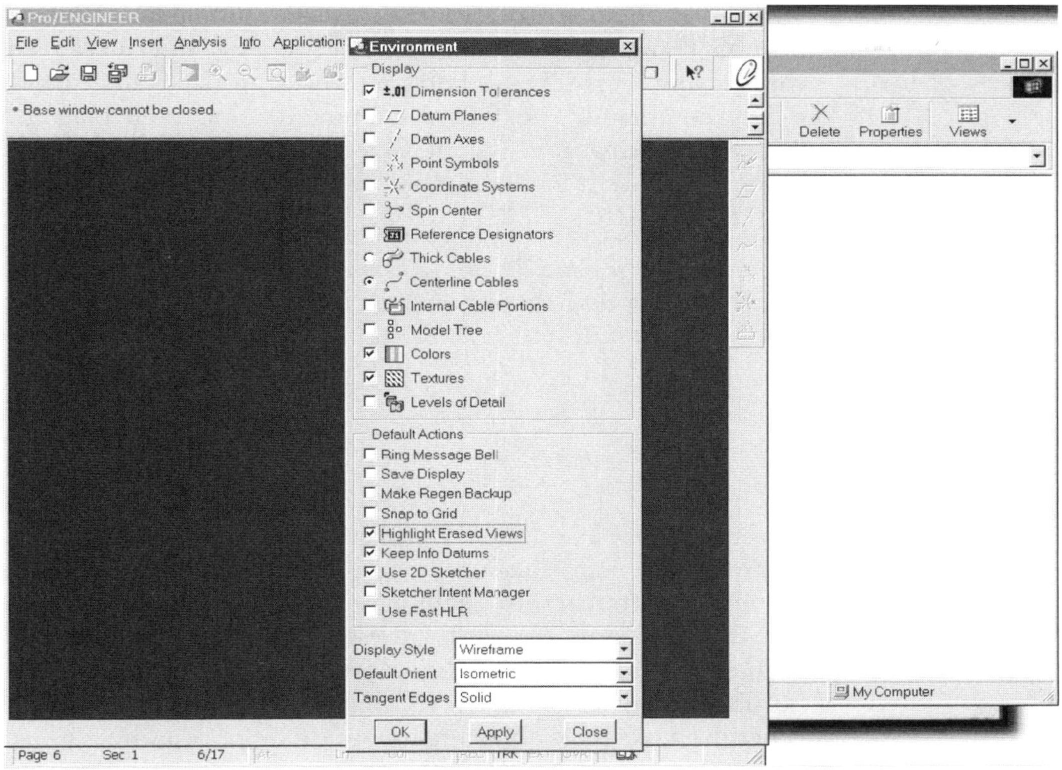


*Environment settings dialog accessed with the Utilities > Environment command.*

this chapter, which allows for *individual* color control of entities.) However, many users still have trouble with this default global color scheme. For instance, many prefer a black background. Others may be partially color blind, and therefore may find it helpful to darken the color of sketcher geometry (normally cyan) to differentiate it from the color of solid geometry (normally white).

Two dialogs are available for changing colors. Use the View > Display Settings > System Colors command for changing background, highlight, hidden line, and other types of colors. Use the View > Display Settings > Entity Colors command to display another dialog that contains settings for datum planes and other geometry, such as ECAD zones (e.g., the yellow/red sides of a datum plane could be modified to use different colors if needed).

Various predefined color schemes are available using the Scheme command in the System Colors dialog. You can also customize your own scheme and save it (using the System Colors dialog command, File > Save command), and then load it as necessary (using the System Colors dialog command, File > Open), or have it load automatically using the *config.pro* option *SYSTEM_COLORS_FILE.*

✓ **TIP:** *Use white in the background when executing any type of cutting and pasting, such as when using OLE embedding to place Pro/ENGINEER objects in a Microsoft Word document.*

# ■■ Options

Pro/ENGINEER options are typically set for two reasons. First, you may have many site-specific settings that should be enforced among all users, thereby enabling a certain consistency throughout the company. By setting these options and storing their definitions in standard configuration files, the options file may be distributed to all users. Second, you can automate certain repetitive tasks by establishing an option or by building a *mapkey.*

The major options file types (*config.pro, menu_def.pro,* and *color.map)* are discussed in material to follow. Pro/ENGINEER can be automated to load the preferences files every time you start Pro/ENGINEER. There are two popular scenarios for automatic options loading. First, as mentioned previously, it may be necessary to enforce site-specific standards, known as "global" options. Second, users may wish to customize their individual environments, in addition to the global preferences, known as "user" options.

When Pro/ENGINEER boots up, it searches for options files in special places. If the program locates options files, it automatically loads them. Pro/ENGINEER always uses a specific order in seeking options files. First, it looks in the *<loadpoint>\text* directory (the *loadpoint* directory structure was discussed earlier). If Pro/ENGINEER finds options files in that directory, it reads the entire file and sets in place the specified settings. A global options file would typically be placed in the *<loadpoint>\text* directory. Next, Pro/ENGINEER looks in the current (*startup*) directory, and this is usually where user options files are placed.

> **NOTE:** *Because Pro/ENGINEER immediately loaded the first options file (if applicable), any repeated options are overwritten by the second options file.*

> ✓ **TIP:** *If you wish to specify global preferences, and prevent them from being overwritten by a user options file, Pro/ENGINEER provides an additional options file type named* config.sup. *Typically, a* config.sup *file is used in addition to the* config.pro *file, if at all.*

## Configuration File Options

A configuration file consists of a series of keywords (or options) and a setting for each of those options. The file structure is simple enough, because each required option is listed on an individual line of text, and an appropriate value is placed on the same line.

For all potentially usable options, Pro/ENGINEER already has a default value. In other words, configuration files are necessary only for options whose values you wish to be different from those of the defaults. For example, a configuration option is available (*PROMPT_ON_EXIT YES*) that will force Pro/ENGINEER to ask you, one at a time, about whether you want to save modified objects when you attempt to exit Pro/ENGINEER without first saving those objects. Without this option specified as Yes, the default behavior of Pro/ENGINEER is to not prompt you in such situations. Another purpose for a configuration file is to store the definition of a mapkey.

## Editing and Loading a Configuration File

As explained previously, a configuration file is simply a text file, and as such may be created and edited at any time by simply using the Options dialog. In general, configuration file settings are put into effect every time you start Pro/ENGINEER, using the automatic loading routine specified earlier. Once Pro/ENGINEER is running, the most convenient way to change the environment is to use the Environment dialog. Some options, however, can *only* be changed by using a configuration file. For this reason, configuration files may be edited and applied while Pro/ENGINEER is still running.

Nothing is significant about the file name of a configuration file. However, *config.pro* is a special name, and if used and stored in the correct location in the loadpoint directory structure will cause the file to be loaded automatically. In other words, you can have as many configuration files as you wish (all with different names, of course) that employ specific in-session settings. Use the Utilities > Options > Apply command to load a configuration file by specifying its name.

The most effective way of editing a configuration file is the Utilities > Options command sequence. This method is advantageous in that it uses the Options dialog, instead of just a plain text editor. The biggest advantage of using the Options dialog is the Find command available in this dialog. The command displays a complete list of all available keywords, and displays a definition of the setting at the right (the keywords list in the description column).

✘ **WARNING:** *Do not forget to use the Apply command after editing. Editing a configuration file is only half of the work; you have to Apply the file afterward.*

✓ **TIP:** *Comments may be, and should be, added to configuration files. Any line in the configuration file that starts with the word* Comment *is ignored by Pro/ENGINEER, and is therefore considered a comment line. This functionality is used to annotate the configuration file with comments about how and why a certain option is being used.*

**NOTE:** *As a configuration file loads, all options are "added" to the current session. Once an option is read into a session, it cannot be removed but can be "changed" by reading it back in again with a new setting. In other words, if a configuration file is edited while a Pro/ENGINEER session is underway, and a keyword is deleted from the configuration file, the active session of Pro/ENGINEER will not experience any changes, because no "new" information was added. This note is of particular importance for options that specify directory locations (i.e.,* PRO_FORMAT_DIR, SEARCH_PATH, *and so on). If one of these options is mistakenly added to a session, and must be removed, your only alternative is to restart Pro/ENGINEER.*

### *Sample Configuration File*

Most users wish to get a head start by copying someone else's configuration file, including all mapkeys. This is perfectly acceptable, but be careful that you understand all options therein before using the file. Moreover, because you are going to study the *User's Manual* to learn these options anyway, you may be better served deciding for yourself which options are necessary, and then make your own configuration file. As for the mapkeys, these tend to be most useful when *you* determine whether they are necessary; otherwise, they are likely to be used only infrequently.

# Mapkeys

Many commands require multiple command selections, and when this becomes an extremely repetitive or laborious task, a mapkey should be created to automate the command selections. Mapkeys allow you to define a sequence of menu selections (from the menu bar or menu panel), and/or keyboard input, and then map that command sequence into a single key, a series of keystrokes from the keyboard, or an icon that can be added to the toolbar. Once defined, a mapkey can be initiated by simply executing simple keystroke(s) or pressing an icon.

Mapkeys can be created for one-time usage or stored for future sessions of Pro/ENGINEER. Saved mapkey definitions are maintained in a configuration file, which means that the configuration file must have been loaded for the mapkey to be available. Unsaved mapkeys are available for the current session of Pro/ENGINEER, but will be discarded when Pro/ENGINEER exits.

## Record Mapkeys

The Mapkey Recorder via the Utilities > Mapkeys > [New] command is used to create new mapkeys. When you use the recorder, the command sequence is recorded and correctly punctuated (syntax).

> **NOTE:** *Once a mapkey is recorded, use the Modify command in the Mapkeys dialog to make any additional modifications.*

When establishing a new mapkey, three elements of identification are necessary. The "key sequence" consists of the actual keyboard keys that must be pressed to initiate the mapkey. Normally, the key sequence should be as short as possible, thereby making the mapkey extremely easy to initiate. A single key may seem like the best possible scenario, but may not be the best alternative. Once the key sequence is completed, the mapkey immediately executes; Pro/ENGINEER does not require that you press the <Enter> key or anything else. For example, a mapkey with a key sequence of <FD> will execute immediately once the <D> key is pressed (after the <F> key is pressed, of course).

The keyboard function keys are ideal for mapkeys to which you desire to have one-button access. If a function key is defined, the actual key sequence must be preceded by a dollar sign ($). Pressing the dollar sign is not necessary to execute the mapkey, but its presence is necessary for Pro/ENGINEER to know whether you want a function key (e.g., <F6>), or an alphanumeric combination (e.g., the <F> key followed by the <6> key).

A naming strategy is typically required for using the alphanumeric keys. If the key sequence for a mapkey is a single alpha key (e.g., <A>), <A> could never be used as the first letter of any other mapkey (e.g., <AX>). In this example, Pro/ENGINEER would always execute the <A> macro before you had a chance to type X for the <AX> macro. Consequently, the minimum key sequence is commonly two letters, or even three. If you do not define the minimum key sequence in this way you will not be able to create very many mapkeys.

> ✓ **TIP:** *The letters used for a key sequence will be easier to remember if they are the first letters of the command selections the mapkey is automating. For example, use <TC> for automating Trim > Corner.*

The other two elements of the mapkey name are optional. The mapkey name will be the name of the icon. If the name is blank, the key sequence is used for the display. The mapkey description will serve as the brief help message you normally see for icons.

## Mapkey Prompts

There are three options for dealing with message window prompts when a mapkey is executed. All three are available regardless of whether you use the mapkey recorder; it is just a matter of punctuation that determines the option. Each option and the proper syntax to be quoted after the same are described in the following.

- Use Record keyboard input when you wish to store a predefined value that will always be used whenever the mapkey is executed. For example, to create a predefined note "test" on a drawing, the syntax would be a semicolon before and after the word (i.e., ;test;).
- Use Accept system defaults when you wish the mapkey to continue uninterrupted by any prompts (equivalent to pressing the <Enter> key at a prompt). The syntax is two semicolons (;;).
- Use Pause for keyboard input when you want a mapkey to prompt the user for a different value every time the mapkey is executed. In this example, the syntax (; ) basically ignores the prompt and is forced to wait for the user.

# Trail Files

For every session of Pro/ENGINEER, a new trail file is written. Every menu selection, text entry, cursor selection, and so forth is recorded in the trail file. The main purpose of the trail file is to provide a method whereby a Pro/ENGINEER session could be restored in the event the session is prematurely aborted (e.g., workstation or program crash, power outage, and so on). Other possible uses for trail files follow.

- A mapkey-like sequence of operations can be created and executed. This is sometimes the preferred method for very intense mapkeys. A mapkey can be created that opens the trail file, thereby making it appear as if a mapkey is doing the work.
- If you encounter a software glitch in Pro/ENGINEER, the PTC technical support staff will benefit by receiving

the trail file that led to the glitch. The trail file demonstrates and enables glitch reproducibility.

- Effective demonstrations (including spins, changing modes, and so on) can be recorded into a trail file and "played back." This is where editing will be important, because you may not want the program to exit after the demonstration, and if you think about it, Exit is typically the last command in all trail files.

Because trail files are constantly being written to (after every command), creating and storing them on your local workstation is highly desirable in order to minimize network traffic and improve performance. Trail files always have the same name and obtain version numbers, just like all other Pro/ENGINEER files. However, you must rename a trail file before you can open it in Pro/ENGINEER. For example, if you want to open *trail.txt.201,* you should rename it to something like *run_trail.txt* before you open it. Use your operating system to carry out the renaming operation.

# Model Appearances

An entire model or portions of it can be colorized for improved clarity. A typical implementation of colors is in an assembly, wherein every component of the assembly is set to a different color. Another interesting use of color is on casting/machining models, wherein you set all machined surfaces to a unique color, thereby easily distinguishing them from cast surfaces. The possibilities are endless.

The View > Model Setup > Color Appearance command displays the Appearances dialog, which is used to define and assign colors. The palette portion of the dialog contains predefined colors. Unless colors have already been defined or loaded, the palette is empty except for the default, White. Once colors have been added to the palette, the palette can be saved for future sessions. The *config.pro* option *NUMBER_USER_COLORS* defines the limit for the number of colors that can be shown in the palette. The default value for this option is 20, but can be much larger if necessary.

To save a palette, use the [Save] command, and the default file name color. This procedure will create a file named *color.map*. The *color.map* file can be automatically loaded whenever you start Pro/ENGINEER, by locating it similarly to the other options files discussed previously.

Once a color is assigned to an object, all assigned color information is permanently stored in the database for that object, and the palette is no longer necessary. In other words, the palette is not an extra bit of information required to accompany the file so that the colors appear correctly. In addition, the level at which a color is assigned to an object is important.

If the appearance of a component in an assembly is modified at the assembly level, the assembly-level color definition will override any previous definition. In this case, the color definition at the lower level will remain unchanged, and the model will appear with the new color only at the current assembly level. Of course, if a color is assigned at a lower level and not overridden at a higher level, the lower-level color will carry forth.

## Summary

This chapter explored customizing the Pro/ENGINEER environment. Topics included the Pro/ENGINEER operating system, interactive environment settings, the use of options (preferences), the use of mapkeys, trail files, and model appearances. You should also understand the interplay of text editors with the environment, the use of configuration files, automating repetitive tasks, and customizing design interface colors.

## Review Questions

1. What does the term *loadpoint* mean?
2. (True/False): If you are not satisfied with the text editor that Pro/ENGINEER defaults to, you may configure it to use your editor of choice.

3 (True/False): A global configuration file should contain only those options for which you want a setting other than the default.

4 What is the difference between setting an option using the Environment dialog versus changing it by loading a configuration file?

5 (True/False): A configuration file may have any file name you wish.

6 Name one advantage when using the Options dialog for editing a configuration file.

7 (True/False): A menu definition file may have any file name you wish.

8 What can you do to automate repetitive and laborious command selections?

9 What is the most common number of keys in a mapkey sequence?

10 What do you have to do to a trail file before you can play it back (open it)?

11 How can you make a predefined color palette available every time you use Pro/ENGINEER?

12 (True/False): A color defined for a model at the Assembly Mode level is not visible at the Part Mode level.

# 15

# Plotters and Translators

## *Overview of Exporting Pro/ENGINEER Data*

This chapter covers the basics of communicating Pro/ENGINEER data to and from the world outside Pro/ENGINEER. Printing to paper (and in this book, printing is synonymous with plotting) is obviously the most common method of outputting data. In addition, you may need to translate or convert Pro/ENGINEER data into and from compatible formats of different computer programs or machines.

The world of plotting and translating is constantly changing, given the Internet and other rapid response communication tools. Consequently, this book will present only a high-level understanding of the tools Pro/ENGINEER offers for exporting data. What you do with the data after that is dependent on your requirements.

## ■■ Plotter/Printer Drivers

The functionality for outputting data to a printer/plotter varies depending on the operating system (platform) you use. The sections that follow explore various aspects of plotters and printers associated with the Pro/ENGINEER environment.

## Pro/ENGINEER Internal Print Drivers

Regardless of your operating system, Pro/ENGINEER provides internal print drivers that interface with Pro/ENGINEER supported printers. The typical method for utilizing these internal drivers involves the following steps.

- ❒ Select the File > Print command, select a specific supported printer or generic printer type (i.e., PostScript), and specify settings in a series of dialog boxes. (The settings can be automated with special plotter configuration files.)
- ❒ Pro/ENGINEER uses internal software drivers (compatible with the printer you selected) to generate a plot file of the current object (part, drawing, assembly, and so on), and writes this file to your system hard drive.
- ❒ The plot file can then be sent to the printer queue of your choice. This step can be set up beforehand as one of the initial settings in the first dialog box, but it is not a mandatory setting or step. (You may only need a plot file you want to post on the Internet, and so forth.)

This process suffers from the inability to support many different types of printers. Because Pro/ENGINEER relies on its own internal software drivers, you may have a printer that is not supported. The common workaround in this case is to research the list of supported printers, and select one similar to yours. The similarity is usually based on the language the printer understands. Many printers and plotters understand the HPGL/2 and PostScript languages, and it is usually very easy to find a compatible printer supported by Pro/ENGINEER in this respect.

> ✓ **TIP:** *For PostScript-compatible printers, you may simply choose the Generic PostScript selection and Pro/ENGINEER will create a universally compatible PostScript file that can be used on almost any PostScript printer. For HPGL/2-compatible printers, there is no such "generic" type selection. However, using the NOVAJETIII selection, which creates a universally compatible HPGL/2 file, is recommended.*

In other cases, you may have a printer that does not understand Pro/ENGINEER-supported printer languages, and you will not be able to use that particular printer because it is "incompatible" with Pro/ENGINEER (unless you are on a Windows platform, which is explained later).

## Plotter Command

The key to communicating with the printer after Pro/ENGINEER generates a plot file is to tell Pro/ENGINEER what command to use for transferring the plot file to the printer. The most common command on a UNIX platform is lp, and on a Windows platform, Print. Each of these commands has various switches and parameters that are important to understand, and there are alternatives to these commands. For instance, in Windows, the Copy command works just as well as the Print command, but works slightly differently.

✓ **TIP 1:** *The best way to understand the correct usage for the Plotter command is to create a Pro/ENGINEER plot file and save it to disk. Next, use a system terminal or window to experiment with command configurations that send printer-compatible data to the printer. Once this process yields acceptable results, use this information in the Pro/ENGINEER print dialog for the Plotter command.*

✓ **TIP 2:** *The Plotter command can be a batch file. If you wish to perform various operations with a plot file, or perform various printer setups every time you print, you can create and use a batch file. To use a batch file, simply use the batch file name as the Plotter command.*

## Windows Print Drivers

Only on the Windows 95/98 and Windows NT platforms does Pro/ENGINEER offer the user the ability to employ a printer that is not supported by Pro/ENGINEER. This is because Pro/ENGINEER allows the Windows printer drivers supplied by the printer manufacturers to do the work of exporting the Pro/ENGINEER data into a language the printer understands.

To use the Windows print drivers, simply use the MS Printer Manager selection from the Pro/ENGINEER Print dialog. Once you establish various Pro/ENGINEER-specific settings with the [Configure] button, if applicable, and click on OK, the next dialog is the same dialog you receive when printing from any Windows-compatible program. On this Windows Print dialog, you then choose which printer to use, and any printer-specific settings (with the Properties button), if applicable, and then click on OK.

➾ **NOTE:** *The use of Windows print drivers eliminates the need for a plotter command.*

## Shaded Images

The same information discussed previously about the internal and Windows print drivers is applicable to printing shaded images. However, when using the Print dialog, you are limited to working with color PostScript printers only. Clicking on the Configure button when printing a shaded image accesses the Shaded Image Configuration dialog, from which you can choose a resolution between 100 and 400 dpi, as well as the number of colors used (8-bit Index and 24-bit RGB).

If a PostScript file is unacceptable, you can alternatively use the File > Save a Copy command, with which you can export the shaded image into one of the other widely used image formats, TIFF and JPEG. This method also allows you to specify the resolution and number of colors.

# ■■ Print Dialog Box

When printing you may frequently need to make special settings to suit the needs of the object you wish to print. To access the Printer Configuration dialog, click on the [Configure] button in the Print dialog. Printer Configuration contains three tabbed pages of information: Page (paper loaded in the printer), Printer (various options available on the printer), and Model (applicable settings for the object being printed).

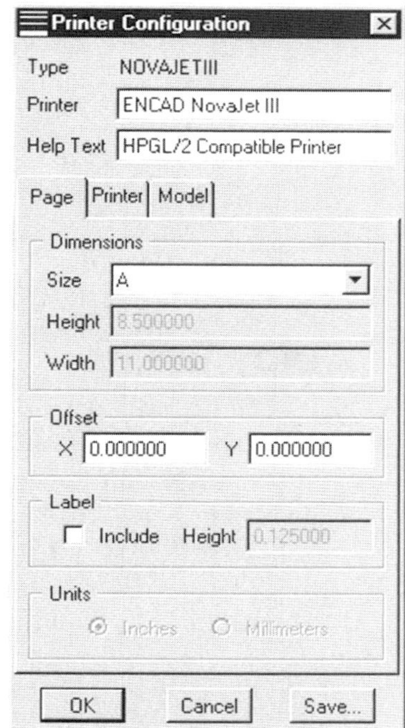


*Printer Configuration dialog.*

If the options and settings being specified are such that they are typically reused every time you print (or at least frequently), you should use the [Save] button. This will create a plotter configuration file *(*.pcf)*, which is explained in the following section. For one-time usage occasions of options and settings, simply click on [OK] to continue; the next time the Printer Configuration dialog is used, the settings are all reset.

## Plotter Configuration Files

A plotter configuration (**.pcf*) file can be generated automatically by using the [Save] command in the Printer Configuration dialog. This file stores all settings in the Printer Configuration dialog, including the three tabbed pages, so that the next time you need these settings they are instantly restored. When you save such a file, the file name you specify will henceforth display when you access the drop-down menu (Command and Settings icon) for the Destination. Once you select the saved **.pcf* file as the "destination," the entire Printer Configuration dialog updates to reflect all saved settings.

**NOTE:** *For plotter configuration files to display in the Destination drop-down menu, they must be stored in one or more of the following locations: current working directory,* <loadpoint>\text\plot_config *directory, or in the directory specified by the* config.pro *option,* PRO_PLOT_CONFIG_DIR. *In addition, you may use the* config.pro *option* PLOTTER *and specify the* *.pcf *file, previously created, as the default printing configuration.*

## Color Tables

Pro/ENGINEER uses the term *pen* to designate how a printer creates the printed color of an entity. This term corresponds to pen plotters, a somewhat obsolete printing technology that uses individual "pens" of each color to create color prints. Unfortunately, Pro/ENGINEER maintains this concept of a "pen," even though there are now many other forms of color printing (i.e., electrostatic, ink jet, laser) that do not involve individual pens.

By default, all Pro/ENGINEER entity types print out to a specific pen. To put it another way, all entity types print out using a specific "style." To override the default styles, Pro/ENGINEER allows the usage of a "pen table file." In a pen table file, you can specify the settings for each pen (style). Consider the following sample file.

```
pen 1 thickness 0.010 in
pen 2 color 0.0 0.0 0.0; thickness 0.003 in
pen 3 color 0.0 0.0 0.0; thickness 0.003 in
```

With this pen table file, affected entities would print out as described in the following.

- All visible geometry (pen 1) will print out in its own color (black, unless assigned a different color using model appearances) and with a line thickness of .010 inch.
- Dimensions, text, and hidden lines (pens 2 and 3) will print out in black and with a line thickness of .003 inch.

Without the previous pen table file, Pro/ENGINEER would revert to the following default settings.

- All visible geometry (pen 1) would be black (or its assigned color), with a line thickness of .020 inch.
- All dimensions and text (pen 2) would be yellow, with a line thickness of .005 inch.
- All hidden lines (pen 3) would be gray, with a line thickness of .010 inch.

✓ ***TIP:*** *Line thicknesses can also be handled globally with* config.pro *settings (i.e.,* PEN*_LINE_WEIGHT*). The value specified for this option must be an integer in the range of 1 to 16, with each number representing an increment of .005 inch. For example,* PEN1_LINE_WEIGHT 3 *creates a line thickness of .015 inch when using pen 1.*

To use a pen table file name, specify it on the Printer page of the Printer Configuration dialog. The pen table file name, of course, can be saved as part of a plotter configuration file.

# Translators

This section explains a few of the functions Pro/ENGINEER provides for translating Pro/ENGINEER data into compatible formats that can be used by other CAD systems or machines. Pro/ENGINEER will always automatically tailor the Save a Copy command to offer only formats applicable to the current mode (i.e., 2D data for Drawing Mode, and 3D data for Part Mode and Assembly Mode). The following chart outlines which formats are available in the various Pro/ENGINEER modes.

| Format Type | Mode | | | | |
|---|---|---|---|---|---|
| | Drawing | Format | Layout | Part | Assembly |
| IGES | X | X | X | X | X |
| Neutral | | | | X | X |
| STL | | | | X | X |
| Render | | | | X | X |
| Inventor | | | | X | X |

| Format Type | Mode | | | | |
|---|---|---|---|---|---|
| | Drawing | Format | Layout | Part | Assembly |
| Optegra Vis | | | | X | X |
| XPatch | | | | X | X |
| DXF | X | X | X | | |
| DWG | X | X | | | |
| VRML | | | | X | X |
| 3DPAINT | | | | X | X |
| | | | | | |
| PATRAN Geom | | | | X | |
| COSMOS Geom | | | | X | |
| SUPRTB Geom | | | | X | X |
| CatiaFacets | | | | X | X |
| SET | X | X | | X | X |
| VDA | | | | X | X |
| PDGS | | | | X | X |
| ECAD | | | | X | X |
| CGM | X | X | | X | X |
| STEP | X | | X | X | X |
| PHOTORENDER | | | | X | X |
| CATIA | | | | X | X |
| | | | | | |
| WWW | | | | | X |
| CADRA (Iges) | X | X | | | |
| MEDUSA | X | X | | X | |
| TIFF | X | X | | X | X |
| JPEG | | | | X | X |
| EPS | | | | X | X |

## Topology Bus

The Associative Topology Bus (ATB) is a proprietary translator format developed by PTC that exchanges data between CAD systems in an associative manner, without requiring users to have the originating application loaded on their system. In other words, parts and assemblies created in one product modeling application (such as Pro/ENGINEER) can be included and associatively referenced in another product modeling application (such as Pro/DESKTOP). PTC is making a continuous effort to add more of its product line to the family of products that interface with the ATB.

One distinguishing function of the ATB is the ability to include not only the geometric description of the surfaces of the model but the information about how adjacent surfaces of the model connect to each other. This ensures that models in one system do not transfer over as a set of unconnected surfaces, as is commonly seen in IGES translations. The adjacency information is referred to as "topology," as in "Topology Bus."

Another facet of the ATB is the ability to synchronize duplicate databases. All translation formats create a separate and unassociative database of the original data. However, the ATB (although it does create a separate file) includes a tagging mechanism that assigns a unique name to each geometric and topological entity within the database. The tags are managed in such a way that the translator can tell whether entities have been changed, deleted, or added. Other formats just assume the old geometry should be replaced with the new geometry.

> **NOTE:** *The use of the Topology Bus requires the* config.pro *option* TOPOBUS_ENABLE *setting be set to YES. This is a "hidden" configuration option that does not show up in current documentation. The Pro/ENGINEER session must be closed and restarted for the option to take effect.*

> ✘ **WARNING:** *This option is not supported on Windows NT workstations. Setting the configuration option described in the previous Note to YES will cause Pro/ENGINEER to crash when attempting to open a new part. As of the date of this publication, this option is only supported on Sun, HP, and SGI workstations. A future release of Pro/ENGINEER will support this option on Windows NT.*

## Save a Copy (Export)

For exporting model data, use the File > Save a Copy command, select the appropriate format type, specify a name, and set appropriate options as necessary (refer to the previous chart for format types that offer export options).

## Data from File (Import)

To import model data, start with the Insert > Data from Files menu selections. When a model is imported into Part Mode, Pro/ENGINEER creates a single feature of all data called an "import feature." Import features may be redefined as necessary to adjust the data created during the import process (e.g., you may wish to delete certain curve segments or something similar). When a model is imported into Assembly Mode, Pro/ENGINEER creates a new component, and creates an import feature in the new component (just like a Part Mode import). When a model is imported into Sketcher Mode, all 3D data are ignored. In Drawing and Layout modes, all 3D data will be flattened into a single "view" of 2D sketched entities. Following are comments about some of the most common translator formats.

## Neutral

This special PTC proprietary format can be used to translate data to and from incompatible releases of Pro/ENGINEER. Such format is necessary because previous releases of Pro/ENGINEER cannot open objects saved by newer releases. The Neutral format works in a way very similar to the IGES format.

## IGES

By far the most popular format, the IGES format is used for both 3D and 2D data. Unfortunately, IGES translators are wildly different from CAD system to CAD system, and many users often experience unexpected results. To address this situation, Pro/ENGINEER offers a variety of special configuration options for the methods used to translate various 3D entities. These options may be specified in a *config.pro* file, or by using the [Options] button and creating a special *iges_config.pro* file.

➾ ***NOTE:*** *In Part Mode, if an IGES file is imported that contains a completely enclosed set of surface entities, by default Pro/ENGINEER will automatically create a solid volume. If this functionality is not desired, the Import feature contains an Attribute setting called Join Solid that can be unchecked.*

## STL

The STL format was originally developed to serve as the compatible format for stereolithography machines, and pertains to 3D data only. This format has recently been utilized by many graphics programs because of its small data set, which results in improved graphics performance. Consequently, many graphics and even CAD programs (excluding Pro/ENGINEER) offer an STL import translator.

The export translator works by faceting (creating triangles on) all model surfaces. The size of the created triangle determines the smoothness of the translated model. For instance, if the settings do not allow for tiny triangles, a cylindrical hole may translate into a diamond-shaped feature.

Two settings control the size (and in effect, the number) of triangles: Maximum Chord Height and Angle Control. Changing angle control typically has an insignificant effect, and is usually left at 0.5°. Chord height is the most significant setting, and can be set to the smallest number allowed by Pro/ENGINEER.

✓ ***TIP:*** *To use the smallest number allowable by Pro/ENGINEER for the maximum chord height, enter an exaggerated number at first (e.g., 0.0000001). Pro/ENGINEER will then inform you of the allowable range, and ask you to reenter the value. In response to that prompt, simply enter the smallest number from the allowable range.*

Pro/ENGINEER determines an allowable range, which is affected by part accuracy. By changing the part accuracy (Setup > Accuracy), the maximum chord height can be made even smaller. Be advised, however, that changing part accuracy is not something that should be done lightly; you will likely experience a severe degradation in model performance, and in some cases, the results may be an invalid model.

### DXF and DWG

These two formats are specifically intended for dealing with 2D data, and are thus available only in Drawing Mode.

✓ **TIP:** *If you wish to import one of these formats into Part Mode, you have two options. You could import the DXF/DWG file into a temporary drawing, and then export from Drawing Mode into IGES. Finally, you would import the IGES file into Part Mode. The other option is to import the DXF/DWG file into a drawing. Next, when creating a feature in Part Mode, use the Sketcher Mode Sec Tools > Copy Draw command to move selected entities from the drawing into the sketch.*

## Summary

This chapter has examined the basics of communicating Pro/ENGINEER data to and from the world outside Pro/ENGINEER. The chapter has provided you with an understanding of the tools Pro/ENGINEER offers for exporting data. The major sections of this chapter covered plotter and printer drivers, the Print dialog box and its various functions, and translators.

## Review Questions

1. Name two languages (or file formats) commonly understood by many printers and/or plotters.
2. What is the purpose of the Plotter command?
3. Identify the strategies you can undertake to use a printer that is not supported by and is incompatible with Pro/ENGINEER.
4. What type of feature is created when you import an IGES model into Part Mode?
5. What is a neutral file format used for?
6. (True/False): An IGES file can contain both 2D and 3D data.

**7** Name three file formats available for printing color shaded images.

**8** For what purpose is a plotter configuration file used?

**9** Name two methods for controlling printed line thicknesses.

**10** Name the preferred data transfer format between two solids-based CAD systems.

**11** Which data transfer format type converts all surfaces into tiny triangles?

**12** Which two data transfer format types are available only in Drawing Mode?

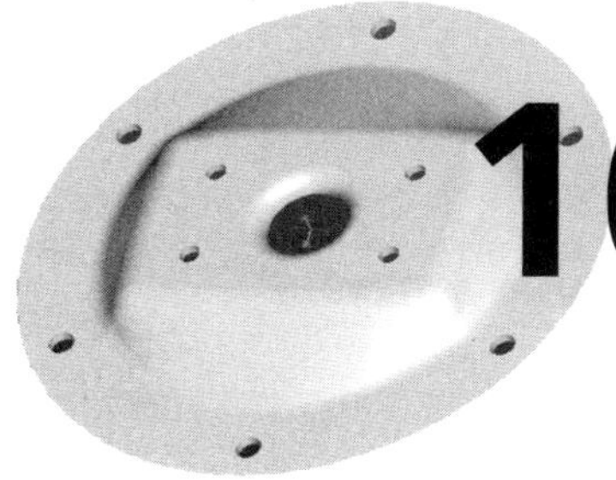

# 16

# The Manager's Interface

## *Locating, Receiving, Viewing, and Printing Files*

This chapter provides you information and step-by-step instructions for performing basic management-level administrative duties related to the Pro/ENGINEER interface. After the initial section on locating and receiving files, the chapter is divided into sections on using the Pro/ENGINEER interface to perform these tasks and the alternative Pro/ProductView Express interface for performing the same tasks. Mouse button functions, menu structure, view commands, and some file administration issues are covered under these topics.

## Locating and Receiving Files

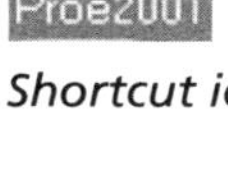


*Shortcut icon.*

The starting point in locating and receiving files is the Pro/E shortcut icon, shown at left, whose properties you need to understand. This icon is used to launch the Pro/ENGINEER software. The Properties dialog displayed by this icon is used to direct Pro/ENGINEER to start in a given directory (see following illustration). It is important to understand this, as it will aid you in locating files and structuring new folders if required. The *start in* directory should have any subsequent folders you may create structured under it. To create such folders, use the operating system tools (e.g., Windows Explorer).

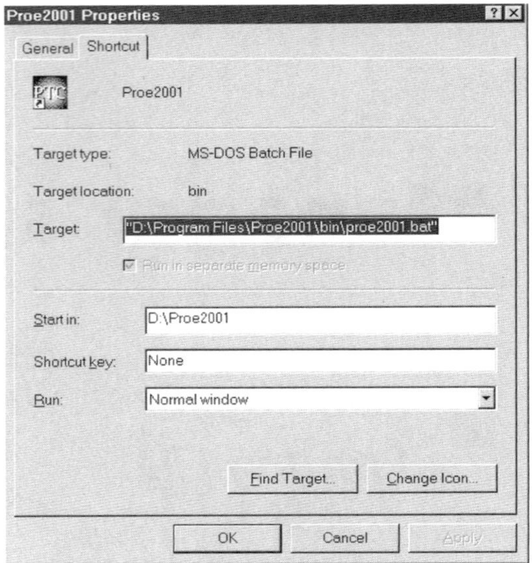


*Typical Shortcut icon Properties dialog found on NT system.*

The *start in* directory and its location and name are typically established when the Pro/ENGINEER software is initially installed on your computer. For best results, all files you wish to access via Pro/ENGINEER should reside in a folder within the *start in* directory on your computer. If files you wish to access are in a folder remote to your computer, you should have access to these folders (i.e., network folders).

When receiving files from other users for your review, it is important that you move these files to an applicable folder within the directory structure, as previously described. If the files are received via e-mail, they should be saved into one of the applicable folders. If the files are contained in a zip file, they should be extracted before attempting to view them in Pro/ENGINEER. Typically, Pro/ENGINEER files are not mimed (file typed) by mail tools; therefore, you cannot open them by double clicking on them.

> **NOTE:** *If you do not have the Pro/ENGINEER startup shortcut on your desktop, either create it yourself (from the Proe2001.bat file) or have your IT support add it.*

✓ **TIP:** *If you are running a Windows-based system and cannot find a file, use the Find Files or Folders utility to locate them.*

# Viewing and Printing Files with Pro/ ENGINEER

The sections that follow explore viewing and printing files using Pro/ENGINEER. This section also covers exiting Pro/ENGINEER after performing operations.

## Viewing Files with Pro/ENGINEER

Before you can view Pro/ENGINEER files, you need to launch (start up) Pro/ENGINEER. To do this, double mouse click on the Pro/ENGINEER icon. Give the software a minute to execute and the display screen to come up. Once the software has executed, you will need to set the working directory. The working directory is where the files you wish to view should be located. To set the working directory, select File from the menu bar, and then select Set Working Directory from the drop-down menu, shown in the following illustration.

*File menu selection with drop-down menu.*

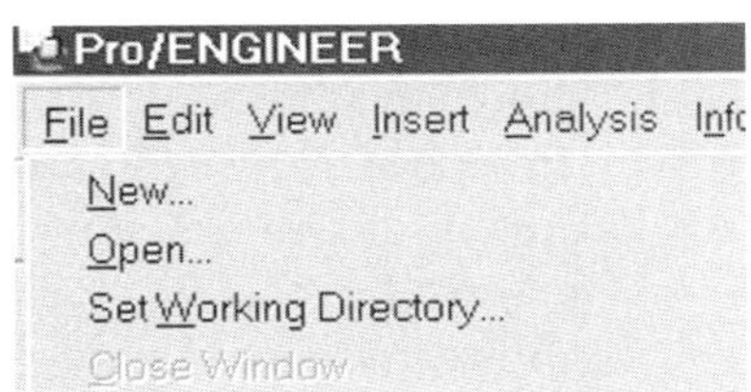


Select the Set Working Directory option to initiate the Select Working Directory dialog, shown in the following illustration. The "Look in" window will display the *start in* directory, whereas the large window will display your file folder structure under that directory. Select the folder you wish to work in, or use the command options in this dialog to navigate to the desired folder on the computer file system (i.e., network files). Once you have made your selection, you will see the folder name appear in the Name window. Select OK and the working directory will be set.

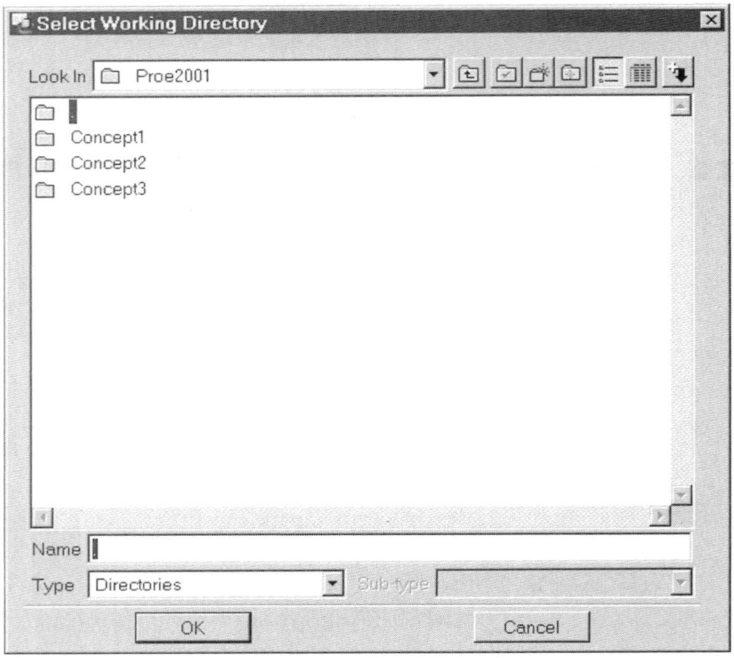


*Select Working Directory dialog.*

With the working directory set, you may now open any of the files located in that directory/folder. The steps are somewhat similar for opening a file as for setting the working directory. To open a file, select File from the menu bar, and then select Open from the drop-down menu, which initiates the File Open dialog, shown in the following illustration. As previously mentioned, the "Look in" window will display the working directory, whereas the large window will display the file(s) within that directory. Select the file you wish to work with, or use the command options in this dialog to navigate to the desired folder on the computer file system (i.e., network files).

Once you have made your selection, you will see the file name appear in the Name window. Select Open, and the file will open. If desired, you can use the Preview option to preview files before opening them into a formal Pro/ENGINEER session. You may also sort the file types you see displayed in the window by utilizing the option in the Type window pull-down. This will allow you to see only the file types you desire to work with (i.e., parts, drawings, assemblies, and so on).

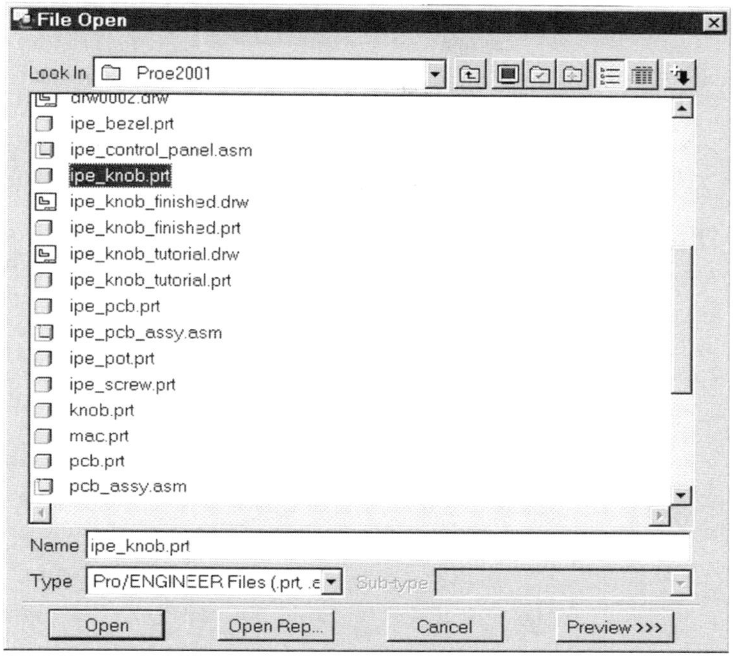


*File Open dialog.*

**NOTE:** *Before viewing additional files, it is a good idea to close the current file. This is accomplished using the Close Window command in the File drop-down menu.*

Now that you have a Pro/ENGINEER file displayed on the screen, you may want to execute a simple command, such as rotating, panning, or zooming the image. As with all options covered in this section, not all function with every object being viewed. For instance, the Rotate option does not work on drawings. These functions are activated by holding down the <Ctrl> key on the keyboard as you press one of the mouse buttons. It is recommended that you use a three-button mouse with Pro/ENGINEER, because all three buttons are used to perform operations.

**NOTE:** *If you only have a two-button mouse, you can emulate the middle button by holding down the <Shift> key and pressing the first mouse button.*

Functions assigned to each of the mouse buttons are as follows: the right button is Zoom, the middle is Rotate, and the left is

Pan. The display interface incorporates four fundamental settings for viewing: Wireframe, Hidden Line, No Hidden, and Shaded. The icons for setting these display options are located in the Top Toolchest under the menu bar. As with the Rotate function, not all of these display settings will be in effect. For instance, the Shade setting will not work for drawings.

## Printing Files with Pro/ENGINEER

Prior to executing the Print command, you will need to toggle off anything you do not wish to print, such as datum planes. If you can see it on the screen, it will print. All such settings are established by selecting the icons in the Top Toolchest. The next step is to Refit the object to the screen. This is accomplished using the Refit icon in the Top Toolchest.

The Print command is accessed via the File menu or via the Print icon in the Top Toolchest. The Print command accesses the Print dialog, shown in the following illustration, which allows you to establish various printing parameters. The only parameter you will be adjusting here is paper size.

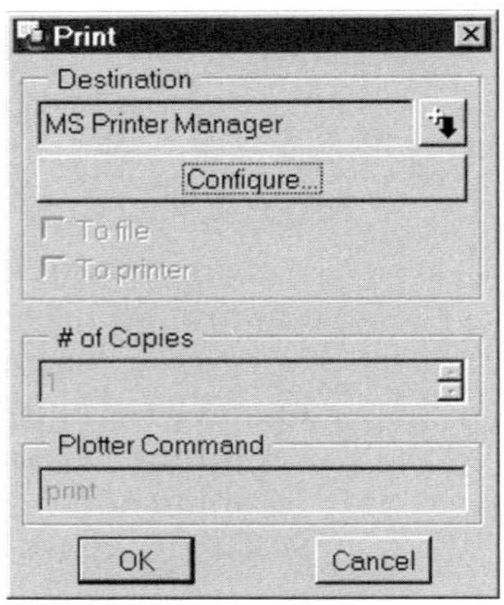


*Print dialog.*

In some scenarios, you may need to specify the size for printing (A size is typical letter size). You use the Configure option in the Print dialog to do this. Select Configure in the Print dialog, then the Page tab in the Printer Configuration dialog, and specify the size in the Size window. When all desired settings have been made, select the OK button to print.

**NOTE:** *Pro/ENGINEER is similar to Microsoft Windows in regard to icons. If you want to know the function of an icon, place the cursor on it and a description of its function will be displayed.*

## Exiting Pro/ENGINEER

When you are ready to quit Pro/ENGINEER, select File from the menu bar, and then select Exit from the drop-down menu. A confirmation window will appear. Select Yes to exit Pro/ENGINEER. If you wish to save anything you have done during your session, do so before closing the window of the object you were working with. To accomplish this, use the Save command in the File menu.

# Viewing and Printing Files with ProductView Express

The sections that follow explore viewing and printing files using ProductView Express. Pro/ENGINEER ProductView Express is a free viewer offered for download on the *PTC.com* web site. This viewer does not require that you have Pro/ENGINEER software. It functions as a web browser plug-in for Microsoft Windows products 95, 98, 2000, and NT. The information in this section is based on a computer using NT. This viewer will allow you to view Pro/ENGINEER part, assembly, and all drawing files (including formats, reports, diagrams, and layouts).

## Viewing Files with ProductView Express

Before you can view Pro/ENGINEER files using ProductView Express, the user providing files to you needs to make two changes to his or her *config.pro* files. The user needs to add the following two option/value combinations: (1) *save_model_display* (option) and *shading_lod* (value), and (2) *save_draw_picture_file* (option) and *embed* (value).

In addition to establishing the previously discussed *config.pro* options, your web server may also need to be configured to export Pro/ENGINEER files as mime-type files. If, for example, Pro/ENGINEER files you receive display as text instead of as images, it is likely this reconfiguration is necessary. In addition, the ProductView Express viewer works only on part files saved on release 18 or higher, and on assembly files saved on release 20 or higher. The viewer does not work on files stored in Pro/Intralink.

Once the ProductView Express software has been successfully installed, you will be ready to start viewing files. The viewer will display all files that meet the criteria previously described. However, if the file were not saved at some point after the *config.pro* options were added in Pro/ENGINEER, drawing files will not display, and the object files will only display as wireframe and will not respond to the viewing options offered (i.e., shaded image, fly through, and so on).

To view a file, open your web browser, select File from the menu bar, and then select Open from the drop-down menu. This will display the Open dialog. Select the Browse button on the Open dialog, which will display the Internet Explorer dialog. These interface components are shown in the following illustrations.

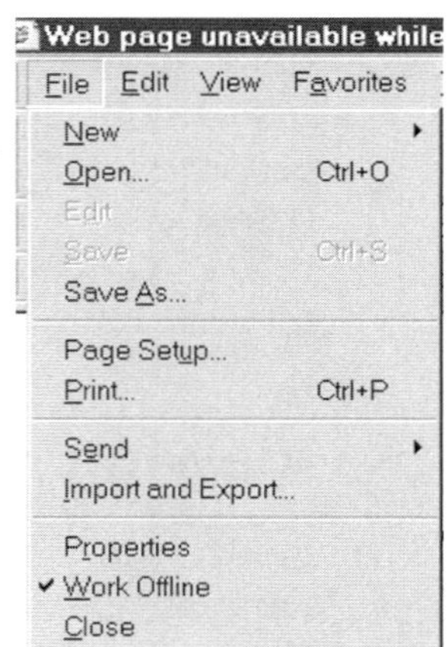


*Browser File menu selection with drop-down menu.*

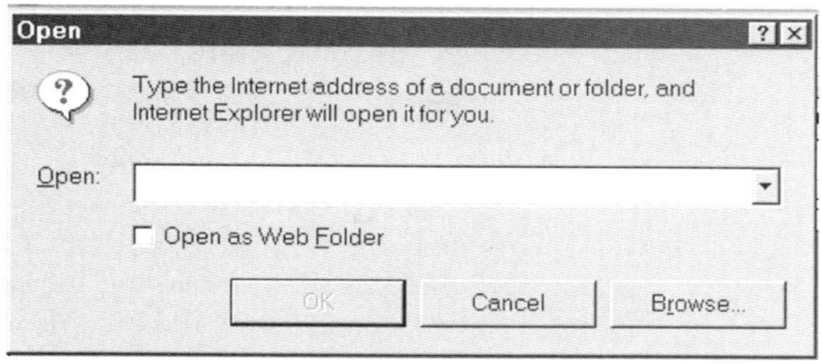


*Browser file Open dialog.*

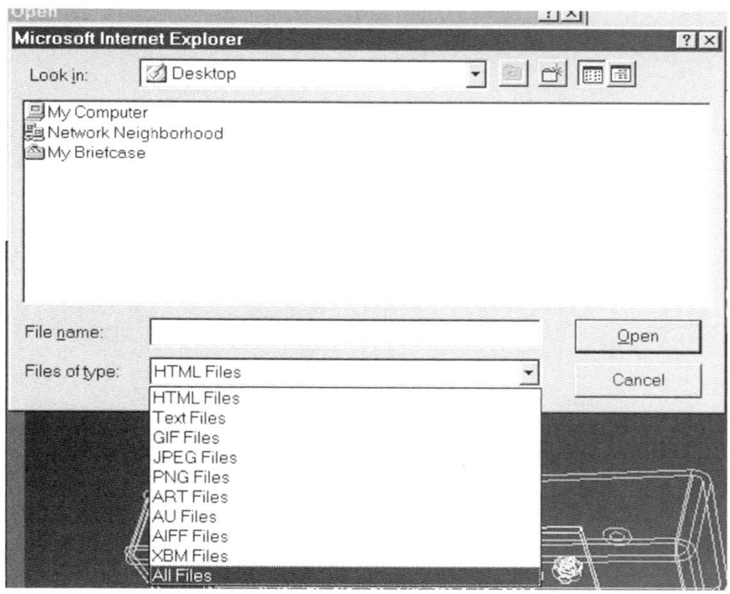


*Internet Explorer dialog.*

At this point, you will want to change the setting in the Files of Type window to All Files. Now you can navigate to where the files you wish to view are located. Select the desired file for viewing, select the Open button from the Internet Explorer dialog, and then select the OK button from the Open dialog. The file will then display.

➜ **NOTE 1:** *You do not need to be connected to the Internet to use the viewer when viewing files local to your computer or your network.*

➜ **NOTE 2:** *To view additional files, follow the steps previously described. Unlike Pro/ENGINEER, under ProductView Express it is not necessary to close the current image.*

Now that you have a Pro/ENGINEER file displayed on the screen, you may want to execute a simple display command, such as rotating, panning, or zooming the image. (As with Pro/ENGINEER, the Rotate option does not work on drawings.) The three-button mouse works the same as with Pro/ENGINEER. The display has four fundamental settings for viewing: Wireframe, Hidden Line, No Hidden, and Shaded. The icons for setting these display options are located across the top of the Pro/ProductView Express screen. (As with the Rotate function, not all of these display settings will work for drawings.)

*Pro/ProductView Express display option icons for assemblies.*

*Pro/ProductView Express display option icons for parts.*

*Pro/ProductView Express display option icons for drawings.*

## ProductView Express Viewing Icons

Experiment with the options described in this section to familiarize yourself with them. The icons described are those across the top of the screen. The icons are grouped in the categories explained in the following material, and the functionality is dependent on what mode you are in. The Pan/Zoom and Zoom to Fit options allow you to pan, rotate, and zoom. Flythrough allows you to "position" the camera, moving it in and out, and vertically and horizontally. This option works much like Pan/ Zoom: when you hold down the <Ctrl> key and click one of the mouse buttons, the camera location changes. The icons that access these options are shown in the following illustration.

*Pan/Zoom, Zoom to Fit, and Flythrough icons.*

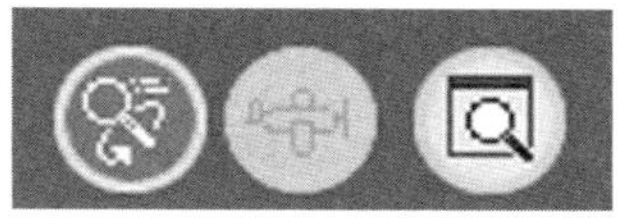

Rendering options allow you set the display of the object being viewed. The icons for these four options are Wireframe, Hidden, No Hidden, and Shaded, shown in the following illustration.

*Rendering icon selections.*

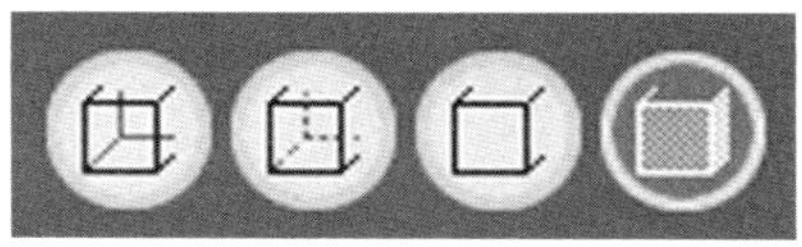

The Orthographic and Perspective options allow you to view the object in different projection perspectives. The FPS (frames per second) option sets display quality. The higher the rate, the better the image display quality. The icons for these options are shown in the following illustration.

*Orthographic, Perspective, and FPS (frames per second) icons.*

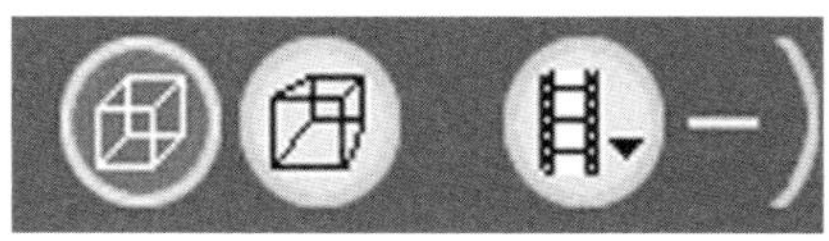

The Forward Arrow and Backward Arrow options allow you to move through assemblies. Selecting a component in an assembly activates this function as the component is displayed. The arrow options allow you to switch between a view of the assembly and a view of the component. The icons for these options are shown in the following illustration.

*Arrow icons.*

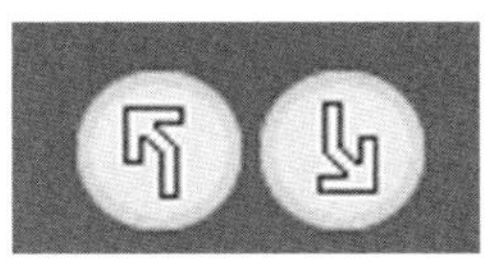

### Printing Files with Pro/ENGINEER ProductView Express

Currently, Pro/ENGINEER ProductView Express does not offer a good print option for Internet Explorer 5.0 or under. You will need to upgrade to Internet Explorer 5.5 or use Netscape as your browser.

### Exiting ProductView Express

To exit ProductView Express, simply close the Browser window (by clicking on the X in the top right-hand corner) and the viewer will close.

## Summary

This chapter introduced you to some of the basic object viewing capabilities available under Pro/ENGINEER and under ProductView Express. By now you should have a basic understanding of the following concepts.

- File location and retrieval
- Viewing files with both Pro/ENGINEER and ProductView Express
- Basic functionality of viewing options under both Pro/ENGINEER and ProductView Express
- Basic printing functionality under Pro/ENGINEER
- Exiting procedures for both Pro/ENGINEER and ProductView Express

# PART 6
# Exercises

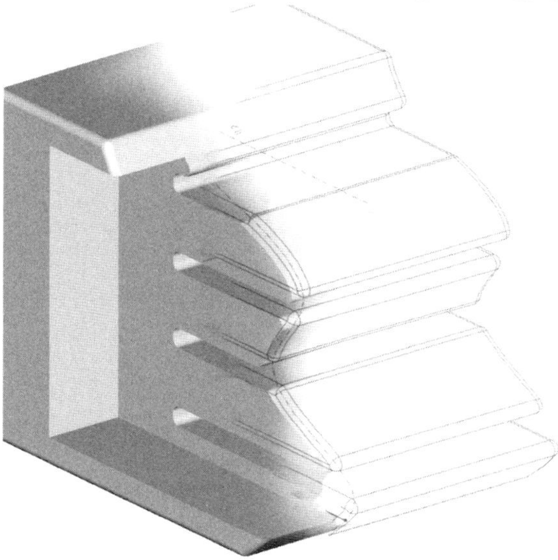

# Description of Exercise Levels

The same exercises appear in the three exercise sections: "Self Test," "Hints," and "Detailed Step by Step." Each section (type of exercise) is described in the following material.

> **NOTE:** *Unless otherwise noted, it is assumed in all exercise sections that Pro/ENGINEER is running and is on screen.*

You can make your own decisions based on your comfort level as to which section you choose to work in. You may find that a combination of all three is appropriate. In all cases, keep in mind that the objects being created can be reused in the various tutorials in the book; therefore, remember to use appropriate file names and so forth to enable reuse of objects.

In addition to the section "Detailed Step by Step," which contains answers to all exercises, each exercise has been completed and is available on the companion web site. These samples are provided for the following reasons.

- It may be helpful to review a completed model to gain more insight or hints.
- They can be used as substitutes in cases where the tutorials require reuse of particular models from previous exercises, but you had problems or chose to skip a particular exercise.

- You may wish to perform only a portion of an exercise. In this instance, you could use the sample model, delete the portion(s) you are interested in, and then redo the same portion(s).

## Self Test

In these exercises, you are asked to complete exercises without assistance. You are provided with a set of rules that must be followed, but it is up to you to decide how to carry out the tasks and steps. The rules provide the intent of the exercise, and will steer you in the right direction.

## Hints

This exercise level is titled "Hints" because you are provided with the recommended sequence of steps, but not enough information to take away all of the fun.

> **NOTE:** *In both the "Self Test" and "Hints" sections, you must use appropriate model construction methods so that the design intent depicted in the sketch is precisely duplicated. This requirement might mean that you must construct the feature a certain way. Above all, it means that dimensions and other references must match; that is, no additional and no fewer dimensions should be used.*

## Detailed Step by Step

This section provides directions and instructions for every action taken to complete the exercise. Consider it the section containing the "answers" for all exercises.

# Self Test

## ■■ EXERCISE 1. Circuit Board

In this exercise, you will encounter only the most basic feature types: protrusion, holes, and cuts. However, the most complicated parts commonly begin from basic feature types.

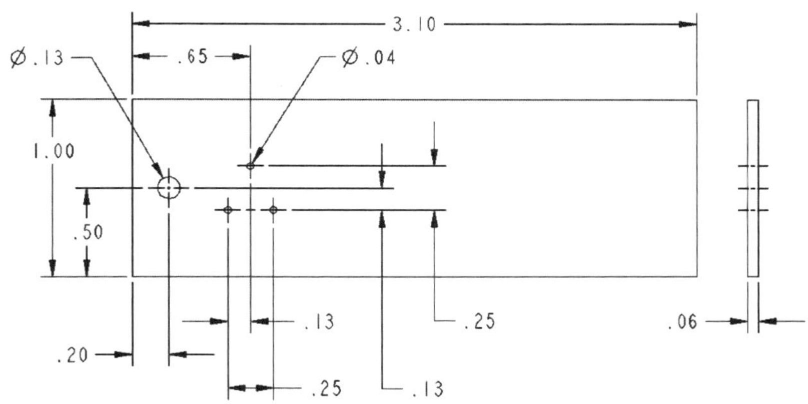


*Circuit board dimensions.*

### *Rules*

*1* Create a part with the features according to the dimensions shown. (Do not create a drawing.)

*2* Use *PCB* for the part name.

*3* Create the larger hole by itself in a single, individual feature.

*4* Create the three small holes together in a single, individual feature (not three individual features).

# EXERCISE 2. Potentiometer

Once again, in this exercise you will use only the most basic feature types. In the following you will begin to realize how the geometry becomes increasingly complex as the number of features increases.

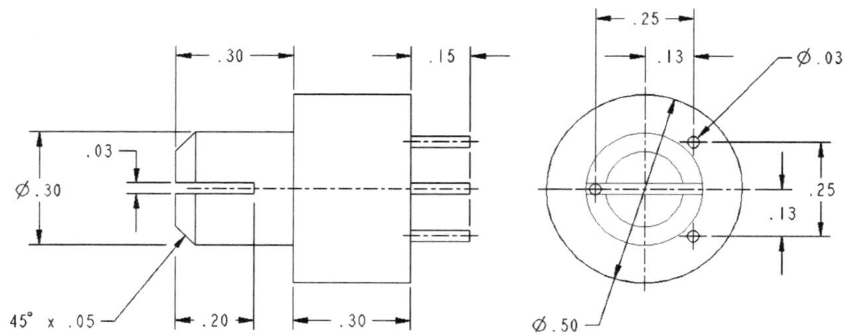


*Pot dimensions.*

### *Rules*

1. Create a part with the features according the dimensions shown. (Do not create a drawing.)
2. Use *POT* for the part name.

# EXERCISE 3. First Feature Orientation

This exercise is intended to provide experience with orienting the first feature. The key is the proper selection of the sketch and orientation planes. Orientation of the first feature is critical because in most cases it will determine the permanent default orientation of the part whenever you work in Part Mode. Of course, neither Assembly Mode nor Drawing Mode is impacted by this decision. However, if these choices are not made objectively, you will usually be disoriented if the default view is upside down and/or backward from the "normal" orientation of the part in the real world. Admittedly, in some cases a "normal" orientation does not exist; therefore, proper orientation of the first feature does not matter.

➾ ***NOTE:*** *The part created in this exercise will not be used for any other purpose in this book.*

# 3a. First Feature (1)

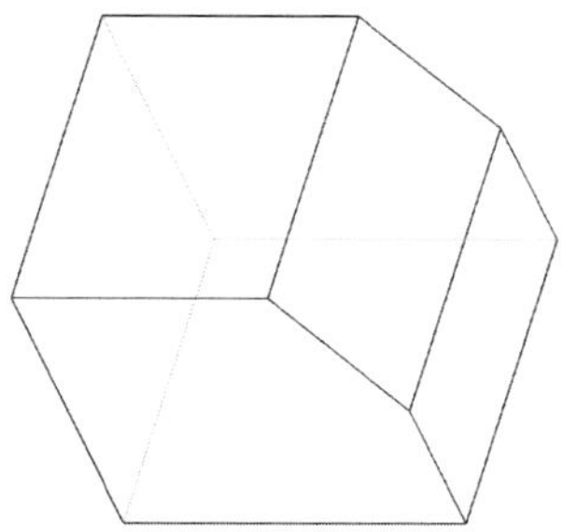

*Create a block with an angled surface. This is version 1 of 3.*

*Sketch with proper orientation. This orientation is typical for all three versions.*

### *Rules*

1. No dimensions are provided; use your own dimensions and values such that the model approximately matches that shown in the illustration at left (version 1 of 3).
2. Default datum planes are optional or may be required: you decide.
3. Other than datum planes, the model must contain only a single solid feature.
4. The sketch must resemble and be oriented like that shown in the illustration at left.
5. The model must match the previous illustration when viewed in the Default view. You cannot spin the model or otherwise rotate the image; you must view the model in the Default view.

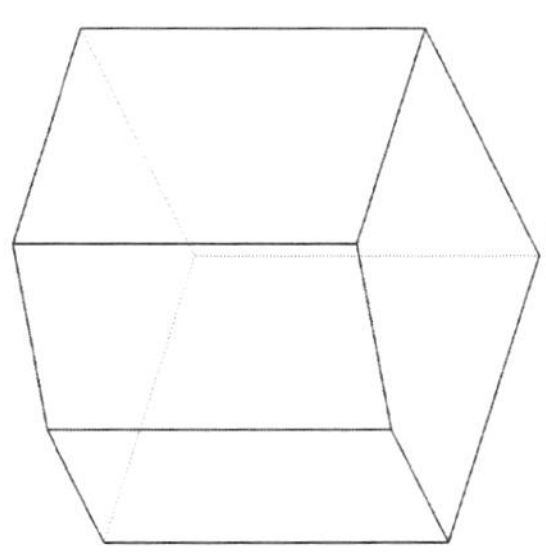

*Create a block with an angled surface. This is version 2 of 3.*

# 3b. First Feature (2)

Delete the feature created in 3a, create a new feature, and follow rules 1 through 5, with an emphasis on rule 4 (sketch orientation), but conform to version 2 of 3 instead (see illustration).

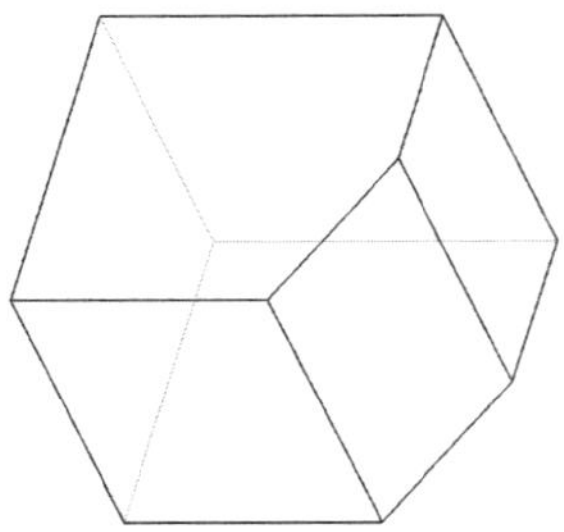

Create a block with an angled surface. This is version 3 of 3.

## 3c. First Feature (3)

Delete the feature created in 3b, create a new feature, and follow rules 1 through 4, with an emphasis on rule 4 (sketch orientation), but conform to version 3 of 3 instead (see illustration).

# ■■ EXERCISE 4. Bezel

In this exercise, you should encounter a wide variety of feature creation types and techniques. Try to utilize feature types that are the most efficient for the design. Be conscious of design intent, and which relationships might be important. Then incorporate feature intelligence that would allow for *easy* design changes, should it become necessary. As a rule, feature dimensions and their relationships should look like those shown in the following illustration.

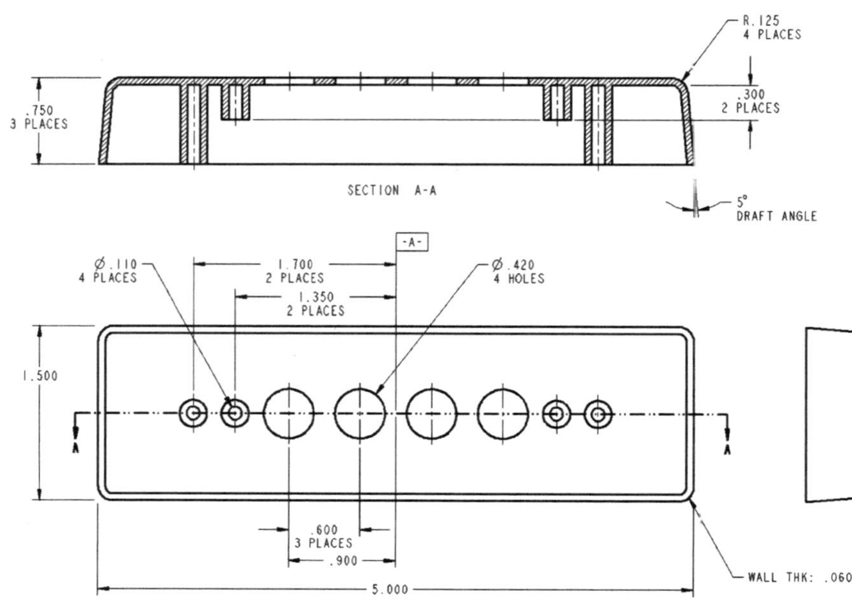


*Use this sketch for creating the bezel model.*

### *Rules*

1. Note that datum A is in the center of the part. Construct the first feature in such a way that this relationship is established.
2. Pattern the four Ø.420 holes.
3. Do not pattern the two sets of bosses. Use the Mirror command.
4. Note that there is no dimension for any inside fillet radii, just the R.125 outside the corner radii. Construct the model in such a way that the inside fillet radii are created automatically.

## EXERCISE 5. Screw Model

In this exercise, you will create a very simple part. The part could be created in as few as two features, if such is your desire. The purpose of this exercise is to seriously consider the flexibility of the individual features that constitute the part. Remember that using Pro/ENGINEER is not like that old game show "Name That Tune": "I can name that tune in 3 notes." "Well, I can name it in 2." You could try to create models in such a frame of mind, but consider separating features that enable the most flexibility or variation of the part.

Rather than simply perceiving a finished solid model as a large solid mass, this exercise will help you see a solid model as a composition of features; that is, features likely to change, or to be "tabled." The term *tabled* is used to imply that parts of this nature, such as screws and hardware in general, are typically included in family tables.

**BONUS** *When you have finished modeling the screw, try to create a family table of the model. Experiment with various items, such as length, diameter, head height, and so on. Although no hints or answers are provided for this bonus, you may experience an obstacle or two that will lead to valuable understanding of feature flexibility.*

*Create a screw according to these dimensions.*

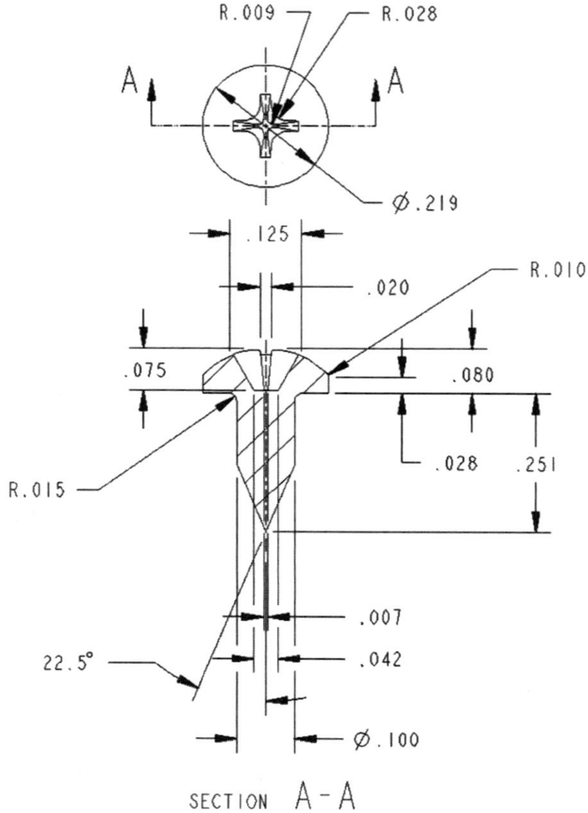


### *Rules*

Before starting, evaluate and identify which features could be separated.

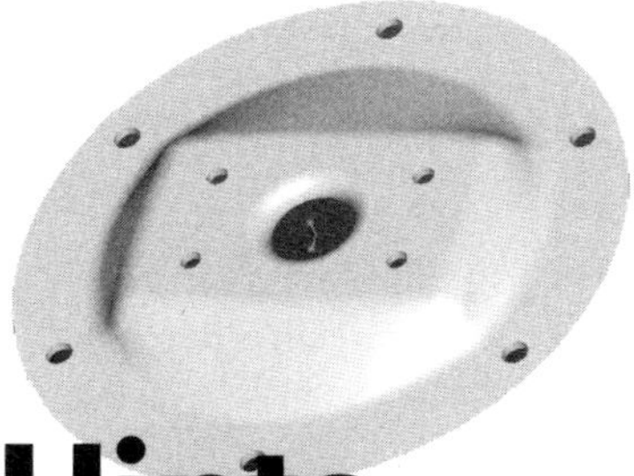

# Hints

The "hints" in this section are in the form of "tasks." These will be helpful to you in understanding the sequence of suggested operations.

## ■■ EXERCISE 1. Circuit Board

In this exercise, you will encounter only the most basic feature types: protrusions, holes, and cuts. However, the most complicated parts often begin with basic features.

*Circuit board dimensions.*

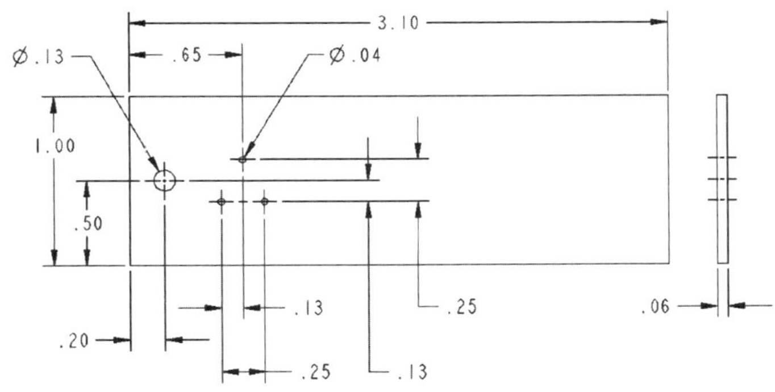


### *Rules*

1. Create a part with the features according to the dimensions shown. (Do not create a drawing.)
2. Use *PCB* for the part number.

3. Create the larger hole by itself in a single, individual feature.
4. Create the three small holes together in a single, individual feature (not three individual features).

### Tasks

1. Create a new part named *PCB.*
2. Create default datum planes.
3. Create a rectangular protrusion (1" x 3.1" x .06") with the lower left corner aligned to the datum planes.
4. Create the Ø.13 hole.
5. Create a cut feature that contains the three Ø.04 holes.
6. Save the part.

## EXERCISE 2. Potentiometer

Once again, in this exercise you will use only the most basic feature types. In the following you will begin to realize how the geometry becomes increasingly complex as the number of features increases.

*Pot dimensions.*

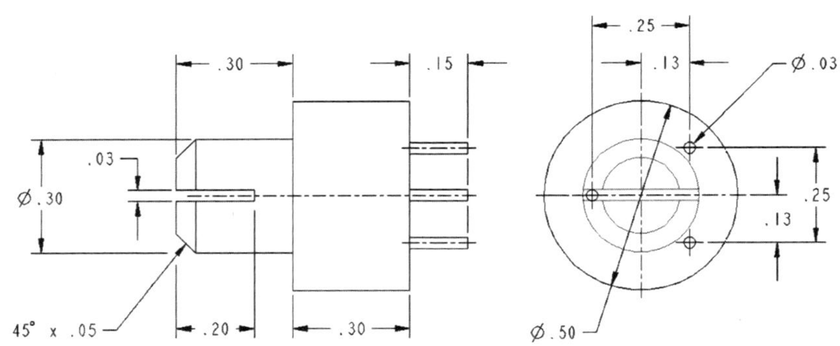


### Rules

1. Create a part with the features established at the dimensions shown. (Do not create a drawing.)
2. Use *POT* for the part name.

### Tasks

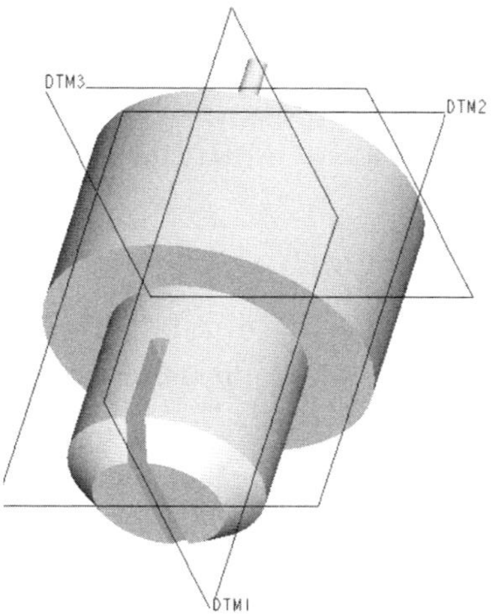


*Completed POT.*

1. Create a new part named *POT.*
2. Create default datum planes.
3. Create a Ø.50 x .30 protrusion, sketched on DTM3.
4. Create a Ø.30 x .30 protrusion, sketched on the front surface of the first protrusion.
5. Create a 45° x .05 chamfer on the front edge of the second protrusion.
6. Create a .03 x .20 Thru All cut, using Both Sides and sketched on DTM2.
7. Create a protrusion, sketched on the back of the first protrusion, containing 3 x Ø.03 circles to a depth of .15.
8. Save the part.

## ■■ EXERCISE 3. First Feature Orientation

This exercise is intended to provide experience in orienting the first feature. The key is the proper selection of the sketch and orientation planes. Orientation of the first feature is critical because in most cases it will determine the permanent default orientation of the part whenever you work in Part Mode. Of course, neither Assembly Mode nor Drawing Mode is impacted by this decision. However, if these choices are not made objectively, you will usually be disoriented if the default view is upside down and/or backward from the "normal" orientation of the part in the real world. Admittedly, in some cases a "normal" orientation does not exist; therefore, proper orientation of the first feature does not matter.

➾ **NOTE:** *The part created in this exercise will not be used for any other purpose in this book.*

# 3a. First Feature (1)

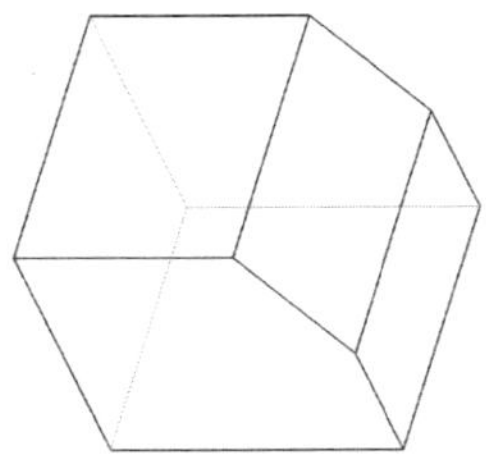

*Create a block with an angled surface. This is version 1 of 3.*

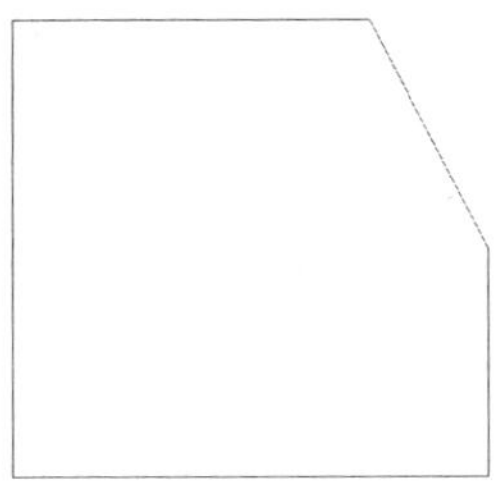

*Sketch with proper orientation. This orientation is typical for all three versions.*

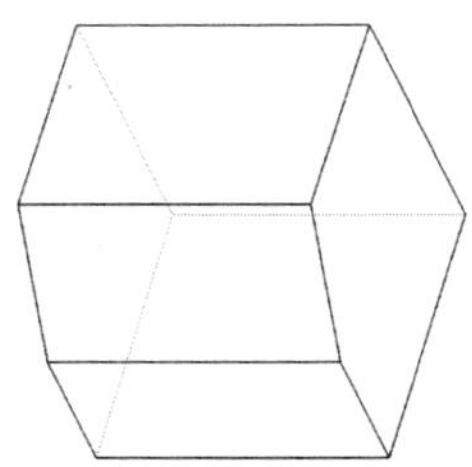

*Create a block with an angled surface. This is version 2 of 3.*

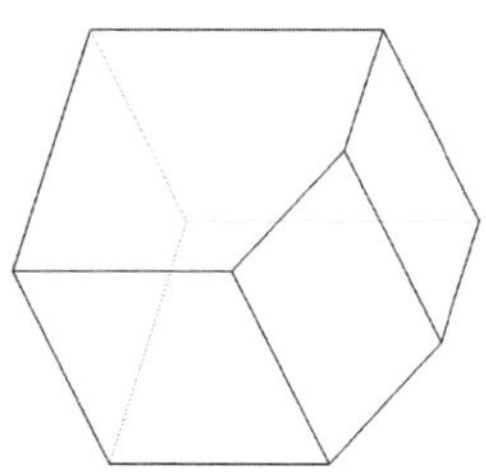

*Create a block with an angled surface. This is version 3 of 3.*

## Rules

*1* No dimensions are provided; use your own dimensions and values such that the model approximately matches that shown in the illustration at left (version 1 of 3).

*2* Default datum planes are optional or may be required: you decide.

*3* Other than datum planes, the model must contain only a single solid feature.

*4* The sketch must resemble and be oriented like that shown in the following illustration.

*5* The model must match the previous illustration when viewed in the Default view. You cannot spin the model or otherwise rotate the image; you must view the model in the Default view.

## Tasks

*1* Create a new part and use the suggested name (e.g., *PRT0001*).

*2* Create default datum planes.

*3* Create a protrusion based on the "version 1 of 3" illustration. The sketch plane is DTM3 and the direction is forward. The orientation plane is DTM2/Top.

*4* Create a sketch that resembles that shown in the illustration at left.

*5* Make the protrusion with a blind depth.

*6* Switch to the Default view. Did you pass the test? If while examining the Default view your screen proportionately matches the version 1 of 3 illustration, proceed to the next task. If not, start over.

*7* Delete the first protrusion.

8 Create another protrusion, based on the "version 2 of 3" illustration. The sketch plane is DTM1 and the direction is to the left. The orientation plane is DTM2/Top.

9 Repeat tasks 4 through 6, and then proceed to task 10.

10 Delete the second protrusion.

11 Create another protrusion, based on the "version 3 of 3" illustration. The sketch plane is DTM2 and the direction is upward. The orientation plane is DTM1/Top.

12 Repeat tasks 4 through 6.

## 3b. First Feature (2)

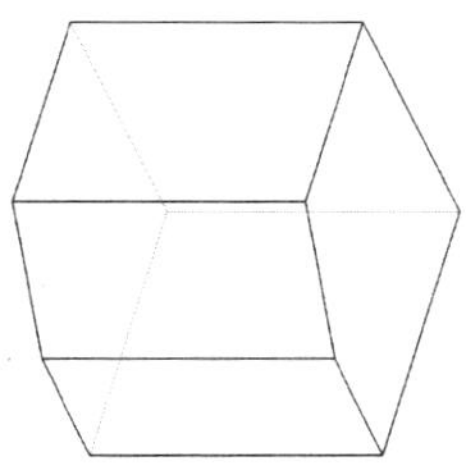

*Create a block with an angled surface. This is version 2 of 3.*

Delete the feature created in 3a, create a new feature, and follow rules 1 through 5, with an emphasis on rule 4 (sketch orientation), but conform to version 2 of 3 instead (see illustration).

## 3c. First Feature (3)

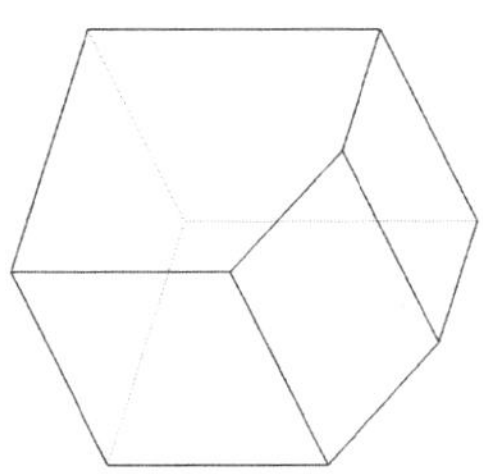

*Create a block with an angled surface. This is version 3 of 3.*

Delete the feature created in 3b, create a new feature, and follow rules 1 through 4 (sketch orientation), with an emphasis on rule 4, but conform to version 3 of 3 instead (see illustration).

# EXERCISE 4. Bezel

In this exercise, you should encounter a wide variety of feature creation types and techniques. Try to use feature types that are the most efficient for the design. Be conscious of design intent, and which relationships might be important. Then incorporate feature intelligence that would allow for *easy* design changes, should they become necessary. As a rule, feature dimensions and their relationships should look like those shown in the following illustration.

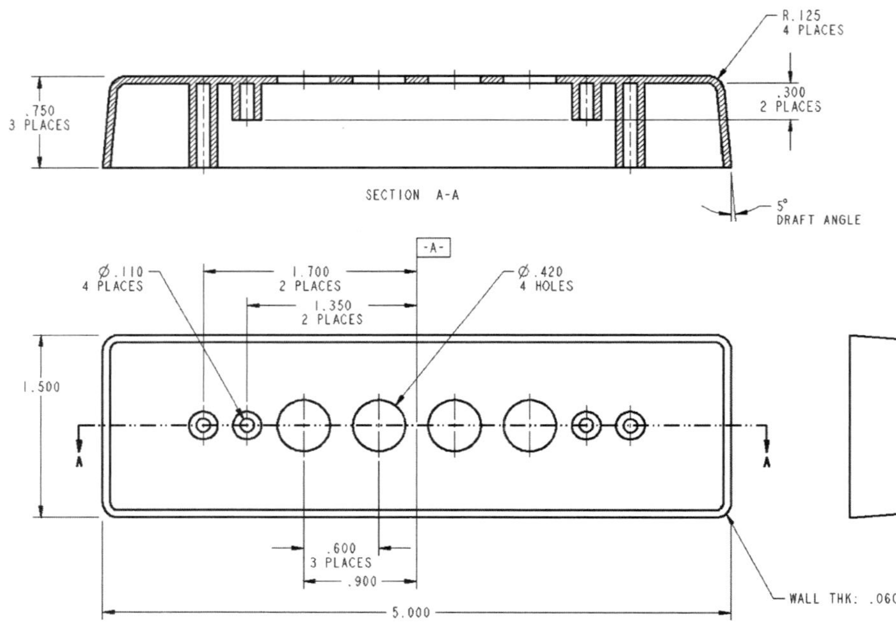


*Use this sketch for creating the bezel model.*

## *Rules*

1. Note that datum A is in the center of the part. Construct the first feature in such a way that this relationship is established.
2. Pattern the four Ø.420 holes.
3. Do not pattern the two sets of bosses. Use the Mirror command.

4 Note that there is no dimension for any inside fillet radii, just the R.125 outside the corner radii. Construct the model in such a way that the inside fillet radii are created automatically.

### *Tasks*

1 Create a new part named *BEZEL*.

2 Create default datum planes.

3 Create a rectangular protrusion (5" x 1.5" x .75") that is symmetrically located (with respect to height at 1.5" and width at 5", not depth) about the datum planes.

4 Create a draft feature that includes all four sides of the model.

5 Create a round feature that includes all edges, except the edges around the bottom surface (the large end adjacent to the drafted surfaces). (Eight edges are to be rounded with this feature.)

6 Create a shell feature.

7 Create a single Ø.420 hole.

8 Create a pattern for completing the rest of the four-hole pattern.

9 Create a thin protrusion for one of the .300-high bosses. Sketch a single circle with Ø.110 and material side outward.

10 Copy the short boss to create a full-height boss. First copy the previous boss and then redefine the depth of the copy to make it longer.

11 Mirror the two bosses over to the other side.

## Exercise 5. Screw Model

In this exercise, you will create a very simple part. The part could be created in as few as two features, if such is your desire.

The purpose of this exercise is to seriously consider the flexibility of the individual features that constitute the part. Remember that using Pro/ENGINEER is not like that old game show "Name That Tune": "I can name that tune in 3 notes. "Well, I can name it in 2." You could try to create models in such a frame of mind, but consider separating features that enable the most flexibility or variation of the part.

Rather than simply perceiving a finished solid model as a large solid mass, this exercise will help you see a solid model as a composition of features; that is, features likely to change, or to be "tabled." The term *tabled* is used to imply that parts of this nature, such as screws and hardware in general, are typically included in family tables.

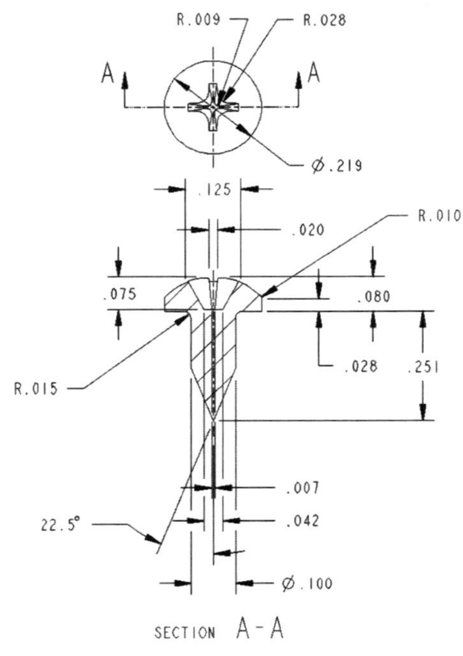


*Create a screw according to these dimensions.*

## *Rules*

Before starting, evaluate and identify which features could be separated.

## *Tasks*

1. Create a new part named *SCREW.*
2. Create default datum planes.
3. Create a revolved protrusion for just the head of the screw.
4. Create a revolved or extruded protrusion for the screw body. Create it with a flat end, rather than a pointed one.
5. Create a revolved cut for the point of the screw body.
6. Create a R.015 round under the flange of the head.
7. Create a datum point at the apex of the head of the screw. This point will be used in the next task to aid in the creation of a datum plane.
8. Create a blend cut for the drive slot in the head. Use a Make Datum for the sketching plane that goes through the datum point created in the previous task.

**BONUS** *When you have finished modeling the screw, try to create a family table of the model. Experiment with various items, such as length, diameter, head height, and so on. Although no hints or answers are provided for this bonus, you may experience an obstacle or two that will lead to a valuable understanding of feature flexibility.*

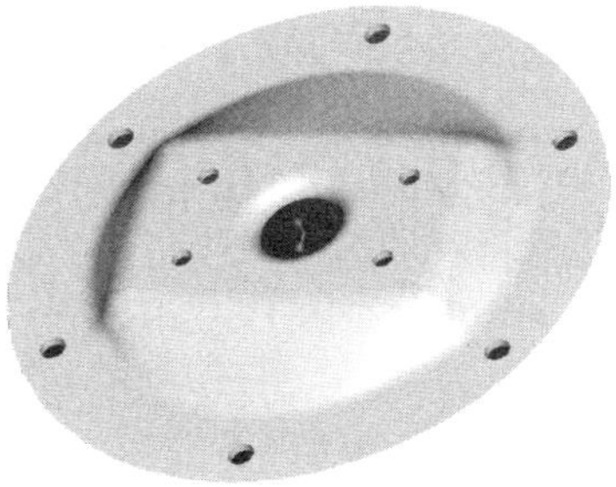

# Detailed Step by Step

The answers in this section are in the form of step-by-step instructions. Each task from the "Hints" exercise section is also listed for reference.

## Before You Begin

It is suggested that you utilize this section as a checker, where you can study your attempts from the "Self Test" or "Hints" section and evaluate them against the recommended steps explained in this section.

These step-by-step instructions assume that no special configuration options are in effect that may cause a unique behavior or command interaction. To be safe, it is recommended that no configuration settings (from a *config.pro* file) be in effect. For more information on configuration files, see Chapter 14. For example, if a *config.pro* file exists in the *startup* directory or in the *<loadpoint>/text* directory, it should be disabled: rename it, move the file to another temporary location, or "comment" all settings.

> **NOTE:** *For best results, use the Window > Close command on all visible graphics windows before starting a new exercise.*

Unless otherwise noted, all instructions that take place in Sketcher Mode assume that Intent Manager is used, and that the "Use default template" box is checked in the New dialog and the Regenerate box in the Modify Dimensions dialog.

*Always use Intent Manager, unless otherwise indicated, for these exercises.*

# EXERCISE 1. Circuit Board

In this exercise, you will encounter only the most basic feature types: protrusions, holes, and cuts. However, the most complicated parts often begin with basic features.

*Circuit board dimensions.*

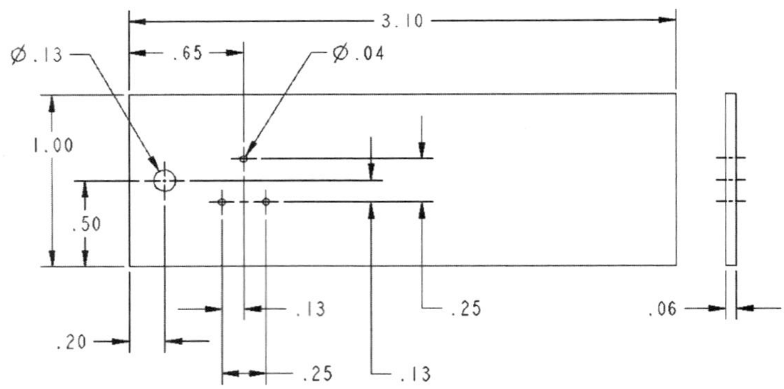


### *Rules*

1. Create a part with the features according to the dimensions shown. (Do not create a drawing.)
2. Use *PCB* for the part name.
3. Create the larger hole by itself in a single, individual feature.

4 Create the three small holes together in a single, individual feature (not three individual features).

## Task 1.1. Create a new part named PCB.

*New File icon.*

1 Click on the New File icon, shown at left.

*Type in* PCB *and click on OK.*

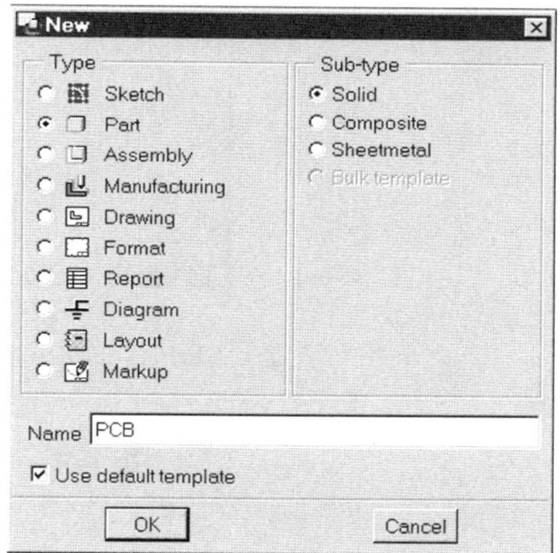


## Task 1.2. Create a rectangular protrusion (1" x 3.1" x .06").

1 Set up initial feature elements.

Feature > Create > Protrusion > Extrude | Solid | Done > One Side | Done > Click on FRONT > Okay > Default

*Diagram for initial feature elements.*

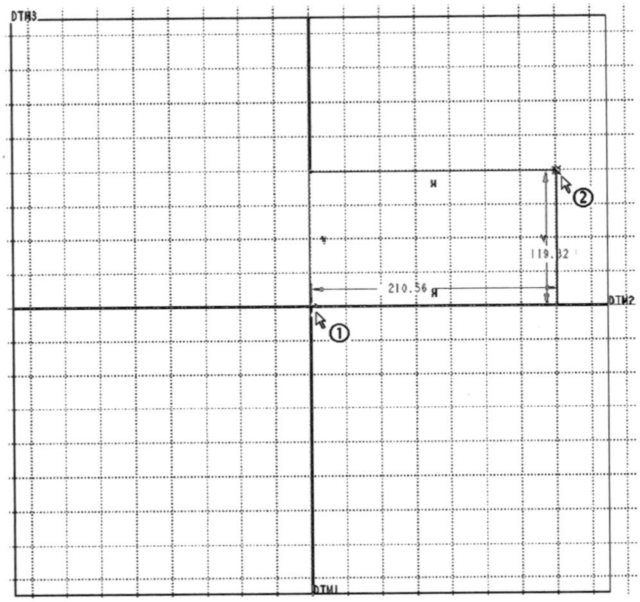


**2** Sketch a rectangle. Position lower left corner at intersection of datum planes.

Specify Refs > Click on TOP > Click on RIGHT > Done Sel

Rectangle > Click left button at position 1, rubber-band to and click at position 2

Use Modify Dim icon. Select width dim > Input *3.1* > Select height dim > Input *1* > Done.

**3** Finish the remaining feature elements.

Blind | Done > Input *.06* > [OK]

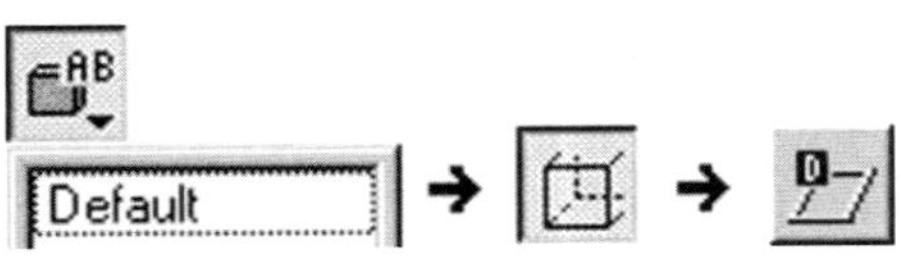


*Viewing results.*

*Task 1.2 is complete. Rectangle is created.*

**4** View the results. (See illustration at left for icon selection sequence.)

## Task 1.3. Create the Ø.13 hole.

*1*1. Set up initial feature elements.

Feature > Create > Hole > Straight Hole | > Linear | Done

*2* Specify placement references.

- Select front surface.
- Query select left surface (hidden) > Input *.2.*
- Query select bottom surface (hidden) > Input *.5.*
- Input Diameter *.13.*

*3* Finish the remaining feature elements.

Thru Next | Done

*Task 1.3 is complete. Hole is created.*

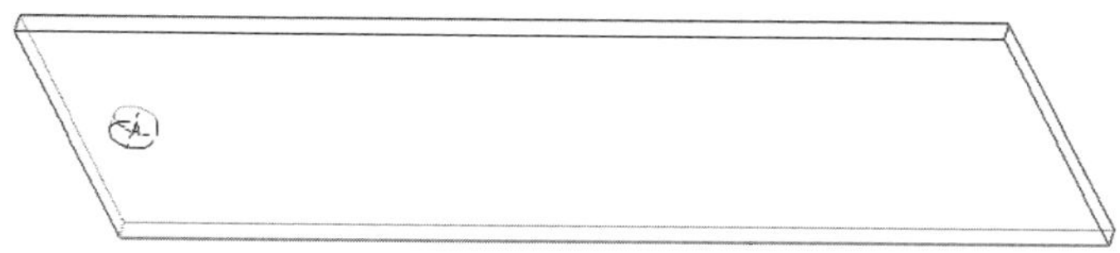

## Task 1.4. Create a single cut feature that contains the three Ø.04 holes.

*1* Create the cut feature.

Feature > Create > Cut > Extrude | Solid | Done > One Side | Done

*2* Select and orient the sketch plane.

Select front surface > Okay > Default

*Zoom icon.*

*3* Sketch three circles. First, zoom in using the icon shown at left.

Specify Refs > Query select axis A_1 > Done Sel > Sketch > Circle

**NOTE:** *Use the same grid spacing as shown in the following illustration when sketching, or results may not match these instructions.*

*4* Click left button to begin circle 1 at approximate grid spacing shown. Click left button again to define approximate diameter as shown.

*5* Repeat step 4 to create circle 2 (note equal radius snapping).

*6* Repeat step 4 to create circle 3 (note equal radius and horizontal snapping).

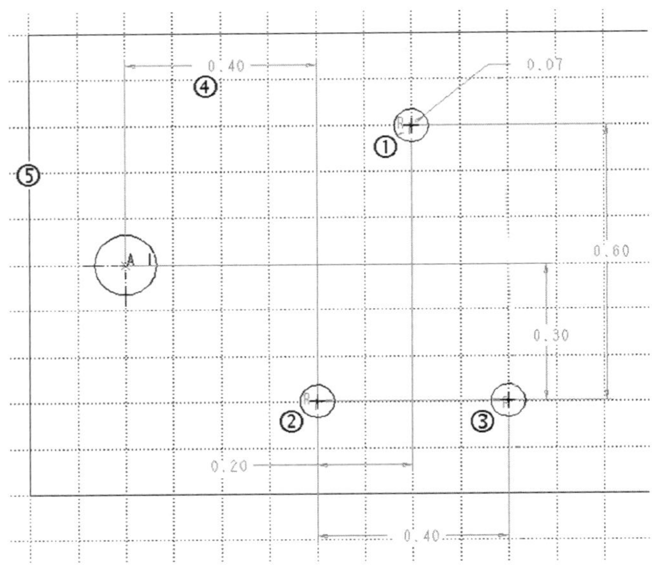


*Three circles sketched and automatically constrained by Intent Manager.*

*7* Adjust dimension locations.

- Move (select and hold down right mouse button).
- Relocate dimensions as shown by dragging and dropping to appropriate locations.

*8* Adjust dimension scheme.

Edit > Replace

- Select dimension 4.
- Select at position 5 and the center point of circle 1.
- Click middle button to locate dimension at position 4.

*9* Modify dimension values.

- Modify (select and hold down right mouse button).
- Select dimensions and input values as shown in the following illustration.
- Done.

*Dimensions have been adjusted.*

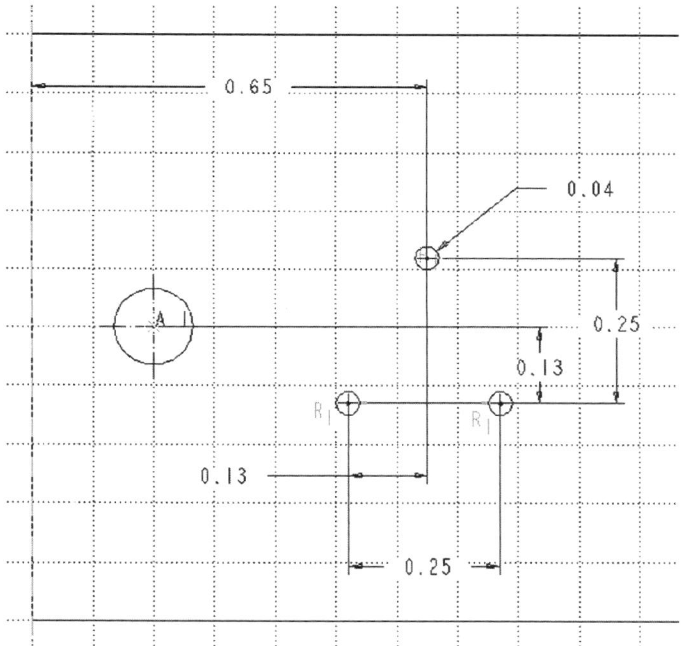


**10** Finish the remaining feature elements.

Okay > Thru Next | Done > [OK]

## Task 1.5. Display default view and pattern holes.

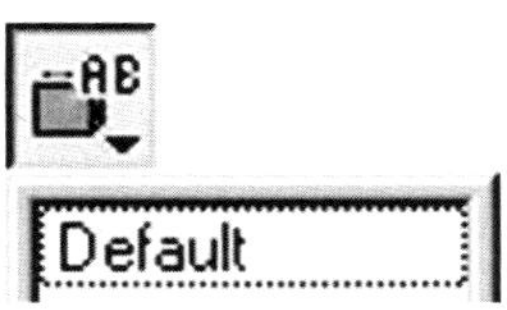


*Default View icon.*

**1** Display default view using icon shown at left.

**2** Create patterns.

Feature > Pattern > Select the 3-hole cut > Identical | Done

Select .65 dim > Input *.6* > Done > Input *4* > Done

Feature > Pattern > Select the single hole on left > Identical | Done

Select .20 dim > Input *2.7* > Done > Input *2* > Done

## Task 1.6. Save the part.

# ■■ EXERCISE 2. Potentiometer

Once again, in this exercise you will use only the most basic feature types. In the following you will begin to realize how the geometry becomes increasingly complex as the number of features increases.

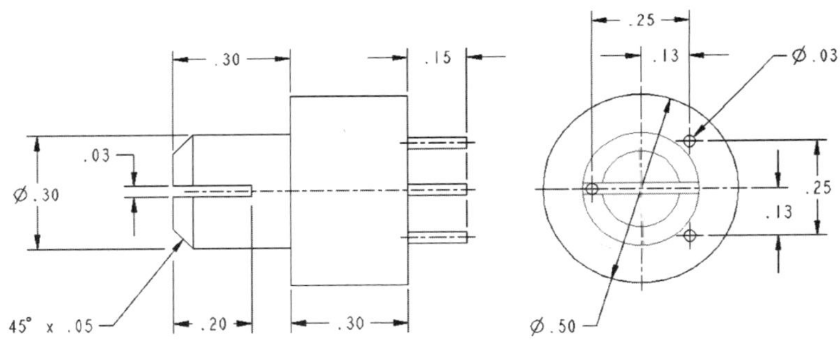


*Potentiometer dimensions.*

### *Rules*

1. Create a part with the features according the dimensions shown. (Do not create a drawing.)
2. Use *POT* for the part name.

## Task 2.1. Create a new part named POT.

*New File icon.*

Click on the New File icon, shown at left.

Input *POT* | [OK]

## Task 2.2. Create a Ø.50 x .30 protrusion, sketched on FRONT.

*1* Set up initial feature elements.

Feature > Create > Protrusion > Extrude | Solid | Done > One Side | Done > Select FRONT > Okay > Default

*2* Sketch a circle. Position center at intersection of datum planes.

Specify Refs > Select TOP > Select RIGHT Close

Circle > Click left button at intersection of datum planes and rubberband outward and click again

Modify > Select dimension > Input *.5* > Done

Blind | Done > Input *.3* > [OK]

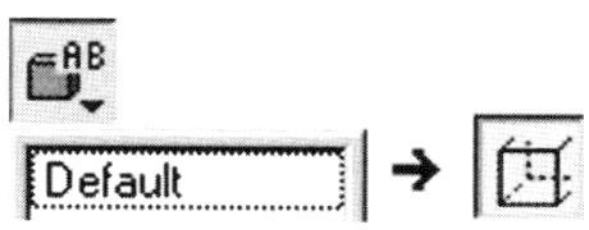


*Viewing results.*

*3* View the results. Use icons in sequence shown at left.

## Task 2.3. Create a Ø.30 x .30 protrusion, sketched on front surface of first protrusion.

*1* Set up the initial feature elements.

Feature > Create > Protrusion > Extrude | Solid | Done > One Side | Done > Select front surface > Okay > Default

*2* Sketch a circle. Position center over axis of first feature.

Specify Refs > Select A_1 > Done Sel

Circle > Click left button over axis A_1 and rubberband outward and click again

Modify > Select dimension > Input *.3* > Done

Blind | Done > Input *.3* > [OK]

*3* View the results.

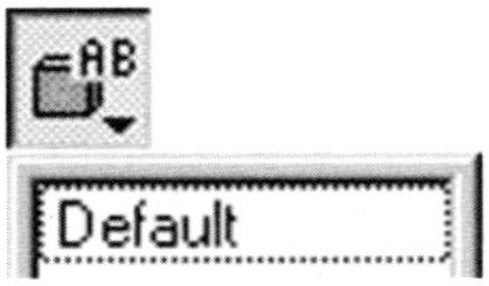


*Viewing results.*

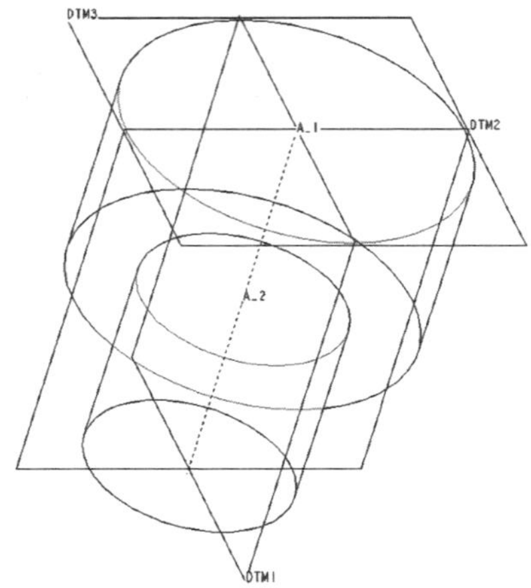


*Task 2.3 is complete. Second protrusion is created.*

## Task 2.4. Create a 45° x .05 chamfer on front edge of second protrusion.

Feature > Create > Chamfer > Edge > 45 X D > Input *.05* > Select front edge > Done Sel > Done Refs > [OK]

## Task 2.5. Create a Ø.03 x .20 cut, sketched on TOP.

*1* Set up the initial feature elements.

Feature > Create > Cut > Extrude | Solid | Done

Both Sides | Done > Select TOP > Okay > Default

*2* Sketch a rectangle symmetric about the axis, and aligned with the front surface.

Specify Refs > Select A_2 at 1 > Select front surface at 2 > Done Sel

Line > Centerline > Click left button at 1 over axis A_2 > Rubberband downward and click again to finish centerline

Rectangle > Click left button over front surface at 2 to start rectangle > Rubberband upward and to other side of centerline (snap to symmetry) and click left button to finish rectangle

Modify > Select width dimension > Input *.03* > Select height dimension > Input *.2*

Done

***3*** Finish the remaining feature elements.

*Sketch of rectangular cut.*

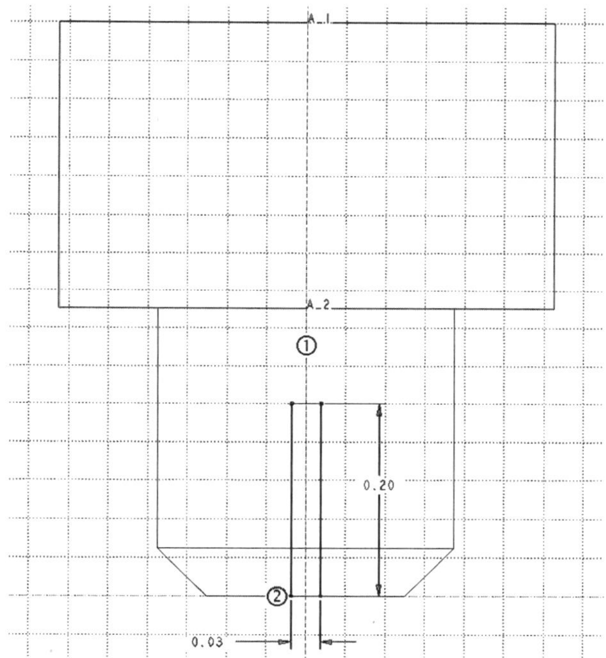


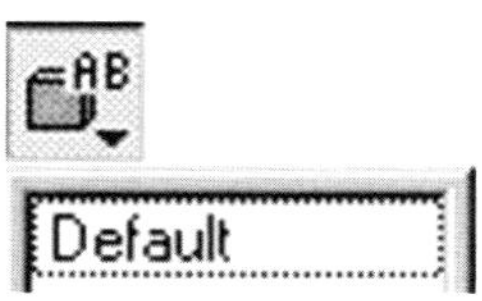


Okay > Thru Next | Done > Thru Next | Done > [OK]

***4*** View the results.

*Viewing results.*

## Task 2.6. Create a protrusion, sketched on back surface of first protrusion, containing three cylinders.

***1*** Set up the initial feature elements.

Feature > Create > Protrusion > Extrude | Solid | Done > One Side | Done > Select back surface (query select at 1 > Next > Accept) > Okay > Default

*Use Query Select Mode to select back surface.*

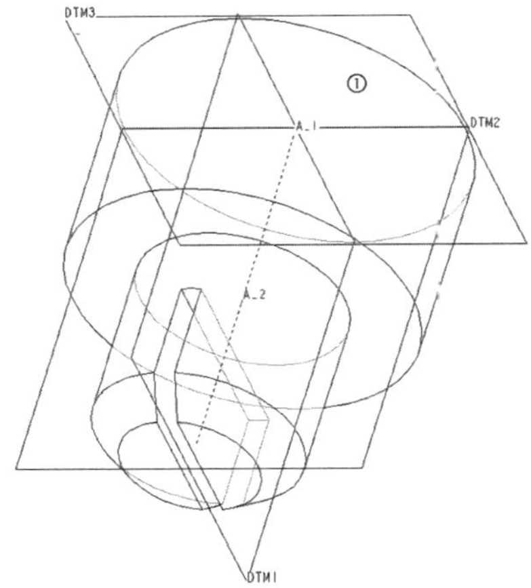


2 Specify Intent Manager references.

Specify Refs > Select RIGHT > Select TOP > Done Sel

3 Sketch three circles, positioned as shown in the following illustration.

*Sketched circles.*

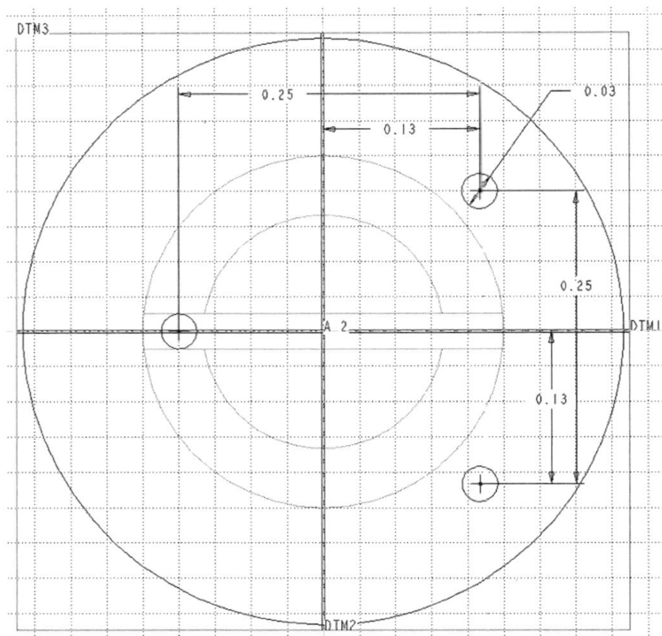

Circle > Click left button to begin first circle > Click left button again to define approximate diameter as shown

4 Repeat command in step 3 to create two more circles. (Note equal radius snapping and on bottom hole, and note vertical snapping.)

5 Adjust dimensions.

Dimension > Select center of top hole > Select center of bottom hole > Click middle button to the right to place dimension

Dimension > Select center of top hole > Select center of left hole > Click middle button to the top to place dimension

Modify > Select each dimension and input appropriate value > Done

6 Finish the remaining feature elements.

Blind | Done > Input *.15* > [OK]

7 View the results using icons shown in following illustration.

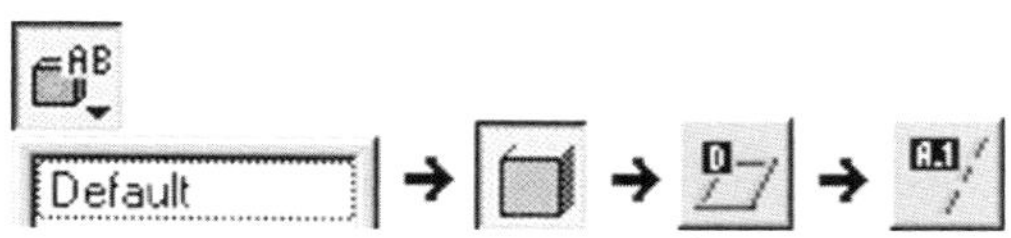


*Viewing results.*

8 Save the part.

## ■■ EXERCISE 3. First Feature Orientation

This exercise is intended to provide experience with orienting the first feature. The key is the proper selection of the sketch and orientation planes. Orientation of the first feature is critical because in most cases it will determine the permanent default orientation of the part whenever you work in Part Mode. Of course, neither Assembly Mode nor Drawing Mode is impacted by this decision. However, if these choices are not made objectively, you will usually be disoriented if the default view is upside down and backward from the "normal" orientation of the part in the real world. Admittedly, in some cases a "normal" orientation does not exist; therefore, proper orientation of the first feature does not matter.

> **NOTE:** *The part created in this exercise will not be used for any other purpose in this book.*

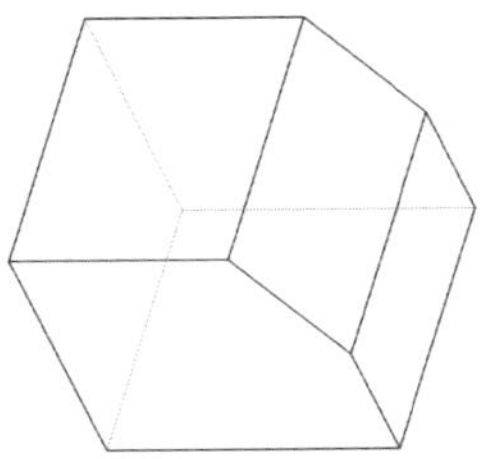

*Create a block with an angled surface. This is version 1 of 3.*

## 3a. First Feature 1

1. Create a new part and use the suggested name. Click on the New File icon, and then click on OK.
2. Create a protrusion based on the illustration at left.

   Feature > Create > Protrusion > Extrude | Solid | Done > One Side | Done > Select FRONT > Okay > Top > Select TOP

   Specify Refs > Select TOP > Select RIGHT > Done Sel
3. Create a protrusion based on the previous "version 1 of 3" illustration. Sketch the first shape and position lower left corner at intersection of datum planes.

*Sketch of first feature.*

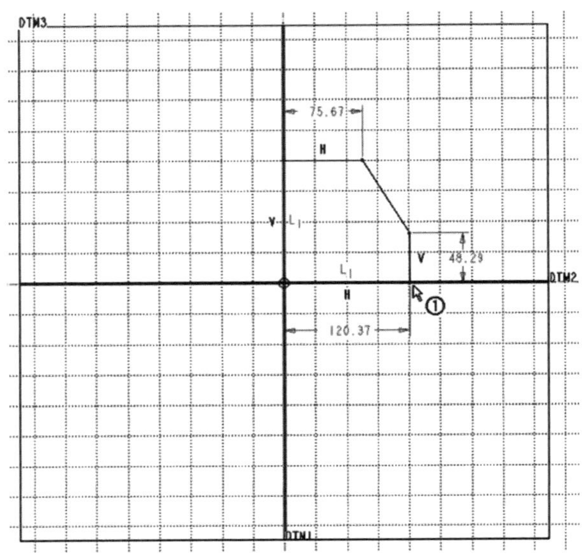

Sketch Line: Click left button at approximately grid position 1 and click again in clockwise order for each new vertex

Modify: Select bottom dim > Input *1* > Select top dim > Input *.75* > Select side dim > Input *.5* > Regenerate > Done

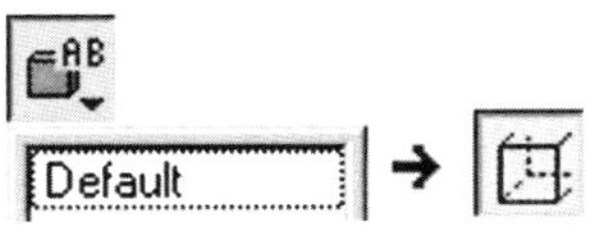


*Viewing results.*

4 Use a blind depth for the protrusion.

Blind | Done > Input *1* > [OK]

5 Switch to the default view using the icons shown in the illustration at left.

Compare your screen to the previous illustration. If correct, continue. If not, start over.

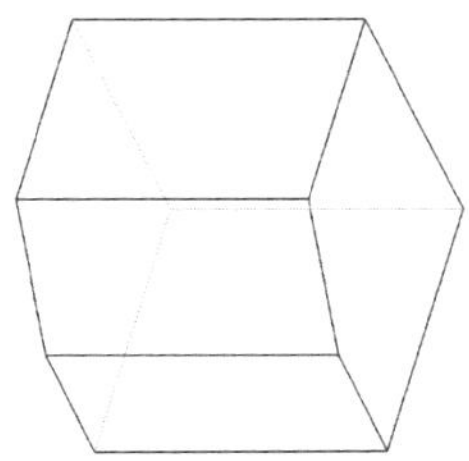

*Create a block with an angled surface. This is version 2 of 3.*

## 3b. First Feature 2

1 Delete the first protrusion.

Feature > Delete > Select the protrusion > Done Sel > Done > Done

2 Create another protrusion based on version 2 of 3 (see illustration at left).

Feature > Create > Protrusion > Extrude | Solid | Done > One Side | Done > Select RIGHT > Flip > Okay > Top > Select TOP

3 Repeat steps 3a through 7.

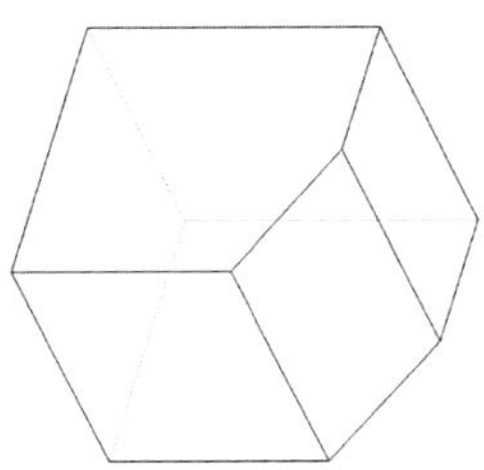

*Create a block with an angled surface. This is version 3 of 3.*

## 3c. First Feature 3

1 Delete the second protrusion.

Feature > Delete > Select the protrusion > Done Sel > Done > Done

2 Create another protrusion based on the illustration at left.

Feature > Create > Protrusion > Extrude | Solid | Done > One Side | Done > Select TOP > Okay > Top > Select RIGHT

3 Repeat steps 3a through 7.

4 You can save or erase this part now.

## ■■ EXERCISE 4. Bezel

In this exercise, you should encounter a wide variety of feature creation types and techniques. Try to utilize feature types that are the most efficient for the design. Be conscious of design intent, and which relationships might be important. Then incorporate feature intelligence that would allow for *easy* design changes, should they become necessary. As a rule, feature dimensions and their relationships should look like those shown in the following illustration.

### *Rules*

1 Note that datum A is in the center of the part. Construct the first feature in such a way that this relationship is established.

2 Pattern the four Ø.420 holes.

3 Do not pattern the two sets of bosses. Use the Mirror command.

4 Note that there are no inside fillet radii dimensions, just the R.125 outside the corner radii. Construct the model in such a way that the inside fillet radii are created automatically.

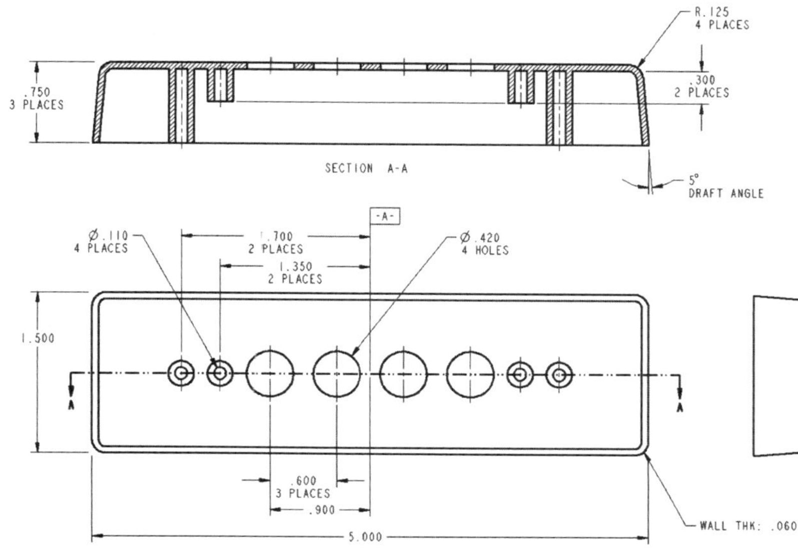


*Use this sketch for creating the bezel model.*

## Task 4.1. Create a new part named BEZEL.

**1** Click on the New File icon.

Input *BEZEL* | [OK]

## Task 4.2. Create a rectangular protrusion (5" x 1.5" x .75").

**1** Set up the initial feature elements.

Feature > Create > Protrusion > Extrude | Solid | Done > One Side | Done > Select FRONT > Okay > Top > Select TOP

**2** Create two centerlines for establishing symmetry.

Sketch a Centerline: Click left button on left side of screen when the cursor snaps on top of TOP > Click left button again on the right side of the screen while snapping on TOP

Click left button on top portion of screen when the cursor snaps on top of RIGHT > Click left button again on the lower portion of the screen while snapping on RIGHT

*3* Draw a 5" x 1.5" rectangle.

Sketch a Rectangle: Click at approximately 2 grids down and approximately 4 grids to the left of center > Click at approximately 2 grids up and approximately 4 grids to the right of center (note how it snaps when you are close to symmetry)

Modify Dims: Select width dim > 5 > Select height dim > Input *1.5* > Done

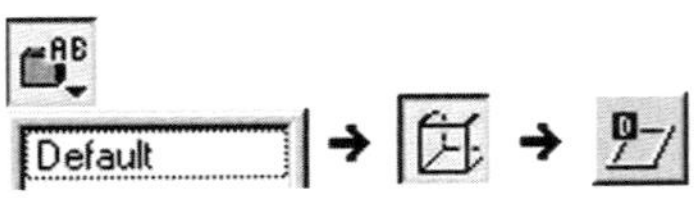


*Viewing results.*

*4* Finish the remaining feature elements, switch to default view, and turn off display of datums. (Use icons shown at left.)

Blind | Done > Input *.75* > [OK]

## Task 4.3. Create draft feature on sides of the model.

*1* Set up the initial feature elements.

Feature > Create > Tweak > Draft > Neutral Pln | Done > Tweak | No Split | Constant | Done

*2* Select draft surfaces.

*Select sides for draft feature.*

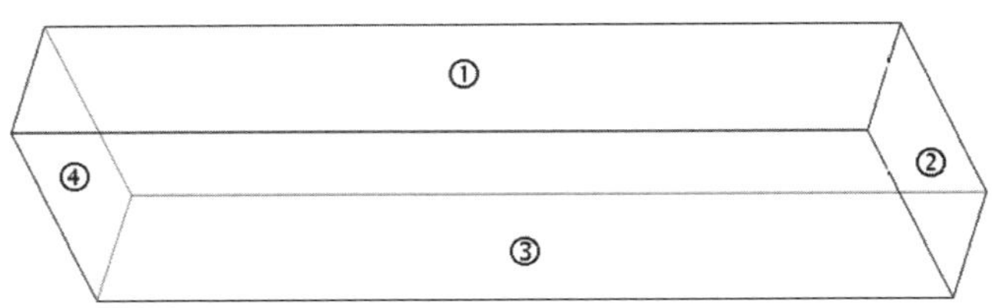


Select top side at position 1, and then select right side at position 2 > Query select bottom side at position 3 > Query select left side at position 4 > Done

*3* Select the neutral plane, select the draft direction, and finish the feature elements.

Query select back surface at position 1 > Use Neut Plane > Input *12* > [OK]

## Task 4.4. Create round feature for all edges, except on back surface.

*Edges to be selected for creating round.*

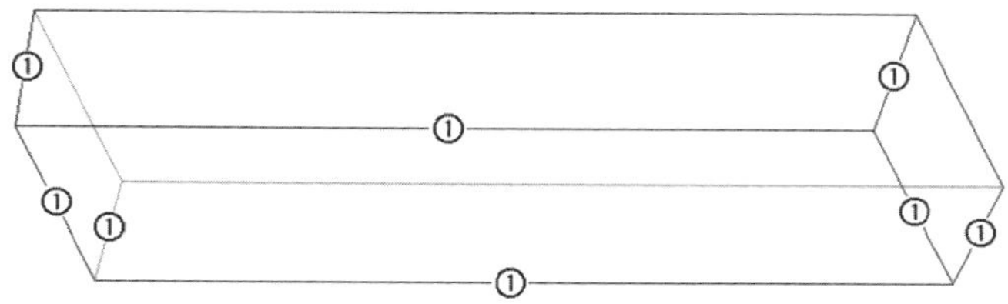

Feature > Create > Round > Simple | Done > Constant | Edge Chain | Done > Tangnt Chain

Select all edges marked 1 > Done

Input *.125* > [OK]

## Task 4.5. Create shell feature.

*Remove back surface for shell feature.*

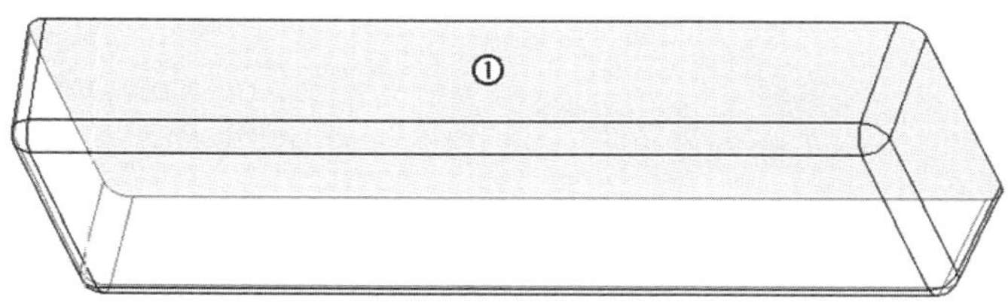

Feature > Create > Shell

Query select back surface at position 1 > Done Sel > Done Refs

Input *.06* > [OK]

## Task 4.6. Create a Ø.420 hole.

*Display Datum Planes icon.*

1. Display datum planes (using icon at left) and orient model to view front surface.

   View > Orientation > Select FRONT > Select TOP > [OK]

2. Create the hole.

*Create a hole at this location.*

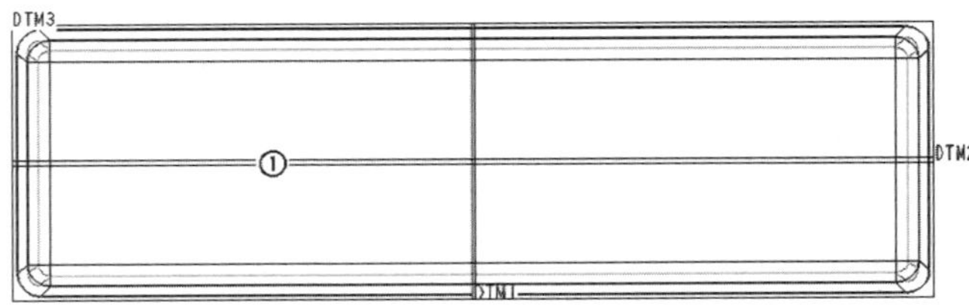


Feature > Create > Hole > Straight hole | Linear |

In the Diameter window in the Hole 2 Placement section of the Hole dialog, input *.420.*

In the Depth One window in the Hole 2 Placement section of the Hole dialog, input *Thru Next.*

In the Primary Reference window in the Hole Placement section of the Hole dialog, Query select at position 1. If message window says "Showing surface TOP," select Next.

When message window says "Showing surface created by feature 4 (PROTRUSION)...," select Accept.

There are two Linear Reference windows in the Hole Placement section of the Hole dialog. Select datum TOP and RIGHT for these two references.

In the Distance windows for the Linear References in the Hole Placement section of the Hole dialog, input *0* for the TOP, and *.9* for the RIGHT.

Done

## Task 4.7. Create a pattern of holes and display default view (using icon shown at left).

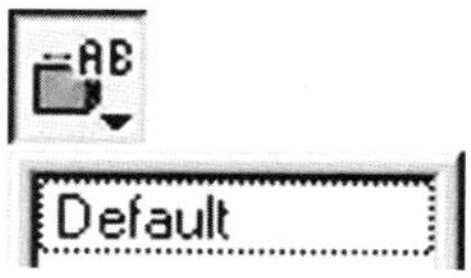


*Default View icon.*

Feature > Pattern > Select the hole feature > Identical | Done

Select .90 dim > Input –.6 (note negative sign) > Done > Input *4* > Done

## Task 4.8. Create a thin protrusion for short boss.

**1** Set up the initial feature elements. (Be careful to select Thin.)

Feature > Create > Protrusion > Extrude | Thin | Done > One Side | Done

*Query select to select the back side of the front surface for the sketching plane.*

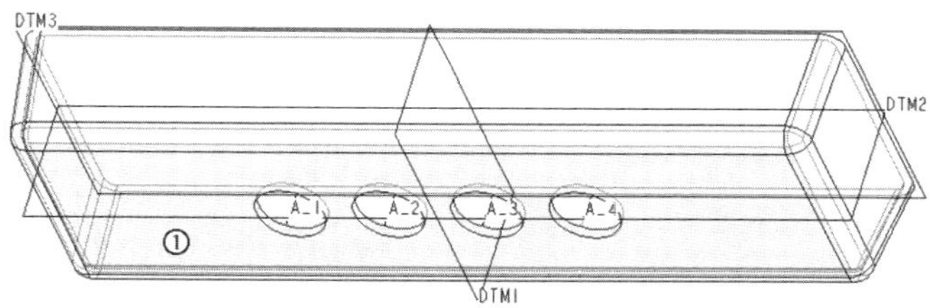


Query select the back side of the front surface at position 1 > Okay > Top > Select TOP

**2** Sketch a circle for the inside diameter of the boss.

> **NOTE:** *Observe how the model rotated. You will sketch the circle on the right side of the model, and the protrusion will come at you.*

Specify Refs > Select TOP and RIGHT > Done Sel

Sketch a Circle: Click left mouse button on right side of screen as it snaps over TOP > Drag mouse outward a short distance and click left mouse button again

Modify Dims: Select linear dim > Input *1.35* > Select diameter dim > Input *.11*

Done > Flip > Okay > Input *.06*

*Default View icon.*

**3** Finish the remaining feature elements and switch to Default.

Blind | Done > Input *.3* > [OK]

## Task 4.9. Copy the short boss to create a full-height boss.

**1** Copy the previous boss.

Feature > Copy > New Refs | Select | Independent | Done > Select | Sel By Menu > Last Feature > Select| Done Sel > Done

Select 1.35 dim > Done > Input *1.7* > Same > Same > Same > Okay > Done

**2** Redefine the depth to make the copied boss longer.

Feature > Redefine > Sel By Menu > Last Feature | Select

Depth > [Define]

UpTo Surface > Done > Select FRONT > [OK]

## Task 4.10. Mirror the two bosses over to the other side.

Feature > Copy > Mirror | Select | Independent | Done > Query select (or use model tree) the two bosses > Done

Select RIGHT as the datum plane to mirror about.

# ▪▪ EXERCISE 5. Screw Model

In this exercise, you will create a very simple part. The part could be created in as few as two features, if such is your desire. The purpose of this exercise is to seriously consider the flexibility of the individual features that constitute the part. Create models that enable the most flexibility or variation of the part.

Rather than simply perceiving a finished solid model as a large solid mass, this exercise will help you see a solid model as a composition of features; that is, features likely to change, or be "tabled." The term *tabled* is used to imply that parts of this nature, such as screws and hardware, may be included in family tables.

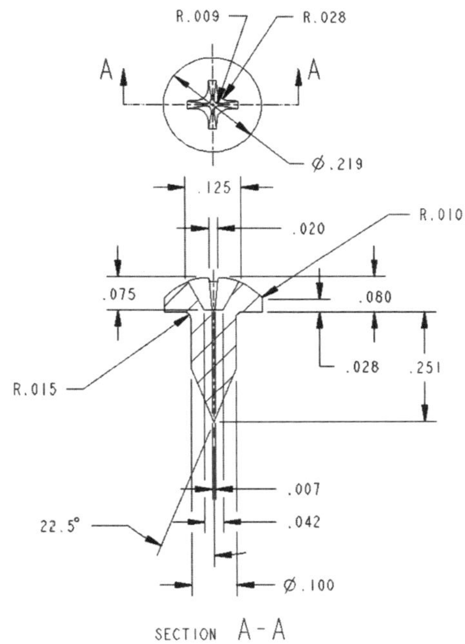


*Create a screw according to these dimensions.*

## Task 5.1. Create a new part named SCREW.

*New File icon.*

Click on the New File icon, shown at left.

Input *SCREW* | [OK]

## Task 5.2. Create a revolved protrusion for the screw head.

*1* Set up initial feature elements.

Feature > Create > Protrusion > Revolve | Solid | Done > One Side | Done > Select FRONT > Okay > Default

*2* Create a centerline for the axis of rotation.

Sketch Line: Centerline > Click left button on top portion of screen when the cursor snaps on top of RIGHT > Click left button again on the lower portion of the screen while snapping on RIGHT

*3* Draw the head shape.

Sketch Line: Click left button at position 1 (over TOP and 8 grids to the right) > Drag to position 2 (up 2 grids from 1) and click again to complete line > Click middle button to abort line mode

Sketch Arc: Tangent End > Click left button at position 2 > Drag to position 3 (about 1 grid up and one-half grid to the left of 2) > Click to complete arc

*Screw head revolved protrusion diagram.*

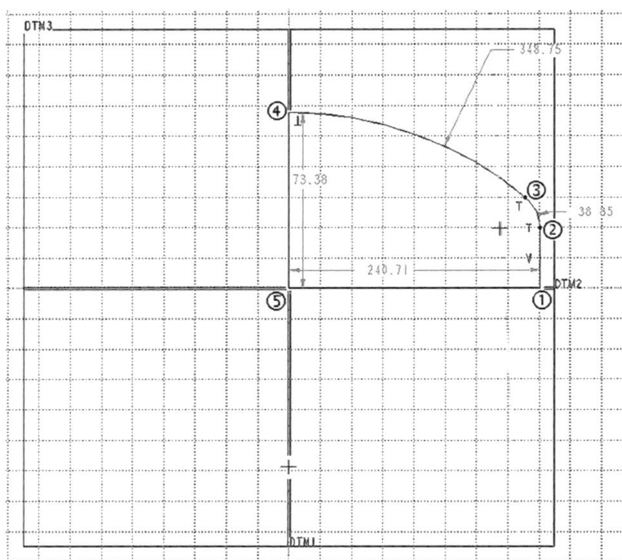

For another arc, click left button at position 3 > Drag to position 4 (over RIGHT) until center point snaps to RIGHT and click again to complete arc

Sketch Line: Click left button at position 4 > Click again at position 5 (intersection of datum planes) to complete one line segment > Click again at position 1 to complete the next line segment > Click middle button to abort line mode

**4** Delete the radius dimension inserted by Intent Manager. Dimension the head shape with a diameter dimension.

*Diameter dimensions.*

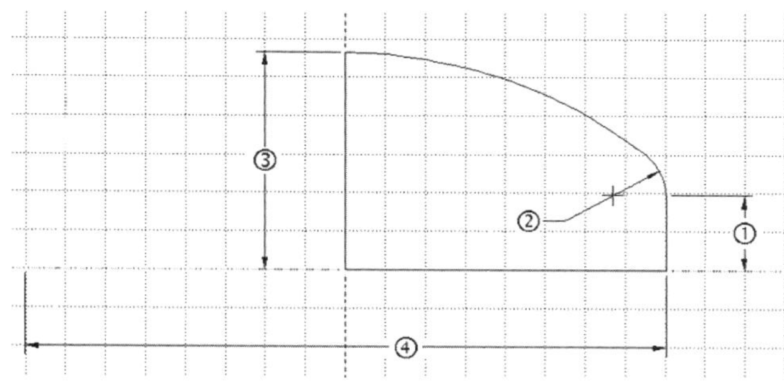


Dimension > Select centerline (use Query Sel if necessary) > Select the small vertical line > select centerline again > Click middle button at position 4 to place dimension

Strengthen > Select dimension 3

Dimension > Select small vertical line > click middle button at position 1 to place dimension

Modify Dim: Select dim 4 > Input *.219*

Modify Dim: Select dim 1 > Input *.028*

Modify Dim: Select dim 2 > Input *.01*

Modify Dim: Select dim 3 > Input *.08*

Done

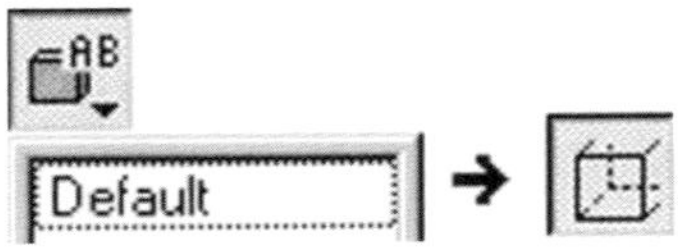


*Viewing results.*

5 Finish remaining feature elements, and then switch to Default View and use Hidden Line display (using icons shown at left).

360 | Done > [OK]

## Task 5.3. Create an extruded protrusion for the screw body.

1 Set up the initial feature elements.

Feature > Create > Protrusion > Extrude | Solid | Done > One Side | Done > Query Select bottom planar surface of head > Okay > Default

2 Draw the circle.

Sketch Circle: Click first button in center at intersection of datum planes > Drag outward 3 grids > Click again

Modify Dim: Select diameter dimension > Input *.1*

Done

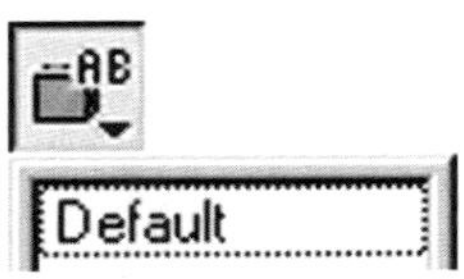


*Default View icon.*

3 Finish the remaining feature elements, and switch to Default View (using icon at left).

Blind | Done > Input *.25* > [OK]

## Task 5.4. Create a revolved cut for the body point.

1 Set up the initial feature elements.

Feature > Create > Cut > Revolve | Solid | Done > One Side | Done > Select FRONT > Okay > Default

2 Create a centerline for the axis of rotation.

*Diagram for revolved cut.*

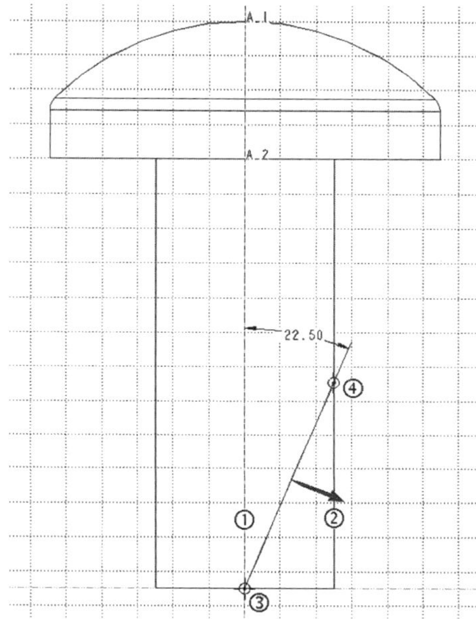


Specify Refs > Select axis A_2 (position 1) > Select bottom edge at position 3 > Select side at position 2 > Done Sel

Sketch Line: Centerline > Click left button above position 1 when the cursor snaps on axis A_2 > Click left button again below position 1 while snapping on axis A_2

***3*** Draw the cut shape.

Sketch Line: > Click left button at position 3 (snapping at intersection) > Drag approximately to position 4 and click again to complete line > Click middle button to abort line mode

Create dimension: Select centerline > Select geometry line > Click middle button to locate dimension as shown

Modify Dim: Select dimension > Input *22.5*

Done

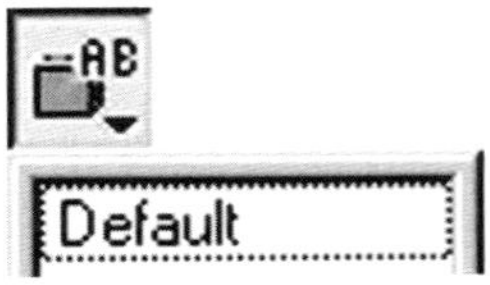


*Default View icon.*

*4* Finish remaining feature elements, and switch to Default View (using icon shown at left).

Flip (arrow should point as shown above) > Okay

360 | Done > [OK]

## Task 5.5. Create a R.015 round.

Feature > Create > Round > Simple | Done > Constant | Edge Chain | Done

Query select edge under screw head > Done Sel > Done

Input *.015* > [OK]

## Task 5.6. Create a datum point on head.

Create Datum Point | Three Srf > Select top domed surface > Select FRONT > Select RIGHT > Done

## Task 5.7. Create a blend cut for drive slot.

*1* Set up the initial feature elements.

Feature > Create > Cut > Blend | Solid | Done

Parallel | Regular Sec | Sketch Sec | Done > Straight | Done

Make Datum > Through > Select point PNT0 > Parallel > Select TOP > Done

Okay > Default

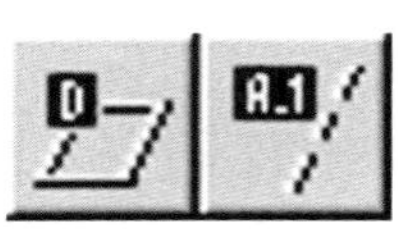

*Datum Planes and Axis Display icons.*

*2* Draw the first subsection.

Turn datum planes and axis display off using icons at left.

Specify Refs > Select point PNT0 > Close

Sketch Line: Centerline > Click above PNT0 (use grid to help line it up) > Click below PNT0

(Another centerline) Click to right of PNT0 (use grid) > Click to left of PNT0

*Diagram for first subsection.*

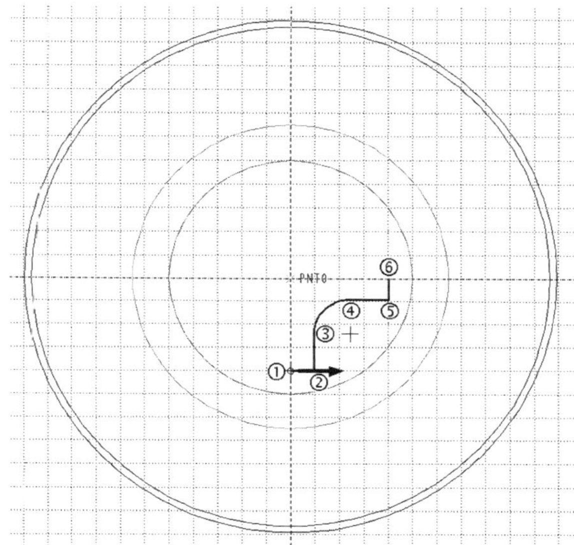


Sketch Line: Click at position 1 (below PNT0 and 4 grids down) > Click at position 2 (one grid to right) > Click at position 3 (1-1/2 grids upward; avoid equal length constraint with first line) > Click middle button

Sketch Arc: Click at position 3 > Click at position 4 (1-1/2 grids up and over, snapping to 90° arc)

Sketch Line: Click at position 4 > Click at position 5 (snapping at equal length constraint with second line) > Click at position 6 > Click middle button

Mirror sketched geometry: Select all geometry > Mirror > Select horizontal centerline > Select all geometry > Mirror > Select vertical centerline

**3** Dimension the first subsection.

*Refer to this illustration for the following dimensioning commands.*

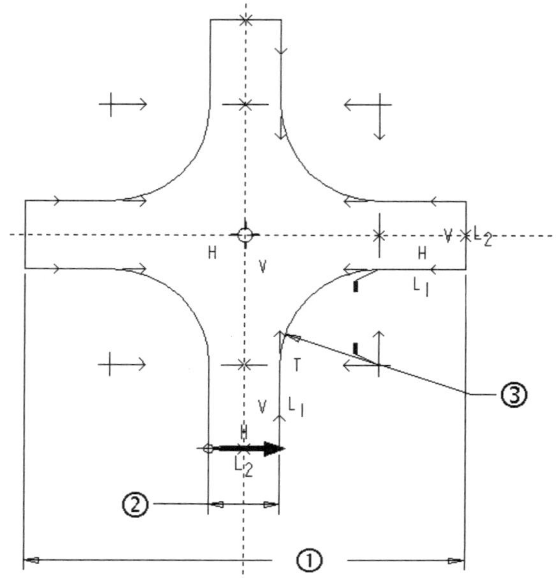


Create dimension: Select leftmost vertical line > Select rightmost vertical line > Click middle button at position 1

Move: Select, drag, and click dimensions to locations shown in illustration

Modify Dim: Select dim 1 > Input *.125*

Modify Dim: Select dim 2 > Input *.02*

Modify Dim: Select dim 3 > Input *.028*

***4*** Copy the first subsection and create the second subsection.

File > Save a Copy > Input *grooviest* (for New Name) > [OK]

Select Sketch | Feature Tools | Toggle Section > Sketch | Data from File | > Select *driveslot.sec*

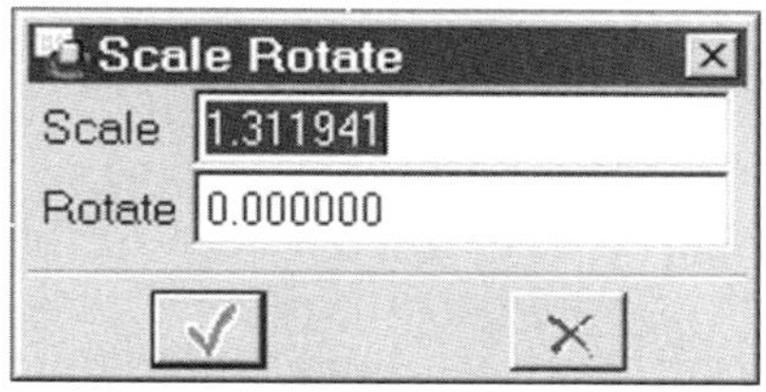


*This Scale Rotate dialog appears while you set up placement of retrieved section.*

Input *0* for Rotate value, and *.4* for Scale value in Scale Rotate dialog.

Then drag section image appearing in the main graphics window. When image is centered on screw, click the left button.

Modify Dim: Select dim 1 (of second subsection) > Input *.042*

Modify Dim: Select dim 2 (of second subsection) > Input *.007*

Modify Dim: Select dim 3 (of second subsection) > Input *.009* > Done

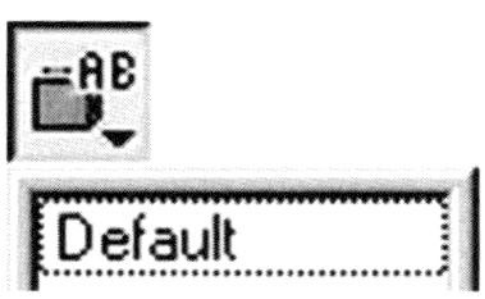


*Default View icon.*

**5** Finish remaining feature elements, and switch to Default View.

Okay > Blind | Done > Input *.075* > [OK]

Select icon at left

File > Save > [OK]

**BONUS** *When you have finished modeling the screw, try to create a family table of the model. Experiment with various items, such as length, diameter, head height, and so on. Although no hints or answers are provided for this bonus, you may experience an obstacle or two that will lead to valuable understanding of feature flexibility.*

# Appendix A: Related PTC Software

## Core Design

The following sections and tables describe PTC's core design components.

***FOUNDATION:*** This single package provides integrated capabilities for creating detailed solid and sheet metal components, building assemblies, and producing drawings and photorealistic renderings. Features of this package are outlined in the following table.

| | |
|---|---|
| Feature | Feature-based parametric part design. |
| Sheetmetal | Sheetmetal design of flat patterns, forms, punches. |
| Weld | Parametric weld features and callouts. |
| Assembly* | Assembly design (*without Package Mode and assembly Family Tables, to name a few). |
| Detail | Detailing and 2D drafting. |
| Report | Associative drawing tables. |
| WebPublish | VRML / HTML publishing. |
| Photorender | Photorealistic images. |
| J-Link | Expand, customize, and automate the functionality of Pro/ENGINEER. |

| | |
|---|---|
| Interface | ATB (Associative Topology Bus) with direct associativity to Pro/DESKTOP, CADDS5, and CDRS. Direct translators to CATIA, PDGS, CADAM, and AUTOCAD (DXF/ DWG). Import or export to STEP, IGES, SET, VDA, CGM, COSMOS/M, PATRAN, SLA, CGM, JPEG, TIFF, RENDER, VRML, and INVENTOR. |
| Plot | Plot to Windows drivers, and HPGL and Postscript devices. |
| ECAD | Interface with third-party ECAD systems. |

***ADVANCED ASSEMBLY EXTENSION:*** Expands the power of Foundation to encompass the engineering and management of medium to very large assemblies. The features of this extension are outlined in the following table.

| | |
|---|---|
| Assembly** | Assembly design (**Everything in Foundation, plus Simplified Reps, Skeletons, Shrinkwrap, and much more) |
| Notebook | 2D layouts for control of designs using parameters |
| Process for Assemblies | Assembly sequence and grouping, with alternate BOM |
| Fly-Through | Flight path creation and visualization of models |

***ADVANCED SURFACE EXTENSION:*** Expands the power of Foundation to create complex surface models. The features of this extension are outlined in the following table.

| | |
|---|---|
| Surface | Parametric surface modeling |
| Scantools | Reverse engineering |
| Composite | Laminate composite design |

***DESIGN MANAGEMENT EXTENSION:*** Manage the creation, sharing, and evolution of data throughout an engineering organization. The features of this extension are outlined in the following table.

| | |
|---|---|
| Intralink | Manage Pro/ENGINEER data (not to be used in conjunction with Pro/PDM). Enables concurrent development. |
| Pro/PDM | Manage Pro/ENGINEER data (not to be used in conjunction with Pro/Intralink). Includes workflow functionality. |
| WebLink | Web page access to Pro/ENGINEER operations. |
| Basic Library | Parametric features, symbols, fasteners. |
| Human Factors Library | Parametric models of human body representations in the 5th, 50th, and 95th percentile. |

***PRO/DESKTOP:*** Complete solid modeling system that provides ease-of-use and production-quality solid modeling, assemblies, and drawings. Separate application from Pro/ENGINEER, but because of ATB (Associative Topology Bus) is able to maintain associativity with Pro/ENGINEER data.

# Extended Design

The sections and tables that follow describe PTC "extended design" products.

***INPART:*** Internet-based catalog for download of over 400,000 3D mechanical CAD models and over eight million technical specifications.

***ROUTED SYSTEM OPTION:*** Design and document complex electrical harnesses and piping systems. The features of this option are outlined in the following table.

| | |
|---|---|
| Diagram | Schematic diagram capture |
| Cabling | Cable design and routing |
| Harness | Cable manufacturing drawing creation |
| Piping | Pipe design and routing |
| Libraries | Connectors, symbols, pipe fittings, and heating |

***INDUSTRIAL DESIGN SOLUTIONS:*** Software for conceptual and industrial designers. The features of this package are outlined in the following table.

| | |
|---|---|
| ICEM Surf | Produce class A free-form surfaces, and modify designs with dynamic surface diagnostics for verification of manufacturing feasibility. Robust reverse engineering capabilities and direct interface to Pro/ENGINEER. |
| CDRS | Intuitive interface to quickly and easily create complex conceptual surface models, with rendering and animation. Seamlessly integrated with Pro/ENGINEER, and associativity maintained via ATB. |
| 3DPaint | Tightly integrated with CDRS to create full-color, detailed sketches and artwork of 3D models. |

## ■■ Simulation

The sections and table that follow describe PTC simulation packages.

***PRO/MECHANICA:*** Perform parametric analyses, with associative simulation features that remain intact during design changes. Fully integrated with Pro/ENGINEER. The features of this package are outlined in the following table.

| | |
|---|---|
| Structural | Static and vibration modeling, analysis, visualization, and optimization |
| Thermal | Thermal modeling analysis, visualization, and optimization |
| Motion | Kinematic and dynamic motion modeling, simulation, visualization, and optimization |
| Interface | Includes Tire Model |

***BEHAVIORAL MODELER EXTENSION:*** Expands the power of Foundation to drive designs by their product specifications and modeled within an adaptive and responsive environment that results in an optimal, fully engineered design.

***MECHANISM DESIGN EXTENSION:*** Add kinematic motion simulation directly to Pro/ENGINEER assemblies. Detects clashes, but you still need Pro/MECHANICA Motion for analysis of motion.

***DESIGN ANIMATION OPTION:*** Create animation sequences using Pro/ENGINEER parts, assemblies, and mechanisms. Sequences are not necessarily kinematically correct, but convey complex information in an easily understood animated format.

***PLASTIC ADVISOR:*** Proprietary method of simulating mold filling for injection-molded parts without the requirement of flow analysis from mid-plane geometry. Because of its simplicity and speed, enables simulation of every part instead of selected parts.

## Enterprise Data Access

The sections and table that follow describe PTC enterprise data access products.

***WINDCHIL:*** Enterprise-wide product and process lifecycle management, document management, and workflow. Web-based interface makes it easy to use.

***ENTERPRISE DATA ACCESS:*** Enables users across an enterprise to better communicate and interact with Pro/ENGINEER. The features of this package are outlined in the following table.

| | |
|---|---|
| Model.View | View and print native Pro/ENGINEER models using an application and interface more suitable for a broader range of PCs and UNIX workstations |
| Pro/Intralink Web Client | For users who need to access and manipulate the information contained in Pro/Intralink but do not need a high-performance workstation |

***FULL FUNCTION REVIEW:*** View, mark up, and print Pro/ENGINEER drawings and models using an interface identical to Pro/ENGINEER.

***PRODUCTVIEW:*** View, measure, mark up, annotate, and print native Pro/ENGINEER drawings and models from Pro/PDM and Pro/Intralink, plus many other CAD applications, using either a Windows client application or a web browser plug-in.

# PRO/NC (MANUFACTURING)

The sections and tables that follow describe PTC products geared toward the manufacturing process.

***TOOL DESIGN OPTION:*** Create and modify complete mold and die assemblies. The features of this package are outlined in the following table.

| | |
|---|---|
| Mold Design | Create, modify, and analyze mold cavity, insert, and mold base geometry based on Pro/ENGINEER solid model |
| Mold Base Libraries | Industry standard mold bases and component parts |
| Casting Design | Create, modify, and analyze die casting cavities and components based on Pro/ENGINEER solid model |
| Stamping Die Design | Create, modify, and analyze die form components used in the stamping die design process |

***IMPORT DATA DOCTOR:*** Offers easy-to-use tools for repairing imported geometry. The features of this package are outlined in the following table.

| | |
|---|---|
| Automated Surface Cleanup | Automatically reconstructs the wireframe of imported geometry to close gaps, align vertices, and rebuild boundaries |
| Callapse Geometry | After repairing imported geometry, enables you to collapse features as if they came in with the original imported geometry |

***EXPERT MACHINIST:*** Reduces programming time and increases program efficiency by automating some of the tasks the NC programmer must do.

***COMPUTER-AIDED VERIFICATION:*** Capabilities for physical part inspection and verification. The features of this package are outlined in the following table.

| | |
|---|---|
| Verify | Scan physical parts and compare to 3D model for variations |
| CMM | Create inspection programs directly from Pro/ENGINEER models |

***NC MACHINING OPTION:*** Create, check, and optimize machining operations. The features of this package are outlined in the following table.

| | |
|---|---|
| Milling | Create machining programs from solid models for 3-axis CNC milling machines |
| Turning | Create machining programs from solid models for 2-axis or 4-axis CNC lathes |
| Wire EDM | Create machining programs from solid models for 2-axis and 4-axis CNC wire EDM machines |
| Checking | Reduce or eliminate physical part program "prove-outs" |
| Process | Create illustrations and instruction sheets for the complete manufacturing process |
| Library | Commonly used manufacturing tools, industry standards, and fixtures |
| Post-Processing | Create and update post-processors for any type of CNC machine |

***NC ADVANCED MACHINING OPTION:*** Everything in the NC Machining option plus multi-axis milling machines (4- and 5-axis) and multi-axis lathes with live tooling (mill/turn).

***NC SHEETMETAL:*** Create and post-process toolpaths for turret punch presses and contouring laser/flame machines and automatic nesting on sheets.

## Application Programming

The following package is offered by PTC for application programming.

***API TOOLKIT:*** Create programs written in the C programming language, using functions in the API toolkit to create, interrogate, and manipulate almost every aspect of solid models and data management.

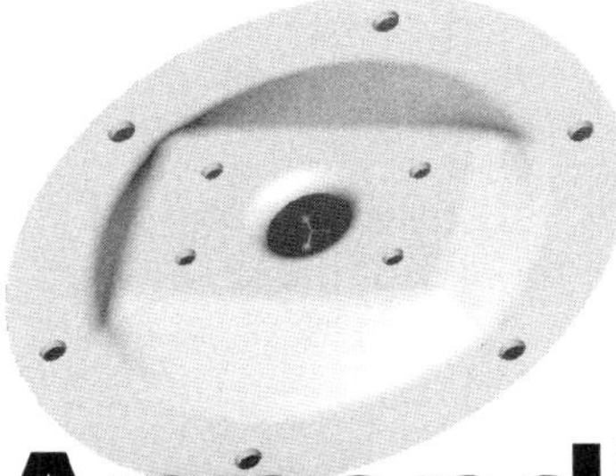

# Appendix B: Answers to Chapter Review Questions

## Chapter 1

1 What does the term parametric modeling mean? *The model is driven by dimensions called parameters.*

2 What does the term feature-based modeling mean? *Design intent is established through the creation and maintenance of parent/child relationships.*

3 If possible, try to use the smallest number of features as possible when creating a new part. *False. Always consider design intent and flexibility first.*

4 What is the Pro/ENGINEER term for a part or subassembly used in an assembly? *Component.*

5 Multiple sheets of a drawing are created within the same database (file). *True.*

6 The geometry of a part is copied into the drawing and flattened for each orthographic view created. *False. The geometry of a part is never copied. The drawing merely displays and references it.*

## Extra Credit

Other than the Hole command, name any other command you could use to make a feature that looks like a hole. *Cut, Slot.*

# Chapter 2

1 The *Application Manager* provides a single starting place for the PTC product line, including Pro/ENGINEER, Pro/Intralink, Pro/Fly-Through, and so forth.

2 By default, Pro/ENGINEER saves all objects in session every 30 minutes. *False. There is no such auto-save functionality.*

3 Hard copies of all help documentation are not ordinarily distributed with the software, but may be requested. *True.*

4 What is the limit on the number of graphics windows that may be displayed at one time? *There is no functional limit.*

5 What is the Pro/ENGINEER convention for showing the active graphics window? *Asterisks are displayed before and after the window title.*

6 You can "cut and paste" text into the message window entry box. *True.*

7 What does it mean when a menu item is dimmed (grayed out)? *The command is unavailable at that time.*

8 Model tree settings are automatically saved, and then automatically loaded every time Pro/ENGINEER starts up. *False. You must manually save, and manually load, these settings.*

9 Describe the viewing controls available for each mouse button when holding down the <Ctrl> key. *Left button, zoom; middle button, spin; right button, pan.*

**10** What is the difference between "cosmetic" shading and the shaded display style? *The main difference is that cosmetic shading disappears when using the Repaint command, and the shaded display style does not. Another difference is that datums do not display in a cosmetic shade.*

**11** What determines how an object is oriented while displayed in the Default view? *Primarily, the construction of the first few solid features, and especially the first.*

**12** Explain what is meant when a surface "points"? *The surface has an imaginary arrow that points in a normal direction away from the associated solid material.*

**13** You can save a view that has been rotated using standard spin controls. *True.*

✘ ***WARNING:*** *Be advised that switching between trimetric and isometric default view angles can affect these saved views. It is best to use model references to orient critical views.*

**14** Pro/ENGINEER is case sensitive for file names. *True.*

**15** What is the method Pro/ENGINEER uses to prevent files from being overwritten when saved? *Version numbers are appended to the file name, and a new file is created for each save using an increment of the existing version number.*

**16** Upon closing a graphics window, the object that was displayed in that window is released from memory. *False. The Erase command must be used to release the object from memory.*

**17** What is the term for an object that is stored in memory? *In session.*

**18** What is the difference between erasing and deleting an object? *Erasing an object only affects an object in session, but does not affect saved versions on disk. The Delete command acts on the saved versions on disk.*

**19** State a reason why you might not be able to erase an object. *Another object (i.e., Assembly or Drawing) requires its presence (it is "holding" it) in memory.*

**20** What is the only condition whereby Pro/ENGINEER will automatically notify associated objects that a dependent object has been renamed? *When the associated objects are in memory, the modification to those associated objects will be permanent only if they are then saved after the Rename operation.*

# Chapter 3

**1** What does it mean when Pro/ENGINEER "beeps at you"? *The system is prompting for keyboard entry. Check the message window!*

**2** Provide three reasons why you might want to use the query select method to select geometry. *Highlights, messages, and confirmations.*

**3** What are the items listed in the Feature Element dialog box? *Elements.*

**4** What is the rule for the viewing direction of the sketch for a protrusion versus a cut? *A protrusion comes at you, and a cut goes away from you.*

**5** Which direction does a surface point in relation to the solid volume? *Away.*

**6** Which side of a datum plane is the one that points? *Yellow.*

**7** If desired, the arrow for the MaterialSide element can also point outward from the boundary. *True.*

> ✘ ***WARNING:*** *Although this is a powerful feature, do not attempt it without a net!*

**8** The dimensions of a mirrored feature can be changed independently from the dimensions of the original feature. *True. When creating a feature, you* *choose whether the geometry and references should be dependent or independent of the original feature.*

9 An individual shell feature is created for each feature that needs it. *False. A shell feature creates an offset for every surface of the part.*

10 When making a revolve feature, you must draw a centerline for the axis of revolution, even if there is an existing datum axis from a previous feature. *True. Every revolved feature must store this information within itself.*

## Extra Credit

What does the prompt tell you about the direction of the feature for a "both sides" feature? *Select direction of viewing the sketching plane.*

# ▪▪ Chapter 4

1 What is the main difference between Intent Manager on and off (IMON and IMOFF)? *When Intent Manager is on, the sketch is always fully regenerated. With it off, the sketch does not have to be regenerated; it should be, but you can fly blind for awhile.*

2 Parts cannot be saved while in Sketcher Mode. *True. You can save the section, but not the part.*

3 Sketches must always be drawn on planar surfaces. *True. And yes, a datum plane is considered a planar surface.*

4 Of what significance is an orientation plane to a sketch? *It defines the horizontal or vertical orientation for that particular sketch.*

5 What does it mean when you see an orange phantom line on a sketch? *There is a reference to the model at that location.*

6 A rectangle is a group that can be exploded into four individual lines. *False. Although a rectangle consists of four individual lines, it does not start out as a group.*

7 What happens when you click the right mouse button while rubberbanding in IMON? *The next possible constraint is put into effect.*

8 What happens when you click the middle mouse button while rubberbanding? *The potential entity is aborted.*

9 By simply looking at a constraint, how can you tell if it is weak or strong? *Its color; gray is weak and yellow is strong.*

10 A weak constraint will always be weak until you strengthen it. *False. All constraints are automatically strengthened whenever you exit from Intent Manager Mode.*

11 What types of constraints do the following symbols represent? *(1) R# means "Equal Radii," (2) → ← means "Symmetry," and (3) –O– means "Point on entity."*

12 Which mouse button is used to locate a new dimension? *Middle.*

13 When creating a diameter dimension, what do you do differently from creating a radius dimension? *Click twice.*

14 What is a cylindrical dimension and how do you create one? *Used in a revolved dimension, it is used to dimension a diameter across the axis of revolution. Click once on the centerline, once on the entity, and again on the centerline. Or start with the entity, once on the centerline, and again on the entity.*

15 How is the AutoDim command in IMOFF similar to initiating IMON? *Adequate references to the model must be provided.*

**16** What type of entities do each of the three Mouse Sketch buttons create? *Left = line (2 points); middle = circle (center/point); right = arc (tangent end).*

**17** When creating a 2 Tangent line, the tangent curves are automatically divided at the points of tangency. *True.*

**18** You can use the Align command, and align a circle center point to a centerline. *False. Align requires one model entity and one sketched entity.*

**19** As soon as you use the Regenerate command in IMOFF, Pro/ENGINEER will display the SRS message. *False. This is what you want, but you must earn it!*

# ■■ Chapter 5

**1** Name at least four types of reference features? *Datum plane, datum axis, datum point, datum curve, Csys, and cosmetic.*

**2** What type of features are holes and chamfers? *Pick and place.*

**3** Name at least four types of forms for sketched features. *Extrude, revolve, blend, sweep, swept blend, and helical sweep.*

**4** Default datum planes are combined into a single feature. *False. They are separate features.*

**5** What colors are used for the two sides of a datum plane and which one is the default? *Yellow and red. The default is yellow.*

**6** Assume a datum plane is embedded in a sketched feature. What is the result called? *"Make datum" or "datum on the fly."*

**7** All parts are based on a default coordinate system. *False. You can create a default coordinate system on any part, but it is not a necessary requirement on which to base parts.*

8 What is the difference between a feature ID number and a feature (sequence) number? *An ID number is automatically assigned by the system and cannot be changed, and the user determines the feature (sequence) number.*

9 What does the caret ( > ) in the Feature Element dialog tell you? *It identifies which feature element is being worked on.*

10 What is the maximum angle of a drafted surface? *15°.*

11 What is the first thing you should make when sketching a revolved feature? *A sketched centerline.*

12 How many centerlines are possible in the sketch of a revolved feature? *As many as you want. If there are more than one, the first is the axis of revolution.*

13 For what type of feature is the term free ends applicable? *Sweep.*

14 When making a solid feature with a solid section, an open section does not necessarily have to be part of a closed boundary. *False. A solid section requires a closed boundary, which can include model references (i.e., an open section combined with other references to form a closed boundary).*

## Extra Credit

If only two of the three default datum planes are needed, one of them may be deleted. *True.*

# Chapter 6

1 What is the Modify command used for? *Changing dimensions (e.g., values, cosmetics, tolerances, and so on).*

2 The Regenerate command is automatically invoked after you modify a dimension. *False.*

**3** The Regenerate command is automatically invoked after you redefine a feature. *True.*

**4** How do you undelete a feature once it has been deleted? *You cannot.*

**5** What does the Redefine command do? *Provides access to the elements of a feature.*

**6** What does the Reroute command do? *Allows for references to be reselected, or moved from one place to another.*

**7** Without using the Undo Changes command, how can you leave Failure Diagnostics Mode? *Apply a solution to the invalid feature.*

**8** When you delete a layer, all items that were on that layer are also deleted. *False. The items are unaffected.*

**9** A suppressed feature lacks a sequence number. *True. It remembers its sequence location, but not its sequence number (there is a difference).*

**10** What is the difference between using Copy | Mirror | All Feat versus using Mirror Geom? *Mirror Geom only copies geometry, not reference entities (datums), and it creates the new geometry as a single feature (called a merge). All Feat maintains the individuality of the copied features.*

**11** Which pattern option is the most flexible? *General.*

**12** Why must you use a datum on the fly instead of a centerline for the angle dimension in a rotational pattern? *A centerline loses its sense of orientation at 180° of rotation. A datum plane has built-in orientation (red/yellow sides).*

**13** What is the difference between Del Pattern and Unpattern? *Unpattern is an operation that can only be performed on a group. The instances are unpatterned and become individual features located in the same positions in which they were patterned. Del Pattern removes the pattern information, including the geometry created by the pattern instances.*

**14** What does Model Player do? *Allows you to "step through" a part feature by feature, analyzing feature information as you go.*

# Chapter 7

**1** What method does Pro/ENGINEER employ to distinguish between identically named parameters in Assembly Mode? *It appends a special code onto the component name.*

**2** You can create as many system parameters as necessary. *False. System parameters are not created; they already exist.*

**3** What is the command for toggling display of dimensions from symbolic values to numeric values? *Info > Switch Dims.*

**4** Once a parameter is assigned a value via a relation, it may not be modified directly. Instead, you can modify the parameters involved in the equation. *True.*

**5** Which keyboard characters are used to add a comment to the relations database? *The forward slash followed by the asterisk (/*).*

**6** What are the rules for where the comment characters must be located? *Only at the beginning of a line.*

**7** The generic part in a family table must contain all features and parameters used in all instances. *True. That is its nature.*

**8** Using Dim Bound results in changes to the dimensions rather than the geometry. *False. The geometry is modified by regenerating the model.*

**9** What two types of simplified reps can be utilized to speed up retrieval of assemblies, while still retrieving all of its parts? *Graphics reps and geometry reps.*

**10** What command is selected to create a UDF (user-defined feature)? *Feature > UDF Library.*

**11** What command is selected for using a UDF (user-defined feature)? *Feature > Create > User Defined.*

**12** What is the difference between model analysis and assigned mass properties? *Assigned mass properties (AMPs) are static values provided by the user. Model analysis is based on the current state of the model.*

# Chapter 8

**1** What does the term component mean? *A part or subassembly that is a member of an assembly.*

**2** Assembly Mode duplicates the geometry of each component in the assembly, and maintains an associative link to the original geometry. *False. The geometry for components is retrieved every time the assembly is opened.*

**3** Name the three different categories of relationship schemes. *Dynamic, static, and skeleton.*

**4** You can use a hybrid approach to relationship schemes, as well as employ several in a single assembly. *True.*

**5** What is it called when a component is located in the assembly but no parametric constraints are applied? *The component is packaged.*

**6** Should you use default datum planes in Assembly Mode? Why or why not? *Yes. First component orientation, reordering features, and establishing views and cross sections.*

**7** What is the objective of constraining a component? *Remove all degrees of movement freedom.*

**8** You may not underconstrain a component. *False. You can underconstrain a component, but it will be considered a "packaged" component.*

9 You may not overconstrain a component. *False. You can overconstrain a component, but it may be difficult to manage the hierarchy of which constraints are dominant.*

10 Name some of the ways the Align constraint can be used. *Coplanar (Align), Coplanar + Dimension (Align Offset), Coaxial (Align [Axes]), Coincident (Align [Points]).*

11 What is meant by the default orientation of a coaxial-type constraint? *If no axis rotation constraint is provided for an Insert or Align [Axis] constraint, Pro/ENGINEER uses a default angle of axis rotation.*

12 You can use the Make Datum command when defining an Orient constraint. *True. This constraint utilizes planar surfaces, including datum planes.*

13 You can use the Make Datum command when defining an Insert constraint. *False. The Insert constraint only allows the selection of curved (revolved) surfaces, and a datum plane is not curved.*

14 Once a constraint is successfully applied, you cannot redefine it. You must remove it and re-add it. *False. It can be redefined.*

15 You cannot mate a new component to a packaged component. *True.*

16 Using View Plane as the Motion Reference for the Package Move command is the ideal choice for properly locating the component in 3D. *False. It is the worst choice, because it might look like it is lined up with other components, but if you spin the image after you place the component, it will most likely be improperly positioned. It is best to select something else for motion reference.*

17 After using the Adjust command as the Motion Type in Package Mode, Pro/ENGINEER automatically establishes a parametric constraint when you select Mate or Align. *False. These commands simply emulate the positioning aspects of those respective constraints. Once positioned, the packaged component forgets how it got there.*

# Chapter 9

1 What is the advantage to changing the display into separate component and assembly windows? *With a less complicated display, you get unobstructed access when selecting references.*

2 The order in which assembly constraints are created is not important. *True.*

3 Using the query select selection method is not very useful in Assembly Mode. *False.*

4 Name two assembly constraints that would enable the use of Dimension Pattern for component patterning. *Mate Offset and Align Offset.*

5 While using the model tree in Assembly Mode, only components, and not features, can be shown. *False.*

6 Pro/ENGINEER automatically informs you when components interfere. *False. This information must be requested by the user.*

7 Name one advantage of Assembly/Mod Part Mode that you do not have while in regular Part Mode. *You have complete viewing and reference accessibility to other members in the assembly.*

8 Do assembly or part level defined colors have precedence in Assembly Mode? *Assembly level has precedence over part level.*

9 Positioning exploded components is similar to which Assembly Mode operation? *Package Mode.*

# Chapter 10

1 An assembly records the directory name of where a component currently resides when you assemble it into the assembly. *False. Only the component name is remembered by the assembly.*

2 List the order followed by the standard search path. *(1) In session, (2) current directory, (3) directory of retrieved object, and (4) user-defined search path.*

3 Only one skeleton model is allowed per assembly. *True.*

4 A skeleton model can only be worked on in the context of the assembly. *False. That is the beauty of a skeleton model: it can be worked on in Part Mode independently of the assembly.*

5 When using the Create First Feature option, the new component will establish a dependency on the assembly. *True.*

6 Name two examples of an external reference. *(1) Selecting a sketching plane in Mod Part mode from a different part. (2) Dimensioning a sketch to a surface or edge of a different part.*

7 Which Reference Control setting can you use to stop you from accidentally creating external references? *None | Prohibit.*

8 It is generally faster to use the Automatic type of regeneration. *False. It is more thorough and easier, but it is not necessarily faster if you have a complicated assembly.*

9 In which ways can you make the Replace command even more useful? *Family tables, interchange assemblies, and layouts.*

10 Name one restriction to using the Restructure command. *(1) You cannot restructure the first component. (2) Existing references must exist in target.*

11 What is the advantage of using the Repeat command? *Only unique constraints must be applied, and all others are copied.*

12 A repeated component becomes a child to the selected component. *False.*

13 Name an example use of the Merge command. *Casting/machining.*

**14** Name an example use of the Cutout command. *Tooling die.*

**15** Name an example use of an assembly cut. *Match drilling.*

**16** An assembly cut is visible in the individual parts while in Part Mode. *False.*

**17** The Layer > Save Status command affects only the top-level assembly. *False. All components of the assembly that have undergone layer status change are also affected.*

# Chapter 11

**1** What type of view is always the first view? *General.*

**2** What side of datum planes, red or yellow, is used for view orientation operations? *Yellow.*

**3** What does it mean when a view is added with No Scale? *The global scale setting is used.*

**4** Moving a projection view will unalign it from its parent view. *False. However, you can redefine a projection into a general view if you want them to be unaligned.*

**5** How do you change the view display in drawings from wireframe to hidden line? *Views > Disp Mode.*

**6** What is a detailed view? *A separate, enlarged portion of an existing view.*

**7** What are the dimensions called that you can "show" in a drawing? *Model dimensions.*

**8** What is the menu selection called that automatically moves dimensions into more desirable positions? *Clean.*

## Chapter 12

1 How do you customize text appearance settings and other detailing defaults? *Use the* config.pro *option* DRAWING_SETUP_FILE *for all newly created drawings.*

2 What type of view requires a user-defined orientation? *General.*

3 How are scaled and no-scaled views different? *Each "scaled" view has an independent scale, whereas "no scale" views are dependent on global scale settings.*

4 What is the difference between erasing and deleting a view? *An erased view can be "unerased," whereas a deleted view is completely forgotten.*

5 Can created dimensions be modified to change a model? *No.*

6 What are repeat regions used for? *Automatic BOM generation within a drawing table.*

## Chapter 13

1 Which Pro/ENGINEER mode is most similar to Format Mode? *Drawing Mode.*

2 Format text can be edited while in Drawing Mode. *False. You cannot even select it.*

3 What happens to a table in a format when the format is added to a drawing? *It is copied into the drawing database and becomes a drawing entity.*

4 What does "Pro/ENGINEER parses a note" mean? *The parameter name in the note, properly preceded by an ampersand (&), is substituted for by its value.*

5 You must place a model parameter into a table for the parameter to be parsed. *True.*

6 You must place a drawing parameter into a table for it to be parsed. *True.*

7 You must place a global parameter into a table for it to be parsed. *False.*

8 Model parameter names referenced in a format note are case sensitive. *False.*

9 Global parameter names referenced in a format note are case sensitive. *True.*

10 Assuming a format will be used on drawings containing many sheets, how many continuation sheets, if required, should you create in each format database? *One.*

11 Name two reasons you typically redo text entities after importing into Format Mode, as in the case of a DXF file. T*ext styles are likely mismatched from the original, and you want to create "smart text."*

12 How can the format directory specification be customized to match your site requirements? *Use a network-accessible directory combined with the* CONFIG.PRO *option* PRO_FORMAT_DIR.

# ▪▪ Chapter 14

1 What does the term *loadpoint* mean? *The system folder or directory into which the software is installed.*

2 If you are not satisfied with the text editor Pro/ENGINEER defaults to, you may configure it to use your editor of choice. *True.*

3 A global configuration file should only contain those options for which you want a setting other than the default. *True.*

4 What is the difference between setting an option using the Environment dialog versus changing it by loading a configuration file? *Nothing, but a configuration file can be loaded automatically.*

5 A configuration file may have any file name you wish. T*rue. However, only the name* CONFIG.PRO *is searched for when Pro/ENGINEER initiates.*

6 Name one advantage when using the Options dialog for editing a configuration file. *Use of the command Choose Keywords, or <F4>.*

7 A menu definition file may have any file name you wish. *False. Only* MENU_DEF.PRO *can be used.*

8 What can you do to automate repetitive and laborious command selections? *Create a mapkey.*

9 What is the most common number of keys in a mapkey sequence? *Two.*

10 What do you have to do to a trail file before you can play it back (open it)? *Rename it to something other than* trail.txt*.

11 How can you make a predefined color palette available every time you use Pro/ENGINEER? *Store the palette in a* color.map file, *and locate that file in your startup directory.*

12 A color defined for a model at the Assembly Mode level is not visible at the Part Mode level. *True. However, a color assigned at the Part Mode level is visible at the Assembly Mode level, unless overridden.*

## Chapter 15

1 Name two languages (or file formats) commonly understood by many printers and/or plotters. *(1) HPGL (and HPGL/2) and (2) PostScript.*

2 What is the purpose of the Plotter command? *To send (communicate) a printer-ready file to the printer.*

3 Identify the strategies you can undertake to use a printer that is not supported by and is incompatible with Pro/ENGINEER. *Use the Microsoft Windows Driver setting.*

4 What type of feature is created when you import an IGES model into Part Mode? *Import feature.*

5 What is a neutral file format used for? *Transferring data back to old releases of Pro/ENGINEER.*

6 An IGES file can contain both 2D and 3D data. *True. Part Mode will ignore 2D data, and Drawing Mode will ignore 3D data.*

7 Name three file formats available for printing color shaded images. *(1) Color PostScript, (2) TIFF, and (3) JPEG.*

8 For what purpose is a plotter configuration file used? *To save settings in the Printer Configuration dialog for repeated reuse.*

9 Name two methods for controlling printed line thicknesses. *(1) Use a pen table file, and (2) use* config.pro *option* pen*_line_weight.

10 Name the preferred data transfer format between two solids- based CAD systems. *STEP.*

11 Which data transfer format type converts all surfaces into tiny triangles? *STL.*

12 Which two data transfer format types are available only in Drawing Mode? *(1) DXF and (2) DWG.*

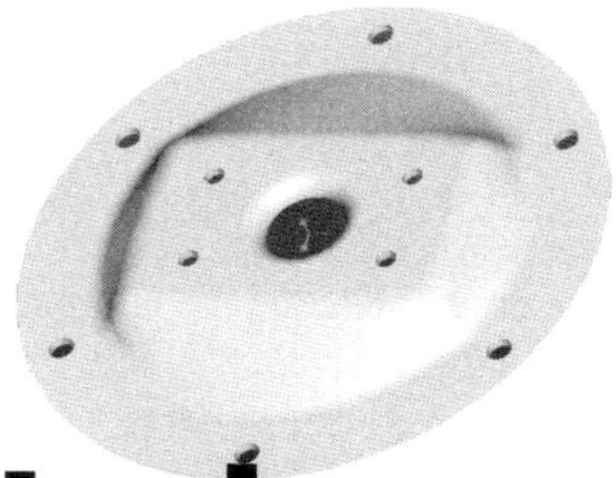

# Index


## Numerics

2 Point line method 112
2 Projections method 155
2 Side Blind 157
2 Tangent (IMOFF) 112
2D formats, importing 340
2D geometric entities 333
2D geometry 58, 81
  modifying 331
  sketches 331
2D icon 67
2D shapes
  blending 150
  combining 152
  sketching 7
2D sketches 123
2D wireframe modeler 4
2D wireframe systems 13
3 Point arc command 94
3 Tangent circles 94
3D geometry 57, 81, 82
  selecting 56
3D icon 67
3D models 72
3D objects 5
3D perpendicularity 72
3D sketches 123
3D wireframe modeler 4, 13

## A

active model 271
Add command 196
Add item, family tables 198
Adjust command 227
ADV GEOMETRY menu 89
Advanced Assembly Extension software 438
Advanced Surface Extension software 438
Align command 115
Align constraints 239
Alignment constraint 105
alignments
  explicit constraints 117
  IMOFF 115–116
AMP 208
analysis, geometric 205–210
analyze constraints (SAM) 88
analyze constraints (SCRAM) 109–110
angular dimensions 108
API Toolkit software 443
Appearance Editor dialog box 254, 255
Application Manager 21–22
Application Programming software, list of 443
Arc Angles constraint 117
arc commands 89, 90
Arc Fillet command 122
Arc menu 111
Arc Mode 76
Arc Tangent End command 122
arcs, creating 94–95
ASCII text file editor 35
ASCII text files 347
assembly 4
  creation 11–13, 231–259
  retrieval 261–265
  simplified reps for 202–203
assembly components 219–221
  base components 220–221
  methods for adding 220
assembly constraints 12, 221–224
  procedure 224–225
assembly creation 11–13, 231–259
  adding final components 246–247
  assembly structure 233–234
  beginning the assembly 234
  constraints 237–240
  control panel assembly 241–243
  determining first component 235
  exploding the assembly 256–258
  getting started 21
  interference checking 249–250
  modifying a part in Assembly Mode 250–256
  patterning components 240–241
  redefining component placement 247–249
  repeating components 244–246
  review questions 258–259
  subassembly placement 243–244
assembly cuts 277–278
assembly design 216–219
  relationship schemes 217–219
Assembly Mode 240, 276
  assembly cuts 277–278
  basics of 215–228
  basics of, review questions 228–229

bottom-up vs. top-down design 216–217
component creation options 268
Info command 283–284
introduction to 11
layers 278–280
modifying parts while working in 250–256
productivity tools 261–284
setting component color 253–256
simplified reps in 202
skeleton model creation 266
system parameters 194
terminology 222
X-Section command 283
Assembly Reference 225
assembly structure 233–234
assigned mass properties
*See* AMP
Associative Topology Bus (ATB) 367
Attributes element 151
Attributes menu 58
AutoDim command 61, 62, 109, 115
Automatic dimensioning (IMOFF) 114–115
*See also* AutoDim command
auxiliary views 310
axes
adding to views 298
*See also* datum axis; half-axis dimensions
axis of revolution 74
axis point, inserting 96–97

## B

Backup command 48
base features 5
creating 7–8
Behavioral Modeler Extension software 440
Bezel exercise
answers 420–426
hints 400–401
self-test 392–393
Blank layers 173
blend feature, working with 8
Blend form 150
blind setting 157
Both Sides option, Attributes menu 58
Both Sides setting 157
boundaries
dimension 200
enclosed 154
sketched 147
breakouts 310
breaks 323
broken views 311
browsers. *See* Netscape browser

## C

case sensitivity 44
Center prompt 107
Centerline command 89
centerline drawings 74
centerlines 103, 108
creating, IMON 93
IMOFF 113
Chain (Sel Chain IMOFF) 97
CHAIN menu 141
chamfers 142–143
changing models 326
Child menu 164
circle commands 89, 90
Circle menu 111
circles
construction 94
creating 93–94
three-point 94
circles and arcs (IMOFF) 113
Circuit board exercise
answers 406–412
hints 395–396
self-test 389
circular dimensions 108
Clean Dims operation 299–300
Clip and Unrelated commands 165
Clip command 176
Close command 27
CNC machined 6
Coaxial scheme, holes 139
Collinear constraint 105
Color Appearance command 356
Color Editor dialog box 254
color schemes 348–350
color settings 253–256
color tables 364–365
color.map files 350
colorizing for clarity 356
COMP DISPLAY menu 282
Component Constraints information dialog 283
component creation 265–269
creation options 268–269
intersection and mirror parts 266–267
skeleton model 266
component operations 270–277
Cutout 277
Merge command 276
Model Tree menu 270
modifying parts, skeletons, and subassemblies 271
Pattern command 276
Redefine command 272–273
reference control 271–272
Regenerate command 273–274
Repeat command 275
Replace command 274
Restructure commands 274–275
Component Placement dialog box 35, 224, 235, 243, 247, 272
Component Reference 225
components
adding unplaced component 227
color settings 253–256
constraints 283
creating 265–269
defined 215
locating 12
orienting 12
redefining placement of 247–249
repeating 244–246
*See also* assembly components; patterning components
Computer-Aided Verification software 442

Concentric arc command 94
Concentric command 93
config.pro files 350.
  *See also* configuration files
configuration files
  editing and loading 351–353
  options 351
  sample 353
conics. *See also* splines and conics
constrain (SCRAM) 109
Constraint Type pull-down list 225
constraints
  Align 242
  assembly 221–224
  beginning an assembly 237–240
  component 283
  datum plane creation 127, 128
  default datums 269
  defined 81
  design 232
  explicit 117
  fully constrained 222
  horizontal 84
  IMOFF 117
  implicit 117
  Insert 245
  Mate 281
  modifying 66, 273
  on-the-fly 93
  Orient 248
  overconstrained 222
  procedures 224–225
  shape section 150
  standalone 128
  strengthening 104
  types of, IMOFF 117
  types of, IMON 105
  underconstrained 221
  vertical 84
  weak 103
  *See also* assembly constraints
CONSTRAINTS menu 105, 117
Construction Circle command 89
construction circles 94, 103
context-sensitive help 24
continuation sheets 339
control center, part creation
  *See* Feature Element dialog box
control panel assembly 241–243, 253
cookie cutter prompt
  *See* MaterialSide element
coordinate systems 133
  creating 97
Copy command 175, 180, 181–182
Copy Draw command 120
Core design software, list of 437–439
Cosmetic Thread feature 135
Create First Feature option 269
cross sections
  creating 70–71
  naming 71
  types of 179
  *See also* X-Section command
cross-sectioned views 310
  projection views 294–295
CRV OPTIONS menu 134
Ctr/Ends arc command 94
Ctr/Point command
  for circle creation 93–94
cube feature 162
Custom command 274
customizing, environment 345–357
Cut and Hole features 11
cut features, creating 64–68
  sketching geometry 65
Cutout command 277
cuts 5, 77, 157
  direction of 59
  layer display 174
  sketch view for 86
  sketches required for 81
  *See also* assembly cuts
cylinders, creating 7
cylindrical dimensions 8, 108

## D

data export 359–370
  DXF and DWG 370
  IGES 368
  Neutral format 368
  plotters/printers 359–365
  Save a Copy command 368
  STL format 369
  translators 365–370
data import
  Data from Files 368
database 4
datum axis 132
datum creation icons 127
datum curves 134, 155
datum display icons 39, 126
datum features 126–135
  defined 125
DATUM PLANE menu 131
datum planes 77, 126–129
  default 7, 8, 12, 55, 57, 59, 127, 129, 133, 220, 234, 241
  icon 248
Datum Planes Display icon 296
datum planes, perpendicular
  *See* datum planes, default
default angle, overriding 223
default layer types 172
default view 40
Del Pattern command 186
Delete command 98, 164–165, 176, 186
Delete Item Mode 99
Delete Many 99
Delete View command 313
DEPTH menu 152
depth of feature 7
depth settings, features 156–159
  blind setting 157
  One Side/Both Sides 159
  Thru All 158
  Thru Next 157
  Thru Until 158
  Up to Pnt/Vtx 158
  Up to Surface 158
design
  Assembly Mode 216–219
  bottom-up vs. top-down 216–217
Design Animation Option software 441
design changes 16–18
design constraints 232

design initiation 4
design intent 4, 5, 121
Design Management Extension
  software 438–439
Design Mgr 272
design review 3
design session 3–18
  review questions 19
Destination drop-down menu
  364
detailed views 310
detailing tools 322–323, 330–331
  2D geometry sketches 331
  breaks 323
  DETAIL menu 331
  jogs 323
  Snap Line command 322–
    323
dialog boxes
  Appearance Editor 254, 255
  Color Editor 254
  Component Constraints 283
  Component Placement 35,
    224, 235, 243, 247, 272
  Dimension Properties 319
  Enter Text 321
  Environment 39
  Family Items 199
  Family Table 199
  Feature Element 58, 63, 67,
    136–137, 165
  File Open 377
  Global Reference Viewer 284
  Instance 327
  Layer Display 173–175
  Layer Status Control 328
  Measure dialog 206
  Model Analysis 206, 249
  Model Display 39
  Modify Dimensions 100
  New Drawing 290, 291
  Note Types 320
  Open 44, 47
  Orientation 38, 41, 43
  Package Mode 226
  Printer Configuration 362–
    363, 365
  Protrusion/Revolve 251
  Reference Control 271–272
  References 90
  Regeneration Manager 273
  Replace Component 274
  Resolve Sketch 104
  Search 34
  Select Working Directory
    290, 375, 376
  Show/Erase 299, 315–317
  System Colors 350
  Text 96
  Text Style 321
  types encountered 34–35
  Windows Print 362
  Zoom/Pan/Spin 38
diameter dimensions 108
  *See also* cylindrical
    dimensions
dimension boundaries 200
dimension breaks 323
Dimension command 106
dimension pattern 240
Dimension Properties dialog 319
dimensions 314–320
  adding text to 318
  adding to views 298
  angular 108
  circular 108
  created 317
  displaying with Show/Erase
    315–317
  linear 106–107, 317
  location cleanup 299–300
  locking 102
  manual creation of 106
  modifying 99–101, 270
  modifying (IMOFF) 113–114,
    119
  moving 320
  ordinate 317
  placement locations 300–301
  symbolic vs. numeric values
    196
  tolerances 318
  types of 314
dimensions and notes 15
direction, sketch 7, 59
Disable command 117
Disp Constr icon 120
Disp Dims icon 120
Disp Mode command 313
Disp Verts icon 120
Display Exact Result option 250
Display Layer dialog icon 170
display states 282
Divide command 103
draft angles 145–147
Draft command 145
Drag Center command 227
drawing borders 333–341
drawing commands 307–332
Drawing Mode 13, 15, 43, 121,
  307–332
  cross sections 180
  system parameters 194
Drawing model selection icon
  327
drawing parameters 337
DRAWING SCALE parameter
  338
drawing settings 307–308
drawing tutorial 289–306
  adding dimensions and axes
    298–299
  adding first view 292–293
  adding projection view 294
  beginning steps 289–290
  cleaning up dimension
    placement 299–300
  creating detailed view 296–
    298
  creating parametric note 304
  cross-sectioned projection
    view 294–295
  dimension placement 300–
    301
  Modify Item Mode 302–303
  modifying view display 295–
    296
  moving views 294
  optional default model 291
  scaling views 293–294
  selecting drawing size 291–292
DRAWING_ SETUP_FILE 308
drawings, creating 13–15
  dimensions and notes 15
  getting started 21
  selecting views for 14
  updating 17–18

DTL settings 307–308
DWG format. *See* DXF and DWG formats
DXF and DWG formats 370
dynamic schemes 217

## E

Edge command, chamfers 142
Edge Display 313
Edge Offset command 98
Edge Pair, 142
edges
  replicating 97
  rounding 9
EDIT ACTIONS menu 302
elements, finishing 66
ellipse, creating 95
elliptic fillet 95
Enter Text dialog 321
Enterprise Data Access software 441
Environment dialog box 39
ENVIRONMENT menu
  snap line display 300
  view display 295
environment settings and preferences 36
environment, customizing 345–358
  interactive environment settings 348–350
  mapkeys 353–355
  model appearances 356–357
  operating system 345–348
  options 350–353
  trail files 355–356
Equal Lengths constraint 105, 117
Equal Radius constraint 105
Equation method 155
Erase command 47, 204
Erase View command 313
error messages
  regeneration (IMOFF) 118–119
  retrieval errors 264
exaggeration 121
Excl Comp command 283
exercises
  answers to 405–435
  hints 395–403
  overview of exercise levels 387–388
  self-test 389–394
exiting Pro/ENGINEER 23, 379
Expert Machinist software 442
exploded views 280–282, 311
exploding assemblies 256–258
exporting data 359–370
  DXF and DWG 370
  IGES 368
  Neutral format 368
  plotters/printers 359–365
  Save a Copy command 368
  STL format 369
  translators 365–370
Extended design software, list of 439–440
extra dimensions found, error message 118
Extrude form 148
extruded cuts 179
extruded features, created from sketched text 96

## F

Failure Diagnostics Mode 164, 166–169
  Fix Model 169
  Investigate STOP 168
  Quick Fix 168–169
  retrieval errors 264
  Undo Changes command 168
Failure Diagnostics screen 167
Family Items dialog window 199
Family Table dialog window 199
family tables 198–200
  replacing instances in 327
FEAT menu 31
Feature command 188
feature creation 125–160
  depth settings 156–159
  direction, selecting 59
  Feature Element dialog 136–137
  identifying features 125–126
  pick and place features 136–147
  reference features 126–135
  review questions 160
  sketched features 147–155
Feature Element dialog box 58, 63, 67, 136–137, 165
feature information 188–190
Feature List command 189
feature operations 161–191
  copying features 180–188
  Delete command 164–165
  failure diagnostics 166–169
  feature information 188–190
  Modify command 163–164
  modifying features 161–166
  organizing features 169–180
  patterning 182–187
  Redefine command 165
  Regenerate command 162
  Reroute command 166
  review questions 191
feature organization
  cross sections 179–180
  groups 175–176
  Insert Mode 179
  layers 170–175
  reordering features 177–178
  Resume command 177
  suppressing features 176–177
feature strategies, preparing 6
feature-based modeling 4, 17, 162, 177
features
  base features 5
  copying 180–188
  creating 125–159
  creating mirrored copies 68–69
  creating solid feature 57–63
    *See also* feature creation
  cut features 64–68
  designing with 5
  existing 183
  ID numbers 125, 126
  identifying 125–126
  modifying 161–166
  organizing 169–180
  revolved features 71–75
  sketched features 81–123
  smart features 5
  steps for completing 63

*See also* reference features
file management 43–49
FILE menu 46–49
file name version numbers 44
locating and receiving files 373–375
new file creation 46
printing files 378–379
viewing files 375–378
FILE menu 46–49
file names
case sensitivity 44
character limits 43
version numbers 44
File Open dialog 377
file retrieval 44
fillets 17
creating 94
elliptic 95
internal 140
filters 128
First feature exercise
answers 417–420
hints 397–399
self-test 390–392
FIX MODEL menu 169
Flange feature 155
Forced option, Align constraints 239
Format Directory 341
Format Mode 333–341
formats, drawing 333–341
automating with parameters 335–338
drawing parameters in 337
format entities 334–335
global parameters in 337–338
importing 340
model parameters in 336–337
Formed method 155
Foundation software 437
freeze feature 164
Full Function Review software 441
Full Round option 142
functionality, product 6

G

General Pattern option 183
general views 309
generic part. *See* master part
GEOM TOOLS menu 97
geometric analysis 205–210
geometry 4, 5
assumptions (IMOFF) 116–118
commands for constraining (IMON) 103–109
commands for creating (IMOFF) 111–113
commands for creating (IMON) 88–98
commands to adjust 101–103
constrained with Intent Manager 65
constraining 61–62
created from model edges 97–98
importing 120, 133
importing wireframe geometry 134
modifying 62
representing 57
selecting 55–57
sketching 60–61
GEOMETRY menu 89
GET SELECT menu 56, 115
Global Interference option 250
global parameters 337–338
Global Reference Viewer dialog box 284
GP VAR DIMS menu 182
graphics window. *See* windows, Pro/ENGINEER
Grid command 121
Grid On/Off icon 120
Group Pattern command 187
groups 175–176

H

half-axis dimensions 95
Helical Sweep form 153

help. *See* context-sensitive help; online help
Hole command 138
holes 5, 137–140
adding 11
bolt circle pattern 139
changing number of 17
modifying 162
modifying the center 16
Pattern command 139
types of 138
Horizontal (H) or Vertical (V) line constraints 105
Horizontal command 113

I

icons
2D 67
3D 67
Clean Dims 299
data plane 248
datum creation 127
datum display 39, 126
Datum Planes Display 296
display Layer dialog 170
Drawing model selection 327
Impose Sketcher Constraints 104
message window 29
Model Display 63
No Hidden toolbar 56
Open dialog box 47
ProductView Express 382–383
Repaint 174
Save View List 40
SEC ENVIRON menu 120
Shortcut 373
start-up 21
Switch View 300
text 96
trim 102
ID numbers, features 125, 126
Identical Pattern option 183
IGES format 368
image formats 362
IMOFF 82, 109–119
alignments 115–116
assumptions regarding geometry 116–118
centerlines 113
circles and arcs 113
commands for constraining geometry 114, 116

conics 96
constrain 87
constraints 117
deleting Sketcher entities 119
ellipse creation 95
geometry creation commands 97, 111–113
lines 112
Mirror command 98
modifying dimensions 113–114, 119
Mouse Sketch command 111
regenerate 87
regeneration error messages 118–119
Rubberband Mode 111
IMOFF ARC PNT TYPE menu 107
IMON 81, 82, 87–93, 101–102, 114
circles 93
commands for constraining geometry 103–109
creating centerlines 93
creating lines 93
ellipse creation 95
geometry creation commands 88–98
Mirror command 98
Move command 101
Rubberband mode 90–92
SAM 88
sketched text 96
specify references 87
Trim commands 102
*See also* mouse pop-up menu (IMON); undo and redo (IMON)
implicit constraints 117
*See also* alignments; dimensions
Import Data Doctor software 442
importing data 368
Impose Sketcher Constraints icon 104
In Session objects 45, 48
Industrial Design Solutions software 440
Info command 283–284
Info menu bar, View Information 312
information window. *See* windows, Pro/ENGINEER
InPart software 439
Insert constraint 245
Insert Mode 17, 177, 179
installation directories 346–347
Instance dialog box 327
instance, tabulation chart 198
instances
automatically replacing 327
*See also* parametric copies
Intent Chain 142
Intent Manager 65, 74, 82
Intent Manager Off. *See* IMOFF
Intent Manager On. *See* IMON
interference analysis 266
interference checking 249–250
Intersect command 103
intersection parts 266
Investigate STOP 168
Isolate command (layers) 173

## J

jogs 323

## K

key sequence element 354
keyboard 22
function keys 354
macros 22, 377, 382
shortcuts 28
*See also* mapkeys

## L

Layer dialog 170, 173
Layer Display dialog window 173–175
LAYER OBJ menu 172
layer status, saving 280
Layer Status Control dialog 328
layers 327–328
accessing 279
Assembly Mode 278–280
controlling 170–173
creating 170
display control 280
displaying 328
naming 172
leaders. *See* features, existing
Line 2 Tangent command 122
line commands 89, 90
Line menu 111
Line Mode 76
Line Up Horizontal or Vertical constraint 105
linear dimensions 106–107, 317
Linear scheme, holes 138
lines
creating (IMON) 93
hidden 69
IMOFF 112
line-to-line dimensions 107
line-to-point dimensions 107
loadpoint directory 346
bin directory 346
formats directory 347
option files 350
symbols directory 347
text directory 347
local views 310
Locate and Constrain component assembly 220
Locate Default Datums option 269
Locate Only component assembly 220
Loop (Sel Loop IMOFF) 97
Loop Surfs command 146
lp command 361

## M

main directory
*See* loadpoint directory
main window 26
Make Datum command 129–131, 223
Make Datum option 186
MAKE_PARAMETERS_FROM_FMT _TABLES 337
mapkeys 22, 350, 351, 353–355, 377, 382
prompts 355
recording 353–354
trail files 355
master part 198
Mate constraints 281
material, adding 8

MaterialSide element 66
MDL NOTES menu 204
Measure dialog window 206
measurement types 207
Mechanism Design Extension software 440
Member Display 313
menu bar 28
Menu Manager 30
menu panel 26, 27, 30–32
menu_def.pro files 350
Merge command 276
message window. *See* windows, Pro/ENGINEER
Mirror | All Feat option, Copy command 181
Mirror | Select option, Copy command 181
Mirror command 98
Mirror Geom command 181, 182, 188
MIRROR PART menu 267
mirrored copies of features, creating 68–69
mirrored parts, creating 267
MOD XHATCH menu 283
model analysis 208
Model Analysis command 266
Model Analysis dialog box 249
Model Analysis dialog window 206
model appearances 356–357
model dimensions 298
  defined 314
Model Display dialog box 39
Model Display icons 63
model edges 97–98
model notes 203–204
model parameters 336–337
Model Player 189
Model Tree menu 26, 27, 32–34, 55, 164, 177, 189, 227
  as operation shortcut 246–247
  component operations 270
model, active 271
modeling. *See* feature-based modeling; parametric modeling; wireframe modeling
models
  adding and removing 326
  changing 326
  multiple 326, 327
  setting current 326
modifications, feature 7
Modify command 99, 163
modify dimensions (SAM) 88
modify dimensions (SCRAM) 110
Modify Dimensions dialog window 100
Modify Item mode 302–303
Modify Part command 269
Modify View command 312–313
modifying relations 196–197
molding 6
Motion Increments 226
Motion Type, packaged component 226
mounting plate design, sample design session 3, 7
  making plate shorter 17
mouse and keyboard 22
mouse controls 377
mouse pop-up menu (IMON) 86
Mouse Sketch circle 112
Mouse Sketch command 113
Mouse Sketch command (IMOFF) 111
Move command 181
Move command (IMON) 101
Move Entities command 101
Move View command 294, 312
Move-Trim command 4
MS Printer Manager 361

## N

navigator point 91, 94
NC Advanced Machining Option software 443
NC Machining Option software 443
NC Sheetmetal software 443
Neck feature 155
Netscape browser 23
Neutral format 368
New command 46
New Drawing dialog 290, 291
New Layer command 172
New Refs option, Copy command 181
No Hidden toolbar icon 56
Normal command 176
Not Located component assembly 220
Note Types dialog box 320
notes 320–322
  creating 320
  creating parametric note 304
  editing 321–322
  including parameters 322
  text style, changing 321
  *See also* dimensions and notes
NUMBER_USER_COLORS 356

## O

Offset constraint 223
offset cross sections 179
Offset Edge command 97
On Curve command 133
One Side option, Attributes menu 58
One Side/Both Sides setting 159
One-direction pattern 185
online help 23–24
open and closed sections, using appropriately 122
Open command 46, 47
Open dialog box 44, 47
operating system 345, 360
optional default model 291
ordinate dimensions 317
Orient constraint 248
orientation by two planes 40
Orientation dialog box 38, 41, 43
orientation plane 84–85
  selecting 60, 72–74
Orientation Plane command 130
OS. *See* operating system

## P

Package Mode 225–227, 281
  finalizing packaged components 227
Package Mode dialog 226
Pairs Clearance option 249
pan control operation 37, 38

Pan function, mouse button 378
Parallel command 112
Parallel or perpendicular lines constraint 105
parameters 193–195
  Format Mode 335–338
  global, in formats 337–338
  in formats 336–337
  in notes 322
  parameter names 194
  system parameters 194
  user parameter 194–195
parametric copies 183
parametric features 4
parametric modeling 4
parametric notes. *See* notes
parametric relations 195–197
  adding relations 195–196
  modifying 196–197
  relation comments 197
Parent/Child menu 189
part building commands tutorial 53–78
part design fundamentals 7–11
  adding holes 11
  adding material to part 8–9
  creating the base feature 7–8
  rounding edges 9–10
  using shell feature 10
Part Mode 12, 88, 108, 113, 240, 284
  cross sections 180
  system parameters 194
parts 4, 5
  beginning to build 55–57
  building simple 53–78
  building simple, review questions 78–79
  creating solid feature 57–63
  defining feature elements 63
  getting started 21
  intersection 266
  making a shell 69–71
  making smart parts 193–210
  making smart parts, review questions 211
  mirrored 267
  modifying 271
  patterning 253
  selecting geometry for 55–57
  working with geometry 60–62
Pattern command 139, 180, 182–186, 253, 276
patterning components 240–241
patterns, types of 240
pen table file 364
Perpendicular command 112
pick and place features 125, 136–147
  chamfers 142–143
  draft angles 145–147
  holes 137–140
  rounds 140–142
  shells 143–144
Pick command 56
Place Section command 120
Placement Status box 247
planar cross sections 179
planar surfaces 42, 127
Plastic Advisor software 441
Plotter command 361
plotter configuration files 363–364
plotter/printer drivers 359
plotters/printers 359–365
  color tables 364–365
  image formats 362
  plotter configuration files 363–364
  print drivers, internal 360–361
  Printer Configuration Dialog box 362
  printing files 378–379
  shaded images 362
PNT DIM MODE menu 133
Pnt/Tangent command 112
Point and Coord Sys command 89
Point On Entity constraint 105
pop-ups, graphics window 28
Potentiometer exercise
  answers 412–417
  hints 396–397
  self-test 390
preferences 350–353
Print command 361
Printer Configuration dialog box 362–363, 365
printers. *See* plotters/printers
Pro/ASSEMBLY
  Info function 284
  Reference Control 271–272
  Restructure command 274
Pro/DESKTOP 367, 439
Pro/ENGINEER
  exiting 23, 379
  integrated design tool 3–18
Pro/HELP setup utility 23
Pro/Intralink
  layer status and 280
  search paths and 262
Pro/MECHANICA 440
Pro/NC (Manufacturing) software, list of 442–443
Pro/PDM
  layer status and 280
  search paths and 262
Pro/SETUP utility 21
PRO_FORMAT_DIR 291, 341, 352
PRO_PLOT_CONFIG_DIR 364
Process Display 313
productivity tools. *See* Assembly Mode productivity tools
ProductView Express 379–384, 441
  exiting 384
  icons 382–383
  printing files 384
  viewing files 379–382
Program group 21
projection view 294, 309
  cross-sectioned 294–295
Protrusion/Revolve dialog box 251
protrusions 5, 78, 156
  direction of 59
  layer display 174
  sketch view for 86
  sketches required for 81
PTC Application Manager 22
PTC, related software 437–443


## Q


Query Select Mode 56, 72, 237
  end point selection 107
QUICK FIX menu 168–169
quilt, used to modify model 155

## R


radial dimensions 108
Radial scheme, holes 139
Range command 164
Rectangle command 90
Redefine command 33, 165, 272–273
Redefine Feature command 314
Reference Control dialog box 271–272
reference features 126–135
  coordinate system 133
  datum axis 132
  datum curve 134
  datum planes 126–129
  datum points 132
  default datum planes 129
  defined 125
  Make Datum command 129–131
  overview 125
  threaded 135
  types of 126
reference geometry
  coordinate system 97
  creation commands 89
Reference Information window 189
reference pattern 240
reference plane 72
References dialog window 90
references specified 87
refinements, feature 7
refit to screen operation 38
Regen failed, error message 118
regenerate. *See* SCRAM
Regenerate command 116, 162, 273–274
regenerate in steps 122
regenerate sketch (SCRAM) 110
regenerating, sketch 116–119
regeneration error messages (IMOFF) 118–119
Regeneration Manager dialog 273
Rehighlight command 99
Relate View command 313
relations. *See* parametric relations
relationship schemes 217–219
Rename command 48, 264
reordering features 177–178
Repaint Command 137
Repaint icon 174
Repaint option 38, 68
Repeat command 245, 275
repeat regions 329–330
Replace command 274, 327
Replace Component dialog box 274
representations, geometry 202
representations, graphic 202
representations, simplified 201–203
  for assemblies 202–203, 265
Reroute command 166
resolution, image 362
Resolve Feature Mode 169
Resolve Sketch dialog window 104
Restore Comp command 283
Restructure command 274–275
Resume command 176, 177
Resume View command 313
retrieval errors. *See* errors messages, retrieval
retrieval. *See* assembly, retrieval
review questions
  answers to 445–463
  assembly creation 258–259
  Assembly Mode basics 228–229
  building simple parts 78–79
  building smart parts 211
  creating features 160
  design session 19
  feature operations 191
  Sketcher fundamentals 123–124
  user interface 49–50
Revolve form 148
revolved features 108
  creating 71–74
  sketching 74–75
Rib feature 155
Rotate command 181
Rotate function, mouse button 377
rotation control 248
Round command 140
round sets 141
Round Type menu 141
rounds 5, 17, 140–142
  constant 142
  setup 141
  variable 142
  *See also* Full Round option
Routed System Option software 439
Rubberband Mode 90–92, 93, 113
  circles 93
Rubberband Mode (IMOFF) 111
Rule of 10 command 122


## S


SAM 87–88
Same Points constraint 105
Save a Copy command 365, 368
Save As command 47
Save command 46
Save Status button (assembly layers) 280
Save Status command 175
Save View List icon 40
saving views 43
Scale command 100
scale, view 293–294
scaled views 311
SCRAM 109, 110, 113, 115
Screw model exercise
  answers 427–435
  hints 401–403
  self-test 393–394
search capabilities, advanced 34
Search dialog box 34
search paths 262–264
SEARCH_PATH 352
SEC ENVIRON menu 120
Section Regenerated Successfully *See* SRS
section views 14
Select FEAT menu 164, 170
Select Working Directory dialog box 290, 375, 376
SETUP PLANE menu 130
Setup Plane menu 58
Shade command 137

Shade option 39, 68
shaded images 362
shading 203
sheets
  adding and deleting 325
  continuation 339
  moving items 325
  multiple 325
SHEETS menu 325
Shell command 6, 143, 144
shell features 143–144
  creating 69–71
  using 10
shelling 16, 78
Shortcut icon 373
shortcuts, keyboard 28
Show command 204
Show Component buttons 224
Show layers 173
Show menu 279
Show/Erase dialog 299, 315–317
simplified representations. *See* representations, simplified
Simulation software, list of 440–441
Single (Sel Edge IMOFF) 97
size, drawing 291–292
skeleton assembly 218, 219
Skeleton Models 216, 266
skeleton schemes 217
skeletons, modifying 271
sketch geometry (SAM) 88
sketch geometry (SCRAM) 109
SKETCH menu 82
sketch plane 83–84
  selection 58–59
sketch view 86
sketch, analyze, modify (SAM) *See* SAM
sketch, constrain, regenerate, analyze, modify. *See* SCRAM
sketched entity 115
sketched features 147–155
  Blend 150–152
  creating 81–123
  Extrude 148
  Helical Sweep 153–154
  quilt 155
  Revolve 148
  solid section 154
  Sweep 148–150
  Swept Blend 152
  thin section 154
sketched text. *See* text, sketched
Sketcher entities, deleting 98–99
Sketcher entities, deleting (IMOFF) 119
Sketcher environment 120–121
Sketcher fundamentals 81–123
  deleting Sketcher entities 98–99
  deleting Sketcher entities, IMOFF 119
  geometry adjustment commands 101–103
  geometry constraint commands 103–109
  geometry constraint commands, IMOFF 114–116
  geometry creation commands, IMOFF 111–113
  Geometry creation commands, IMON 88–98
  hints for using Sketcher 121–123
  Intent Manager, IMOFF 109–110
  Intent Manager, IMON 87–88
  modifying dimensions 99–101
  modifying dimensions, IMOFF 113–114, 119
  mouse pop-up, IMON 86
  orientation plane 84–85
  review questions 123–124
  sketch plane 83–84
  sketch regeneration 116–119
  sketch view 86
  Sketcher environment 120–121
  Sketcher Mode 83
  Undo/Redo, IMON 87
Sketcher hints 121–123
Sketcher information 120
SKETCHER menu 115, 117
Sketcher menus 89
Sketcher Mode 8, 66, 83, 87, 100, 108, 115, 120, 121, 134, 147
  entering 60
sketcher point, inserting 97
Sketcher settings 121
Sketcher tools 120
  toolbar 89, 90
Sketching Plane command 130
sketching plane, establishing 7
Slot feature 155
smart features 5
smart formats 15
snap lines 322
Snap to Grid command 121
Snapshot command 312
software, list of related 437–443
Solid Feature menu 57
solid sections 154
SpecThick option 144
Spin Center option 38
spin control operation 37
splines and conics 96
SRS 110, 114, 116, 118, 119, 149
stamped plate 6
stamping 6
standalone constraints 128
start in directory 21, 373
start-up icon 21
static schemes 217
static-coordinate system relationship theme 218
static-datum approach 218
STL format 369
strengthening process 82
Stretch command. *See* move-trim command
subassemblies
  modifying 271
  placing 243–244
Suppress command 165, 176, 201
Surf Chain 141
Suspend All commands 164
Sweep form 148–150
  sketch view for 86
Swept Blend form 152
Switch View icon 300
symbols 324–325
  creating 324
  variable text in 325

Symmetric constraint 105, 117
System Colors dialog box 350
system parameters 194
SYSTEM_COLORS_FILE 350

## T

tables, drawing 328–330
- copying 329
- creating 329
- modifying 329
- repeat regions 329–330

tables, family 198–200
tabulation chart 198
Tangent command 112
Tangent constraint 105, 117
Tangent End command 113
Tangent prompt 107
Tangnt Chain 141
Text dialog window 96
text editors 347–348, 352
text icon 96
Text Style dialog 321
text, dimension 101
- adding 318–319

text, note 321
text, sketched 96
text, variable text in symbols 325
thickness, base feature 10
thin sections 154
three-point circle 94
Thru All setting 158
Thru Next setting 157
Thru Until setting 158
title bar 27
title blocks. *See* drawing borders
Toggle Lock command 102
tolerance analysis 200–201
tolerances 318
Tool Design Option software 442
toolbar 28–29
toolchest 28
TOPOBUS_ENABLE setting 367
trail files 355–356
trajectory, defined 148
transitions, blend 151
Translate command 181
translators 365–370
- chart of 365
- Data from Files 368
- DWF and DWG 370
- IGES 368
- Neutral format 368
- Save a Copy command 368
- STL 369
- Topology Bus 367

Trim commands 102–103
Trim commands (IMOFF) 114
trim icon 102
TWEAK menu 145, 155
Two-direction pattern 185
Type of Dim menu 107

## U

UDF 176, 204–205
Unalign command 116
underdimensioned section 118
undo and redo (IMON) 87
Undo Changes command 168
UNIX 345
- plotter command 361

Unpattern command 187
unplaced components 227
Unsel Item command 99
Unsel Last command 99
Untrim Last command 114
Up to Pnt/Vtx setting 158
Up to Surface setting 158
Use 2D Sketcher command 121
Use Edge command 97
USE EDGE menu 97
Use Offset command 97
Use Xsec method 155
user interface 21–49, 373–384
- customizing 24–25
- dialog boxes 34–35
- environment settings 36
- file management 373–375
- graphics windows 26–28
- information window 35–36
- menu bar 28
- menu panel 30–32
- message window 29–30
- model tree 32–34
- mouse and keyboard 22
- online help 23
- ProductView Express 379–384
- review questions 49–50
- start-up icon 21
- toolbar 28–29
- toolchests for icon display 25
- viewing and printing files 375–378
- viewing controls 36–43

user parameters 194–195
user-defined feature. *See* UDF
Utilities menu, Model Player 189

## V

Value command 163
values
- numeric 196
- symbolic 196

Varying Pattern option 183
version numbers, of named files 44
Vertical command 113
View Display 313
view file settings 378
- ProductView Express 379–382

View Information 312
viewing controls 36–43
- appearance control commands 37–39
- datum display 39
- default view 40
- dynamic operations 36–37
- model display styles 39
- orientation by two planes 40
- pan 37
- saving views 43
- spin 37
- zoom 37

views
- adding first 292–293
- adding projection view 294
- auxiliary 310
- breakouts 310
- broken 311
- creating 308–311
- cross-sectioned 310
- cross-sectioned projection 294–295
- deleting 313
- detailed 296–298, 310
- display state 282
- erasing 313

exploded 280–282, 311
general 292, 309
local 310
modifying 312–314
modifying display 295–296, 313
moving 294, 312
projection 309
properties 308
relating 313
resuming 313
saved 293
scaled 311
scaling 293–294

## W

Windchil software 441
Window Activate command 27
Windows Explorer 21, 31, 374
Windows Print dialog 362
Windows print drivers 361
windows, Pro/ENGINEER 25–36
  graphics 26–28
  information 35–36
  main window 26
  menu bar 28
  message 29–30
Windows/Windows NT 345
wireframe geometry 134
wireframe modeling 4

## X

XSEC NAMES list 295
X-Section command 179–180, 283

## Z

zoom control operation 36, 75
Zoom function, mouse button 377
zoom in option 38
zoom in or zoom out to get SRS 123
zoom out operation 38
Zoom/Pan/Spin dialog box 38